高等学校教材

化工设备设计基础

第2版

方书起　魏新利　主编

化学工业出版社
·北京·

本书主要阐述工程力学基础、薄壁容器应力分析以及典型化工设备设计的机械基础知识。第1篇工程力学基础，主要讨论构件的受力分析、变形与破坏的规律，构件的强度、刚度和稳定性计算；第2篇薄壁容器设计，主要介绍化工设备常用材料，压力容器筒体与封头的类型、特点、设计计算方法及常用零部件；第3篇典型化工设备，主要介绍过程生产中三种常用设备——换热设备、塔设备、搅拌反应设备的结构特点、选型和机械设计方法；附录列出了热轧型钢规格表和压力容器材料许用应力表。

本书可作为高等院校化工类、轻工类等相关专业少学时（48～64学时）本科专业教材、函授或自学教材，也可供相关工程技术人员学习和参考。

图书在版编目（CIP）数据

化工设备设计基础/方书起，魏新利主编．—2版．—北京：化学工业出版社，2015.6（2024.8重印）

高等学校教材

ISBN 978-7-122-23488-9

Ⅰ．①化…　Ⅱ．①方…　②魏…　Ⅲ．①化工设备-设计-高等学校-教材　Ⅳ．①TQ051

中国版本图书馆CIP数据核字（2015）第065666号

责任编辑：程树珍　李玉晖　　　　装帧设计：张　辉

责任校对：边　涛

出版发行：化学工业出版社（北京市东城区青年湖南街13号　邮政编码100011）

印　　装：北京盛通数码印刷有限公司

787mm×1092mm　1/16　印张17½　字数434千字　2024年8月北京第2版第4次印刷

购书咨询：010-64518888　　　　售后服务：010-64518899

网　　址：http://www.cip.com.cn

凡购买本书，如有缺损质量问题，本社销售中心负责调换。

定　　价：49.00元

前　言

由于课程教学计划的变更和国家标准的更新，第一版教材已远远不能满足目前的教学需要。本书为修订版，仍保持原书的编写框架和内容安排，同时采纳了主讲教师对教材建设的建议，并对教材在使用过程暴露出的问题进行了改进。本次修编重点主要在于：一是适应少学时（48～60学时左右）的教学需要，将教材内容进行了压缩和删节；二是根据教师和学生对教材的建设建议补充了部分内容；三是采用了国家最新规范和标准，以适应设计、制造、检验和使用等的要求。

由于本书内容涉及理论力学、材料力学、压力容器、过程设备及其常用材料等多方面的知识，与其他教材相比，本书内容显得零散。因此根据少学时要求的特点，在教材内容安排上有所侧重。根据化工类专业对学习化工设备的基本要求，按照“少而精”的原则进行编写。其目的是使学生获得必要的工程力学基础、薄壁容器应力分析以及典型化工设备结构和设计等知识，具有压力容器和化工设备的初步设计和管理能力。内容注重加强基础、联系实际和设计能力的训练，力求符合专业培养要求。

与本教材配套的有《化工设备课程设计指导》（方书起主编），以满足综合课程设计的需要。

本书由方书起、魏新利主编，负责全书的构架编写和统稿；参加修订工作的有：刘宏（第一篇）、李洪亮（第二篇），方书起（第三篇）。

本书由于编写时间仓促和水平所限，书中不妥甚至错误之处在所难免，敬请批评指正。

编　者

2015年5月

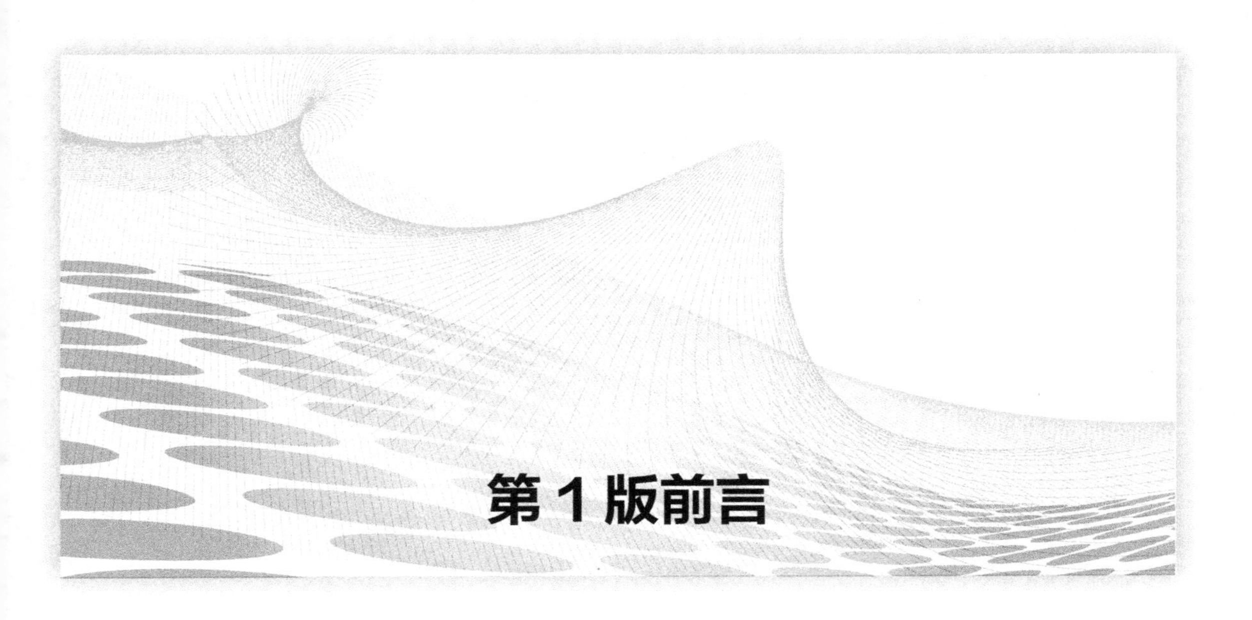

第1版前言

本书是根据化工工艺类专业对学习化工设备的基本要求，按照“少而精”的原则编写而成。其目的是使学生获得必要的机械基础知识，初步具有压力容器和化工设备的设计能力。内容注重加强基础、联系实际和设计能力的训练，力求符合专业培养目标的要求，适应当前教育改革的需要。

本书在精选内容上进行了大胆尝试，突破了现有同类教材的体系。全书分为工程力学基础、薄壁容器设计和典型化工设备设计三篇，与常规教材相比，删去了机械传动，而增加了典型化工设备设计内容。但机械传动部分又不是简单地删除，而是将其内容与第三篇中反应设备的传动装置部分紧密结合起来，按选型需要，予以简要介绍。根据我们多年来的教学实践表明，这样处理教材内容，有利于学生进行课程设计，培养工程设计能力，而且可以大大压缩篇幅，解决当前高等工科院校实行学分制后，课时少与现有教材内容多的矛盾。

本书理论联系实际，实用性强。每一章节在理论叙述之后，都有较多的例题和习题，以帮助学生理解基本概念与基本理论，培养学生分析问题和解决问题的能力。学完此课后，应安排一次典型化工设备的课程设计。该设计最好与化工原理课程设计结合起来，以便综合运用所学知识，起到学以致用的效果。

本书内容简明扼要，深入浅出，便于自学。考虑到不同层次的教学需要，本书对一些内容打了“*”，作为选学和自学内容。

本书采用国际单位制（SI）。书中所引用的标准和规范采用最新颁布的国家标准、行业标准和部颁标准。

本书第一篇由周志安编写，第二篇由尹华杰编写，第三篇由魏新利编写。另外，刘宏、张彩云、王学生、王定标、闫乃威、樊光福、郭涛、王艳明、杨建州、郭茶秀、刘丽萍、马文峥等参加了部分章节例题、习题的编写及有关资料的收集。在分篇审校的基础上，全书由周志安统稿。

由于编者水平有限，书中不妥和错误之处在所难免，望读者批评指正。

编　者

1995年8月

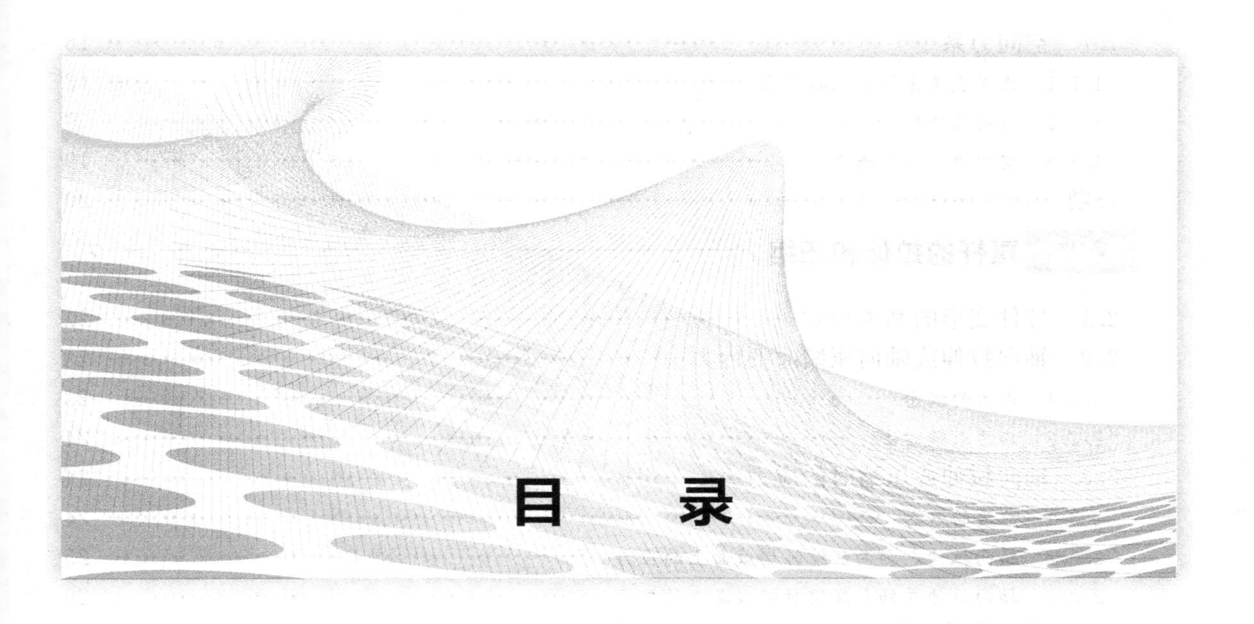

目 录

第1篇 工程力学基础

第1章 构件的受力分析

第2章 直杆的拉伸和压缩

第3章 直梁的弯曲

第4章 剪切与圆轴的扭转

第5章 复杂应力状态下的强度计算

第6章 压杆的稳定性

第 2 篇　薄壁容器设计

第 7 章 概述

第 8 章 化工设备常用材料

第 9 章 内压薄壁容器的应力分析

第 10 章 内压容器设计

第11章 外压容器设计

第12章 压力容器零部件

第3篇 典型化工设备

第13章 管壳式换热设备

第14章 塔设备

第1篇 工程力学基础

工程力学是研究构件在外力作用下的强度、刚度和稳定性的科学。本篇包括了静力学和材料力学的基础部分内容。

静力学主要研究力的平衡规律。化工设备及其零部件（统称为构件）工作时受到各种外力作用，例如安装在室外的塔设备，除了承受介质载荷以外，还承受风载荷、地震载荷和重力的作用；室外的托架，承受重力作用；工作时的搅拌轴，承受物料阻力的作用等。构件上所受的力可以通过静力学方法解决。

但是还有一些其他问题需要解决，例如图 0-1 为一钢结构三角托架，其上放置一重量为 G 的小型储罐。

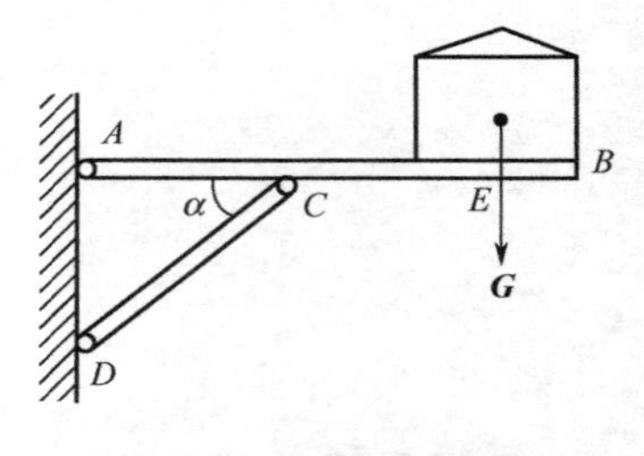

图 0-1　钢结构三角托架

对于托架中的 AB 构件，需解决的问题如下。

ⅰ. 是否能承受所加的重物？

ⅱ. 其弯曲变形是否过大，具体变形有多大？

ⅲ. 如果进行设计的话，从经济角度考虑什么样的形状和尺寸足以防止其破坏和变形？

对于托架中的 CD 构件，需解决的问题如下。

ⅰ. 所能支承的最大载荷多大？

ⅱ. 是否能保持杆件在直线下的平衡？

ⅲ. 如果进行设计的话，从经济角度考虑什么样的形状和尺寸足以防止其破坏和变形？

对于托架连接部分 A、C、D，需解决的问题如下。

ⅰ. 是否能承受所受的力？

ⅱ. 所能支承的最大载荷多大？

ⅲ. 该处设计的尺寸为多少？

这些问题可以归纳为设计（构件的形状、大小）、承载（构件能承受多大载荷）、校核（构件是否安全）等三方面问题，可以通过材料力学部分解决。

构件在外力作用下有抵抗破坏的能力，但是其能力是有限度的。而且在外力作用下，构件的尺寸和形状还会变化，称为变形。为了保证构件的安全，构件都应有足够的承载能力以抵抗外载荷。这种承载能力主要由以下三方面来衡量。

ⅰ. 构件要有足够抵抗外力破坏的能力，即要有足够的强度。

ⅱ. 构件在外力作用下不发生超出许可的变形，即要有一定的刚度。

ⅲ. 构件在外力作用下能保持它原有的几何形状而不致突然失去原形，即应具有充分的稳定性。

实际工程问题中，构件都应有足够的强度、刚度和稳定性。但就一个具体构件而言，各有侧重点，例如储气罐主要是保证其具有足够的强度；受压的细长杆是保证其具有足够的稳定性；而板式塔塔板则是保证其具有一定的刚度。本篇重点讨论构件的强度问题。

本课程的研究对象是化工设备。其构件形状各有不同，经过简化可以看成杆件、平板和回转壳体。杆件是指构件的长度远大于横截面尺寸；平板是指构件的厚度比长度或宽度小得多；回转壳体是指几何形状为曲面的板。杆件的变形及分析方法简单，易于理解，是分析板、回转壳体问题的基础。材料力学就是研究杆件在满足强度、刚度和稳定性的要求下，以最经济的方式，确定构件合理的形状和尺寸，选择适宜的材料，为构件设计和校核提供必要的理论基础和计算方法。

本篇研究思路是：首先研究构件上所受外力的大小、方向，然后根据外力，确定杆件内部产生的内力以及内力在截面上的分布，最后建立杆件发生破坏的强度条件。

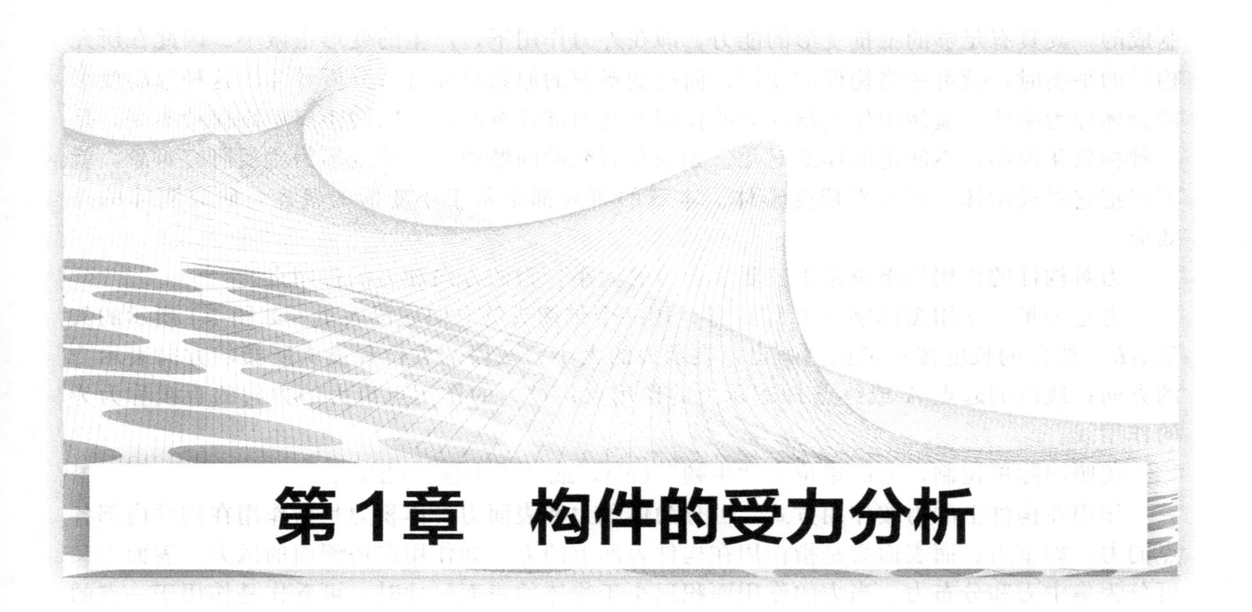

第1章　构件的受力分析

本章主要讨论静力学部分，即研究构件在外力作用下处于平衡状态应遵循的规律。所谓平衡状态，是指构件受到外力作用，相对于地面保持静止或作匀速直线运动的一种状态。作用在构件上的一群外力称为力系，若此时构件处于平衡状态，则称为平衡力系。构件的受力分析是指分析构件共受几个力，以及每个力的作用线位置、大小和方向。通过对平衡状态下构件的力系分析以及满足相应平衡条件的研究，确定其上未知力的大小和方向或方位。

1.1　力的概念及性质

1.1.1　力的概念

人们从长期生产和生活实践中，透过力的各种现象，逐步认识了力的本质，建立了力的概念。力是物体之间的相互机械作用。这种机械作用产生两种效应——外效应和内效应。

(1) 外效应

外效应是指物体的运动状态发生改变。如静止的小车，用力推它时能使其运动。但是当施加的力较小时，物体有可能保持静止，好像力并不能改变运动状态。其实此时作用在物体上的力系处于平衡状态，每个力产生的运动效果总体抵消了。

作用在物体上的一个力系用另一个与它等效的力系来代替，称这两个力系互为等效力系。如果用一个简单力系等效的代替一个复杂力系，则称为力系的简化。

(2) 内效应

内效应是指物体产生变形。如弹簧受拉力作用伸长。

实验结果表明，如外力不超过一定限度，绝大多数材料在外力作用下发生变形，在外力解除后又恢复原状，称此变形为弹性变形。但如外力过大，超过一定限度，则外力解除后只能部分复原，而遗留下一部分不能消失的变形，称此变形为塑性变形。一般情况下，要求构件只发生弹性变形，而不希望发生塑性变形。

外效应和内效应总是同时产生的。但在一般情况下，工程上用的构件大都是用金属材料制成的，其具有足够的抵抗变形的能力，即在外力作用下，产生的变形很微小。因此在研究构件的平衡时，就可忽略构件的变形，而按变形前的原始尺寸进行分析计算。这种忽略变形的物体称为刚体。显然刚体是指在力的作用下其内部任意两点之间的距离始终保持不变，是一种抽象化模型，不能把刚体绝对化。如果在研究的问题中，构件变形为主要研究对象，就不能把它看成刚体，而应看成变形体。本章的研究都是基于小变形的概念，研究刚体的外效应。

力对构件的作用效果决定于三要素：力的大小、力的方向和力的作用点。

力是矢量，常用黑体字母 $\boldsymbol{F}$ 作记号，用一个带箭头的有向线段表示，如图 1-1 所示的矢量 $\boldsymbol{AB}$。线段的长度按一定比例画出，表示力的大小；线段的方位和箭头所指的方向表示力的方向；线段的起点 A 或终点 B 表示力的作用点；过力的作用点沿力的方向的直线称为力的作用线。

按照国际单位制，力的单位为“牛顿”(N)，或“千牛顿”(kN)。

作用在构件上的力按作用方式，可分为体积力和表面力。体积力是指作用在构件内部各点的力，如重力；而表面力是指作用在构件表面上的力，如作用在塔侧面的风力。表面力又可分为集中力和分布力。当力的作用面积远小于物体的表面尺寸时，可看作是作用于一点的集中力［图 1-2 (a)］，而分布力是连续分布于物体表面的力。有些分布力是沿杆件的轴线分布的［图 1-2 (b)］。其大小常用单位长度作用的力来表示，记作分布力集度 $q(x)$，单位为牛/米 (N/m)。当 $q(x)$ 为常数时称其为均布力或均布载荷［图 1-2 (c)］。

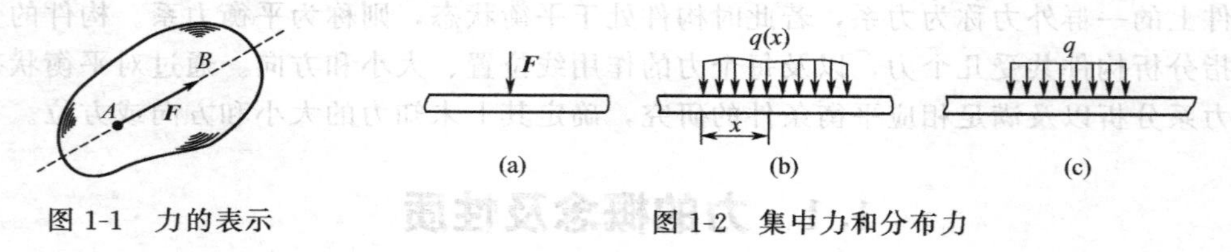

图 1-1　力的表示　　图 1-2　集中力和分布力

1.1.2　力的基本性质

(1) 力的成对性

力是由两个物体相互作用产生的，所以作用力和反作用力总是同时存在，两力的大小相等、方向相反，沿着同一直线，分别作用在两个相互作用的物体上。如用手推小车时，手对小车施加力，同时手必受到小车的反作用力。这两力大小相等、方向相反，分别作用在小车和手上。在进行受力分析时，必须注意作用力与反作用力分别作用在两个不同物体上，不能认为这两力相互平衡，组成平衡力系。作用力和反作用力常用同一个字母表示，但在其中之一字母（多为表示反作用力的字母）的右上角加一“撇”，如 $\boldsymbol{F}'$，加以区分。

(2) 二力平衡条件

若刚体只受两个力的作用而处于平衡状态，其必要和充分条件是：这两个力的大小相等、方向相反，且作用在同一直线上。如图 1-3 所示，物体受到两个力 $\boldsymbol{F}_A$ 和 $\boldsymbol{F}_B$ 并处于平衡状态，则一定有 $\boldsymbol{F}_A=-\boldsymbol{F}_B$。此时，$\boldsymbol{F}_A$ 和 $\boldsymbol{F}_B$ 称为一对平衡力。

只受两个力作用而处于平衡的构件称为二力构件。根据二力平衡条件可以确定，这两个力的方位就是这两个作用点的连线（图 1-4）。

(3) 力的可合性与可分性

若一个力与一个力系等效，则这个力是该力系的合力，而该力系中的各个力为其合力的分力。由力系求合力的过程称为力的合成，而将合力转化成几个分力的过程称为力的分解，这就是力的可合性和可分性。

图 1-3　二力平衡　　图 1-4　二力构件

求合力可采用平行四边形法则进行。例如作用在物体上同一点的两个力，可以合成为一个合力，合力的作用点也在该点，合力的大小和方向，由这两个力为边构成的平行四边形的对角线确定。

图 1-5（a）所示物体上 A 点作用有两个力 $\boldsymbol{F}_1$ 和 $\boldsymbol{F}_2$，合力 $\boldsymbol{R}$ 由平行四边形的对角线确定，即

$$\boldsymbol{R}=\boldsymbol{F}_1+\boldsymbol{F}_2$$

亦可以另作一力的三角形，求两力的合力大小和方向［图 1-5（b）］。将有向线段 $\boldsymbol{AB}$ 和 $\boldsymbol{BD}$ 表示的两个力 $\boldsymbol{F}_1$ 和 $\boldsymbol{F}_2$ 首尾相接，且从 A 点到 D 点的有向线段 $\boldsymbol{AD}$ 即为合力 $\boldsymbol{R}$。

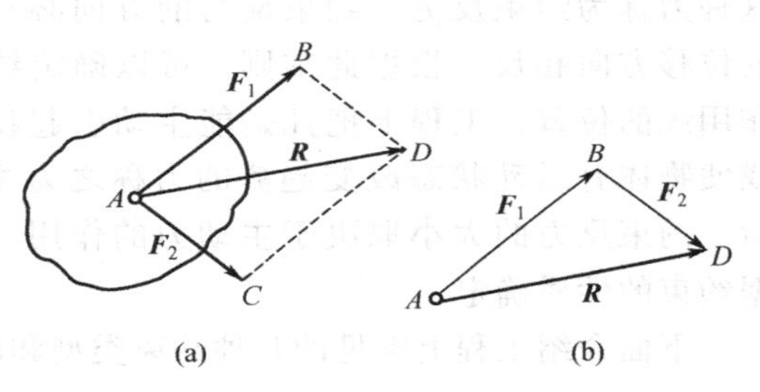

图 1-5　力的平行四边形法则和力的三角形

力的分解与力的合成是相反的过程，也应用平行四边形法则（图 1-6）。两个力 $\boldsymbol{F}_1$ 和 $\boldsymbol{F}_2$ 称为力 $\boldsymbol{R}$ 的分力。一般来说，一个力分解成相交的两个分力有无穷多解。在工程中，常常把一个力分解为相互垂直的两个分力［图 1-6（b）］。

（4）力的加减平衡力系原理和力的可传性

力的加减平衡力系原理是指在原力系上加上或减去任意的平衡力系，所得力系与原力系对刚体的作用等效。根据此原理可以导出力的可传性。所谓力的可传性是指作用于刚体上某点的力，可以沿着它的作用线移到刚体内任意一点，并不改变该力对刚体的作用。

假设力 $\boldsymbol{F}$ 作用于刚体上的 A 点（图 1-7）。根据加减平衡原理，可在力的作用线上任取一点 B，并加上两个相互平衡的力 $\boldsymbol{F}_1$ 和 $\boldsymbol{F}_2$，使 $\boldsymbol{F}_1=\boldsymbol{F}=-\boldsymbol{F}_2$。由于力 $\boldsymbol{F}$ 和 $\boldsymbol{F}_2$ 也可视为一个平衡力系，故可除去。这样，刚体上只剩下作用于 B 点的一个力 $\boldsymbol{F}_1$。显然原来的力 $\boldsymbol{F}$ 沿其作用线移到了 B 点。

由此可见，对于刚体来说，力的作用点已不是决定力的作用效应的要素，它已被作用线

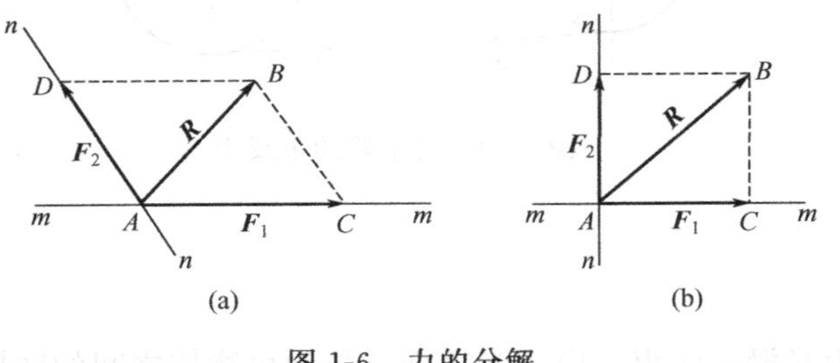

图 1-6　力的分解

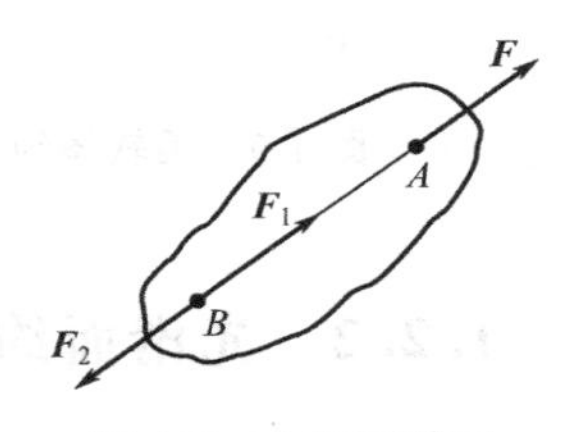

图 1-7　力的可传性

代替。因此，作用于刚体上的力的三要素是：力的大小、方向和作用线。

必须注意，力的可传性只适用于刚体，在考虑构件变形时，力的移动常会引起构件内部变形的不同，所以不适用于变形体。

1.2 约束与约束反力

若一物体的运动在空间任何方向不受限制，完全自由，则该物体称为自由体，例如飞机、炮弹和火箭等。反之，若物体的运动在某些方向上受到限制而不能完全自由，则该物体称为非自由体。对非自由体的某些位移限制的周围物体称为约束。例如受风力 q 和重力 G 作用的塔设备，被地脚螺栓固定在基础上，不能向下、向左右移动和翻到［图 1-8（a）］。此时塔设备为非自由体，地脚螺栓和基础为约束。

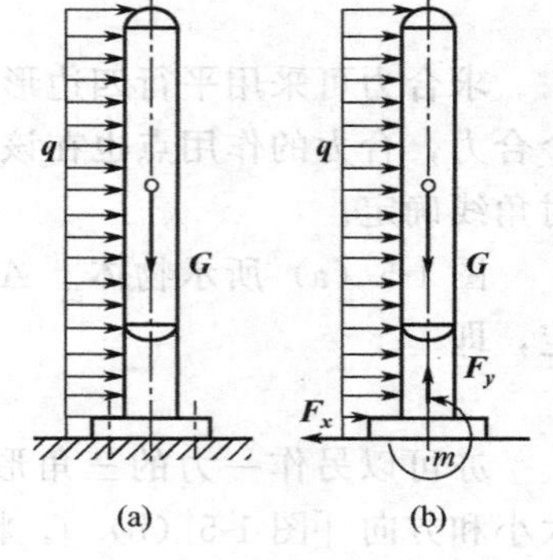

图 1-8 塔设备的约束和约束反力

约束限制了物体的运动，意味着约束对物体有力的作用，这种力称为约束反力。约束反力的方向必与该约束所能阻碍的位移方向相反。根据此准则，可以确定约束反力的方向或作用线的位置。工程上把凡是能主动引起物体运动状态改变或使物体有运动状态改变趋势的力称之为主动力，也称为载荷。约束反力的大小取决于主动力的作用，方向或方位需根据约束的性质确定。

下面介绍工程上常见的几种约束类型和确定其约束反力方向或方位的方法。

1.2.1 柔软体约束

由绳索、胶带、钢丝绳等柔软物体产生的约束称为柔软体约束。该约束的特点是只能承受拉力，不能承受压力，也就是说只有拉直了才能起到约束作用。例如用绳子悬挂一重物 G（图 1-9），绳子只能限制重物向下运动，所以它产生的约束反力 T 沿绳子竖直向上。

链条或皮带轮也都只能承受拉力。当它们绕过轮子时，约束反力沿轮缘的切线方向（图 1-10）。因此，这类柔软体约束力的方向一定沿着柔软体的中心线且背离物体。

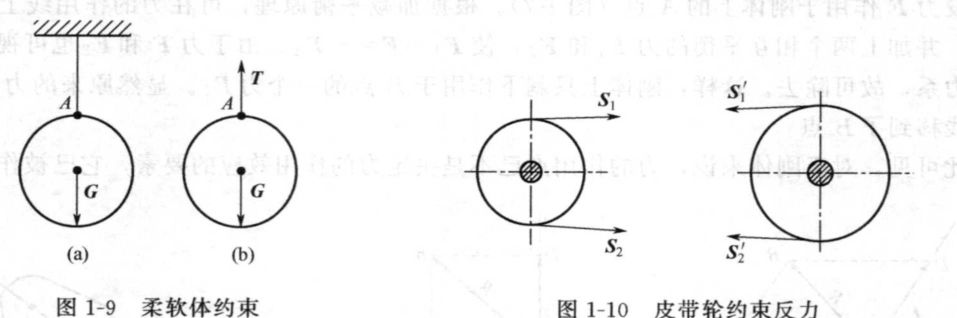

图 1-9 柔软体约束

图 1-10 皮带轮约束反力

1.2.2 光滑面约束

光滑表面支承面产生的约束称为光滑面约束。由于光滑面与被约束物体之间的摩擦力很小，可以忽略不计，因此约束只能阻止物体沿着接触点的公法线朝向支承面的运动，从而光滑面约束反力的方向应沿着接触点的公法线，并指向物体。例如车轮与轨道接触［图 1-11（a）］。

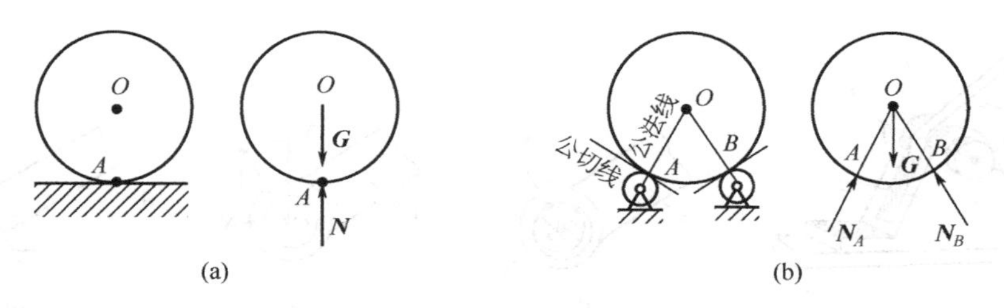

图 1-11　光滑表面约束

若忽略钢轨的摩擦，则车轮在 $\boldsymbol{G}$ 作用下有向下运动的趋势，而约束反力 $\boldsymbol{N}$ 则沿接触点 A 的法线垂直向上。又如圆筒形容器在组装时放置在托架上［图 1-11（b）］，容器与托轮分别在 A、B 处接触，托架作用于容器的约束反力 $\boldsymbol{N}_A$ 和 $\boldsymbol{N}_B$ 分别沿接触点的公法线 OA、OB，即沿圆筒形容器的半径方向，指向圆心。

1.2.3　光滑铰链约束

（1）向心轴承（径向轴承）

图 1-12（a）所示为轴承装置。轴可在孔内任意转动，也可沿孔的中心线移动，但是轴承限制轴沿径向向外的移动。当轴和轴承在某点 A 光滑接触时，轴承对轴的约束反力 $\boldsymbol{N}_A$ 作用在接触点 A，且沿公法线指向轴心。

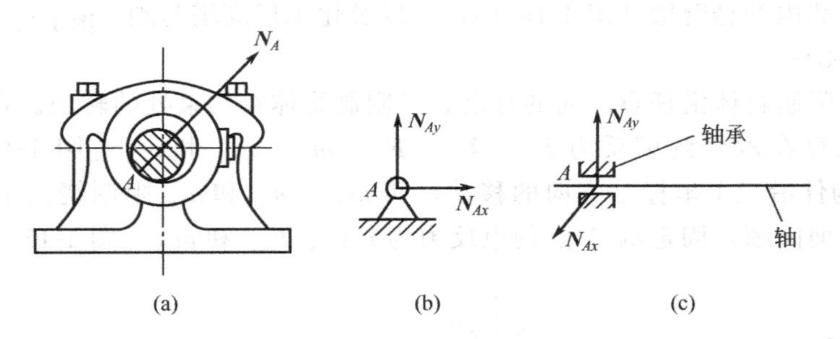

图 1-12　向心轴承

但是随着轴所受的主动力不同，轴和孔的接触点的位置也随之不同。因此当主动力尚未确定时，约束反力的方向预先不能确定。然而无论约束反力朝向何方，它的作用线必须垂直于轴线并通过轴心。轴承装置可画成简图［图 1-12（b）、（c）］，其约束力一般用过轴心的两个大小未知的正交分力 $\boldsymbol{N}_{Ax}$、$\boldsymbol{N}_{Ay}$ 来表示，分力 $\boldsymbol{N}_{Ax}$ 和 $\boldsymbol{N}_{Ay}$ 的指向暂时任意假定。

（2）圆柱铰链约束

图 1-13（a）所示为一种常见的圆柱铰链结构。它由两个带圆孔的构件 A、B 和孔中插入的光滑圆柱形销钉 C 组成。销钉与销孔的接触可认为是光滑的，此时构件 A、C 之间，B、C 之间，A、B 之间都只能发生相对转动，而不能产生相对移动。若把其中一个构件（如 B）固定在基础或机架上，则这种约束称为固定铰链支座。

在分析圆柱铰链处的约束反力时，通常把销钉 C 固连在其中任意一个构件上，如构件 B 上，则构件 A、B 互为约束。显然当忽略摩擦时，构件 B 上销钉与构件 A 的结合，实际上就是轴与光滑孔的配合问题。因此它的约束反力作用线垂直轴线并通过铰链中心 C，用两

个正交分力 $\boldsymbol{N}_x$、$\boldsymbol{N}_y$ 表示 [图 1-13 (b)、(c)]。固定铰链支座及其约束反力的简化表示法如图 1-13 (d) 所示。

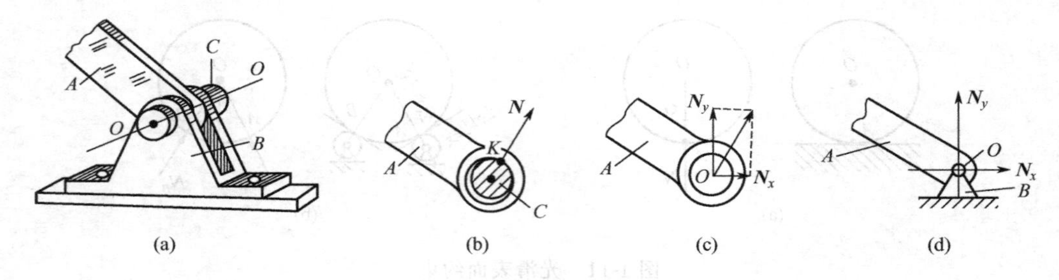

图 1-13 圆柱铰链约束

对于化工、石油装置中的卧式容器和梁等，为了适应较大的温度变化使之能相应伸长或收缩，常把其中的一个铰链支座设计为沿着支承面可以自由移动 [图 1-14 (a)]，这种铰链支座称为活动铰链支座。该支座的特点是只能阻止物体沿垂直于支承面的方向运动，因此其约束反力 $\boldsymbol{N}$ 的方向应垂直于支承面，且指向被约束物体。活动铰链支座及其约束反力的简化表示法如图 1-14 (b) 所示。

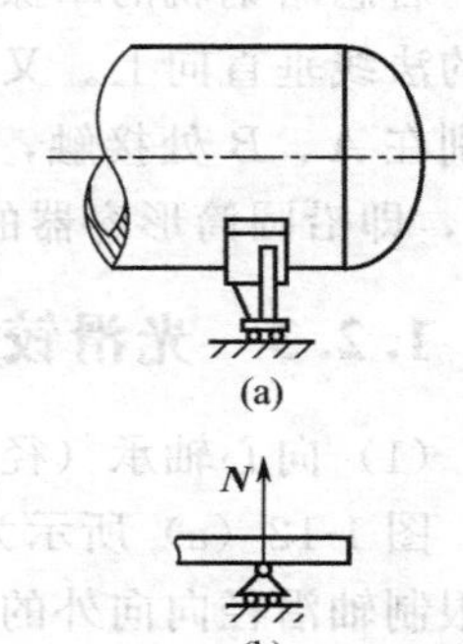

图 1-14 活动铰链支座

1.2.4 固定端约束

固定端约束是指物体的一部分完全固定在另一物体上所构成的约束，例如插入墙内的悬臂梁 [图 1-15 (a)] 以及化工厂高塔与地面的约束 (图 1-8)。

该种约束既限制物体沿任意方向的移动，又限制物体在约束处的转动。在空间力系研究中，固定端约束存在六个约束反力 $\boldsymbol{F}_x$、$\boldsymbol{F}_y$、$\boldsymbol{F}_z$、$\boldsymbol{m}_x$、$\boldsymbol{m}_y$ 和 $\boldsymbol{m}_z$ [图 1-15 (b)]。$\boldsymbol{F}_x$、$\boldsymbol{F}_y$ 和 $\boldsymbol{F}_z$ 限制构件沿三个坐标轴方向的移动，而 $\boldsymbol{m}_x$、$\boldsymbol{m}_y$ 和 $\boldsymbol{m}_z$ 限制绕三个坐标轴方向的转动。若研究平面问题，固定端 A 点约束反力为 $\boldsymbol{F}_{Ax}$、$\boldsymbol{F}_{Ay}$ 和 $\boldsymbol{m}_A$ [图 1-15 (c)]。

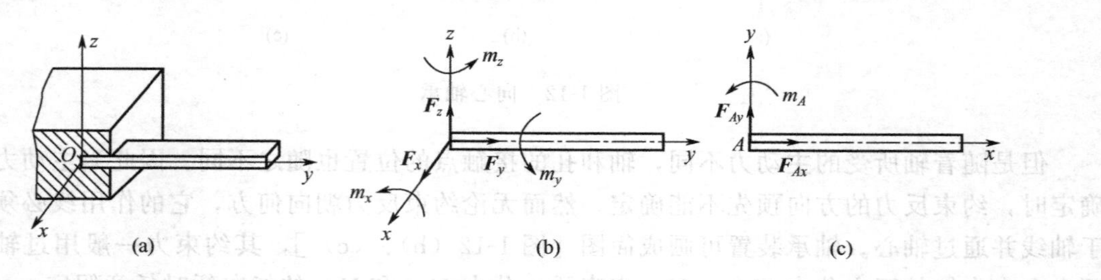

图 1-15 固定端约束及约束反力

1.3 受 力 图

为了把构件的受力情况清晰地表达出来，首先要明确研究对象，把其与周围的约束分离出来，称之为分离体，单独画出；然后把研究对象上的主动力画出；再把周围解除约束的位置用相应的约束反力来代替并画出，从而得到分离体所受全部外力的图，称之为受力图。下面通过例题说明受力图画法。

【例 1-1】 如图 1-16 (a) 所示的水平梁 *AB* 用斜杆 *CD* 支撑，*A*、*D*、*C* 三处均为圆柱铰链连接。水平梁的重力为 $\boldsymbol{G}$，其上放置一个重为 $\boldsymbol{Q}$ 的电动机。如不计斜杆 *CD* 的重力，试画出斜杆 *CD* 和水平梁 *AB* 的受力图。

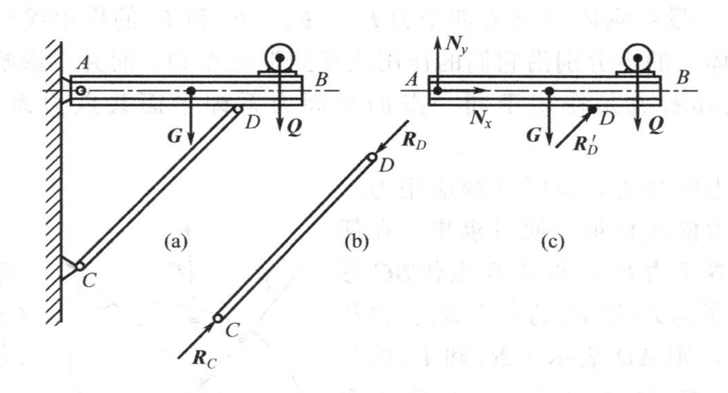

图 1-16　例 1-1 附图

解　(1) *CD* 杆为研究对象

① 解除约束，单独画出 *CD* 杆。

② 依题 *CD* 杆重力忽略不计，只在 *C* 和 *D* 点与外界接触，因此处于平衡的 *CD* 杆件只受到两个约束力 $\boldsymbol{R}_C$、$\boldsymbol{R}_D$ 作用，故为二力杆，从而 $\boldsymbol{R}_C=-\boldsymbol{R}_D$，两力的方位沿 *CD* 两点连线。由图可断定斜杆 *CD* 处在受压状态，所以约束力 $\boldsymbol{R}_C$、$\boldsymbol{R}_D$ 方向均指向斜杆 [图 1-16 (b)]。

(2) *AB* 梁＋电动机为研究对象

① 解除约束，单独画出 *AB* 梁＋电动机

② 画出主动力梁和电动机的重力 $\boldsymbol{G}$ 和 $\boldsymbol{Q}$

③ 该研究对象在 *D*、*A* 两点受到约束。在 *D* 点，约束反力 $\boldsymbol{R}_D$ 与 $\boldsymbol{R}'_D$ 是作用力与反作用力，所以 $\boldsymbol{R}'_D=-\boldsymbol{R}_D$，即 $\boldsymbol{R}'_D$ 的方向必沿 *CD* 杆的轴线指向水平梁。

④ *A* 点为铰链连接，其约束反力始终通过 *A* 点，用两个垂直分力 $\boldsymbol{N}_x$、$\boldsymbol{N}_y$ 表达 [图 1-16 (c)]

画受力图的步骤和需注意的事项如下：

ⅰ. 确定研究对象，解除约束，取分离体；

ⅱ. 先画出作用在分离体上的主动力，再在解除约束的地方画出约束反力；

ⅲ. 画约束反力时要充分考虑约束的性质，若为固定圆柱铰链约束，一般可画一对位于约束平面内相互垂直的约束反力；若是二力构件，则约束反力的方位沿两作用点的连线；若为柔软体约束，约束反力沿柔软体方向，背离物体；

ⅳ. 在画相互制约构件的受力图时，要注意相互制约构件作用力与反作用力之间的关系，当其中的一个方向一经确定（或假定），另一个亦随之而定。

1.4　平面汇交力系的合成与平衡条件

要求解作用在构件上的未知外力，需要通过对力系的合成即力系的简化，找到构件的平衡条件。首先讨论最简单的平面汇交力系的合成和平衡条件。所谓平面汇交力系，是指作用于物体上的各力的作用线位于同一平面内，并且汇交于一点的力系。研究平面汇交力系的简化与平衡的方法有两种，即几何法和解析法。

1.4.1 平面汇交力系的几何法与平衡条件

(1) 几何法

如图 1-17 所示，设在刚体 O 点有四个力 $\boldsymbol{F}_1$、$\boldsymbol{F}_2$、$\boldsymbol{F}_3$ 和 $\boldsymbol{F}_4$ 的作用线汇交。利用力的可传性，把作用在刚体上的力分别沿它们的作用线移到汇交点 O，而并不影响其对刚体的作用效果。因此可以把其看成是作用于同一点的平面力系即平面共点力系（或称为平面汇交力系）。

欲求四个共点力的合力，只需连续应用力三角形规则，将这些力依次相加，便可求出。在任意点 A 作矢量 $\boldsymbol{AB}$ 等于力 $\boldsymbol{F}_1$，再从 B 点作 $\boldsymbol{BC}$ 等于 $\boldsymbol{F}_2$，则 $\boldsymbol{AC}$ 表示了力 $\boldsymbol{F}_1$ 和 $\boldsymbol{F}_2$ 的合力 $\boldsymbol{R}_1$。再从 C 点作 $\boldsymbol{CD}$ 等于 $\boldsymbol{F}_3$，则 $\boldsymbol{AD}$ 表示了 $\boldsymbol{R}_1$ 和 $\boldsymbol{F}_3$ 的合力 $\boldsymbol{R}_2$，也就是 $\boldsymbol{F}_1$、$\boldsymbol{F}_2$ 和 $\boldsymbol{F}_3$ 的合力。最后从 D 点作 $\boldsymbol{DE}$ 等于 $\boldsymbol{F}_4$，则 $\boldsymbol{AE}$ 表示了 $\boldsymbol{R}_2$ 和 $\boldsymbol{F}_4$ 的合力 $\boldsymbol{R}$，也就是 $\boldsymbol{F}_1$、$\boldsymbol{F}_2$、$\boldsymbol{F}_3$ 和 $\boldsymbol{F}_4$ 的合力。由图可见，中间的矢量 $\boldsymbol{AC}$ 和 $\boldsymbol{AD}$ 不必作出，只要把各力的矢量首尾依次相接地画出，得到一个开口多边形，最后从第一个力始点指向最后一个力的终点的有向线段，即为合力。这样作出的多边形称为力多边形。显然，此法可推广到有任意多个力的汇交力系。如用矢量和表示，平面汇交力系的合力等于各力的矢量和，合力的作用线通过各力的汇交点，即

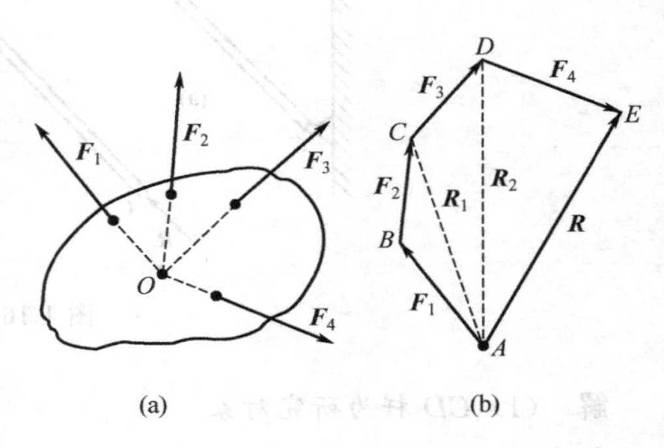

图 1-17 平面汇交力系的合成

$$\boldsymbol{R}=\boldsymbol{F}_1+\boldsymbol{F}_2+\cdots+\boldsymbol{F}_n=\sum_{i=1}^{n}\boldsymbol{F}_i \tag{1-1}$$

式中，$\sum\limits_{i=1}^{n}\boldsymbol{F}_i$ 常写成 $\sum \boldsymbol{F}$。必须注意，在画力多边形时，任意变换力的次序，可得形状不同的力多边形，但合力的大小和方向不会改变。

(2) 平面汇交力系的平衡条件

平面汇交力系使用力多边形合成以后，将力系简化为一个合力。如果合力等于零，则物体必处于平衡状态。因此在平面汇交力系作用下物体平衡的必要和充分条件是合力等于零。用矢量式表示为

$$\boldsymbol{R}=\sum_{i=1}^{n}\boldsymbol{F}_i=\sum \boldsymbol{F}=0 \tag{1-2}$$

用力的多边形求解合力会受作图精确性的影响，因此工程上更多的是采用解析法求解合力。

1.4.2 平面汇交力系合成的解析法与平衡条件

(1) 力在坐标轴上的投影

图 1-18 所示一力 $\boldsymbol{F}$ 作用于刚体 A 点。在直角坐标系 xOy 上，过力 $\boldsymbol{F}$ 的两端 A、B 分别向 x 和 y 轴作垂线，所得的两线段 ab、$a'b'$ 分别称为力 $\boldsymbol{F}$ 在 x 和 y 轴上的投影，记为 F_x 和 F_y。如果 AB 指向与坐标轴正向一致，则 F_x 和 F_y 为正值，反之为负。

由图可见，$\boldsymbol{F}_x$ 和 $\boldsymbol{F}_y$ 也是力 $\boldsymbol{F}$ 在 x 和 y 轴上的分力。若 α 是力 $\boldsymbol{F}$ 与 x 轴正向间的夹

角，则

$$\begin{cases}F_x=F\cos\alpha\\F_y=F\sin\alpha\end{cases} \tag{1-3}$$

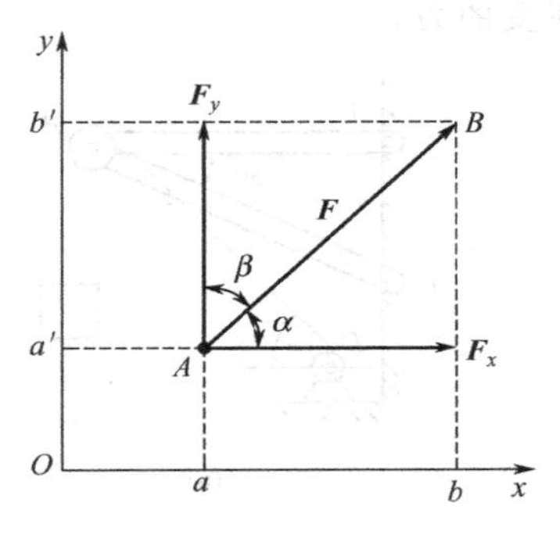

图 1-18 力在坐标轴上的投影

(2) 合力投影定理

如图 1-19 (a)、(b) 所示平面汇交力系的各力矢 $\boldsymbol{F}_1$、$\boldsymbol{F}_2$和 $\boldsymbol{F}_3$组成力的多边形，$\boldsymbol{R}$ 为合力。将力 $\boldsymbol{F}_1$、$\boldsymbol{F}_2$、$\boldsymbol{F}_3$以及合力 $\boldsymbol{R}$ 分别向直角坐标系中的 x 和 y 轴上投影，得 R_x、F_{1x}、F_{2x}、F_{3x}和R_y、F_{1y}、F_{2y}、F_{3y}。由图可见

$$\begin{cases}R_x=F_{1x}+F_{2x}+F_{3x}\\R_y=F_{1y}+F_{2y}+F_{3y}\end{cases}$$

注意：式中各力的投影是代数式。

显然，上述关系可以推广到任意多个力 $\boldsymbol{F}_1$、$\boldsymbol{F}_2$、…$\boldsymbol{F}_n$组成的平面汇交力系，即

$$\begin{cases}R_x=F_{1x}+F_{2x}+\cdots+F_{nx}=\sum F_x\\R_y=F_{1y}+F_{2y}+\cdots+F_{nx}=\sum F_y\end{cases} \tag{1-4}$$

此式表明，力系的合力在某一坐标轴上的投影，等于各分力在同一坐标轴上投影的代数和，这就是合力投影定理。

(3) 平面汇交力系的合成

当用解析法求平面汇交力系的合力时，先求出各力在两坐标轴上的投影，再利用合力投影定理，可以很方便求出力系的合力 $\boldsymbol{R}$ 在 x 和 y 轴上投影 R_x和R_y，然后求出合力 $\boldsymbol{R}$ 的大小和方向［图 1-19 (c)］。

$$R=\sqrt{R_x{}^2+R_y{}^2}=\sqrt{(\sum F_x)^2+(\sum F_y)^2} \tag{1-5}$$

$$\tan\alpha=\frac{R_y}{R_x}=\frac{\sum F_y}{\sum F_x} \tag{1-6}$$

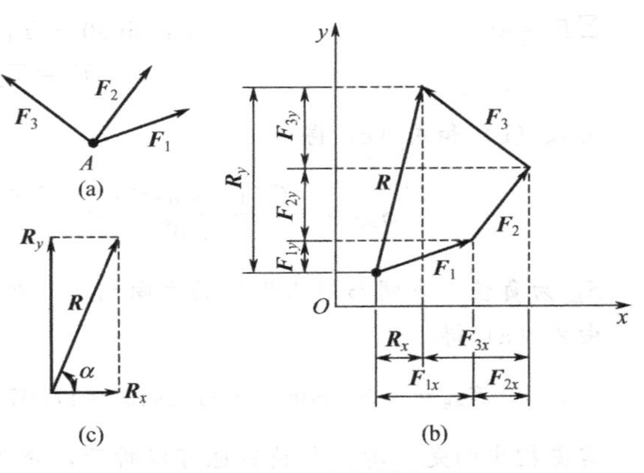

图 1-19 合力投影定理

合力 $\boldsymbol{R}$ 的方向可以由 R_x和 R_y正负号判定。

(4) 平面汇交力系的平衡条件

平面汇交力系平衡的必要和充分条件是：该力系的合力 $\boldsymbol{R}$ 等于零，即

$$R=\sqrt{(\sum F_x)^2+(\sum F_y)^2}=0$$

欲使上式成立，必须同时满足

$$\begin{cases}\sum F_x=0\\\sum F_y=0\end{cases} \tag{1-7}$$

于是平面汇交力系下平衡的必要和充分条件是：各力在两个坐标轴上投影的代数和分别等于零。式 (1-7) 称为平衡方程，可以求解两个未知量。

【例 1-2】 图 1-20 (a) 所示为一简易起重装置。支架的 AB 和 BC 两杆在 A、B、C 三处铰链连接。在 B 处的销钉上装有一个光滑小滑轮，绕过滑轮的起重钢丝绳一端悬挂重 $G=5\text{kN}$ 的重物，另一端绕在卷扬机绞盘 D 上。当卷扬机开动时，可将重物吊起。设支架的 AB 和 BC 两杆和小滑轮自重不计，小滑轮尺寸亦不考虑，并设重物匀速上升，试求 AB 和 BC 两杆

所受的力。

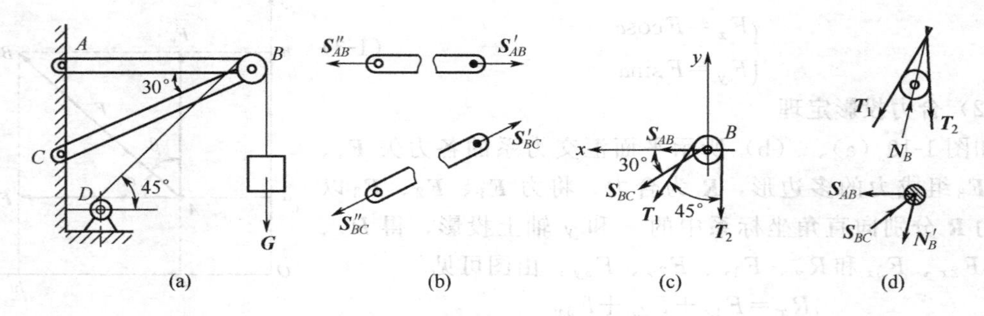

图 1-20 例 1-2 附图

解 考虑滑轮和销钉上同时作用有已知力和未知力，故把滑轮和销钉视为一体，作为研究对象。AB 和 BC 两杆为二力杆，它们对销钉的约束力分别沿两杆的轴线，假定两杆均受拉［图 1-20（b）］。取滑轮和销钉分离体，画受力图［图 1-20（c）］。因不考虑摩擦，所以钢丝绳 BD 段的拉力 T_1 和铅垂段的拉力 T_2 相等，且等于重力 G。

建立如图坐标系，列平衡方程

$$\sum F_x=0 \qquad S_{AB}+S_{BC}\cos30°+T_1\cos45°=0 \qquad \text{(a)}$$

$$\sum F_y=0 \qquad -S_{BC}\sin30°-T_1\sin45°-T_2=0 \qquad \text{(b)}$$

$$T_1=T_2=G \qquad \text{(c)}$$

由式（b）和式（c）得

$$S_{BC}=-\frac{G(1+\sin45°)}{\sin30°}=-\frac{5\times(1+0.707)}{0.5}=-17.07(\text{kN})$$

S_{BC} 为负值，表明与原来假定的方向相反，即 BC 杆受压。

由式（a）得

$$S_{AB}=-S_{BC}\cos30°-G\cos45°=17.07\times0.866-5\times0.707=11.25\ (\text{kN})$$

需要指出的是，滑轮和销钉也可以拆开，分别进行受力分析，其受力图见图 1-20（d）（注意图中作用于销钉的 $\boldsymbol{S}_{BC}$ 力已按正确的方向画出）。由于本题没有要求求解销钉所受的力，所以把滑轮和销钉视为一体研究更为简单、方便。此时滑轮和销钉之间的作用力是一种内力，彼此抵消，对整体的平衡不发生影响。

1.5 平面力偶系的合成与平衡条件

要保证物体平衡，不仅保证物体不发生移动，还要保证物体不发生转动。本节讨论物体在平面力偶系作用下的转动平衡条件。所谓平面力偶系是指作用在物体同一平面内的两个或两个以上的力偶。

1.5.1 力矩

力对刚体产生的外效应包括移动和转动状态的改变。其中力对刚体的移动效应可用力的矢量来度量；而力对刚体的转动效应可用力对点的矩（简称力矩）来度量，即力矩是度量力对刚体转动效应的物理量。

图1-21所示用扳手拧紧螺母时，作用于扳手一端的力$\boldsymbol{F}$，使扳手和螺母一起绕螺母中心O转动。由经验可知，要使螺母产生转动效应，其不仅仅取决于力$\boldsymbol{F}$的大小和方向，而且还与该力的作用线到O的垂直距离l有关。F、l值越大，转动效应越强，螺母就越容易拧紧。因此Fl作为度量力对物体的转动效应的物理量，称为力对点的矩，简称力矩。O点称为力矩中心，简称矩心；力$\boldsymbol{F}$的作用线到O的垂直距离l，称为力臂。

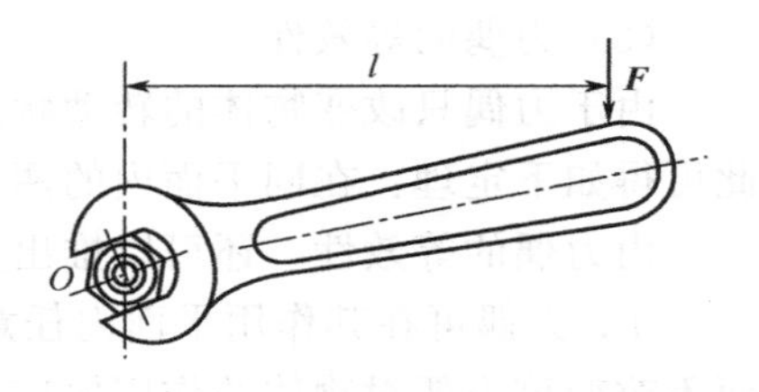

图1-21　扳手拧紧螺母

力$\boldsymbol{F}$对点O的矩以$M_O(\boldsymbol{F})$表示，即

$$M_O(\boldsymbol{F})=\pm Fl \tag{1-8}$$

式中正负号表示力矩的转向，一般以逆时针转向为正；顺时针转向则为负。力矩的单位为牛顿米（N·m）或千牛顿米（kN·m）。

1.5.2　力偶与力偶矩

（1）力偶

图1-22所示汽车司机用双手转动驾驶盘，在其上作用了成对的等值、反向且不共线的平行力。显然两平行力的矢量和等于零，不会发生移动效应，但是两力不共线，它们能使物体发生转动效应。这种由两个大小相等、方向相反且不共线的平行力组成的力系，称为力偶（图1-23），记作（$\boldsymbol{F}$，$\boldsymbol{F}'$）。力偶的两力之间的距离d称为力偶臂，力偶所在的平面称为力偶的作用面。

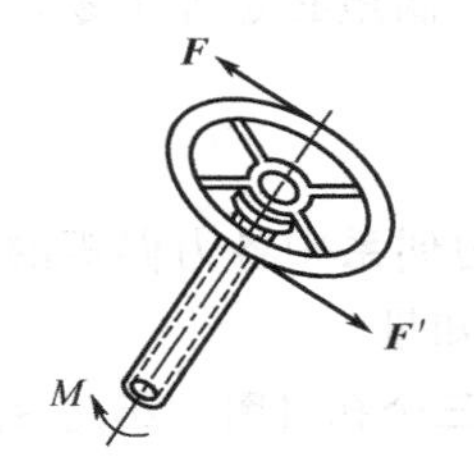

图1-22　转动驾驶盘受力图

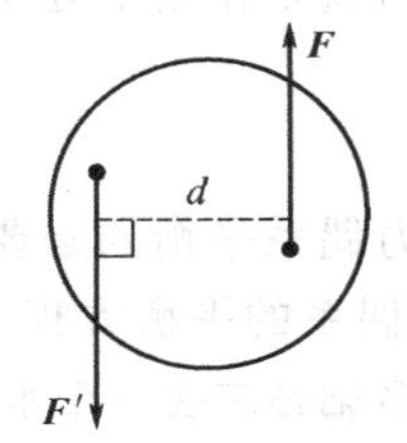

图1-23　力偶

（2）力偶矩

力偶对物体的转动效果，可用力偶的两个力对其作用面内某点的矩的代数和来度量。设有力偶（$\boldsymbol{F}$，$\boldsymbol{F}'$），力偶臂为d（图1-24）。力偶对任一点O的矩为

$$M_O(\boldsymbol{F})+M_O(\boldsymbol{F}')=F(d+l)-F'l=Fd$$

这表明力偶的作用效果决定于力$\boldsymbol{F}$的大小和力偶臂d的长短，而与矩心位置无关。Fd作为度量力偶对物体的转动效应的物理量，称为力偶矩，记作$m(\boldsymbol{F},\boldsymbol{F}')$，简写为$m$，即

$$m=\pm Fd=\pm F'd \tag{1-9}$$

式中正负号表示力偶的转向，一般以逆时针转向为正；顺时针转向则为负。力偶矩的单位是牛顿米（N·m）或千牛顿米（kN·m）。

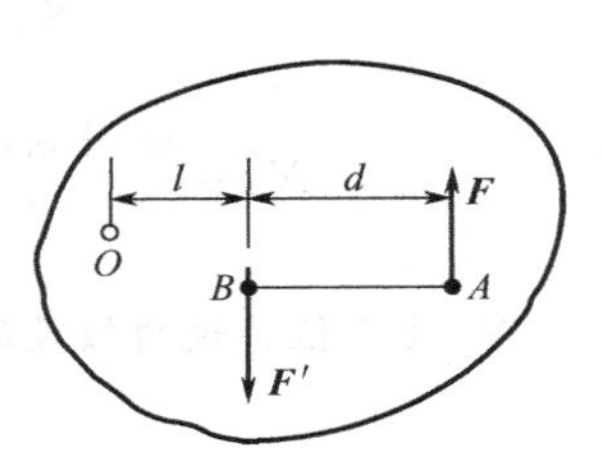

图1-24　力偶矩计算

(3) 力偶的等效性

由于力偶只改变物体的转动状态，而力偶矩是度量力偶对物体的转动效应的物理量，因此可得如下定理：在同平面内的两个力偶，若其力偶矩相等，则两力偶彼此等效。

由力偶的等效性，还可以推出力偶两个重要特性：

ⅰ. 力偶可在其作用平面内任意转移（包括移动和转动），而不改变该力偶对物体的作用效应；

ⅱ. 在保持力偶矩大小和转向不变的条件下，可以任意改变力偶中的力和力偶臂的大小，而不影响它们对物体的作用效应。

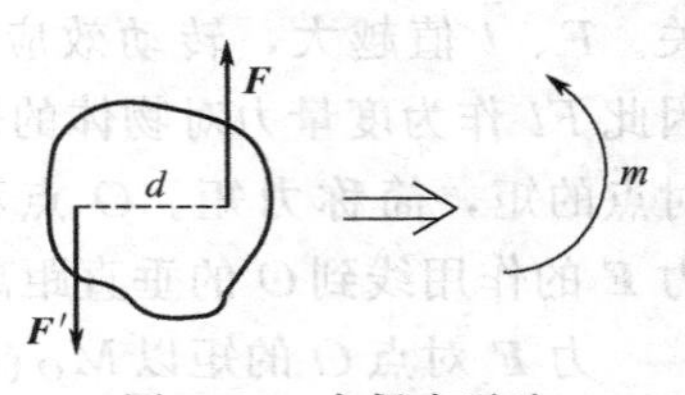

图 1-25 力偶表示法

由此可见力偶矩是其力偶的特征量。常用图 1-25 所示的符号表示力偶，m 为力偶矩。

1.5.3 平面力偶系的合成与平衡条件

若在物体的同一平面内作用有两个以上的力偶，那么这些力偶对物体的作用可以用一个力偶等效替代。这个力偶称为合力偶，其力偶矩是所有等效替代的各力偶矩的代数和，即

$$m = m_1 + m_2 + \cdots + m_n = \sum_{i=1}^{n} m_i \tag{1-10}$$

式中，m_1、m_2、…、m_n是同一平面内各力偶的力偶矩，$\sum_{i=1}^{n} m_i$ 可简写为 $\sum m_i$。

若物体在平面力偶系作用下处于平衡状态，则合力偶矩必定等于零，即

$$\sum m_i = 0 \tag{1-11}$$

由此可知平面力偶系平衡的必要与充分条件是：力偶系中各力偶矩的代数和等于零。式(1-11) 称为平面力偶系的平衡方程，可以求解一个未知量。

【例 1-3】 用多轴钻床在一个水平工件上同时加工三个孔 (图 1-26)。每个钻头对工件施加一压力和一力偶。已知三个力偶矩的大小分别为 20N・m、20N・m、40N・m，两固定螺柱之间的距离 l = 250mm。求加工时两个固定螺柱所受的水平力。

解 选工件为研究对象，取分离体。工件上作用三个力偶，由平衡方程可知，在螺柱 A 和 B 处水平反力 $\boldsymbol{N}_A$ 和 $\boldsymbol{N}_B$ 必组成一力偶与之平衡。

由平衡方程 $\sum m_i = 0$ 得

$$N_A l - m_1 - m_2 - m_3 = 0$$

$$N_A = \frac{m_1 + m_2 + m_3}{l} = \frac{20 + 20 + 40}{0.25} = 320(\text{N})$$

N_A 为正值，说明假设的方向是正确的。

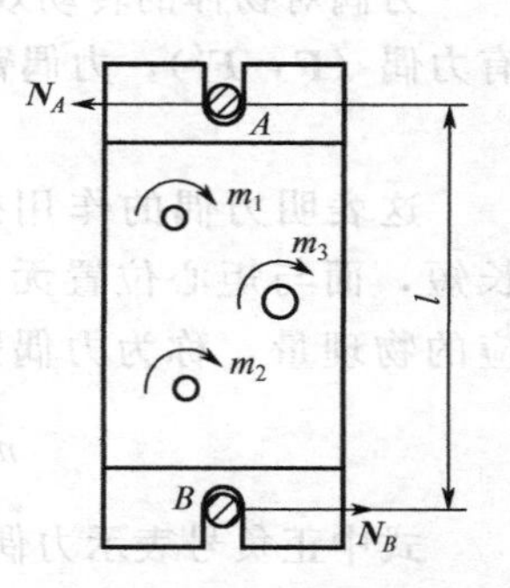

图 1-26 例 1-3 附图

1.6　平面一般力系的合成与平衡条件

1.6.1　力的平移定理

所谓力的平移就是把作用在刚体上的力从其原位置平行移到刚体上的另外位置。

设有一力 $\boldsymbol{F}$ 作用在刚体的 A 点［图 1-27（a）］。为了将该力平移到任意一点 B，先在 B 点加一对平衡力 $\boldsymbol{F}_1$ 和 $\boldsymbol{F}_1'$，且使 $-\boldsymbol{F}_1'=\boldsymbol{F}_1=\boldsymbol{F}$［图 1-27（b）］。根据加减平衡力系原理可知，此力系与原力系等效。可以看到 $\boldsymbol{F}$ 和 $\boldsymbol{F}_1'$ 组成力偶，称为附加力偶［图 1-27（c）］。显然附加力偶矩为

$$m=Fd=M_B(\boldsymbol{F}) \tag{1-12}$$

由此可得力的平移定理：作用在物体上的力可以平行移动到刚体上的任意一点，但必须同时附加一个力偶，这个附加力偶的力偶矩等于原力对新作用点之矩。

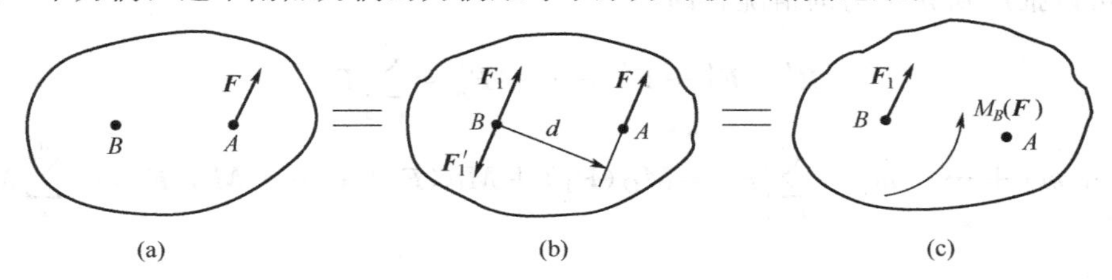

图 1-27　力的平移

现利用力的平移概念，讨论前面提到的平面力系时的固定端约束［图 1-28（a）］。

在外力作用下，物体接触的每一个点都受到约束反力的作用［图 1-28（b）］。把所有点的约束力向 A 点简化，得到一个 A 点的约束力和一个力偶矩 m_A。约束反力 $\boldsymbol{F}_A$ 可用水平分力 F_{Ax} 和垂直分力 F_{Ay} 来表示。因此固定端的约束反力可用 F_{Ax}、F_{Ay} 和 m_A 表示［图 1-28（c）］。

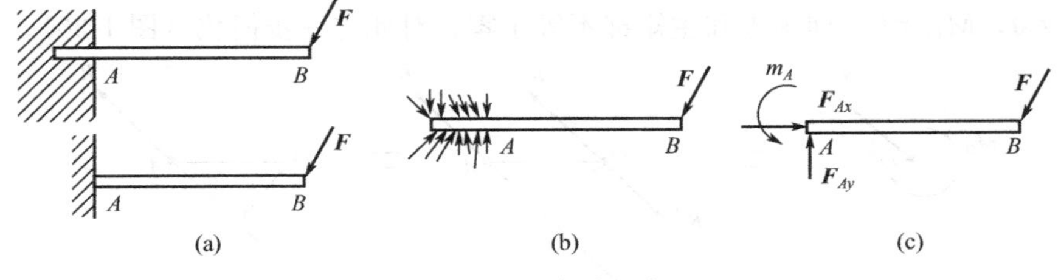

图 1-28　固定端约束

1.6.2　平面一般力系的简化

(1) 平面一般力系向任一点简化

设刚体 A、B、C 三点作用有平面力系 $\boldsymbol{F}_1$、$\boldsymbol{F}_2$ 和 $\boldsymbol{F}_3$［图 1-29（a）］。在该力系作用平面内任取一点 O（称为简化中心），将三力分别平移到 O 点。三力到 O 点的垂直距离分别为 d_1、d_2 和 d_3。

根据力的平移定理，得到一个作用线汇交于 O 点的汇交力系 $\boldsymbol{F}_1'$、$\boldsymbol{F}_2'$ 和 $\boldsymbol{F}_3'$ 和一个附加的力偶系 m_1、m_2、m_3［图 1-29（b）］，其力偶矩分别为原力系中各力对 O 点的矩，即 $m_1=M_O(\boldsymbol{F}_1)$、$m_2=M_O(\boldsymbol{F}_2)$、$m_3=M_O(\boldsymbol{F}_3)$。由此，原力系转化为一个汇交于 O 点的汇交力

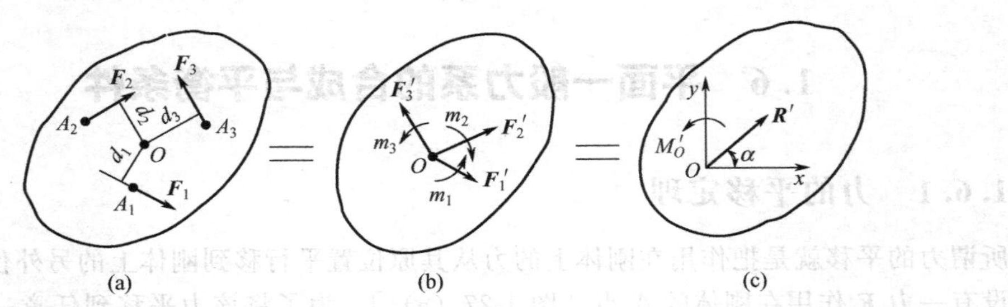

图 1-29 平面一般力系向任一点简化

系和一个力偶系。

汇交力系可以用矢量和相加，求得一个作用线过简化中心 O 点的合力 $\boldsymbol{R}'$，称为原力系的主矢；而力偶系合成为一个力偶 M_O'，称为原力系对简化中心的主矩，其合力偶的矩为所有附加力偶矩的代数和［图 1-29（c）］。

由此可以推广到 n 个力的情况，即

$$\boldsymbol{R}'=\boldsymbol{F}_1'+\boldsymbol{F}_2'+\cdots+\boldsymbol{F}_n'=\sum_{i=1}^{n}\boldsymbol{F}_i \tag{1-13}$$

$$M_O'=m_1+m_2+\cdots+m_n=\sum_{i=1}^{n}m_i=M_O(\boldsymbol{F}_1)+M_O(\boldsymbol{F}_2)+\cdots+M_O(\boldsymbol{F}_n)=\sum_{i=1}^{n}M_O(\boldsymbol{F}_i) \tag{1-14}$$

（2）平面一般力系简化结果分析

平面力系向作用面内任一点简化的结果，可能有以下四种情况。

ⅰ. $\boldsymbol{R}'\neq\boldsymbol{0}$，$M_O'=0$，即主矢不等于零，但主矩等于零。这表明 $\boldsymbol{R}'$ 就是原力系的合力，而合力的作用线恰好通过选定的简化中心。在此力作用下物体移动。

ⅱ. $\boldsymbol{R}'=\boldsymbol{0}$，$M_O'\neq0$，即主矢等于零，但主矩不等于零。这表明原力系简化为一力偶。在力偶作用下物体会发生转动效应。该力偶矩等于主矩，与简化中心的位置无关。

ⅲ. $\boldsymbol{R}'\neq\boldsymbol{0}$，$M_O'\neq0$，即主矢和主矩都不等于零，对此进一步简化（图 1-30）。

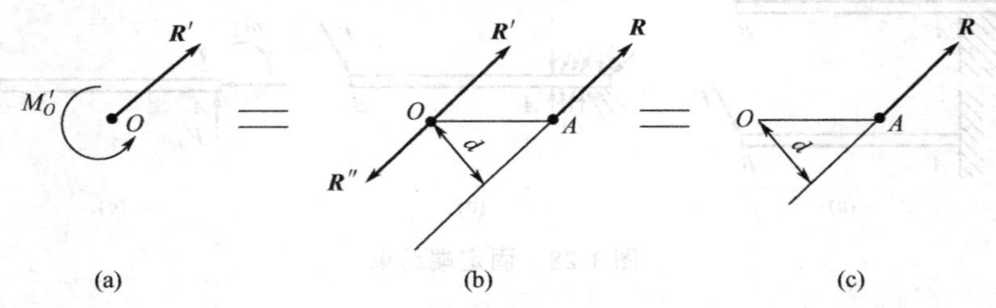

图 1-30 主矢和主矩进一步简化为一个力

将主矩用力偶 $m(\boldsymbol{R},\boldsymbol{R}'')$ 表示，且使 $\boldsymbol{R}=\boldsymbol{R}'$，则力偶臂为

$$d=\frac{|M_O'|}{R}$$

令 $\boldsymbol{R}''=-\boldsymbol{R}'$，且作用线通过 O 点。因为 $\boldsymbol{R}''$、$\boldsymbol{R}'$ 是一对平衡力，可以从力系中减去。于是得到力 $\boldsymbol{R}$，其为原力系的合力。该物体在此合力作用下会发生移动。

由图 1-30 可知，力系的合力 $\boldsymbol{R}$ 对简化中心 O 点的矩为

$$M_O(\boldsymbol{R})=Rd=M_O'$$

将式（1-14）代入，得

$$M_O(\boldsymbol{R})=\sum M_O(\boldsymbol{F})=M_O(\boldsymbol{F}_1)+M_O(\boldsymbol{F}_2)+\cdots+M_O(\boldsymbol{F}_n) \tag{1-15}$$

上式表明：平面力系的合力对作用面内任一点的矩，等于各分力对同点的矩的代数和，此为合力矩定理。

ⅳ. $\boldsymbol{R}'=\boldsymbol{0}$，$M'_O=0$，即主矢和主矩都等于零。这表示该力系既不能使物体移动，也不能使物体转动，即物体在该力系作用下处于平衡状态。

1.6.3　平面一般力系的平衡条件

平面一般力系平衡的必要与充分条件是：力系的主矢和力系对其作用面内任一点的主矩都等于零，即

$$\begin{cases}\boldsymbol{R}'=0\\ M'_O=0\end{cases} \tag{1-16}$$

由 $R'=\sqrt{R_x'^2+R_y'^2}=\sqrt{(\sum F_x)^2+(\sum F_y)^2}$ 可知，欲使 $\boldsymbol{R}'=0$，则 $\sum F_x=0$ 和 $\sum F_y=0$ 必须同时满足。将式（1-14）代入式（1-16），于是可得平面力系的平衡方程

$$\begin{cases}\sum F_x=0\\ \sum F_y=0\\ \sum M_O(\boldsymbol{F})=0\end{cases} \tag{1-17}$$

它表明欲使物体在平面力系的作用下处于平衡状态，必须满足所有力在 x 轴和 y 轴上投影的代数和分别等于零，且所有力对任一点力矩的代数和等于零。三个平衡方程相互独立，可以求解三个未知量。

另外，还可以采用其他形式，如二矩式平衡方程

$$\begin{cases}\sum F_x=0\\ \sum M_A=0\\ \sum M_B=0\end{cases} \tag{1-18}$$

注意：式中 A 和 B 是平面内任意的两个点，但 A、B 两点的连线不能垂直于 x 轴。

三矩式平衡方程

$$\begin{cases}\sum M_A=0\\ \sum M_B=0\\ \sum M_C=0\end{cases} \tag{1-19}$$

注意：式中 A、B、C 三点在平面内不共线。

【例 1-4】 图 1-31 所示水平梁 AB 受线性分布载荷作用，分布载荷集度最大值为 q（N/m），梁长为 l。试求分布载荷的合力 $\boldsymbol{F}$ 的大小及其作用线的位置。

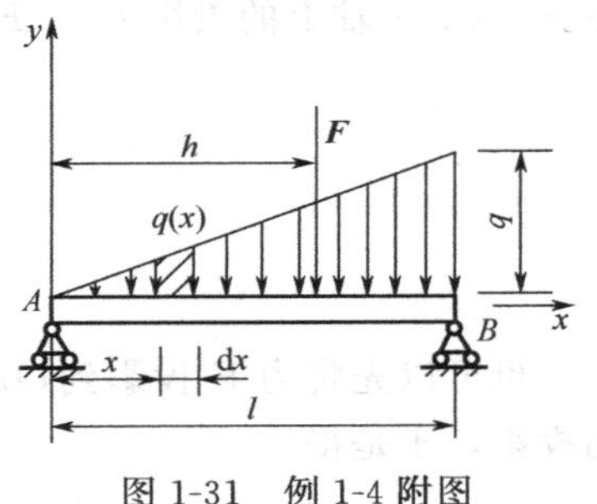

图 1-31　例 1-4 附图

解　建立坐标系，设合力 $\boldsymbol{F}$ 距 A 端为 h。由于分布载荷均垂直向下，所以合力 $\boldsymbol{F}$ 必垂直向下。在坐标 x 处取微段 $\mathrm{d}x$，该段分布载荷集度为 $q(x)=qx/l$，此微段上的合力为 $q(x)\mathrm{d}x$，故梁上分布载荷的合力 $\boldsymbol{F}$ 为

$$F=\int_0^l q(x)\mathrm{d}x=\int_0^l \frac{qx}{l}\mathrm{d}x=\frac{1}{2}ql$$

微段上载荷对 A 点的力矩为 $xq(x)\mathrm{d}x$，由合力矩定理

$$-F\cdot h=-\int_0^l xq(x)\mathrm{d}x=-\frac{q}{l}\int_0^l x^2\mathrm{d}x=-\frac{ql^2}{3},\ h=\frac{2}{3}l$$

由此表明线性分布载荷的合力等于载荷图的面积，合力的作用线过载荷图形心。显然对于作用在杆长为 l 上的均布载荷 q，其合力为 ql，作用线通过杆的中间形心处。

【例 1-5】 图 1-32 所示为一塔设备，塔重 $G=450\text{kN}$，塔高 $h=30\text{m}$，塔底螺栓与基础紧固连接。塔体所受的风力可简化为两段均布载荷。在离地面 $h_1=15\text{m}$ 高度以下，均布载荷的载荷集度为 $q_1=380\text{N/m}$，在 h_1 以上高度，其载荷集度为 $q_2=700\text{N/m}$。试求塔设备在支座 A 处所受的约束反力。

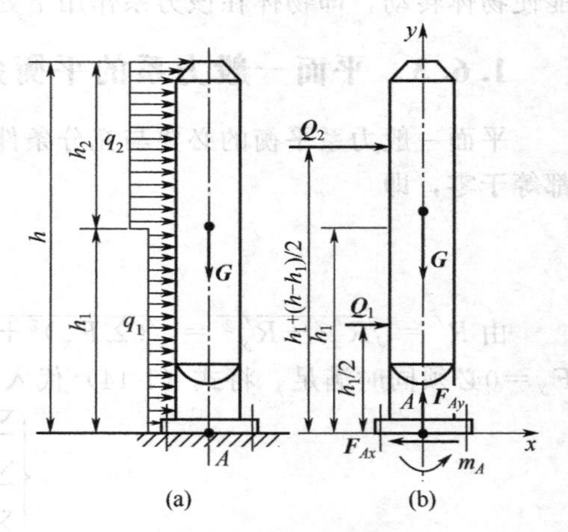

图 1-32 例 1-5 附图

解 建立坐标系，设塔固定端水平约束分力、垂直约束分力分别为 F_{Ax}、F_{Ay}，力偶矩为 m_A。

分布力 q_1 的合力 $Q_1=q_1h_1=380\times15=5700$ (N)

分布力 q_2 的合力 $Q_2=q_2h_2=700\times15=10500$ (N)

列平衡方程，得

$\sum F_x=0$， $Q_1+Q_2-F_{Ax}=0$，

$F_{Ax}=Q_1+Q_2=5700+10500=16.2$ (kN)

$\sum F_y=0$， $F_{Ay}-G=0$，$F_{Ay}=G=450$ (kN)

$\sum M_A=0$， $m_A-Q_1\dfrac{h_1}{2}-Q_2\left(h_1+\dfrac{h-h_1}{2}\right)=0$

$$m_A=Q_1\frac{h_1}{2}+Q_2\left(h_1+\frac{h-h_1}{2}\right)=5700\times\frac{15}{2}+10500\times\left(15+\frac{30-15}{2}\right)=279\ (\text{kN}\cdot\text{m})$$

1.7 空间力系

若作用在物体上的力系，各力的作用线不在同一平面内，则称该力系为空间力系。

1.7.1 力在直角坐标轴上的投影

假设力 $\boldsymbol{F}$ 与空间直角坐标系的三个坐标轴的夹角分别为 α、β 和 γ [图 1-33 (a)]，力在 x、y、z 轴上的投影 F_x、F_y 和 F_z 分别为

$$\begin{cases}F_x=F\cos\alpha\\F_y=F\cos\beta\\F_z=F\cos\gamma\end{cases}\tag{1-20}$$

也可以先将力 F 投影到 Oxy 平面得 $F'=F\cos\varphi$ [图 1-33 (b)]，再将 F' 向 x、y 轴上的投影，于是得

$$\begin{cases}F_x=F\cos\varphi\cos\theta\\F_y=F\cos\varphi\sin\theta\\F_z=F\sin\varphi\end{cases}\tag{1-21}$$

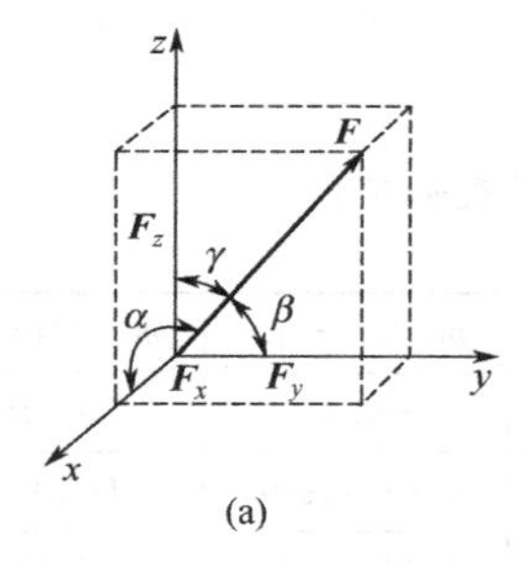

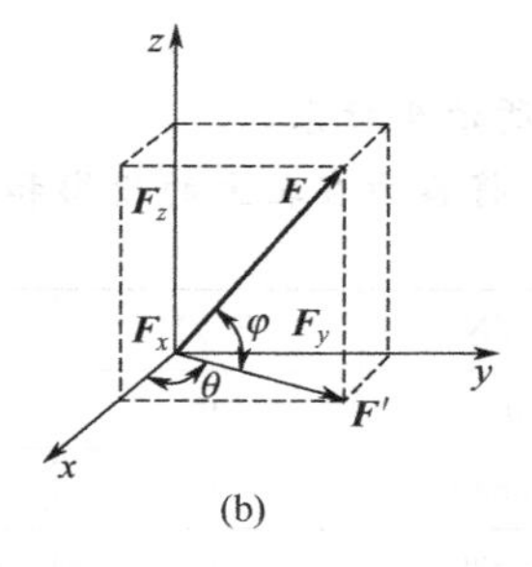

图 1-33　空间力系力的投影

1.7.2　力对轴的矩

在工程实际中，经常遇到物体绕定轴转动的情形。为了度量力对物体绕定轴转动的作用效果，引入力对轴的矩的概念。如图 1-34 所示，门上作用一力 $\boldsymbol{F}$，使其绕固定轴 z 转动，点 O 为平面 Oxy 与 z 轴的交点。将力 $\boldsymbol{F}$ 分解为平行于 z 轴的分力 F_z 和垂直于 z 轴的分力 F_{xy}（此力即为力 F 在垂直于 z 轴的平面 Oxy 上的投影）。由经验可知，分力 $\boldsymbol{F}_z$ 不能使静止的门绕 z 轴转动，力 $\boldsymbol{F}_z$ 对 z 轴的矩为零；只有分力 $\boldsymbol{F}_{xy}$ 才能使静止的门绕 z 轴转动，所以力 $\boldsymbol{F}$ 对 z 轴的矩 $M_z(\boldsymbol{F})$ 就是分力 F_{xy} 对点 O 的矩，即

$$M_z(\boldsymbol{F})=M_O(\boldsymbol{F}_{xy}) \tag{1-22}$$

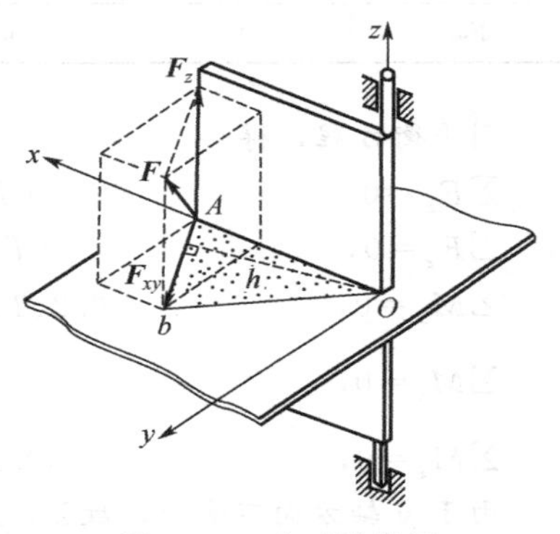

图 1-34　力对轴的矩

此式表明，力对轴的矩可度量力使物体绕该轴转动的效果，是一个代数量，其绝对值等于该力在垂直于该轴的平面上的投影对于该平面与该轴的交点的矩。其正负号按右手螺旋法则来确定，即右手四指方向与绕该轴转动方向一致，大拇指与 z 轴一致，则取正号，反之取负号。

1.7.3　空间力系的平衡方程

与推导平面一般力系的平衡方程相似，可推得空间一般力系的平衡方程

$$\begin{cases}\sum F_x=0,\ \sum F_y=0,\ \sum F_z=0\\ \sum M_x=0,\ \sum M_y=0,\ \sum M_z=0\end{cases} \tag{1-23}$$

此式表明，刚体在空间一般力系作用下的平衡条件是各力在三坐标轴上的投影的代数和分别等于零；各力对三坐标轴力矩的代数和等于零。此方程组可以求解六个未知量。

【例 1-6】 在图 1-35 中，皮带的拉力 $T_2=2T_1$，在曲柄上作用铅直力 $P=200\text{N}$。已知皮带轮的直径 $D=40\text{cm}$，曲柄长 $R=30\text{cm}$，皮带与铅直线间的夹角 $\alpha=30°$，其他尺寸如图所示。求皮带的拉力和轴承反力。

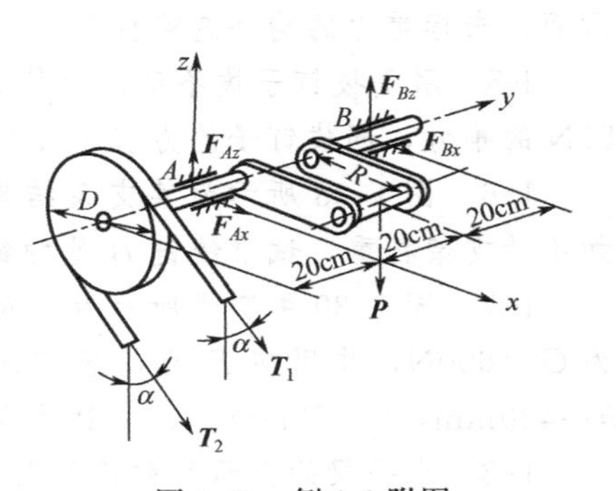

图 1-35　例 1-6 附图

解　以整个轴为研究对象。轴上所受力分别为：皮带拉力 $\boldsymbol{T}_1$、$\boldsymbol{T}_2$，作用在曲柄上的力为 $\boldsymbol{P}$，轴承反力为 $\boldsymbol{F}_{Ax}$、

F_{Az}、F_{Bx}和F_{Bz}。

建立如图1-35所示坐标系。

为了清楚起见，将各力在轴上的投影和对轴的矩列表如下：

力	F_x/N	F_y/N	F_z/N	m_x/(N·m)	m_y/(N·m)	m_z/(N·m)
P	0	0	$-P$	$-0.2P$	$0.3P$	0
T_1	$T_1\sin30°$	0	$-T_1\cos30°$	$0.2T_1\cos30°$	$(D/2)\ T_1$	$0.2T_1\sin30°$
T_2	$T_2\sin30°$	0	$-T_2\cos30°$	$0.2T_2\cos30°$	$-\ (D/2)\ T_2$	$0.2T_2\sin30°$
F_{Ax}	F_{Ax}	0	0	0	0	0
F_{Az}	0	0	F_{Az}	0	0	0
F_{Bx}	F_{Bx}	0	0	0	0	$-0.4F_{Bx}$
F_{Bz}	0	0	F_{Bz}	$0.4F_{Bz}$	0	0

列平衡方程，得

$$\Sigma F_x=0,\qquad (T_1+T_2)\sin30°+F_{Ax}+F_{Bx}=0$$

$$\Sigma F_z=0,\qquad -(T_1+T_2)\cos30°+F_{Az}+F_{Bz}-P=0$$

$$\Sigma M_x=0,\qquad 0.2(T_1+T_2)\cos30°+0.4F_{Bz}-0.2P=0$$

$$\Sigma M_y=0,\qquad \frac{D}{2}(T_1-T_2)+0.3P=0$$

$$\Sigma M_z=0,\qquad 0.2(T_1+T_2)\sin30°-0.4F_{Bx}=0$$

由于y轴方向不受力，故$\Sigma F_y=0$恒定满足。由上述5个方程可求解5个未知数，得

$$T_1=3000\text{N},\ T_2=6000\text{N},\ F_{Ax}=-6750\text{N}$$

$$F_{Az}=12673\text{N},\ F_{Bx}=2250\text{N},\ F_{Bz}=-2879\text{N}$$

未知力为负值时，说明与假设方向相反。

习题

1-1　二力平衡条件与作用和反作用定律都是说二力等值、反向、共线，问二者有什么区别？

1-2　什么叫二力构件？分析二力构件受力时与构件的形状有无关系？

1-3　试比较力矩与力偶矩两者的异同。

1-4　试画出如图1-36所示物体A、B或AB、AC构件的受力图，设各接触面均为光滑面，未标重力的构件忽略重量。

1-5　用手拔钉子拔不动，为什么用羊角锤就容易拔起？如图1-37所示，如锤把上作用50N的推力，问拔钉子的力有多大？加在锤把上的力沿什么方向省力？

1-6　图1-38所示为某支架结构，在支架上作用有一力偶，其力偶矩$m=300\text{N}\cdot\text{m}$。如不计支架杆重，试求铰链$B$处的约束反力。

1-7　图1-39中实线所示为一人孔盖，它与接管法兰用铰链在A处连接。设人孔盖重为$G=600$N，作用在B点，当打开人孔盖时，$\boldsymbol{P}$力与铅垂线成30°，并已知$a=250$mm，$b=420$mm，$h=70$mm。试求$\boldsymbol{P}$力及铰链A处的约束反力。

1-8　水平梁的支承和载荷如图1-40所示。已知力$\boldsymbol{F}$、力偶矩M和均布载荷q，求支座A和B处的约束反力。

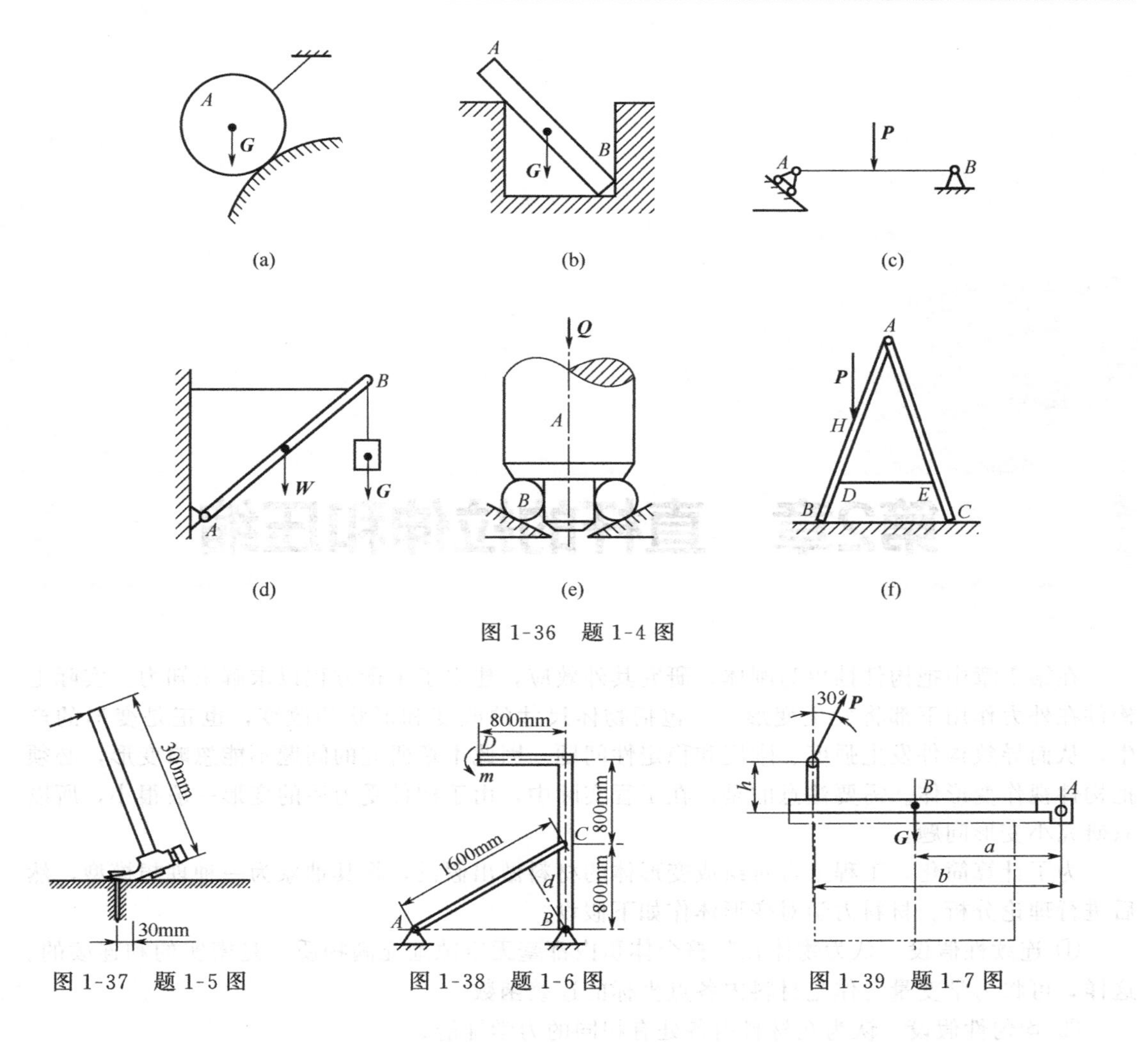

图 1-36　题 1-4 图

图 1-37　题 1-5 图　　图 1-38　题 1-6 图　　图 1-39　题 1-7 图

1-9　某加热釜以侧塔的形式悬挂在主塔上。已知主塔直径 $D=1600\text{mm}$，塔高 $H=20\text{m}$，塔重 $G_1=200\text{kN}$，风载荷 $q=300\text{N/m}$，悬挂的加热釜重为 $G_2=25\text{kN}$，各部分尺寸如图 1-41 所示，试求支座 A、B 处的约束反力及主塔塔底处的约束反力。

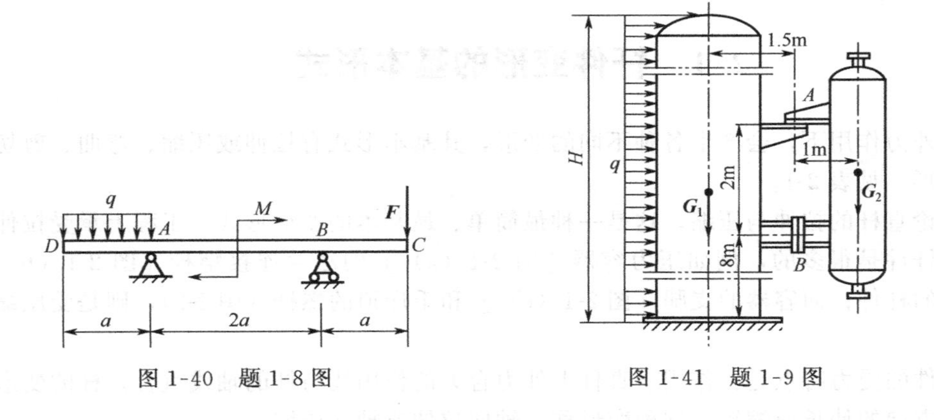

图 1-40　题 1-8 图　　图 1-41　题 1-9 图

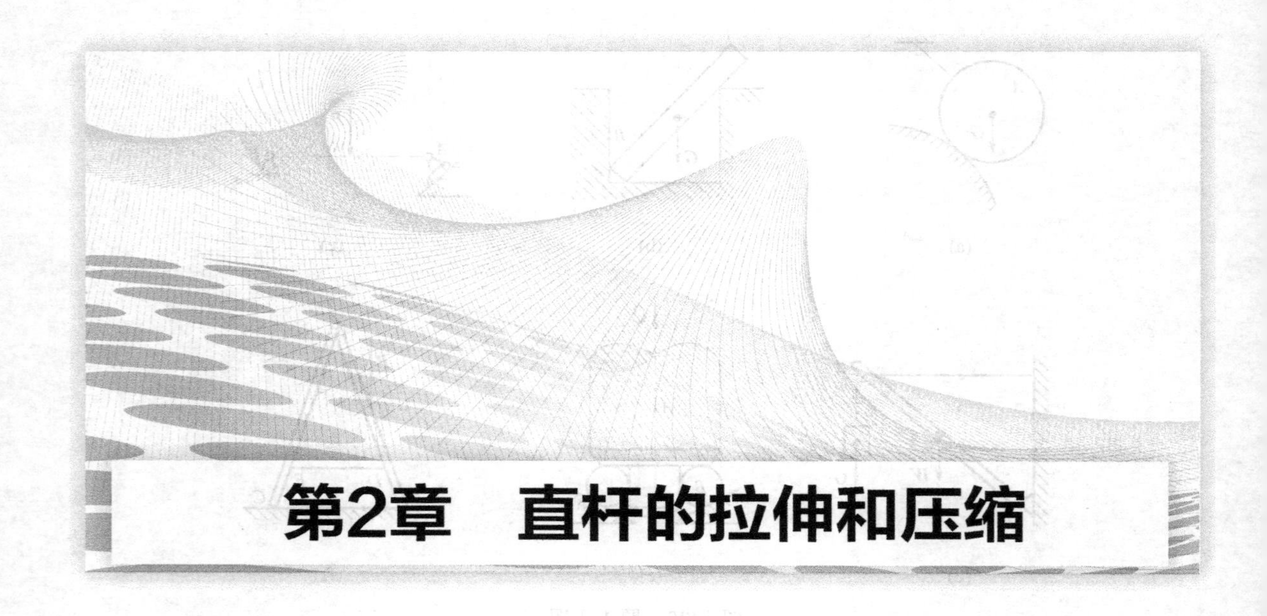

第2章　直杆的拉伸和压缩

在第 1 章中把构件抽象为刚体，研究其外效应，建立了平衡方程以求解未知力。实际上构件在外力作用下都将发生变形——包括物体尺寸的改变和形状的改变，也正是变形的产生，从而导致构件发生强度、刚度和稳定性问题。因此本章研究的问题不能忽略变形，必须把构件视作变形体。需要注意的是，在工程实际中，由于构件受力后的变形一般很小，所以只研究小变形问题。

为了计算简化，工程上常对组成变形体的材料做出假设，将其抽象为一种理想模型，然后进行理论分析。材料力学对变形体作如下假设。

① 连续性假设　认为物体在其整个体积内都毫无空隙地充满物质，是密实的和连续的。这样，可将力学变量看作是材料内各点坐标的连续函数。

② 均匀性假设　认为在材料内各处有相同的力学性能。

③ 各向同性假设　即认为材料沿各个方向的力学性能都是相同的。

材料力学以杆件为研究对象。杆件的横截面是指垂直于杆长度方向的截面。各横截面均相同的直杆称之为等截面直杆，简称等直杆。本篇重点研究等直杆的强度和变形规律。

2.1　杆件变形的基本形式

杆件在外力作用下，会产生各种不同的变形，其基本形式有拉伸或压缩、弯曲、剪切和扭转四种变形，见表 2-1。

本章讨论直杆的拉伸与压缩。这是一种最简单、最基本的变形形式。工程上承受拉伸或压缩变形的杆件是很多的，例如压力容器［图 2-1（a）］的法兰连接螺栓［图 2-1（b）］，就是受拉伸的杆件；而容器的支腿［图 2-1（c）］和千斤顶的螺杆（图 2-2），则是受压缩的杆件。

这类杆件的受力特点是：作用于直杆上外力合力的作用线与杆的轴线重合，杆的变形是沿着杆轴线方向的伸长或缩短。这种变形称为轴向拉伸或轴向压缩。

表 2-1　杆件变形的基本形式

基本形式	受力变形图	特　　点
拉伸或压缩	P P	外力沿着杆的轴线作用，使杆件沿着轴线方向伸长或缩短
弯曲	m m	杆件受垂直于轴线的横向力或外力偶作用，杆轴线弯曲成曲线
剪切	P P	一对垂直于轴线的力，作用在杆的两侧表面上，而且两力的作用线相距很近，使两力作用线间的横截面发生相对错动
扭转	m m	杆件受到一对大小相等、转向相反、绕杆轴线旋转的力偶作用时，杆的各横截面绕杆轴线发生相对转动

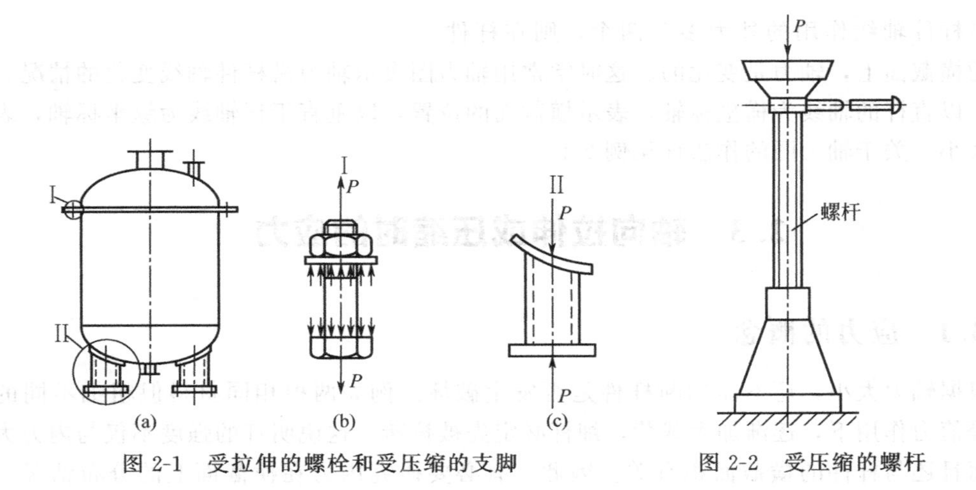

图 2-1　受拉伸的螺栓和受压缩的支脚　　图 2-2　受压缩的螺杆

2.2　轴向拉伸或轴向压缩时的内力

2.2.1　内力的概念

内力是指构件内各部分之间或质点之间的相互作用。在没有外力作用时，构件中各质点（分子）间存在相互吸引或排斥的分子作用力处于平衡状态，各质点之间保持一定的相对位置，从而维持构件的一定形状。当构件受到外力作用后，构件内部各质点间的相对位置就发生改变，内力也就发生了改变。这个内力的变化量，反映了外力作用的效果。工程力学把构件不受外力作用时的内力看作是零，而把外力作用后引起的内力变化量简称为内力。这里的内力是一个广义的概念，既可以是一个力偶，也可以是力，其取决于所受外力。

2.2.2 内力求解方法

常用截面法求解轴向拉伸或压缩时的内力。为了求受轴向拉伸（压缩）杆横截面上的内力［图 2-3（a）］，假想沿横截面 m-m 将杆截成两部分，在切开处两部分的相互作用的内力以外力的形式显示出来。取其中任一段为研究对象，以左段为例［图 2-3（b）］，在左段上作用有外力 P，欲使其保持平衡，则在横截面上必有一个力 N 作用，它代表了直杆右段对左段的作用力，也就是内力。由于内力分布在整个横截面上，所以力 N 是整个横截面上内力的合力。由平衡方程

$$\sum F_x=0,\ N-P=0,\ N=P$$

若取右段作研究对象，进行受力分析［图 2-3（c）］，同样也可以求得直杆左段对右段的作用力 $N'=P$。显然 N 与 N' 是一对作用力和反作用力。

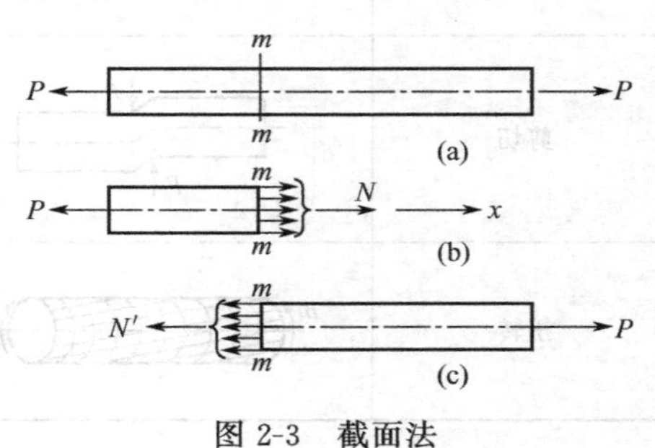

图 2-3 截面法

因为外力 P 的作用线与杆件轴线重合，所以内力的合力 N 的作用线也必然与杆件的轴线重合，N 称为轴力。一般把拉伸时的轴力规定为正，此时轴力离开截面；压缩时的轴力规定为负，此时轴力指向截面。

若沿杆件轴线作用的外力多于两个，则在杆件各部分的横截面上，轴力是变化的。这时常常用轴力图表示轴力沿杆件轴线变化的情况。其作法为：以直杆的轴线为横坐标轴，表示横截面的位置，以垂直于杆轴线为纵坐标轴，表示轴力的大小。关于轴力图的作法详见例 2-1。

2.3 轴向拉伸或压缩时的应力

2.3.1 应力的概念

只根据轴力大小，还不能判断杆件是否发生破坏。例如两根相同材料但粗细不同的拉杆，在等值力作用下，逐渐加大载荷，细杆必定先被拉断。这说明杆的强度不仅与内力大小有关，而且还与杆件的横截面积有关。因此，有必要研究内力在横截面上的分布情况。为此，引入了应力的概念。

在横截面 m-m 上，围绕 K 点取微小面积 ΔA［图 2-4（a）］，ΔA 上内力的合力为 ΔP。那么，在 ΔA 上内力的平均应力 p_m 为

$$p_m=\frac{\Delta P}{\Delta A}$$

一般来说，m-m 截面上的内力并不是均匀分布的，因此平均应力 p_m 随所取 ΔA 的大小而不同。只有当 ΔA 无限地缩小并趋近于零时，有

$$p=\lim_{\Delta A\to 0}p_m=\lim_{\Delta A\to 0}\frac{\Delta P}{\Delta A}=\frac{\mathrm{d}P}{\mathrm{d}A} \tag{2-1}$$

p 称为 K 点的应力，一般来说不一定与横截面垂直。通常把应力 p 分解成垂直于截面的分量 σ 和平行于截面的分量 τ［图 2-4（b）］。σ 称为正应力，τ 称为切应力。应力的单位为牛顿/米^2（N/m^2），又称帕斯卡，简称帕（Pa）。工程上常用兆帕（MPa），1MPa＝

10^6 Pa。

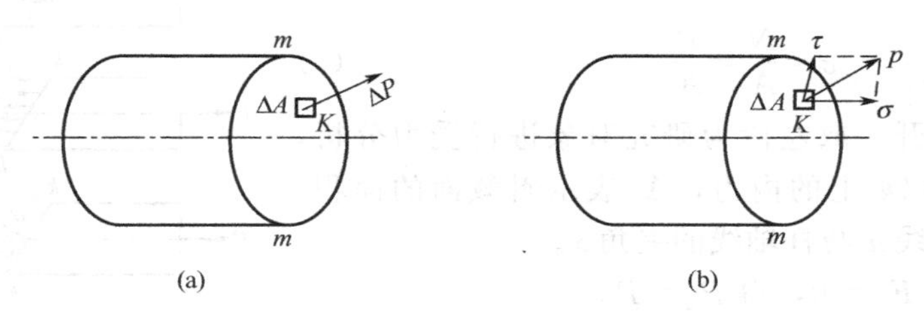

图 2-4　K 点的应力定义

2.3.2　轴向拉伸或轴向压缩时横截面上的应力

要求出横截面上任一点的应力，就必须弄清内力在横截面上的分布规律。因为内力与变形之间存在一定关系，因而可从研究杆件的变形入手。

设作用力 P 的轴向受拉的直杆（图 2-5），拉伸变形前，在等直杆的侧面上画垂直于杆轴线的直线 mm 和 nn。拉伸后发现 mm 和 nn 仍为直线，且仍然垂直于轴线，只是分别平行地移至 m_1m_1 和 n_1n_1。由此现象提出如下平面假设：变形前原为平面的横截面，变形后仍保持为平面。据此推断，拉杆所有纵向纤维的伸长相等。假设材料是均匀的，各纵向纤维的性质相同，因而其受力也就一样，所以横截面上的应力也是均匀分布的，即在横截面上各点处的正应力 σ 都相等，其计算式为

$$\sigma=\frac{N}{A} \tag{2-2}$$

式中　N——横截面上的内力，N；

　　　A——横截面面积，m^2 或 mm^2。

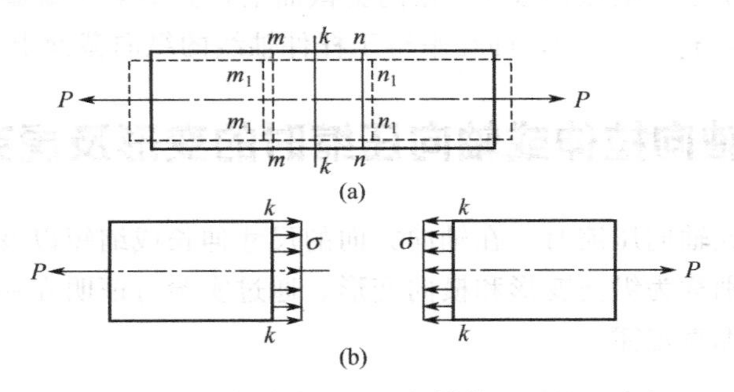

图 2-5　直杆拉伸时的变形与横截面上的正应力

式（2-2）同样适用于杆件压缩时压应力的计算。通常规定拉应力为正，压应力为负。

注意：在压缩情况下，细长杆件容易被压弯，此时杆件主要是稳定性问题，将在后续第 6 章中讨论。这里所说的压缩是指杆件未压弯的情况。

2.3.3　轴向拉伸或轴向压缩时斜截面上的应力

拉压杆的破坏不都是沿横截面发生的，有时也会沿斜截面发生，所以有必要讨论斜截面上的应力。

图 2-6 所示为一轴向受拉的直杆。其横截面上的正应力 σ 为

$$\sigma=\frac{N}{A}=\frac{P}{A} \tag{a}$$

假想沿 kk 切开，取左段为研究对象进行受力分析，以 P_α 表示斜截面 kk 上的内力，A_α 表示斜截面的面积，斜截面 kk 的外法线 n 与杆轴线的夹角 α。

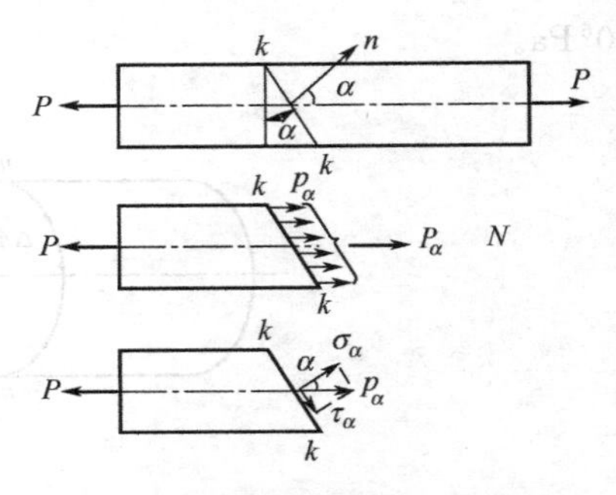

图 2-6 受拉直杆斜截面上的应力

由平衡方程 $\sum F_x=0$，得 $P_\alpha=P$。

仿照推导横截面上正应力均匀分布的方法，可得到斜截面上的应力也是均匀分布。若 p_α 表示斜截面 kk 上的应力，可得

$$p_\alpha=\frac{P_\alpha}{A_\alpha}=\frac{P}{A_\alpha} \tag{b}$$

由几何关系可得 $A_\alpha=\dfrac{A}{\cos\alpha}$ 代入式（b）可得

$$p_\alpha=\frac{P}{A_\alpha}=\frac{P}{A}\cos\alpha=\sigma\cos\alpha \tag{c}$$

把应力 p_α 分解成垂直于斜截面的正应力 σ_α 和平行于斜截面的切应力 τ_α，并代入式（c）可得

$$\sigma_\alpha=p_\alpha\cos\alpha=\sigma\cos^2\alpha \tag{2-3}$$

$$\tau_\alpha=p_\alpha\sin\alpha=\sigma\cos\alpha\ \sin\alpha=\frac{\sigma}{2}\sin2\alpha \tag{2-4}$$

（1）当 $\alpha=0°$ 时，正应力达到最大值，其值为 $\sigma_\alpha=\sigma_{\max}=\sigma$，即直杆受轴向拉伸或压缩时，最大正应力发生在横截面上。

（2）当 $\alpha=45°$ 时，切应力达到最大值，其值为 $\tau_\alpha=\tau_{\max}=\dfrac{\sigma}{2}$，即直杆受轴向拉伸或压缩时，最大切应力发生在与横截面成 45°角的斜截面上，其值等于横截面上正应力的一半。

（3）当 $\alpha=90°$ 时，$\sigma_\alpha=\tau_\alpha=0$，即在平行于杆件轴线的纵向截面上无任何应力。

2.4 轴向拉伸或轴向压缩时的变形及虎克定律

直杆在轴向拉伸或轴向压缩时，在轴向方向的尺寸伸长或缩短以及相应横向方向尺寸缩小或增大的变化，分别称为纵向变形和横向变形。通过实验可证明在一定范围内轴力与变形之间满足一定关系即虎克定律。

2.4.1 纵向变形

设受拉（压）等直杆原长为 l（图 2-7），横截面积为 A，在轴向拉力（压力）P 作用下，杆长由 l 变为 l_1，其杆在轴向方向的变化为

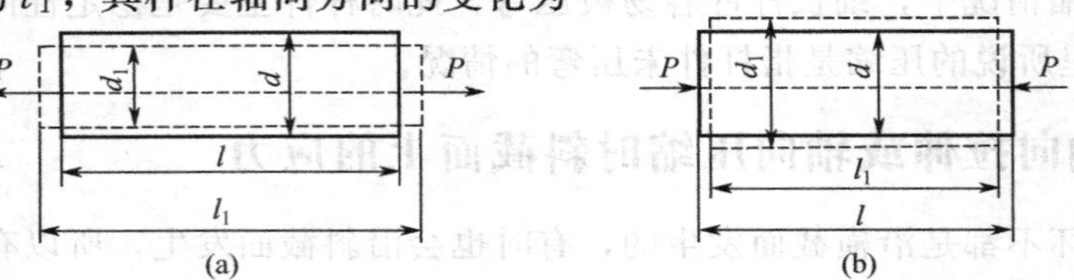

图 2-7 直杆拉压时的纵向伸长与横向缩短

$$\Delta l = l_1 - l \tag{2-5}$$

Δl 称为杆件的绝对变形。其随着杆的长度而变化，不能反映杆件的相对变形程度。因此，为了消除长度的影响，通常采用单位长度上的变形量来度量其纵向变形，即

$$\varepsilon = \frac{\Delta l}{l} \tag{2-6}$$

ε 称为直杆的纵向应变，简称应变。ε 为无量纲量，工程上也常用原长的百分数表示，在拉伸时为正值，压缩时为负值。

2.4.2　横向变形

若杆件变形前的横向尺寸为 d，变形后为 d_1，则横向绝对变形为

$$\Delta d = d_1 - d$$

横向应变为

$$\varepsilon' = \frac{\Delta d}{d} = \frac{d_1 - d}{d} \tag{2-7}$$

实验指出，在弹性范围内，横向应变 ε' 与纵向应变 ε 之比的绝对值为一常数，即

$$\mu = \left| \frac{\varepsilon'}{\varepsilon} \right| \tag{2-8}$$

μ 称为横向变形系数或泊松比。因为直杆拉伸时，则横向缩小；而轴向压缩时，则横向增大，所以 ε' 与 ε 的符号相反。上式可以写成

$$\varepsilon' = -\mu\varepsilon \tag{2-9}$$

μ 是一个无量纲量，表示材料的弹性系数，其值随材料不同而异，可由实验测定。几种常见材料的 μ 值参见表 2-2。

表 2-2　几种常用材料的 E、μ 值

材料	弹性模量 $E/10^5$MPa	泊松比 μ
碳钢	1.96～2.16	0.24～0.28
合金钢	1.86～2.16	0.24～0.33
铸铁	1.13～1.57	0.23～0.27
铜及其合金	0.73～1.28	0.31～0.42
铝及其合金	0.71	0.33
混凝土	0.14～0.35	0.16～0.18
橡胶	0.00078	0.47

2.4.3　虎克定律

实验研究表明，当直杆受轴向拉伸或轴向压缩时，若其横截面上的应力未超过某一限度时，则正应力 σ 与纵向应变 ε 成正比，即

$$\sigma = E\varepsilon \tag{2-10}$$

这就是拉伸或压缩的虎克定律。式中 E 为与材料有关的比例常数，称为弹性模量。其量纲与应力相同，常用兆帕（MPa）表示。

若以 $\sigma = \frac{N}{A}$ 和 $\varepsilon = \frac{\Delta l}{l}$ 代入式（2-10），则可得虎克定律的另一种表达形式，即

$$\Delta l=\frac{Nl}{EA} \tag{2-11}$$

此式表明，当直杆受轴向拉伸或轴向压缩时，若其所受外力未超过某一限度时，则直杆的绝对变形 Δl 与轴力 N 及杆长成正比，而与杆的横截面积 A 成反比。对长度相同，受力相等的杆件，EA 越大则变形 Δl 越小，故 EA 反映了杆件抵抗拉伸或压缩变形的能力，称为杆件的抗拉（或抗压）刚度。

E 值随材料而不同，可由实验测定。几种常见材料的 E 值参见表 2-2。

应当注意，如果杆件的轴力 N 或横截面积 A 分段变化时，则应分段计算每段杆的变形量 Δl_i，然后求其代数和，得到杆的总变形量 Δl，即

$$\Delta l=\sum_{i=1}^{n}\Delta l_i=\sum_{i=1}^{n}\frac{N_i l_i}{E_i A_i} \tag{2-12}$$

如果杆件的轴力 N 或横截面积 A 沿杆长连续变化，则杆的总变形量 Δl 通过微段 $\mathrm{d}x$ 的变形量 $\mathrm{d}(\Delta l)$ 的积分可得，即

$$\Delta l=\int_l \mathrm{d}(\Delta l)=\int_L \frac{N}{EA}\mathrm{d}x \tag{2-13}$$

【例 2-1】 一等截面直杆，受轴向外力 P_1、P_2 和 P_3 作用［图 2-8（a）］，已知 $P_1=8\text{kN}$，$P_2=10\text{kN}$，$P_3=6\text{kN}$，已知杆的横截面面积 $A=12\text{cm}^2$，钢材的弹性模量 $E=2\times10^5\text{MPa}$，AB、BC、CD 段杆长均为 1.5m。试求（1）AB、BC、CD 各段横截面上的轴力，并画出轴力图；（2）各段内横截面上的应力和杆的总变形。

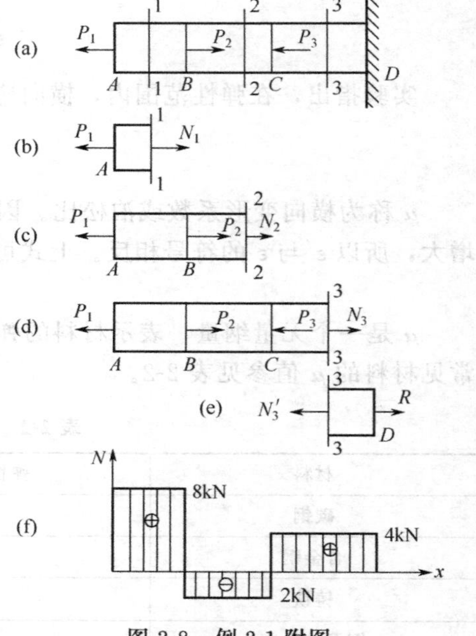

图 2-8　例 2-1 附图

解　（1）AB、BC、CD 各段横截面上的轴力及轴力图

① AB 段轴力　在 1-1 截面处假想截开杆件，并取左段为研究对象［图 2-8（b）］，其平衡方程

$$\sum F_x=0,\quad N_1-P_1=0,\quad N_1=P_1=8\text{kN}(\text{拉})$$

② BC 段轴力　在 2-2 截面处假想截开杆件，并取左段为研究对象［图 2-8（c）］，其平衡方程

$$\sum F_x=0,\quad N_2+P_2-P_1=0,\quad N_2=P_1-P_2=8-10=-2(\text{kN})(\text{压})$$

③ CD 段轴力　在 3-3 截面处假想截开杆件，并取左段为研究对象［图 2-8（d）］，其平衡方程

$$\sum F_x=0\ ,\quad -P_1+P_2-P_3+N_3=0,\quad N_3=P_1-P_2+P_3=8-10+6=4(\text{kN})(\text{拉})$$

也可以先求出右端的约束力 R，然后取右段为研究对象求得 N_3［图 2-8（e）］。

注意：内力先按正的画出，如果求出结果是正值，说明杆件受拉；如果是负值，说明杆件受压。

④ 画轴力图　建立如图坐标系 $N-x$。在相应截面段按适当比例画出轴力，拉伸时取正，画在 x 轴上方；压缩时取负，画在 x 轴下方，即可得到此杆的轴力图［图 2-8（f）］。

计算结果表明，AB 段受拉轴力 8kN、BC 段受压轴力 2kN，CD 段受拉轴力 4kN。

（2）钢杆各段内横截面上的应力和杆的总变形

① AB 段的应力 σ_1 及变形 Δl_1

$$\sigma_1=\frac{N_1}{A}=\frac{8\times10^3}{12\times10^2}=6.67\ (\mathrm{MPa})$$

$$\Delta l_1=\frac{N_1 l_1}{EA}=\frac{8\times10^3\times1500}{2\times10^5\times12\times10^2}=5\times10^{-2}\ (\mathrm{mm})$$

② BC 段的应力 σ_2 及变形 Δl_2

$$\sigma_2=\frac{N_2}{A}=\frac{-2\times10^3}{12\times10^2}=-1.67\ (\mathrm{MPa})$$

$$\Delta l_2=\frac{N_2 l_1}{EA}=\frac{-2\times10^3\times1500}{2\times10^5\times12\times10^2}=-1.25\times10^{-2}\ (\mathrm{mm})$$

③ CD 段的应力 σ_3 及变形 Δl_3

$$\sigma_3=\frac{N_3}{A}=\frac{4\times10^3}{12\times10^2}=3.33\ (\mathrm{MPa})$$

$$\Delta l_3=\frac{N_3 l_3}{EA}=\frac{4\times10^3\times1500}{2\times10^5\times12\times10^2}=2.5\times10^{-2}\ (\mathrm{mm})$$

④ 杆的总变形 Δl

$$\Delta l=\Delta l_1+\Delta l_2+\Delta l_3=(5-1.25+2.5)\times10^{-2}=6.25\times10^{-2}(\mathrm{mm})$$

计算结果表明，AB 段伸长 0.05mm、BC 段缩短 0.0125mm，CD 段伸长 0.025mm，杆总伸长 0.0625mm。

2.5　轴向拉伸或压缩时材料的力学性能

分析构件的强度时，除计算构件内部的应力外，还应该了解材料本身的力学性能。所谓材料的力学性能，是指材料从开始承受载荷直到破坏的全过程中，在变形和破坏方面表现出来的性能。

材料的轴向拉伸和压缩试验是测定材料力学性能的基本试验。此试验通常在室温下，以静载方式进行。试验结果可由试验机自动记录。

由于材料的力学性能与试件的形状、尺寸有关，国家标准《金属拉伸试验法》（GB 228—2010）规定了标准试件的形状和尺寸（图 2-9），以方便比较不同材料的试验结果。试件中段为等截面直杆，其截面形状常用圆形和矩形，试件中段用来测量变形的工作长度 l 称为标距。一般标准试件 $l=5.65\sqrt{A}$ 或 $l=11.3\sqrt{A}$，A 为试件中段的横截面积。

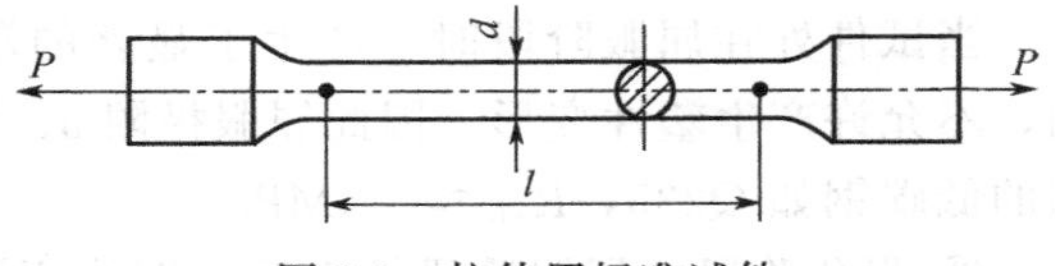

图 2-9　拉伸用标准试件

2.5.1　低碳钢拉伸时的力学性能

低碳钢是指含碳量在 0.25%以下的钢。其力学性能典型，是研究其他材料力学性能的基础，在工程中使用较广泛。

试件装在试验机上，载荷 P 由 0 开始缓慢加载，对应一个拉力 P，测定此载荷下的伸长量 Δl。将拉力 P 除以试件的原横截面积 A，得到的横截面上正应力 $\sigma=\dfrac{P}{A}$ 作为纵坐标；将伸长量 Δl 除以标距的原始长度 l，得到对应应力时应变 $\varepsilon=\dfrac{\Delta l}{l}$ 作为横坐标，作图 σ-ε 曲线，称为应力-应变曲线（图 2-10）。

由图 2-10 可以看出，低碳钢拉伸试验可以分为四个阶段。

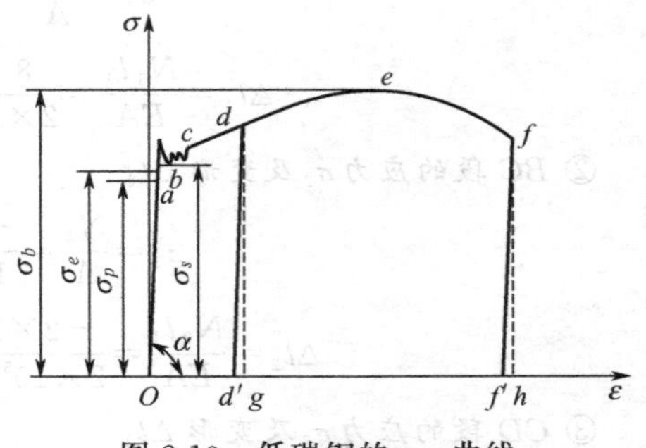

图 2-10　低碳钢的 σ-ε 曲线

① 弹性阶段　在拉伸的初始阶段，应力 σ 与应变 ε 的关系为通过原点的斜直线 Oa。直线部分的最高点 a 所对应的应力称为比例极限，记作 σ_p。对于低碳钢，$\sigma_p \approx 200$MPa。显然当应力低于比例极限时，应力与应变成正比，材料服从虎克定律。

斜直线 Oa 的斜率为

$$\tan\alpha = \frac{\sigma}{\varepsilon} = E \tag{2-14}$$

E 值越大的材料弹性变形越小，反之 E 值越小的材料弹性变形越大。由此可见，材料 E 值的大小反映了材料抵抗弹性变形的能力。钢的 E 值大约是 2×10^5 MPa 左右。

超过比例极限后 ab 段的图线微弯，表明应力应变不再保持正比关系，但是变形仍然是弹性的。弹性段的最高点 b 对应的应力是材料出现弹性变形的极限值，称为弹性极限，记作 σ_e。在 σ-ε 曲线上，a、b 两点非常接近，工程上并不严格区分，因而也常说，应力低于弹性极限时，应力与应变成正比，材料服从虎克定律。

② 屈服阶段　当应力超过 b 点以后，在 c 点附近出现一段接近水平的锯齿形线段，应变有非常明显的增加，产生了不可恢复的塑性变形，好像材料失去了抵抗变形的能力，这种现象称为屈服或流动。

在屈服阶段内的最高应力和最低应力分别称为上屈服极限和下屈服极限。上屈服极限的数值与试件形状、加载速度等因素有关，一般测得数值不稳定；而 c 点对应的下屈服极限则有比较稳定的数值，能够反映材料的性质。通常就把下屈服极限称为屈服极限或流动极限，记作 σ_s 或 R_{eL}。

屈服时，磨光的试件表面会出现与轴线大致成 45°角的条纹，称为滑移线。

当试件处在屈服阶段时，产生了显著的塑性变形。而设备工作时一般要求处于弹性范围，不允许产生塑性变形。因此屈服极限 σ_s 是衡量材料强度的一个重要指标。化工设备常用的低碳钢如 Q235，$R_{eL} \approx 235$MPa。

③ 强化阶段　屈服阶段结束后，图线逐渐上升，直至 e 点。这表明，材料又恢复了抵抗变形的能力，要使变形增加，必须增加拉力，该阶段称为材料的强化阶段。在强化阶段中的最高点 e 所对应的应力，是材料所能承受的最大应力，称为材料的强度极限，记作 σ_b 或 R_m。对低碳钢，$R_m \approx 380$MPa。

若在强化阶段某点 d 逐渐卸除拉力，应力和应变关系将沿着与弹性阶段 Oa 几乎平行的直线 dd'下降。这说明，在卸载过程中，应力和应变遵循线性规律。应力应变曲线中 $d'g$ 表示完全卸载后消失的弹性应变。

若卸载后，短期内重新加载，则应力应变曲线沿卸载时的斜直线 dd'变化，直到 d 点后，再沿曲线 def 变化。由此可见，与没有卸过载的试件相比，其比例极限有所提高，但是塑性有所降低。此种现象称作冷作硬化。工程上经常利用冷作硬化来提高材料的弹性极限。

④ 颈缩阶段　过 e 点后，在试件的某一局部范围内，横向尺寸突然急剧缩小，形成颈缩现象（图 2-11），由于在颈缩部分横截面积迅速减小，使试件继续伸长所需的拉力也相应

减少。在图 σ-ε 中，σ 是用试件的原始横截面积计算的，因此名义应力随着变形的增加，而 σ 逐渐降低，降低到 f 点，试件被拉断。

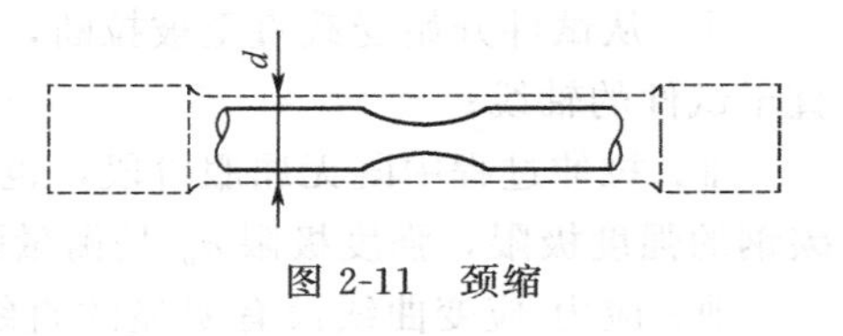

图 2-11　颈缩

因为应力到达强度极限后，试件出现颈缩现象，随后被拉断，所以 σ_b 是衡量材料强度的另一重要指标。

试件拉断后，弹性变形消失，而塑性变形依然保留。试件的长度由原始长度 l 变为 l_1。用百分比表示的比值称为延伸率。

$$\delta=\frac{l_1-l}{l}\times 100\% \tag{2-15}$$

延伸率越大，意味着试件的塑性变形越大，也就是材料的塑性越好。所以延伸率可以用来衡量材料塑性的指标。工程上一般按延伸率 δ 的大小把材料分为两大类。延伸率 $\delta \geqslant 5\%$ 的材料称为塑性材料；延伸率 $\delta < 5\%$ 的材料称为脆性材料。低碳钢的延伸率很高，一般为 $\delta=20\%\sim30\%$，其塑性很好。铸铁是典型的脆性材料，它的延伸率 $\delta \approx 1\%$。

除延伸率 δ 外，还可以用断面收缩率 φ 表示材料的塑性，其定义为

$$\varphi=\frac{A-A_1}{A}\times 100\% \tag{2-16}$$

式中，A_1 表示断口处横截面面积；A 为原始横截面尺寸。断面收缩率 φ 越大，表示材料的塑性越好。低碳钢的断面收缩率 $\varphi \approx 60\%$。

2.5.2　其他材料拉伸时的力学性能

图 2-12 是锰钢、镍钢和青铜受拉伸时的 σ-ε 曲线。其特点是，在弹性阶段之后，没有明显的屈服阶段，而是由直线部分直接过渡到曲线部分。对于这类能发生很大塑性变形，又没有明显屈服点的材料，一般取塑性变形（即塑性延伸率）为 0.2% 时的应力作为材料的屈服极限，称为名义屈服极限（或称 0.2% 非比例延伸强度），记作 $\sigma_{0.2}$（或 $R_{p0.2}$）（图 2-13）。

图 2-14 是铸铁受拉伸时的 σ-ε 曲线。从图中曲线可以看出其具有以下特点：

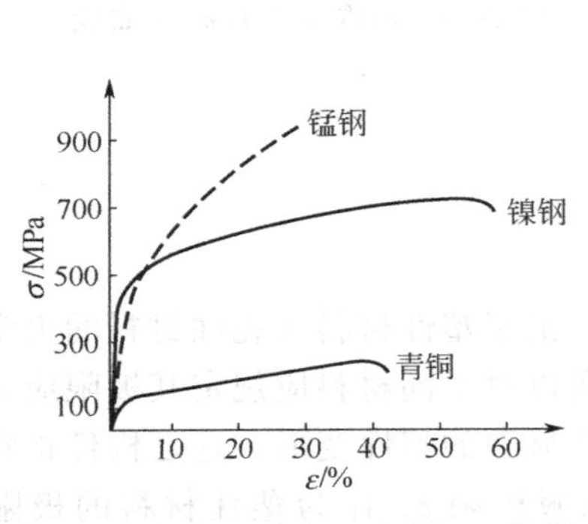

图 2-12　锰钢、镍钢、青铜 σ-ε 曲线

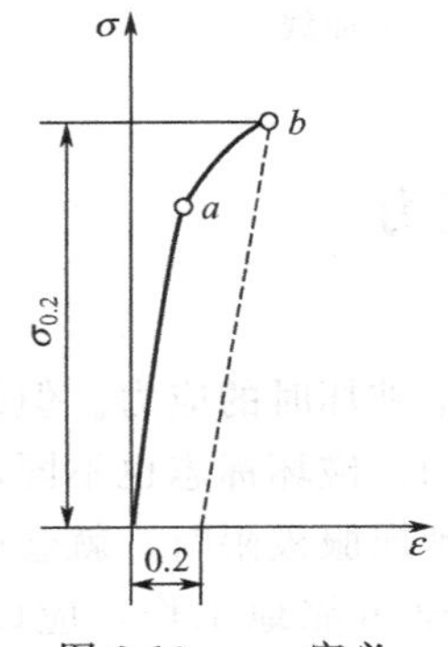

图 2-13　$\sigma_{0.2}$ 定义

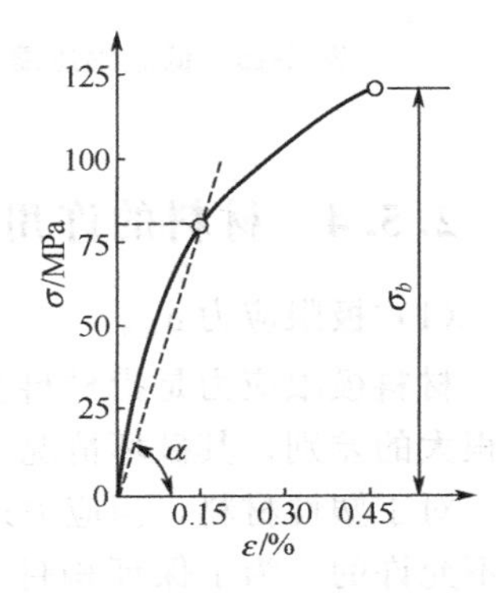

图 2-14　铸铁 σ-ε 曲线

ⅰ. 从试件开始受载直至被拉断，变形很小，断裂时的应变仅为0.4%～0.5%，断口垂直于试件的轴线；

ⅱ. 拉伸过程中既无屈服阶段，也无颈缩现象，其在拉断时测得强度极限 σ_b，远低于低碳钢的强度极限，强度极限 σ_b 是衡量强度的唯一指标；

ⅲ. 应力-应变曲线没有明显的直线部分，但是在工程中铸铁的拉应力不高，为了方便计算一般近似认为变形服从虎克定律，通常取 σ-ε 曲线的割线代替曲线（图中虚线所示）的开始部分，并以割线的斜率作为弹性模量。

2.5.3 材料在压缩时的力学性能

(1) 低碳钢压缩时的力学性能

低碳钢压缩试验时的应力应变图见图 2-15 所示。从图中可见，在屈服阶段之前压缩曲线与拉伸曲线基本重合，而进入强化阶段后，两条曲线逐渐分离，压缩曲线一直上升。这是因为随着压力的不断增加，试件将越压越扁，横截面积越来越大，因而承受的压力也随之提高。试件仅仅产生很大的塑性变形而不断裂。因此，无法测得低碳钢压缩时的强度极限。由于其屈服前，拉伸压缩曲线基本重合，所以通常只作低碳钢的拉伸试验，并用低碳钢拉伸时的力学性能指标 E、σ_s 作为压缩时的相应指标。

(2) 铸铁压缩时的力学性能

图 2-16 所示为铸铁压缩时的应力-应变图。与铸铁拉伸时的 σ-ε 曲线（图中虚线）相比较，其抗压强度极限远远高于抗拉强度极限（约为 3～4 倍）。由此可知，铸铁材料抗压而不抗拉，所以铸铁常用作承压构件如机器的底座。

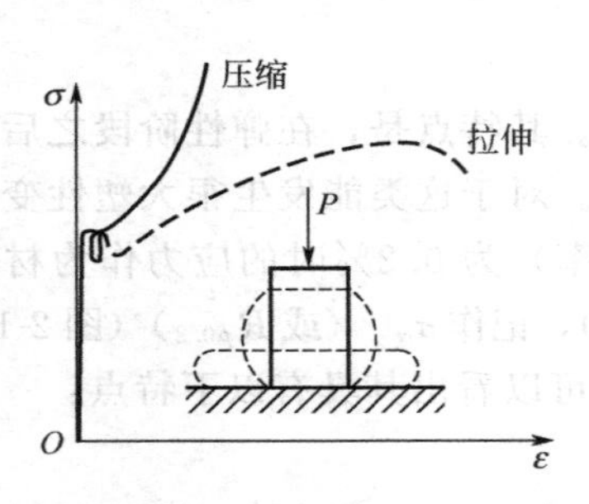

图 2-15 低碳钢压缩的 σ - ε 曲线

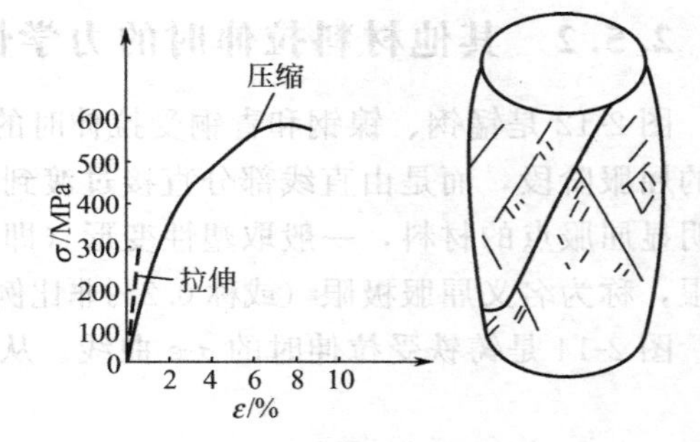

图 2-16 铸铁压缩的 σ - ε 曲线

2.5.4 材料的许用应力

(1) 极限应力 $\sigma_{\lim}$

材料极限应力是指材料发生破坏时的应力。但是，由于塑性材料和脆性材料的力学性能有很大的差别，其破坏情况不同，破坏标志也不同，所以对不同材料应规定其极限应力。

对于塑性材料，当应力达到屈服极限时，就会产生显著的塑性变形，这是构件正常工作所不允许的。为了保证构件安全可靠地工作，应以屈服极限 σ_s 作为塑性材料的极限应力 $\sigma_{\lim}$。对于脆性材料，由于它在破坏前不会产生明显的塑性变形，但是当应力达到强度极限 σ_b 时，材料就立即发生断裂。所以应以强度极限 σ_b 作为脆性材料的极限应力 $\sigma_{\lim}$。

(2) 许用应力 [σ]

考虑到理论计算的近似性、材料本身的不均匀性等所造成的不安全因素，设计时必须给予构件留有足够的强度储备，通常将极限应力 $\sigma_{\lim}$ 除以大于 1 的数 n，作为构件工作时所允许产生的最大应力，称为许用应力，记作 $[\sigma]$，即

$$[\sigma]=\frac{\sigma_{\lim}}{n} \tag{2-17}$$

n 称为安全系数。安全系数通常由国家有关部门统一规定，并作为技术规范，供设计者选用。对工程构件，其取值范围大致如下。

塑性材料　　$n=1.2\sim1.5$

脆性材料　　$n=2.0\sim4.5$

多数塑性材料拉伸和压缩的 σ_s 相同，所以拉伸和压缩时 $[\sigma]$ 一样。而对脆性材料，材料拉伸和压缩的 σ_b 不相同，所以拉伸和压缩时 $[\sigma]$ 不一样，需分别表示为许用拉应力和许用压应力。

2.6　轴向拉伸或轴向压缩时的强度计算

由轴向拉伸或轴向压缩斜截面应力分析可知，杆件受轴向拉伸或压缩时，其横截面上的正应力是最大应力。为了保证构件有足够的强度，构件在载荷作用下的应力显然应不超过许用应力。于是强度条件如下

$$\sigma_{\max}=\frac{N}{A}\leqslant[\sigma] \tag{2-18}$$

式（2-18）是直杆受轴向拉伸或压缩时的强度条件，可以解决工程中三类计算问题。

（1）强度校核

在已知构件所受的载荷、构件截面尺寸和材料的情况下，用式（2-18）验证构件强度是否满足要求。若 $\sigma\leqslant[\sigma]$，则强度足够，构件工作是安全可靠的；若 $\sigma>[\sigma]$，则强度不够，构件工作是不安全的。

（2）设计截面尺寸

若已知构件所受的载荷和所用材料，则构件所需的横截面积可用下式计算

$$A\geqslant\frac{N}{[\sigma]} \tag{2-19}$$

若选用型钢，则应使所选型钢型号的截面面积稍大于计算值。如果所选型钢型号的截面面积小于计算值，只要截面的最大工作应力不超过材料许用应力值的 5%，仍然是允许的。

（3）确定许可载荷

当已知构件的横截面面积及所用材料时，可用下式计算构件所能承受的最大轴力，即

$$[N]\leqslant[\sigma]A \tag{2-20}$$

然后根据构件的受力情况，确定构件的许可载荷。

【例 2-2】 图 2-17（a）所示为旋臂式吊车的结构示意图。它通过能在横杆 AC 上移动的小车起吊重物。已知斜杆 AB 为圆截面杆，其直径 $d=56\text{mm}$，横杆 AC 由两根 10 号槽钢组成，每根槽钢的横截面面积为 $A=1274.8\text{mm}^2$，钢材的许用应力 $[\sigma]=120\text{MPa}$，A、B、C 三处均为铰链连接。在满足强度情况下，试求小车处在 A 点时吊车允许起吊的最大载荷 Q。

解　本题为拉（压）杆计算的第三类问题，AB、AC 杆均为二力杆。

（1）求两杆的轴力

取销钉为研究对象。AB 杆对销钉的拉力为 N_1，AC 杆对销钉的拉力为 N_2，其受力图见

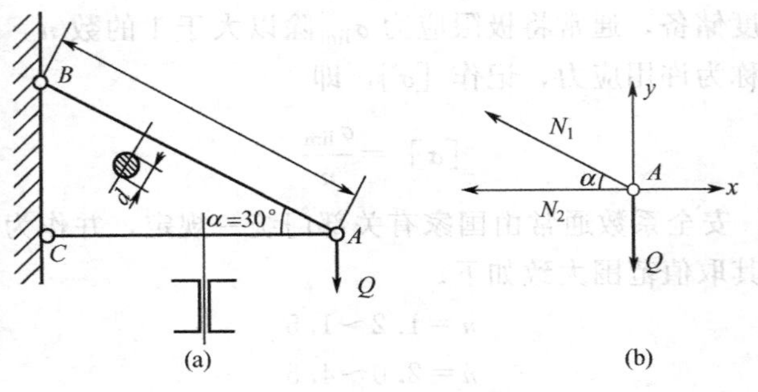

图 2-17 例 2-2 附图

图2-17（b）。

由平衡方程 $\begin{cases}\sum F_y=0\\ \sum F_x=0\end{cases}$，得 $\begin{cases}N_1\sin\alpha-Q=0\\ -N_2-N_1\cos\alpha=0\end{cases}$

$$\begin{cases}N_1=\dfrac{Q}{\sin\alpha}=\dfrac{Q}{\sin30^\circ}=2Q\\ N_2=-N_1\cos\alpha=-N_1\cos30^\circ=-2Q\cos30^\circ=-1.732Q\end{cases}$$

N_1为正值，表示假设的方向是正确的。销钉与AB杆的作用为作用力和反作用力，所以AB杆受拉力。N_2为负值，表示与假设的方向相反。销钉与AC杆的作用为作用力和反作用力，所以AC杆受压力。

（2）计算两杆的许可轴力［N］

欲保证吊车的整体结构安全可靠工作，两杆必须同时满足强度条件，即 $[N]\leqslant[\sigma]A$，可分别求出两杆的许用轴力 $[N_1]$ 和 $[N_2]$。

斜杆AB的横截面积为：$A_1=\dfrac{\pi d^2}{4}=\dfrac{\pi\times56^2}{4}=2436\ (\mathrm{mm}^2)$

横杆AC的横截面积为：$A_2=2\times1274.8=2549.6\ (\mathrm{mm}^2)$

把A_1和A_2值分别代入强度条件式

$$[N_1]=[\sigma]A_1=120\times2436=295560=295.56(\mathrm{kN})$$

$$[N_2]=[\sigma]A_2=120\times2549.6=305950=305.95(\mathrm{kN})$$

（3）计算许可载荷［Q］

斜杆AB的许可吊重 $[Q_1]=\dfrac{[N_1]}{2}=\dfrac{295.56}{2}=147.78\ (\mathrm{kN})$

横杆AC的许可吊重 $[Q_2]=\dfrac{[N_2]}{1.732}=\dfrac{305.95}{1.732}=176.65\ (\mathrm{kN})$

计算结果表明，斜杆AB的许可吊重147.78kN小于横杆AC的许可吊重176.65kN。为了使吊车安全工作，只能取许可吊重［Q］＝147.78kN。

习题

2-1 试画出低碳钢的应力-应变曲线，并标出比例极限、弹性极限、屈服极限和强度极限对应点，说明各自的意义。

2-2 试求图 2-18 所示钢杆各段内横截面上的轴力，作轴力图；并确定相应的应力和杆的总变形。已知杆的横截面面积$A=12\mathrm{cm}^2$，钢材的弹性模量$E=2\times10^5\mathrm{MPa}$。

2-3 一吊环螺钉如图 2-19 所示，其外径$d=48\mathrm{mm}$，内径$d_1=42.6\mathrm{mm}$，吊重$G=$

40kN，试求螺钉横截面上的应力。

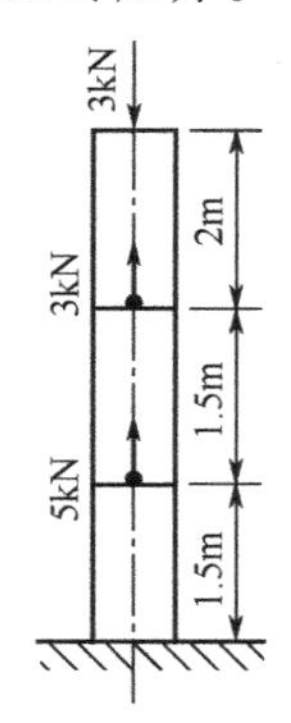

图 2-18　题 2-2 图

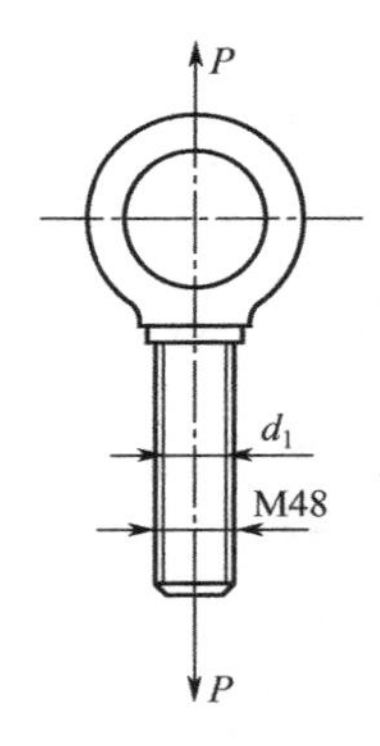

图 2-19　题 2-3 图

2-4　图 2-20 所示三角形支架由 AB 和 BC 两杆组成，在两杆的连接处 B 悬挂有重物 $G=40\text{kN}$。已知两杆均为圆截面，$d_{AB}=25\text{mm}$，$d_{BC}=25\text{mm}$，杆的许用应力 $[\sigma]=120\text{MPa}$，试校核此支架的安全性。

2-5　图 2-21 所示为蒸汽机气缸。已知气缸的内径 $d=500\text{mm}$，工作压力 $p=1.5\text{MPa}$，气缸盖与缸体用直径 $d=20\text{mm}$ 的螺栓连接，活塞杆和螺栓材料的许用应力均为 $[\sigma]=110\text{MPa}$。试求活塞杆的直径和螺栓的个数。

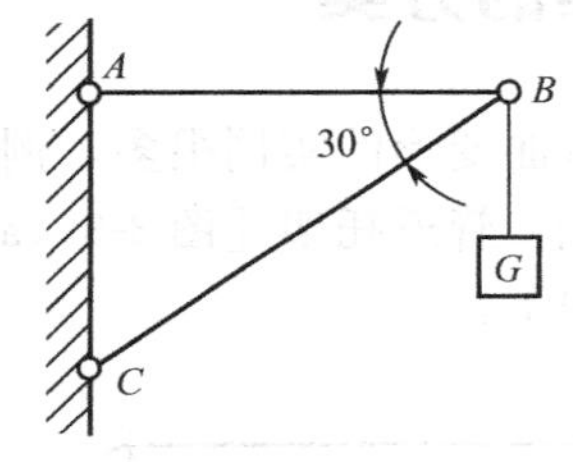

图 2-20　题 2-4 图

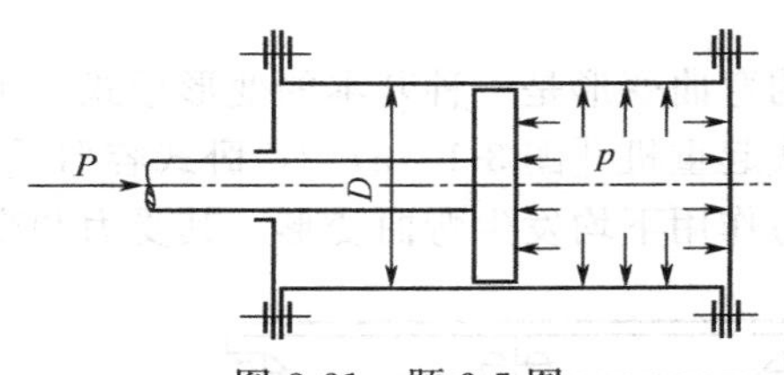

图 2-21　题 2-5 图

2-6　某简易起重机如图 2-22 所示。已知撑杆 AB 的空心钢管，外径 $D=105\text{mm}$，内径 $d=95\text{mm}$。钢绳 1 和 2 互相平行，且设钢绳 1 可按相当于直径 $d_1=30\text{mm}$ 的圆杆计算。材料的许用应力 $[\sigma]=100\text{MPa}$，试确定起重机的许可吊重。

2-7　图 2-23 所示为一水塔结构简图，已知塔重 $G=500\text{kN}$，支承在杆 AB、BD 及 CD 上，并受到水平方向的风力 $P=120\text{kN}$，各钢杆的许用应力均为 $[\sigma]=120\text{MPa}$，尺寸如图所示。试求各杆所需的横截面积。

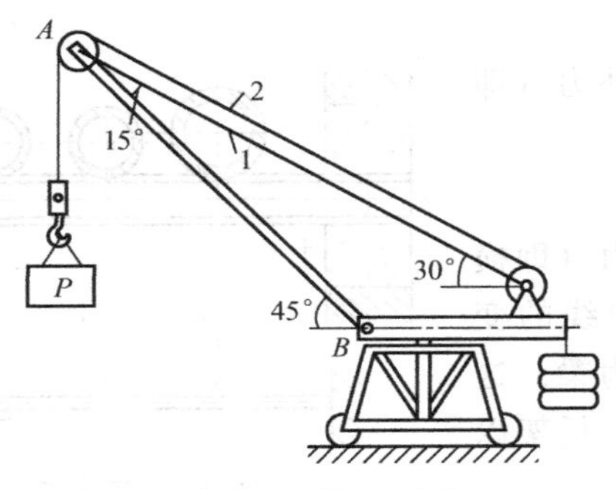

图 2-22　题 2-6 图

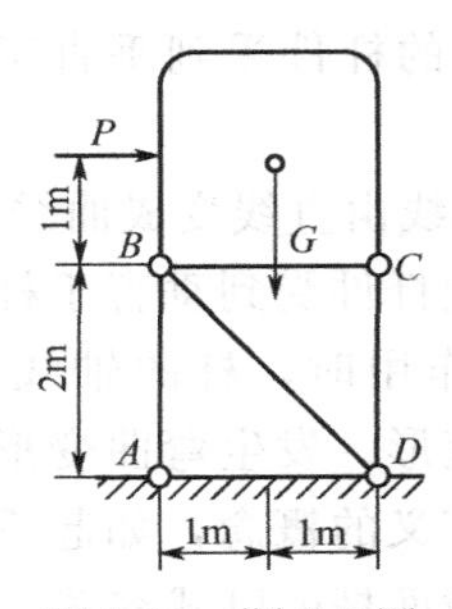

图 2-23　题 2-7 图

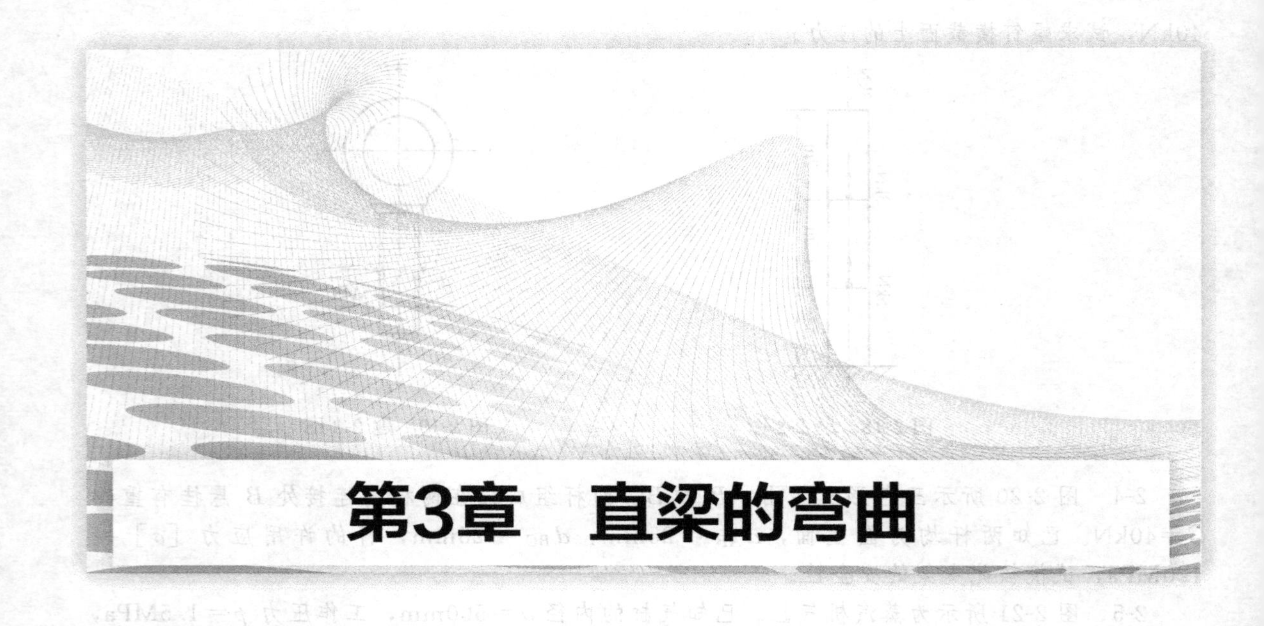

第3章 直梁的弯曲

3.1 平面弯曲的概念及梁的分类

直杆的弯曲变形是一种基本的变形形式。工程上发生弯曲变形的实例很多，例如工厂中常见的桥式起重机［图 3-1（a）］，卧式容器［图 3-2（a）］，管道托架［图 3-3（a）］等在所受的外力作用下均发生弯曲变形。其受力和变形的特点如下：

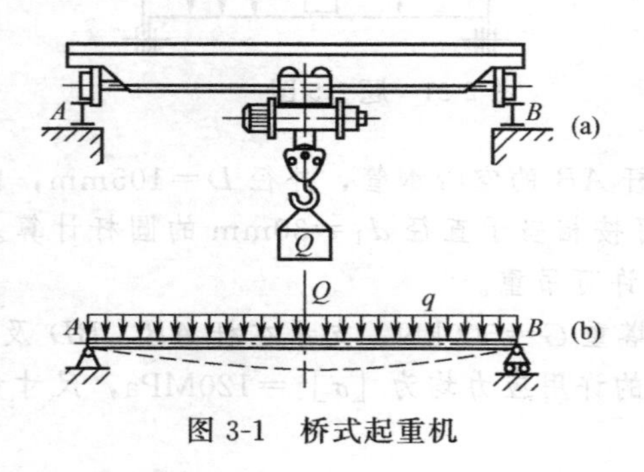

图 3-1 桥式起重机

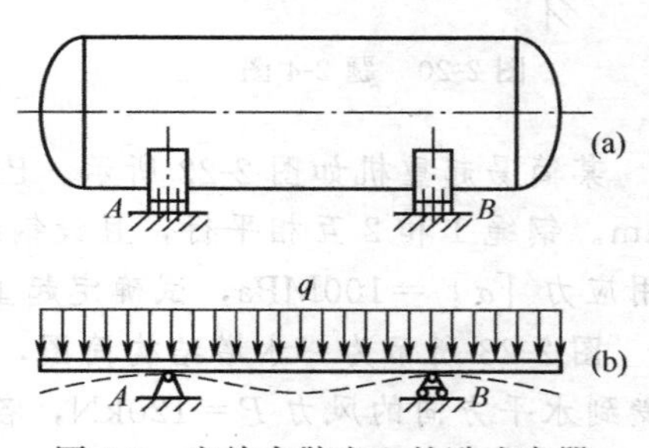

图 3-2 安放在鞍座上的卧式容器

ⅰ. 简化后的杆件受到垂直于杆轴线的外力（即横向力）作用；

ⅱ. 杆的轴线由直线变成曲线。

在工程上把杆件受到垂直于杆轴线的外力（即横向力）或力偶作用时，杆的轴线由直线变曲线的变形，称为弯曲变形。发生弯曲变形的杆件称为梁。这里所指的梁是广义的概念，如起重机的横梁、托架以及简化为圆环截面杆的卧式容器。

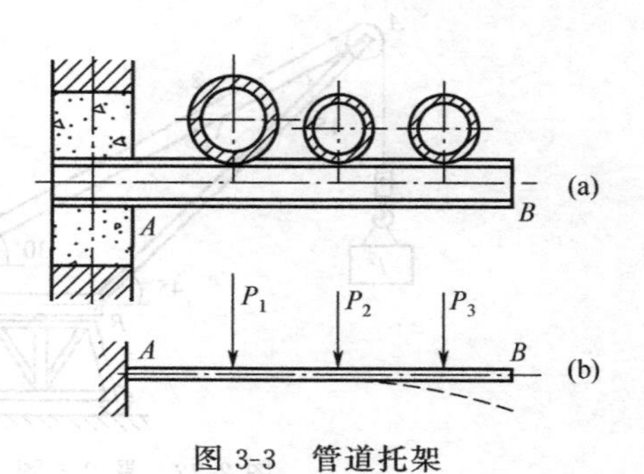

图 3-3 管道托架

3.1.1 平面弯曲的概念

常见的梁，其横截面都具有一个对称轴 y［图 3-4（a）］。由对称轴和梁的轴线组成的平面称为纵向对称面。若梁上所有外力和外力偶均处于这个纵向对称面内，则它的轴线将在此纵向对称平面内弯曲成一条曲线［图 3-4（b）］，该变形称为平面弯曲变形。本章主要研究直梁的平面弯曲问题。

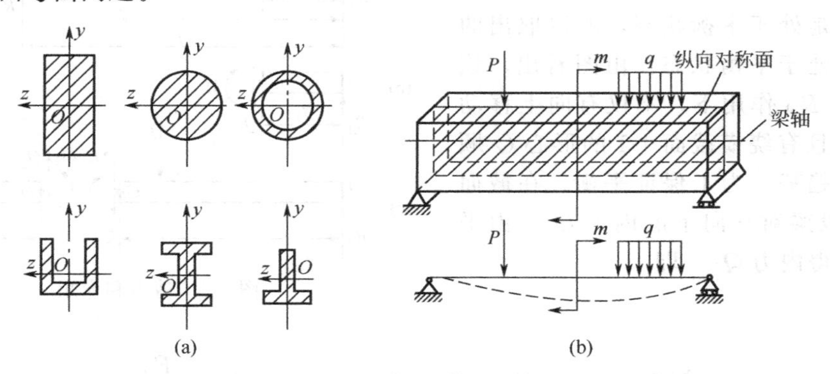

图 3-4 梁的各种截面形状及纵对称平面

3.1.2 梁的分类

作用在梁上的载荷分为集中载荷、分布载荷和集中力偶三种。集中力偶是指力偶中的两力分布在相对横梁很短的一段梁上，单位为 N·m 或 kN·m。

作用在梁上的载荷一般是已知外力，其约束力可以根据受力平衡条件求出。工程上，根据约束情况可以把梁归纳成以下三种基本类型。

① 简支梁　是指一端为固定铰链支座，另一端为活动铰链支座的梁［图 3-1（b）］。

② 外伸梁　是指一端或两端伸出支座以外的梁［图 3-2（b）］。

③ 悬臂梁　是指一端固定，另一端自由的梁［图 3-3（b）］。

3.2 直梁弯曲时的内力分析

3.2.1 剪力和弯矩

直梁在横向力或力偶作用下产生弯曲变形，同时在梁的横截面上产生相应的内力。梁上所有未知外力可以利用平衡条件求出，其内力可以利用截面法求解。

（1）截面法求剪力和弯矩

设有一简支梁，跨长为 l，在距支座 A 为 a 处作用着集中力 P［图 3-5（a）］。现求横截面 1-1、2-2 上的内力。为此先求出梁的支座反力，再用截面法求弯曲内力。

① 支座反力　首先取梁为分离体，在解除支座约束处，左端约束力用水平分力 H_A 和垂直分力 R_A 表示，右端约束力用 R_B 来表示［图 3-5（a）］。利用平衡方程可求出约束力，即

$\Sigma F_x=0$，　　　　$H_A=0$

$\Sigma M_A=0$，　　　　$R_B l-Pa=0$，$R_B=\dfrac{Pa}{l}$

$\sum F_y=0$，　　$R_A-P+R_B=0$，$R_A=P-R_B=P-\frac{Pa}{l}=\frac{Pb}{l}$

② 截面法求横截面 1-1 和 2-2 的内力　为了显示出横截面 1-1 和 2-2 的内力，沿截面 1-1 假想地把梁分成两部分，并以左段为研究对象［图 3-5（b）］。由于原来的梁是处于平衡状态，所以取出的左段梁也应处于平衡状态。由图看出，该段梁在外力 R_A 作用下，不仅有向上移动的趋势，而且有绕横截面 1-1 的形心 O 顺时针转动的趋势。为了保证平衡，在截面 1-1 必有右段梁对它向下的内力 Q_1。由平衡方程可求得内力 Q_1，即

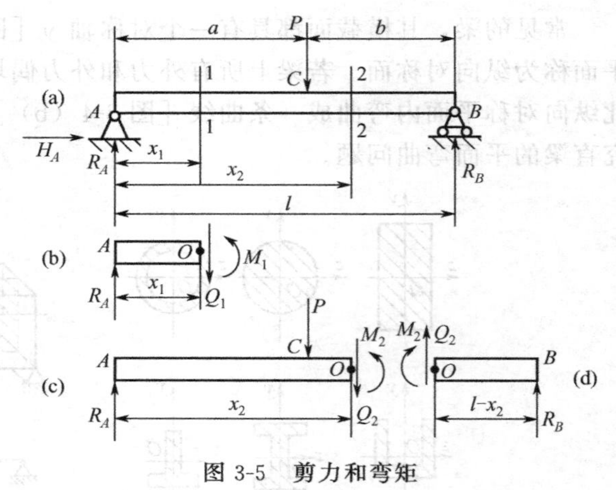

图 3-5　剪力和弯矩

$$\sum F_y=0 \quad R_A-Q_1=0, \quad Q_1=R_A=\frac{Pb}{l}$$

Q_1 为与横截面平行的分布内力系的合力，其合力的作用线通过该截面形心。它有使梁沿截面 1-1 剪断的趋势，故称为横截面 1-1 的剪力。

另外，Q_1 与 R_A 形成一个力偶，它使左段梁有顺时针转动的趋势。为了保持平衡，在横截面 1-1 上必然还作用着一个逆时针转向的内力偶矩 M_1。由平衡方程可求得内力偶矩 M_1，即

$\sum M_O=0$，　　$M_1-R_Ax_1=0$，$M_1=\frac{Pb}{l}x_1$

内力偶矩 M_1 作用于梁的纵向对称平面内，它有使梁的横截面 1-1 产生转动，从而引起梁弯曲的趋势，故称内力偶矩 M_1 为横截面 1-1 的弯矩。

按照同样的分析方法，假想沿横截面 2-2 处将梁切开，分成两段。可以取左右两段中任意一段为研究对象进行研究。一般选取两段中外力比较简单的梁为分离体。现以左段为研究对象，由平衡方程可求得内力 Q_2、内力偶矩 M_2，即

$\sum F_y=0$，　　$R_A-P-Q_2=0$，$Q_2=R_A-P=\frac{Pb}{l}-P=-\frac{Pa}{l}$

$\sum M_O=0$，　$M_2-R_Ax_2+P(x_2-a)=0$，$M_2=\frac{Pb}{l}x_2-P(x_2-a)=\frac{Pa}{l}(l-x_2)$

取截面 2-2 右段梁为研究对象进行分析，也可求出同样大小的剪力和弯矩。需注意截取的两部分在截面 2-2 处的内力是一对作用力与反作用力，大小相等、方向相反。

（2）剪力和弯矩正负规定

为使上述左右两段平衡方程得到的同一截面上的剪力和弯矩数值和符号分别相同，把剪力和弯矩的符号规则与梁的变形联系起来，作如下规定。

① 剪力 Q 正负号的规定　横截面上的剪力 Q 使该截面的邻近微段作顺时针转动趋势时为正号［图 3-6（a）］；反之，有作反时针转动趋势时取负号［图 3-6（b）］。

② 弯矩 M 正负号的规定　横截面上的弯矩 M 使该截面的邻近微段发生向下凸的弯曲变形时取正号［图 3-6（c）］；反之，使其发生向上凸的弯曲变形时取负号［图 3-6（d）］。

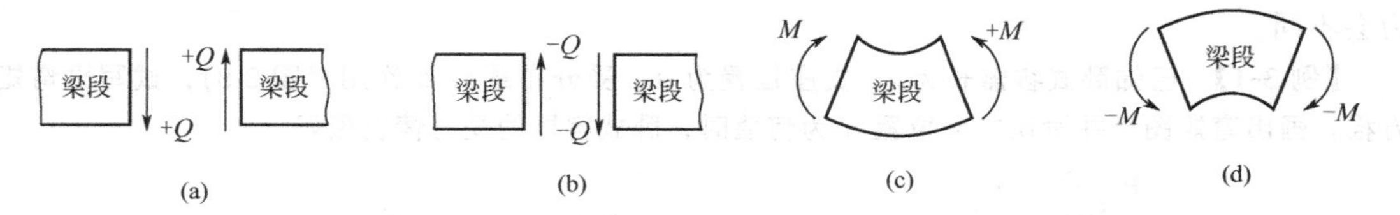

图 3-6　剪力和弯矩的符号

注意：在解题时，一般把所求截面的剪力和弯矩假设为正值。如果计算结果为正值，则表明假设的内力方向（转向）是正确的。如果计算结果为负值，则表明假设的内力方向（转向）与实际的方向（转向）反向，但不需要更改分离体上的原假定内力方向（转向）。

3.2.2　剪力图和弯矩图

为了进行弯曲强度计算，必须了解梁上各个横截面的内力变化情况。在一般情况下，梁横截面的剪力和弯矩是随横截面的位置不同而变化的。若取梁的轴线为横轴，横坐标 x 表示横截面的位置，则剪力和弯矩均可表示为 x 的函数，即

$$Q=f_1(x)$$
$$M=f_2(x)$$

以上两个函数式分别称为剪力方程和弯矩方程。根据这两个方程，仿照绘制轴力图的作法，画出梁上各个横截面的剪力 Q 和弯矩 M 的曲线，这样的图形称作剪力图和弯矩图。

现仍以图 3-5 所示集中力 P 作用的简支梁为例，说明剪力图和弯矩图的作法。

如图 3-7 所示，建立直角坐标系，由前面分析求得 AC 段梁的剪力方程和弯矩方程为

$$Q(x)=\frac{Pb}{l}\quad(0<x_1<a)\qquad\text{(a)}$$

$$M(x)=\frac{Pb}{l}x_1(0\leqslant x_1\leqslant a)\qquad\text{(b)}$$

CB 段梁的剪力方程和弯矩方程为

$$Q(x)=-\frac{Pa}{l}\ (a<x_2<l)\qquad\text{(c)}$$

$$M(x)=\frac{Pa}{l}(l-x_2)\qquad(a\leqslant x_2\leqslant l)\qquad\text{(d)}$$

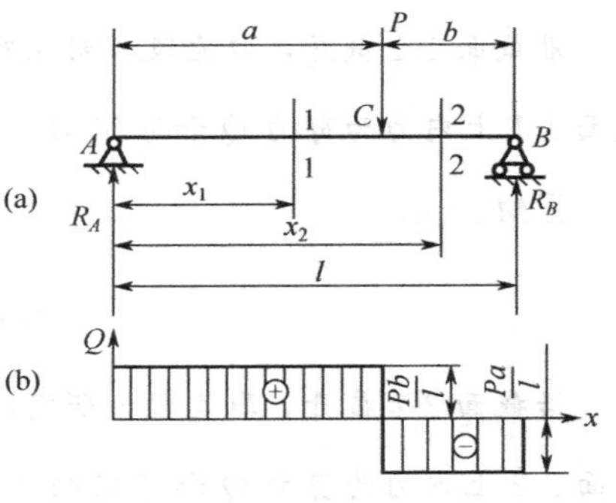

图 3-7　剪力图和弯矩图

由式（a）和式（c）可知，AC 段梁和 CB 段梁的剪力图均为水平线［图 3-7（b）］。如果 $a>b$，则最大剪力将发生在 CB 段梁的横截面上，其值为 $|Q_{\max}|=\frac{Pa}{l}$。由式（b）和式（d）可知，AC 段梁的弯矩图为斜直线，点（0，0）和点 $\left(a,\ \frac{Pba}{l}\right)$ 连接即可。CB 段梁的弯矩图也为斜直线，点 $\left(a,\ \frac{Pab}{l}\right)$ 和点（l，0）连接即可［图 3-7（c）］。

最大弯矩发生于截面 C 上，此截面为危险截面，且 $M_{\max}=\frac{Pab}{l}$。

注意：在分析梁上横截面的内力时，各段的分段点一般是集中力、集中力偶作用点以及分布载荷的起止点。如此例中集中力 P 的作用点 C 为分段点，把梁分成两段，每段上的内

力会不同。

【例 3-1】 已知卧式容器长为 l，支座位置为 a，受分布载荷 q 作用（图 3-8），试写出弯矩方程，画出弯矩图，并讨论支座位置 a 为何值时，卧式容器的受力情况最好。

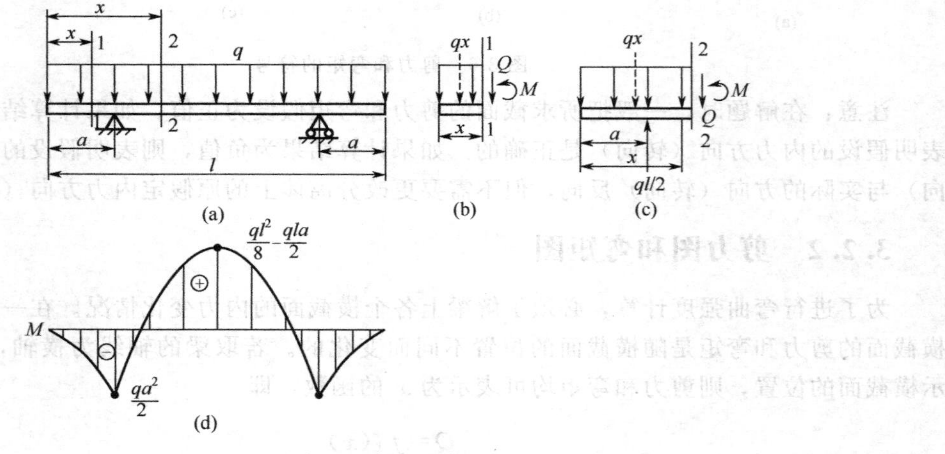

图 3-8 例 3-1 附图

解 根据梁所受力对称性特点可知，两支座反力为 $R_A=R_B=ql/2$，弯矩图左右对称，故只需求 1-1 和 2-2 截面弯矩。

（1）截面 1-1 弯矩

沿截面 1-1 截开，取左段为研究对象。在段长 x 上受分布力 q 的合力为 qx，作用线在 $\frac{x}{2}$ 处；截面 1-1 上内力为剪力 Q 和弯矩 M［图 3-8（b）］。由平衡方程可求弯矩 M，即

$\sum M_O=0$，
$$qx\,\frac{x}{2}+M(x)=0$$

$$M(x)=-\frac{1}{2}qx^2,\ (0\leqslant x\leqslant a) \tag{a}$$

沿截面 2-2 截开，取左段为研究对象。在段长 x 上受分布力 q 的合力为 qx，作用点在 $\frac{x}{2}$ 处；截面 2-2 上内力为剪力 Q 和弯矩 M［图 3-8（c）］。由平衡方程可求弯矩 M，即

$\sum M_O=0$，
$$qx\,\frac{x}{2}-\frac{1}{2}ql\ (x-a)\ +M(x)=0$$

$$M(x)=-\frac{1}{2}qx^2+\frac{1}{2}ql\ (x-a),\ (a\leqslant x\leqslant l-a) \tag{b}$$

（2）作弯矩图

由式（a）可知，弯矩图为抛物线，几个特殊点为

$$x=0,\ M=0$$

$$x=a,\ M=-\frac{qa^2}{2}$$

$$x=\frac{l}{2},\ M=\frac{ql^2}{8}-\frac{qla}{2}$$

由这几个特殊点可大致作出弯矩图的左半幅。由对称性，作出右半幅［图 3-8（d）］。最大负弯矩发生在支座处横截面上，此截面为危险截面，且 $M_{max}=-\dfrac{qa^2}{2}$，最大正弯矩发生于杆中间横截面上，此截面为危险截面，且 $M_{max}=\dfrac{ql^2}{8}-\dfrac{qla}{2}$。

（3）讨论

欲使卧式容器受力情况最好，显然应使梁的外伸段和中间段的最大弯矩绝对值相等，即 $\dfrac{qa^2}{2}=\dfrac{ql^2}{8}-\dfrac{qla}{2}$，化简得

$$a=0.207l$$

由此作为确定卧式容器支座位置的条件之一。

3.3　纯弯曲时梁横截面上的正应力和弯曲强度计算

直梁弯曲时，通常在其横截面上既有由弯矩引起的正应力，又有由剪力引起的切应力。梁的破坏一般是从横截面上某点开始的，所以有必要了解危险截面上的内力分布情况。实践表明，当梁的跨度与高度之比很大时，弯矩引起的正应力往往是梁破坏的主要因素。因此，本书重点讨论纯弯曲时梁横截面上的正应力分布情况。

设在一具有纵向对称面的简支梁上，距离梁的两端等距离 a 处，作用集中力 P［图 3-9（a）］。

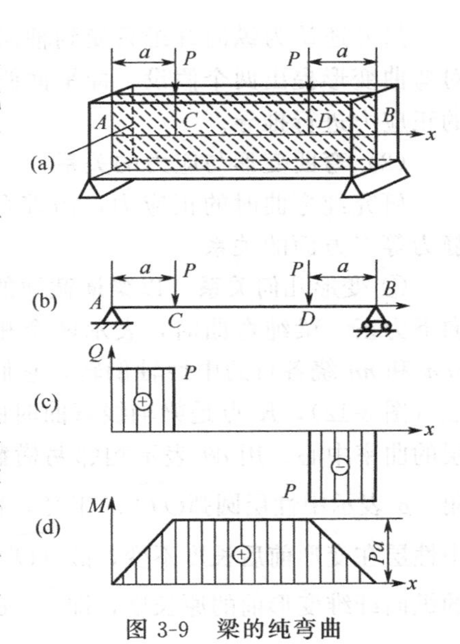

图 3-9　梁的纯弯曲

从图 3-9（c）和（d）中看出，在 AC 和 DB 两段内，梁横截面上既有弯矩又有切力，因而既有正应力又有切应力。这种弯曲称为横力弯曲或剪切弯曲。在 CD 段内，梁横截面上剪力等于零，而弯矩为常量，因而只有正应力而无切应力。这种弯曲称为纯弯曲。为使问题简化，常常针对纯弯曲情况，综合考虑几何、物理和静力学等三方面的关系，导出纯弯曲时正应力的计算公式。

3.3.1　纯弯曲时梁横截面上的正应力

（1）纯弯曲时的变形现象与假设

欲求纯弯曲时梁横截面上的应力分布情况，必须先研究梁的变形。取一段矩形截面的梁在材料试验机上进行试验，并观察变形规律。在变形前的梁侧面上作纵向线 aa 和 bb，并作与它们垂直的横向线 mm 和 nn［图 3-10（a）］，然后使梁发生纯弯曲变形。观察到的实验现象如下［图 3-10（b）］。

ⅰ．两条横向线 mm 和 nn 不再相互平行，而是相互倾斜，但仍然是直线，且仍与梁的轴线垂直。由此可以假设，变形前梁横截面为平面，变形后仍保持为平面，且依然垂直于变形后的梁轴线。此为弯曲变形的平面假设。

ⅱ．两条纵向线 aa 和 bb 弯成弧线，且内凹一侧的纵向线 $\overset{\frown}{a'a'}$ 缩短了，而外凸一侧的纵

向线$\widehat{b'b'}$伸长了。假想梁是由无数纵向纤维组成，由于纵向纤维的变形是连续变化的，所以必定有一层纵向纤维，既不伸长也不缩短，这一层纵向纤维称为中性层。中性层与横截面的交线称为中性轴（图 3-11）。在中性层上下两侧的纤维，如一侧伸长则另一侧必缩短，从而形成横截面绕中性轴的转动。由于梁上的载荷都处于梁的纵向对称面内，故梁的整体变形应对称于纵向对称面，因此中性轴与纵向对称面垂直。

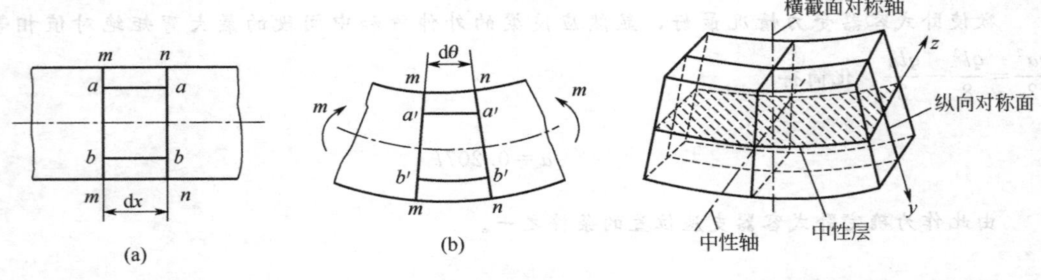

图 3-10　梁的纯弯曲变形现象　　　图 3-11　梁的中性层及中性轴

另外还认为纵向纤维只受到轴向拉伸或压缩，它们之间没有相互作用的正应力。至此，对弯曲变形提出两个假设，即平面假设和纵向纤维间无正应力。根据这两个假设对纯弯曲时的正应力进行推导。

（2）弯曲变形与应力的关系

研究纯弯曲时的正应力，需综合考虑几何、物理和静力等三方面的关系。

① 变形几何关系　以梁横截面的对称轴为 y 轴，且向下为正。梁纯弯曲时，表示两个相邻横截面的横向线 mm 和 nn 绕各自的中性轴偏转，它们的延长线相交于 K 点（图 3-12），K 点是梁轴线弯曲时的曲率中心，即中性层的曲率中心。用 $\mathrm{d}\theta$ 表示相邻两横截面偏转时所成的夹角。ρ 表示中性层圆弧$\widehat{O'O'}$的半径，称为曲率半径。由于中性层在变形前后长度不变，故$\widehat{O'O'}$就是相邻两横截面间的纵向纤维变形前的原长度，即$\overline{bb}=\mathrm{d}x=\widehat{O'O'}=\rho\mathrm{d}\theta$。

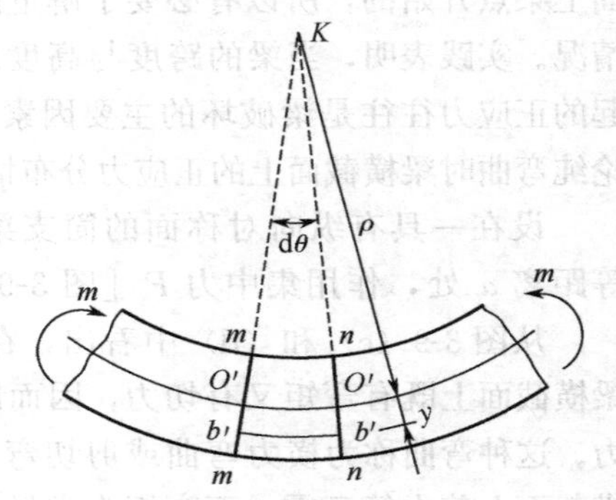

图 3-12　纵向纤维的线应变

距中性层为 y 的纵向纤维 bb，变形后其长度将变成$\widehat{b'b'}$，其值为$\widehat{b'b'}=(\rho+y)\ \mathrm{d}\theta$。

纵向纤维的线应变

$$\varepsilon=\frac{\widehat{b'b'}-\overline{bb}}{\overline{bb}}=\frac{(\rho+y)\ \mathrm{d}\theta-\rho\mathrm{d}\theta}{\rho\mathrm{d}\theta}=\frac{y}{\rho} \tag{3-1}$$

上式表明，梁横截面上任一点处的纵向纤维线应变 ε 与该点到中性层的距离 y 成正比，而与中性层的曲率半径ρ成反比。

② 物理关系　因为纵向纤维之间无正应力，每一纤维都是单向拉伸或压缩。梁弯曲时，其横截面上的正应力通常不超过材料比例极限，可把式（3-1）代入虎克定律得

$$\sigma=E\varepsilon=E\ \frac{y}{\rho} \tag{3-2}$$

这表明，在横截面上，任意点的正应力 σ 与它到中性层的距离 y 成正比，距中性轴等距的各点上正应力相等（图 3-13）。中性轴的位置以及中性层的曲率半径 ρ 待定。

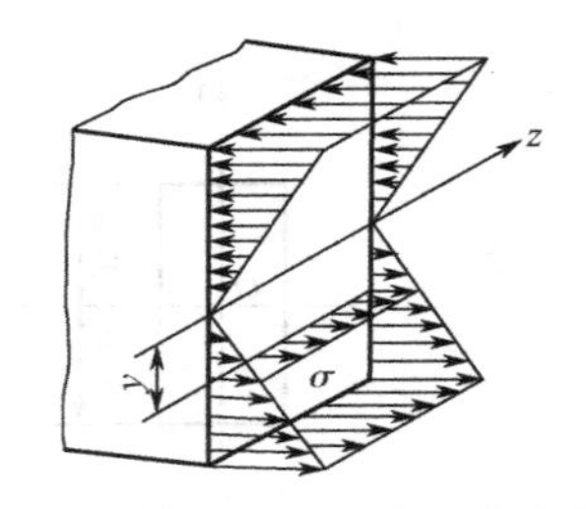

图 3-13　横截面上正应力分布规律

③ 静力关系　以中性轴为 z 轴；x 轴过 y 轴和 z 轴的交点且与横截面垂直。在距中性轴 y 处任取一微面积 $\mathrm{d}A$，则微内力 $\sigma\mathrm{d}A$ 组成垂直于横截面的空间平行力系。其简化成三个内力分量，即平行于 x 轴的轴力 N，对 y 轴和 z 轴的力偶矩 M_y、M_z。由空间平行力系平衡方程

$\sum F_x=0$，$N=0$，从而导出 z 轴（中性轴）必通过截面形心；

$\sum M_y=0$，$M_y=0$，y 轴是横截面的对称轴，自然满足；

$\sum M_z=0$，$M_z=m$。

由此可知，横截面上的内力系只有力偶矩 M_z，也就是在截面上产生的弯矩 M，其值等于 $\sigma\mathrm{d}A$ 对 z 轴之矩的总和，即

$$M_z=M=\int_A \sigma\mathrm{d}Ay \tag{3-3}$$

将式（3-2）代入上式得

$$M=\int_A \sigma\mathrm{d}Ay=\frac{E}{\rho}\int_A y^2\mathrm{d}A \tag{3-4}$$

式中，积分 $\int_A y^2\mathrm{d}A$ 是横截面对中性轴 z 的惯性矩，定义为 I_z。它的大小与横截面的几何形状和尺寸有关，单位为 m^4 或 mm^4。

于是式（3-4）可以写成

$$\frac{1}{\rho}=\frac{M}{EI_z} \tag{3-5}$$

式中，$\frac{1}{\rho}$ 是梁轴线变形后的曲率。上式表明，EI_z 越大，则曲率 $\frac{1}{\rho}$ 越小，故 EI_z 称为梁的抗弯刚度。将式（3-5）代入式（3-2）得梁纯弯曲时横截面上任一点正应力计算公式

$$\sigma=\frac{My}{I_z} \tag{3-6}$$

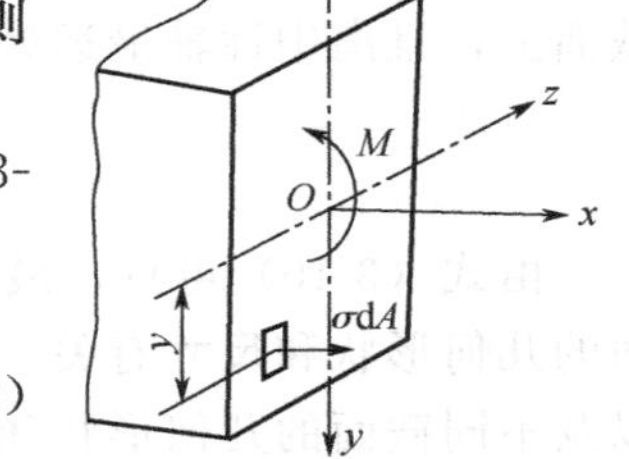

图 3-14　σ 与 M 的关系

它表示梁横截面上任一点的正应力 σ 与同一截面上的弯矩 M 及该点到中性轴的距离 y 成正比，而与截面惯性矩 I_z 成反比。在图3-14所示坐标系下，当弯矩 M、y 为正时，σ 为拉应力；当弯矩 M、y 为负时，σ 为压应力。σ 的正负可以通过弯曲变形直接判定。以中性层为界，梁在凸出的一侧时受拉，σ 为正值；凹入的一侧受压，σ 为负值。

在进行弯曲强度计算时，最重要的是确定横截面上最大应力所在点即危险点并计算相应值。由式（3-6）可知，在离中性轴最远的上下边缘处的正应力最大。对于常见的矩形截面、圆截面和工字形截面等（图 3-15），其横截面对称于中性轴，用 $y_{\max}$ 表示横截面上下边缘到中性轴的距离，则最大拉应力和最大压应力相等，其值为

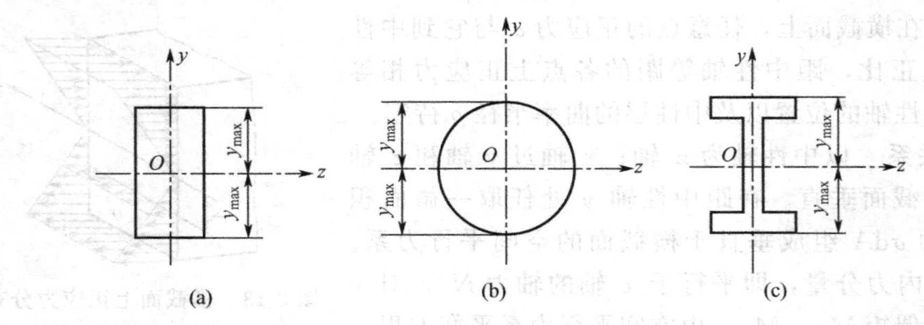

图 3-15　横截面上下边缘处的最大正应力

$$\sigma_{max}=\frac{My_{max}}{I_z} \tag{3-7}$$

当梁的横截面的形状、尺寸确定后，y_{max}、I_z都是常量，可以把它们归并为一个常量，即

$$W_z=\frac{I_z}{y_{max}} \tag{3-8}$$

从而式（3-7）变为

$$\sigma_{max}=\frac{M}{W_z} \tag{3-9}$$

从式（3-9）可知，在同样弯矩作用下，W_z越大，σ_{max}就越小，所以W_z是衡量横截面抗弯强度的几何量，称为横截面对中性轴 z 的抗弯截面模量。其单位是 m^3 或 mm^3。它与截面的几何形状、尺寸有关。

上述弯曲应力公式是纯弯曲下，在两个假设基础上导出的。而常见的弯曲问题多为横力弯曲。经理论分析表明，对工程中常见的梁，其跨度与高度之比 $1/h>5$ 时，纯弯曲应力公式仍然可以应用。

横力弯曲时，弯矩随截面位置变化。一般情况下，最大正应力σ_{max}发生于弯矩最大的截面上，且离中性轴最远处。于是由式（3-7）得

$$\sigma_{max}=\frac{M_{max}y_{max}}{I_z} \tag{3-10}$$

由式（3-10）可见，最大正应力不仅与弯矩M_{max}有关，还与I_z/y_{max}有关，亦即与截面的几何形状和尺寸有关。对截面为变截面梁进行校核时，需综合考虑弯矩为最大值的截面以及不同截面的几何形状和尺寸。

(3) 截面惯性矩和抗弯截面模量

惯性矩I_z和抗弯截面模量W_z只与横截面的几何形状和尺寸有关，反映了横截面的几何性质。以矩形截面为例，推导截面的I_z和W_z。

设矩形截面的高度 h，宽度 b，O 为截面的形心（图 3-16）。建立如图坐标系。在截面上取宽为 b，高为 dy 的细长条作为微面积，即 $dA=bdy$，则此截面对 z 轴的惯性矩 I_z 为

$$I_z=\int_A y^2 dA=\int_{-\frac{h}{2}}^{+\frac{h}{2}} y^2 b dy=\frac{bh^3}{12} \tag{3-11}$$

截面对 z 轴的抗弯截面模量W_z为

$$W_z=\frac{I_z}{y_{max}}=\frac{bh^3}{12}\Big/\frac{h}{2}=\frac{bh^2}{6} \tag{3-12}$$

同理可求得此截面对 y 轴的惯性矩 I_y 和抗弯截面模量 W_y 为

$$I_y=\frac{hb^3}{12} \tag{3-13}$$

$$W_y=\frac{hb^2}{6} \tag{3-14}$$

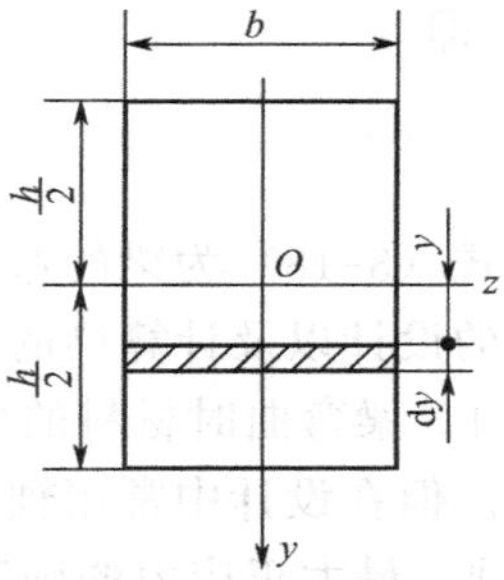

图 3-16　矩形截面 I_z 的计算

力学计算中，有时把惯性矩写成截面积 A 与某一长度平方的乘积，即

$$I_z=Ai_z^2,\ I_y=Ai_y^2 \tag{3-15}$$

式中，i_z 和 i_y 分别称为截面对 z 轴和对 y 轴的惯性半径。惯性半径的量纲是长度。

矩形截面对 z 轴和对 y 轴的惯性半径分别为

$$i_z=\sqrt{\frac{I_z}{A}}=\sqrt{\frac{bh^3}{12}\Big/bh}=\frac{h}{\sqrt{12}}\approx 0.289h \tag{3-16}$$

$$i_y=\sqrt{\frac{I_y}{A}}=\sqrt{\frac{b^3h}{12}\Big/bh}=\frac{b}{\sqrt{12}}\approx 0.289b \tag{3-17}$$

常见几何形状的截面轴惯性矩、抗弯截面模量和惯性半径的计算公式见表 3-1。

表 3-1　常用截面的几何量

截面简图	面积 A	轴惯性矩 I	抗弯截面模量 W	惯性半径 i
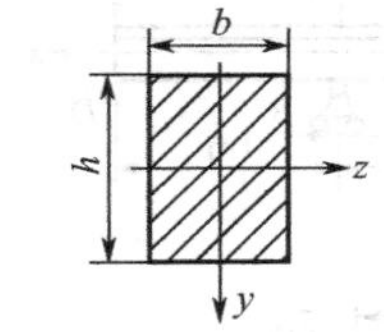	$A=bh$	$I_z=\frac{bh^3}{12}$ $I_y=\frac{hb^3}{12}$	$W_z=\frac{bh^2}{6}$ $W_y=\frac{hb^2}{6}$	$i_z=\frac{h}{\sqrt{12}}\approx 0.289h$ $i_y=\frac{b}{\sqrt{12}}\approx 0.289b$
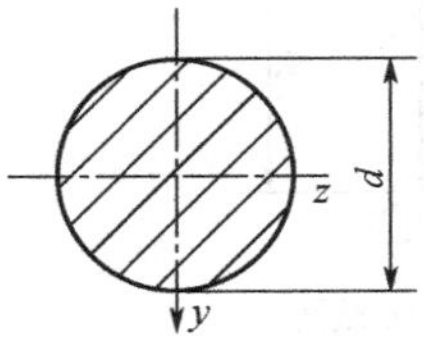	$A=\frac{\pi}{4}d^2$	$I_z=I_y=\frac{\pi d^4}{64}$	$W_z=W_y=\frac{\pi d^3}{32}$	$i_z=i_y=\frac{d}{4}$
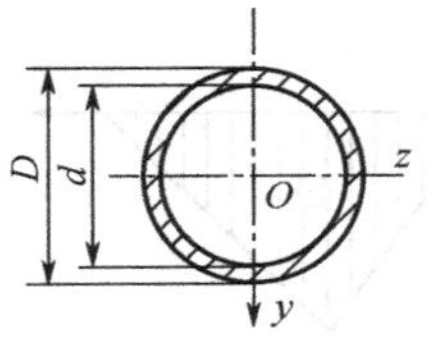	$A=\frac{\pi}{4}(D^2-d^2)$	$I_z=I_y=\frac{\pi}{64}(D^4-d^4)$ 对薄壁（δ 为壁厚） $I_z=I_y\approx\frac{\pi}{8}d^3\delta$	$W_z=W_y=\frac{\pi}{32D}(D^4-d^4)$ 对薄壁（δ 为壁厚） $W_z=W_y\approx\frac{\pi}{4}d^2\delta$	$i=\frac{\sqrt{D^2+d^2}}{4}$

对于各种型钢的截面惯性矩及其截面几何量均可从有关国家标准或材料手册中查到，附录 A 列出了热轧型钢（GB/T 706—2008）部分规格及其截面参数。

3.3.2　梁的弯曲强度计算

为了保证梁安全可靠的工作，必须使最大工作应力 σ_{max} 不超过材料的弯曲许用应力

$[\sigma]$，即

$$\sigma_{max}=\frac{M_{max}}{W_z}\leqslant[\sigma] \tag{3-18}$$

式（3-18）为梁的弯曲强度条件。利用该式可以对梁进行强度校核、梁的截面形状和尺寸的设计以及计算梁的许可载荷。在具体应用时应注意以下问题。

ⅰ．梁弯曲时材料的弯曲许用应力 $[\sigma]$ 一般略高于同一材料在轴向拉（压）时的许用应力。但在设计中常用轴向拉压许用应力。这样做偏于安全。

ⅱ．最大正应力的确定。对于等截面直梁，弯矩最大的截面就是危险截面。在危险截面上，离中性轴最远的上下边缘处各点的应力就是等截面梁的最大弯曲正应力，这些点称为危险点，梁的破坏往往就是从危险点开始的。

如果梁的横截面不对称于中性轴，将产生两个抗弯截面模量 W_1、W_2，抗弯截面模量越小，正应力就越大，所以应取 W 中较小者代入计算。

ⅲ．对于抗拉和抗压强度不同的材料（如铸铁等脆性材料），则要分别求出梁的最大拉应力和最大压应力，并同时满足抗拉和抗压强度条件，即：

$$\sigma_{p\max}=\frac{M_{max}}{W_1}\leqslant[\sigma_p] \tag{3-19}$$

$$\sigma_{c\max}=\frac{M_{max}}{W_2}\leqslant[\sigma_c] \tag{3-20}$$

式中　W_1，W_2——相应于最大拉应力 $\sigma_{p\max}$ 和最大压应力 $\sigma_{c\max}$ 的抗弯截面模量；

$[\sigma_p]$，$[\sigma_c]$——材料的许用拉应力和许用压应力，MPa。

【例 3-2】 一T字形截面铸铁梁［图 3-17（a）］。在梁上作用有集中载荷 $P_1=10\text{kN}$，$P_2=4\text{kN}$，铸铁的抗拉许用应力为 $[\sigma_p]=40\text{MPa}$，抗压许用应力为 $[\sigma_c]=70\text{MPa}$。T字形横截面尺寸如图 3-17（b）所示，已知截面对形心轴 z 的惯性矩为 $I_z=763\times10^{-8}\text{m}^4$，且 $y_1=52\text{mm}$。试校核此梁的强度。

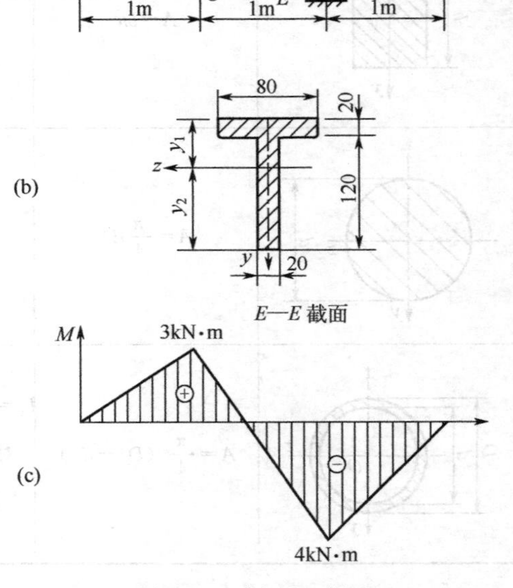

图 3-17　例 3-2 附图

解　(1) 求支座反力，画弯矩图

由平衡方程得

$\sum m_B=0$，　$-R_A\times2-P_2\times1+P_1\times1=0$，

$-R_A\times2-4\times1+10\times1=0$，$R_A=3\text{kN}$

$\sum m_A=0$，　$R_B\times2-P_2\times3-P_1\times1=0$，

$R_B\times2-4\times3-10\times1=0$，$R_B=11\text{kN}$

因为梁上只受集中力作用，所以利用截面法可求 AC、CB、BD 段弯矩，其弯矩图见图 3-17（c）。最大正弯矩发生在 C 截面上，$M_c=3\text{kN}\cdot\text{m}$。最大负弯矩发生在 B 截面上，$M_B=-4\text{kN}\cdot\text{m}$。

(2) 校核梁的强度

此梁由铸铁制成，其抗拉和抗压许用值不同，故应分别校核抗拉和抗压强度。由于截面对中性轴 z 不对称，无法确定哪个截面上的应力最大，故应计算 B 截面和 C 截面上的最大应力。

由 $y_1=52\text{mm}$，

$y_2=120+20-52=88\ (\text{mm})$

B截面：在此截面上最大拉应力$\sigma_{p\max}^{B}$发生在上边缘各点处，其值为

$$\sigma_{p\max}^{B}=\frac{M_B y_1}{I_z}=\frac{4\times10^3\times52\times10^{-3}}{763\times10^{-8}}=27.3\times10^6\ (\text{N/m}^2)\ =27.3\ (\text{MPa})$$

此截面上最大压应力$\sigma_{c\max}^{B}$发生在下边缘各点处

$$\sigma_{c\max}^{B}=\frac{M_B y_2}{I_z}=\frac{4\times10^3\times88\times10^{-3}}{763\times10^{-8}}=46.1\times10^6\ (\text{N/m}^2)\ =46.1\ (\text{MPa})$$

C截面：在此截面上最大拉应力$\sigma_{p\max}^{C}$发生在下边缘各点处，其值为

$$\sigma_{p\max}^{C}=\frac{M_C y_2}{I_z}=\frac{3\times10^3\times88\times10^{-3}}{763\times10^{-8}}=34.6\times10^6\ (\text{N/m}^2)\ =34.6\ (\text{MPa})$$

显然梁的最大拉应力$\sigma_{p\max}$是发生在C截面的下边缘各点处。$\sigma_{p\max}=34.6\text{MPa}<[\sigma_p]$，满足拉应力强度条件。

此截面上最大压应力$\sigma_{c\max}^{C}$发生在上边缘各点处

$$\sigma_{c\max}^{C}=\frac{M_C y_1}{I_z}=\frac{3\times10^3\times52\times10^{-3}}{763\times10^{-8}}=20.4\times10^6\ (\text{N/m})^2=20.4\ (\text{MPa})$$

显然梁的最大压应力$\sigma_{c\max}$是发生在B截面的下边缘各点处。也可以通过比较两截面弯矩和危险点到中性轴的距离大小，得出此结果。$\sigma_{c\max}=46.1\text{MPa}<[\sigma_c]$，满足压应力强度条件。

3.3.3　提高梁弯曲强度的主要途径

在设计梁时，既要满足强度要求，又要充分发挥材料的潜力，减少材料的消耗，以满足经济性要求。由弯曲正应力强度条件$\sigma_{\max}=\frac{M_{\max}}{W_z}\leqslant[\sigma]$可知，要提高梁的承载能力应设法降低梁的最大弯矩$M_{\max}$及增大截面的抗弯截面模量$W_z$。设计时从两方面考虑，一方面是采用合理的截面形状；另一方面则是合理安排梁的受力情况。

(1) 选用合理截面，提高抗弯截面模量W_z

① 选用合理的截面形状　以等面积的正方形和矩形横截面为例，比较两者的抗弯截面模量。设正方形边长为a，矩形的宽度为b，高度为h，且$b/h=1/3$（图3-18）。

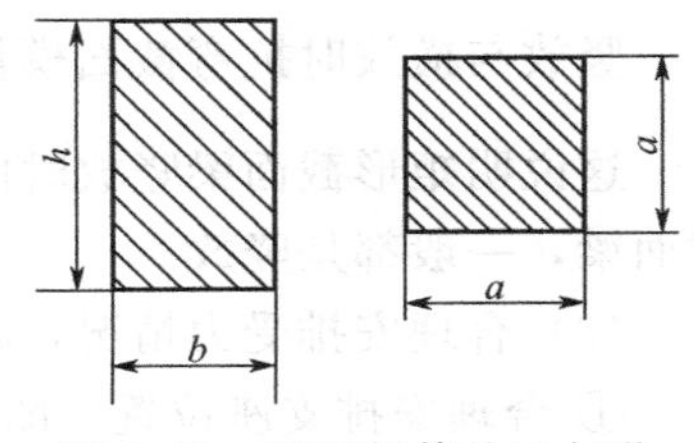

图3-18　面积相等的正方形和矩形截面比较

正方形截面面积$A_1=a^2$，矩形截面面积$A_2=bh=3b^2$；

若两截面面积相等$A_1=A_2$，即$a^2=3b^2$，$a=\sqrt{3}b$，$b=\frac{\sqrt{3}}{3}a$；

正方形截面的抗弯截面模量为$W_1=\frac{a^3}{6}$；

矩形截面的抗弯截面模量为$W_2=\frac{bh^2}{6}=\frac{\sqrt{3}}{6}a^3$；

两者之比为$\frac{W_1}{W_2}=\frac{a^3}{6}\Big/\frac{\sqrt{3}}{6}a^3=0.577$。

这说明在同等面积、矩形$b/h=1/3$时，正方形的承载能力仅为矩形的57.7%。截面的形状不同，其抗弯截面模量W_z也就不同。可以用比值W_z/A来衡量截面形状的合理性。比值W_z/A较大，则截面的形状更合理。表3-2列出常用几种截面的W_z/A。

从表3-2中可以看出，在选择截面形状时，矩形截面优于圆形截面，但工字形和槽形截

面是最合理的。因此，在现代工程结构中的钢梁常采用工字钢和槽钢。从正应力的分布规律，很容易解释这种情况。因为梁弯曲时截面上的点离中性轴越远，正应力越大。为了充分利用材料，工字钢和槽钢尽可能把材料置放到离中性轴较远处。在中性轴附近应力很小，材料放置的少。由此可见，不同形状的截面，其承载能力是不同的。

表 3-2　几种常用截面的 W_z/A

截面形状	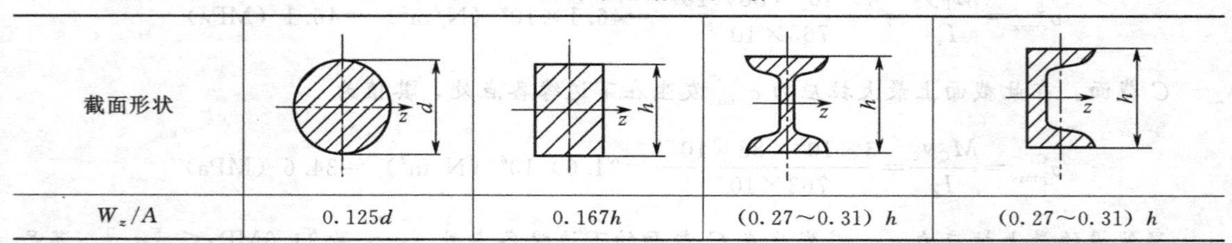			
W_z/A	0.125d	0.167h	(0.27～0.31) h	(0.27～0.31) h

② 选择截面的合理工作位置　比较同为矩形截面，横放和竖放时的抗弯截面模量，设截面尺寸 $b\times h$，$h>b$（图 3-19）。

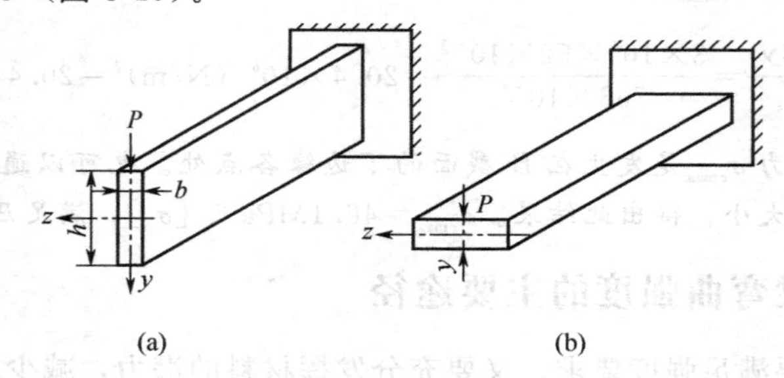

图 3-19　竖放和横放截面的比较

竖放时，矩形截面的抗弯截面模量 $W_1=\dfrac{1}{6}bh^2$；

横放时，矩形截面的抗弯截面模量 $W_2=\dfrac{1}{6}hb^2$；

竖放与横放时抗弯截面模量之比 $\dfrac{W_1}{W_2}=\dfrac{1}{6}bh^2\Big/\dfrac{1}{6}hb^2=\dfrac{h}{b}>1$。

这说明矩形截面梁竖放时的抗弯能力比横放时大。因此，房屋和桥梁等建筑物中的矩形截面梁，一般都是竖放。

(2) 合理安排受力情况，减小最大弯矩 $M_{\max}$

① 合理安排支座位置　图 3-20（a）为受均布载荷 q 作用，梁长 l 的简支梁，最大弯矩为 $M_{\max}=\dfrac{1}{8}ql^2=0.125ql^2$。

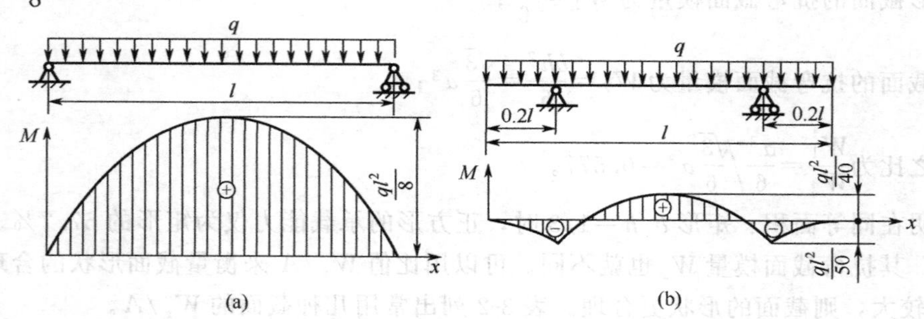

图 3-20　合理安排支座位置

若将两端支座向里移动 $0.2l$ 变成受均布载荷作用的外伸梁［图 3-20（b）］，最大弯矩为

$$M_{\max}=\frac{1}{40}ql^2=0.025ql^2$$

后者的最大弯矩仅为前者的 1/5。由此可见，在设计中合理地选定支座位置，可使梁的最大弯矩减少，从而大大提高梁的承载能力

② 合理布置载荷　图 3-21 所示为受集中力 P 作用的简支梁，其最大弯矩 $M_{\max}=\frac{1}{4}Pl$。若使集中力靠近左边支座，则最大弯矩下降为 $M_{\max}=\frac{5}{36}Pl$。若增加辅助梁，把作用在梁跨中点的力分散为 $\frac{1}{4}l$ 处，此时最大弯矩 $M_{\max}=\frac{1}{8}Pl$。由此可见，梁的最大弯矩与载荷的作用位置有关，可以通过调整加载位置和方式，降低最大弯矩。

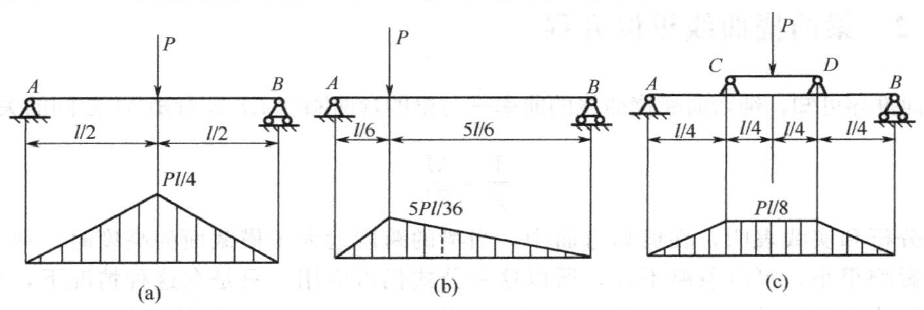

图 3-21　合理布置载荷或改变载荷分布

3.4　梁的弯曲变形与刚度校核

工程中对某些受弯的梁，除了强度要求外，往往还有刚度要求，即要求它的变形不能过大。例如桥式起重机的横梁在起吊重物时，若其弯曲变形过大，将使梁上小车移动困难，而且还会引起梁的严重振动。再如大直径的精馏塔板，如果工作时塔板挠度过大，使得塔板上液层厚薄不均，从而降低塔板效率，所以有必要研究杆件的弯曲变形及刚度条件。

3.4.1　挠度和转角

设一悬臂梁 AB，在其自由端受一集中载荷 P（图 3-22)。梁的轴线 AB 为 x 轴，垂直向上的直线为 y 轴。梁受弯后，轴线 AB 在 x-y 平面内由直线变为连续光滑的曲线 AB_1。平面曲线 AB_1 称为弹性曲线或挠曲线，梁的变形可以用挠度和转角表示。

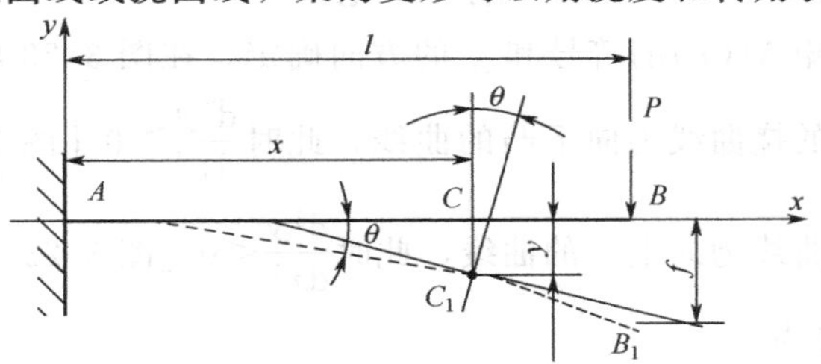

图 3-22　梁的挠度和转角

① 挠度 y　指挠曲线上横坐标为 x 的任一点的纵坐标 y，代表了坐标为 x 的横截面的形心沿 y 方向的位移。横截面的形心在 x 方向上的位移很小，可忽略不计。挠曲线的方程为

$$y=f(x) \tag{3-21}$$

② 转角 θ　指对应坐标为 x 的横截面绕中性轴偏转的角度。根据平面假设，弯曲变形前垂直于轴线（x 轴）的横截面，变形后仍垂直于挠曲线。所以，截面转角 θ 就等于 x 轴与挠曲线切线的夹角，故有

$$\tan\theta=\frac{\mathrm{d}y}{\mathrm{d}x}=y' \tag{3-22}$$

由于工程中梁的变形多是小变形，其挠度很小，转角也很小，所以 $\tan\theta\approx\theta$，由此得 $\theta=y'=f'(x)$，说明挠曲线上任一点处切线的斜率 y' 等于该点处横截面的转角 θ。

3.4.2　梁的挠曲线近似方程

由前面推导可知，纯弯时梁挠曲线的曲率 $\frac{1}{\rho}$ 与梁的弯曲刚度 EI 及弯矩 M 之间的关系式为

$$\frac{1}{\rho}=\frac{M}{EI}$$

理论分析和实践表明，在剪切弯曲中，当梁的跨度远大于横截面的高度时，剪力对梁的弯曲变形影响很小，可以忽略不计，所以这一公式仍可应用。只是在这种情况下，梁轴上各点的弯矩和曲率都随横截面的位置 x 不同而变化，它们都是 x 的函数，故上式写为

$$\frac{1}{\rho(x)}=\frac{M(x)}{EI} \tag{a}$$

由微分学可知，平面曲线 $y=f(x)$ 上任一点的曲率为

$$\frac{1}{\rho(x)}=\pm\frac{\mathrm{d}^2y}{\mathrm{d}x^2}\Big/\left[1+\left(\frac{\mathrm{d}y}{\mathrm{d}x}\right)^2\right]^{\frac{3}{2}} \tag{b}$$

在小变形的情况下，由于横截面转角 θ 很小，即 $\frac{\mathrm{d}y}{\mathrm{d}x}$ 是一微量，因此 $\left(\frac{\mathrm{d}y}{\mathrm{d}x}\right)^2$ 之值更小，可以忽略不计，故 $\left[1+\left(\frac{\mathrm{d}y}{\mathrm{d}x}\right)^2\right]\approx1$。于是式（b）可简化为

$$\frac{1}{\rho(x)}=\pm\frac{\mathrm{d}^2y}{\mathrm{d}x^2} \tag{c}$$

将式（c）代入式（a），可得

$$\pm\frac{\mathrm{d}^2y}{\mathrm{d}x^2}=\frac{M(x)}{EI} \tag{d}$$

上式中正负号由弯矩 $M(x)$ 的符号和 y 的方向确定。在图 3-23 所示的坐标系中，若梁受到正弯矩作用，则梁的挠曲线为向下凸的曲线，此时 $\frac{\mathrm{d}^2y}{\mathrm{d}x^2}>0$［图 3-23（a）］；若梁受到负弯矩作用，则梁的挠曲线为向上凸的曲线，此时 $\frac{\mathrm{d}^2y}{\mathrm{d}x^2}<0$［图 3-23（b）］。

因此可将式（d）写为

$$\frac{\mathrm{d}^2y}{\mathrm{d}x^2}=\frac{M(x)}{EI} \tag{3-23}$$

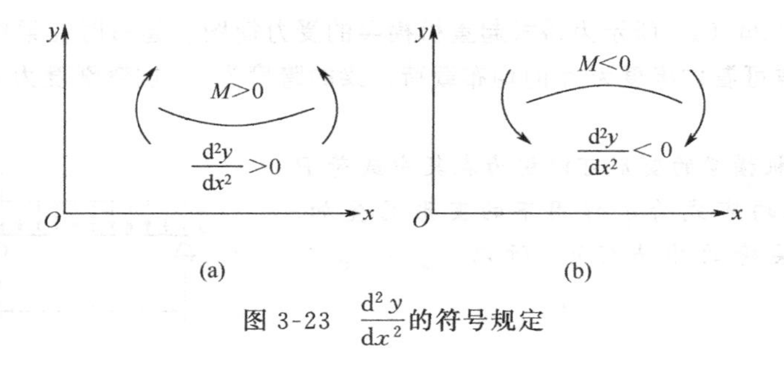

图 3-23　$\frac{d^2y}{dx^2}$的符号规定

此为梁的挠曲线近似微分方程。在小变形情况下，利用此式求解工程实际问题具有足够的精确性。

3.4.3　用叠加法求梁的变形

通过对梁的挠曲线方程进行积分，可以求出简单载荷作用下梁的挠度和转角。对于复杂载荷作用下，利用积分求解比较复杂，一般采用叠加法求梁的变形。

若梁的材料服从虎克定律，且梁的变形很小，则梁的挠度与转角和载荷呈线性关系。这样，当梁同时受到几个载荷作用时，由每一个载荷所引起的梁的变形将不受其他载荷的影响，故可以用各个载荷单独作用下所产生的变形进行叠加，得到这些载荷共同作用时的总变形。这就是计算弯曲变形的叠加法。几种常见载荷作用下梁的挠曲线方程、转角和挠度见表 3-3。

表 3-3　几种常见载荷作用下梁的挠曲线方程、转角和挠度

梁的类型及载荷	挠曲线方程	转角及挠度
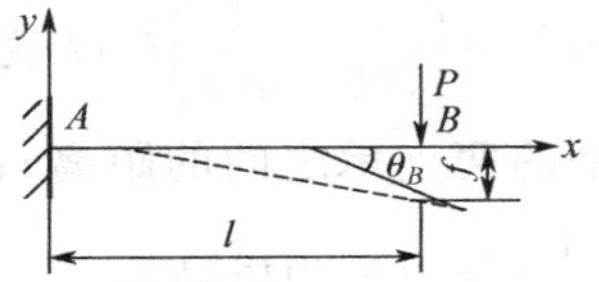	$y=-\frac{Px^2}{6EI}(3l-x)$	$\theta_B=-\frac{Pl^2}{2EI}$ $y_{max}=f=-\frac{Pl^3}{3EI}$
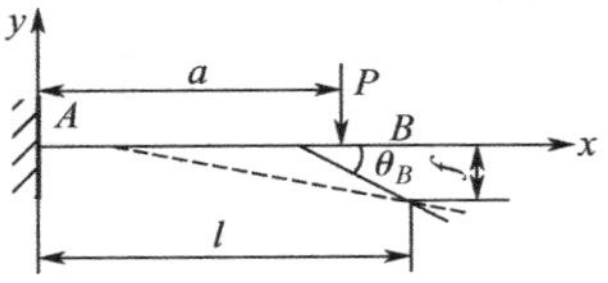	$y=-\frac{Px^2}{6EI}(3a-x)，0\leqslant x\leqslant a$ $y=-\frac{Pa^2}{6EI}(3x-a)，a\leqslant x\leqslant l$	$\theta_B=-\frac{Pa^2}{2EI}$ $y_{max}=f=-\frac{Pa^2}{6EI}(3l-a)$
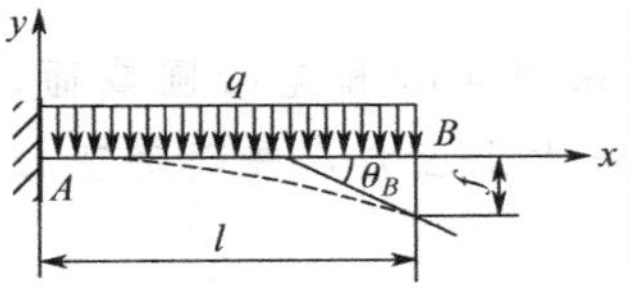	$y=-\frac{qx^2}{24EI}(x^2+6l^2-4lx)$	$\theta_B=-\frac{ql^3}{6EI}$ $y_{max}=f=-\frac{ql^4}{8EI}$
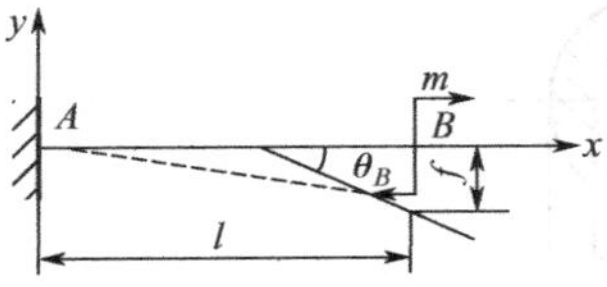	$y=-\frac{mx^2}{2EI}$	$\theta_B=-\frac{ml}{EI}$ $y_{max}=f=-\frac{ml^2}{2EI}$
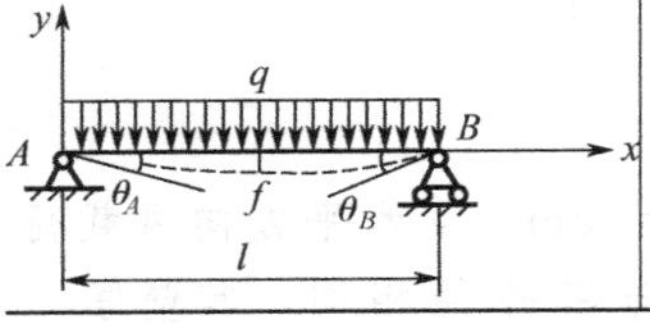	$y=-\frac{qx}{24EI}(l^3-2lx^2+x^3)$	$\theta_A=-\theta_B=-\frac{ql^3}{24EI}$ $y_{max}=f=-\frac{5ql^4}{384EI}$

【例 3-3】 图 3-24 (a) 所示为桥式起重机横梁的受力简图。起吊时在梁中点 C 所受的集中载荷为 P，梁的自重可看作集度为 q 的均布载荷，梁的跨度为 l，抗弯刚度为 EI。试求此梁的最大挠度。

解 桥式起重机横梁的变形可以视为在集中载荷 P 作用下的变形和在均布载荷 q 作用下的变形的叠加。最大挠度发生在梁跨的中点 C 处，所以 $y_{max}=y_C=y_{CP}+y_{Cq}$

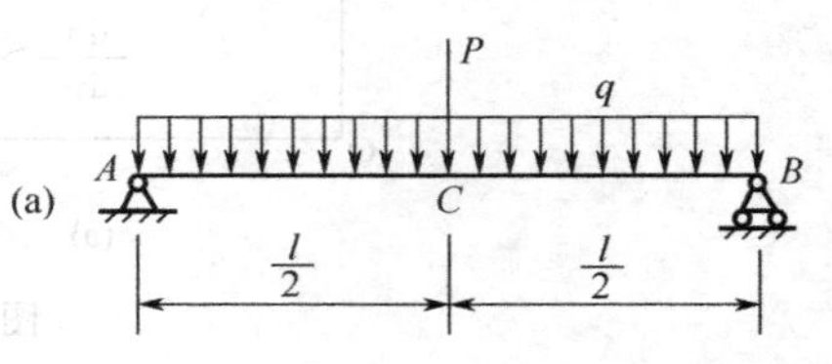

从表 3-3 查得

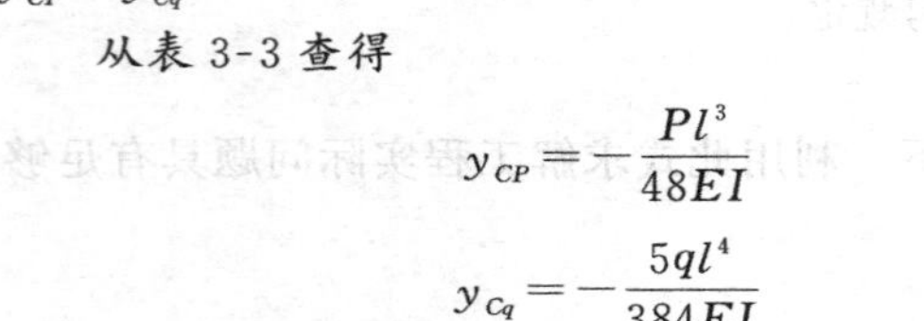

$$y_{CP}=-\frac{Pl^3}{48EI}$$

$$y_{Cq}=-\frac{5ql^4}{384EI}$$

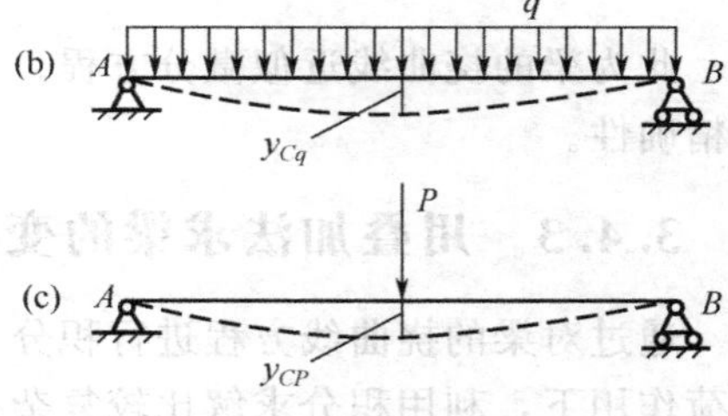

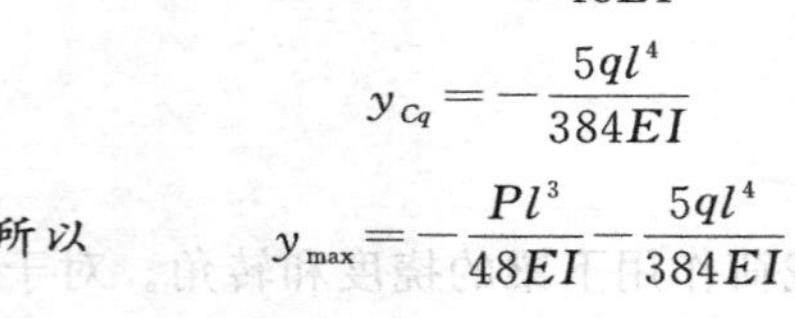

所以 $$y_{max}=-\frac{Pl^3}{48EI}-\frac{5ql^4}{384EI}$$

图 3-24 例 3-3 附图

3.4.4 梁弯曲时的刚度校核

在工程设计中，控制梁的变形，使梁的最大挠度或最大转角不超过所规定的许可变形值。故梁的刚度条件为

$$y_{max}\leqslant[y] \tag{3-24}$$

$$\theta_{max}\leqslant[\theta] \tag{3-25}$$

式中，$[y]$ 和 $[\theta]$ 分别为规定的许可挠度和许可转角，其值可由具体工作条件确定。工程中常见的一些构件的许可变形量规定如下：桥式起重机横梁 $[y]=\left(\frac{1}{700}\sim\frac{1}{400}\right)l$（$l$ 为梁的跨度）；一般用途的转轴 $[y]=(0.0003\sim0.0005)l$（l 为轴的两支承之间的距离）；架空管道 $[y]=\frac{1}{500}l$（l 为管道的跨度）；一般塔器 $[y]=\left(\frac{1}{500}\sim\frac{1}{1000}\right)h$（$h$ 为塔高）。

习题

3-1 何谓中性层和中性轴，其位置如何确定？

3-2 判断梁截面是否合理的原则是什么？

3-3 图 3-25 所示简支梁受均布载荷 $q=2\text{kN/m}$ 作用，分别采用实心和空心圆截面，$D_1=40\text{mm}$，$d_2/D_2=3/5$，且横截面积相等，试分别计算它们的最大正应力，并确定空心截面比实心截面的最大应力相对减少了多少。

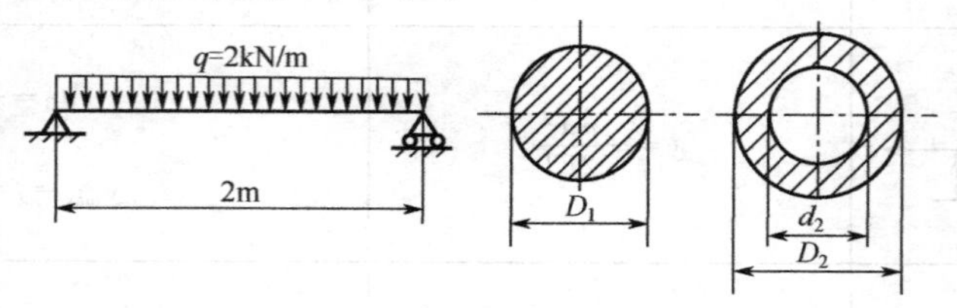

图 3-25 题 3-3 图

3-4 如图 3-26 所示，某塔设备外径为 $D=1\text{m}$，塔总高为 $l=20\text{m}$，受水平方向风载荷 $q=800\text{N/m}$ 作用。塔底部用裙式支座支承，裙式支座的外径与塔外径相同，其壁厚

$S=10\text{mm}$。试求支座底部的最大弯矩和最大弯曲应力。

3-5　如图3-27所示，空气泵的操作杆系一曲臂杠杆，用销钉与支座相连接，右端受力$Q=10\text{kN}$，截面Ⅰ-Ⅰ及Ⅱ-Ⅱ尺寸相同，均为$h/b=3$的矩形，图中尺寸单位为mm，材料的许用应力$[\sigma]=60\text{MPa}$，试设计截面Ⅰ-Ⅰ的尺寸。

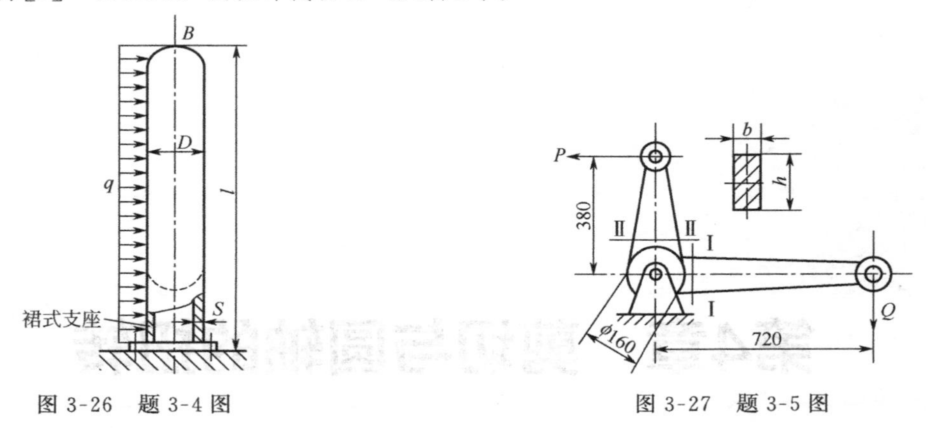

图3-26　题3-4图　　图3-27　题3-5图

3-6　某铸铁梁上的载荷及横截面尺寸如图3-28所示。已知材料的许用应力$[\sigma_p]=40\text{MPa}$，$[\sigma_c]=120\text{MPa}$，试校核梁的强度。若载荷不变，当将T形截面倒置，即成为⊥形是否合理？

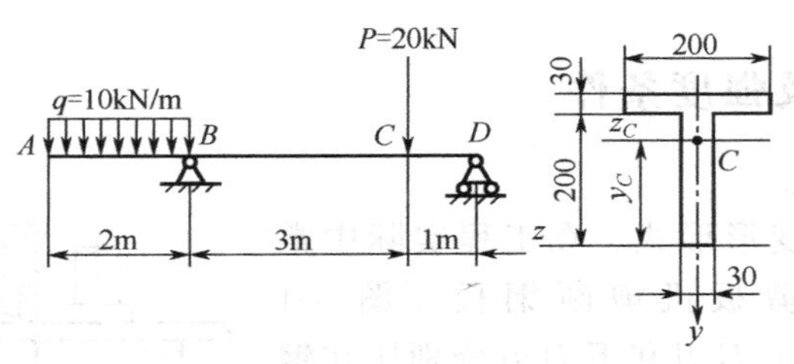

图3-28　题3-6图

3-7　某简支梁的跨度为$l=6\text{m}$，当集中载荷P直接作用在梁跨的中点时，梁截面最大应力超过许用应力30%。为了消除此过载现象，配置了如图3-29所示的辅助梁CD。试求此辅助梁的跨度a。

3-8　用叠加法求图3-30所示梁A处的挠度和B处的转角。

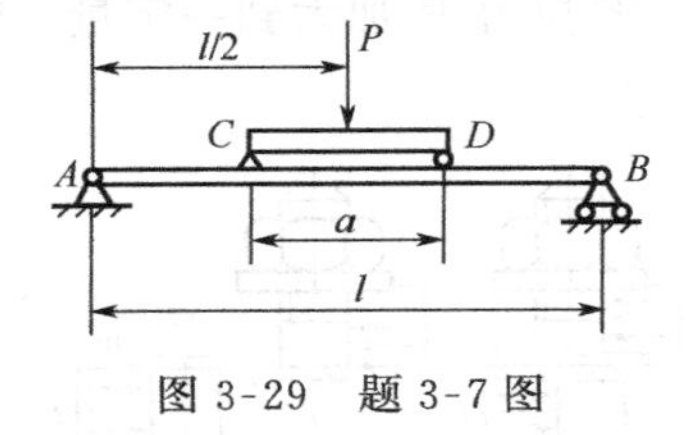

图3-29　题3-7图

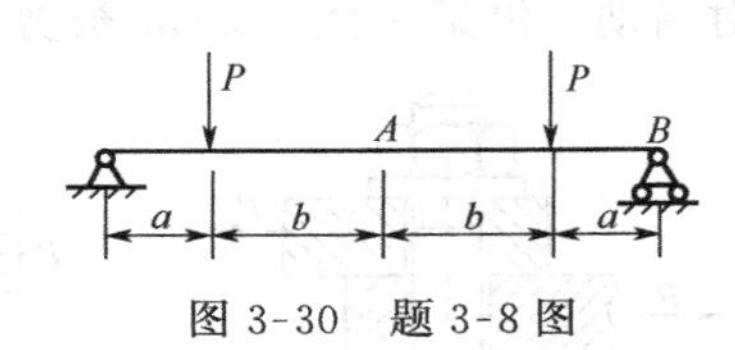

图3-30　题3-8图

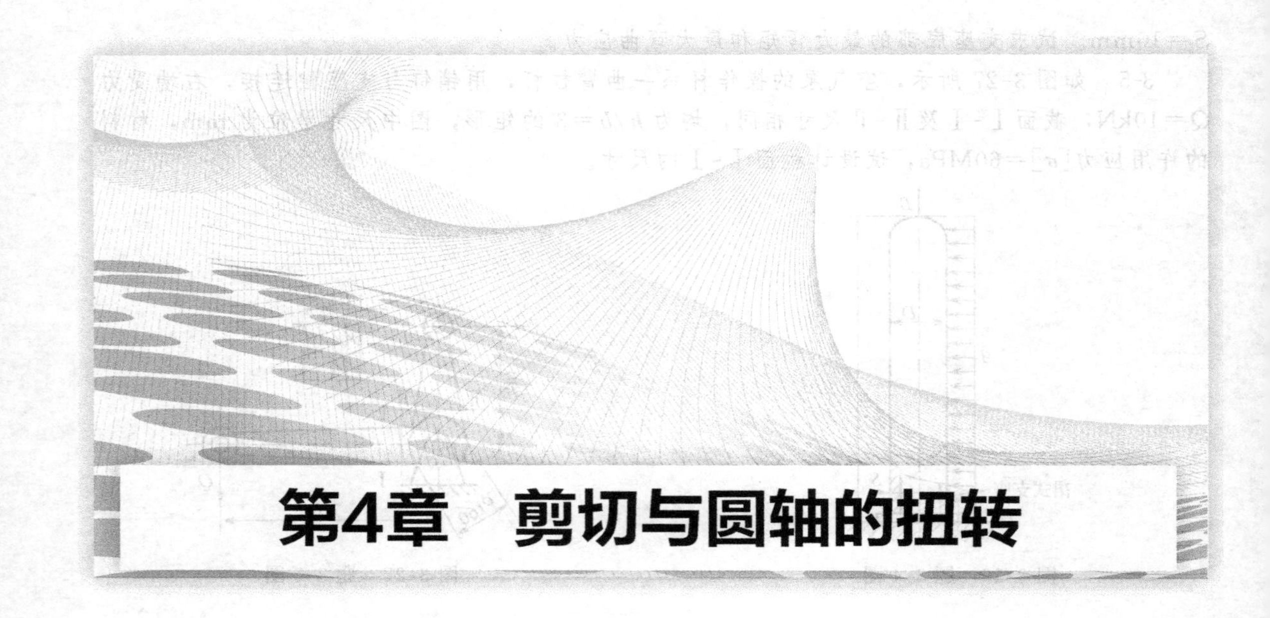

第4章 剪切与圆轴的扭转

4.1 剪切与挤压

4.1.1 切应力及强度条件

(1) 剪切变形的概念

剪切是一种基本的变形形式。在工程实际中常遇到剪切问题，例如剪板机剪断钢板［图 4-1 (a)］。当剪断钢板时，上刀刃和下刀刃分别压在钢板的两侧表面上，从而使钢板的上下两侧受到一对大小相等、方向相反的两个力作用，在某个截面m-m处发生相对错动，最终被剪断［图 4-1 (b)］。

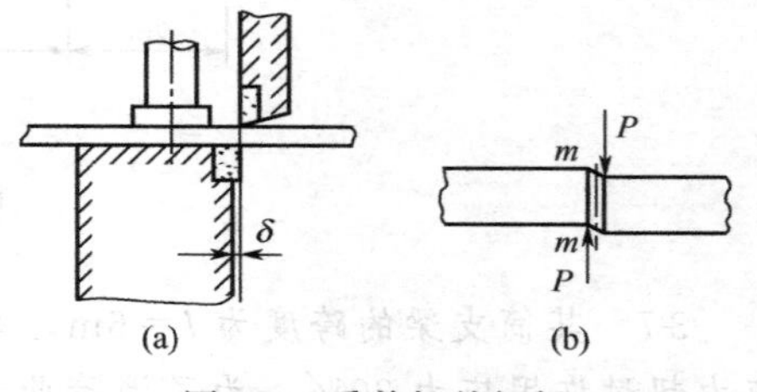

图 4-1 受剪切的钢板

又如螺栓（或铆钉）连接两块钢板［图 4-2 (a)］。当钢板两端受到拉力 P 的作用时，螺栓上也受到大小相等、方向相反的横向力作用［图 4-2 (b)］。若拉力 P 加大到一定量，螺栓截面将发生相对错动，沿某一截面 m-m 被剪断［图 4-2 (c)］。

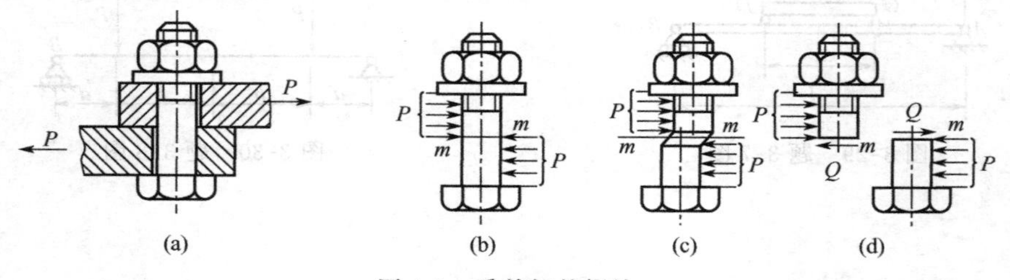

图 4-2 受剪切的螺栓

上述两例的受力和变形特点如下：

ⅰ. 构件两侧受到一对大小相等、方向相反的两个横向力，两横向力的作用线相距很近；

ⅱ. 在两横向力作用下，两力作用线之间的截面将发生相对错动，沿某一截面 m-m 被剪断。

具备上述特点的变形称为剪切变形。在受剪切构件上发生相对错动的截面称为剪切面。在构件受到剪切作用时，往往在受力的侧面上还受到挤压。因此，在工程计算中，对受剪切构件除进行剪切强度计算外，一般还要进行挤压强度计算。

(2) 切应力强度条件

现以受剪切的螺栓为例讨论其剪切面上的内力。设作用在螺栓两侧面横向力的合力为 P，这两个合力的作用线相距很近。假想用一平面将螺栓沿着剪切面 m-m 切开，分成上下两部分［图 4-2 (d)］。在剪切面上必然存在着内力 Q，它的方向与剪切面 m-m 平行。由平衡方程可求得内力 Q，即

$$\sum F_x=0，Q=P$$

作用在剪切面上的内力 Q 称为剪力，它与剪切面平行。

由于受剪切构件的实际变形比较复杂，理论和实验研究来确定剪力 Q 在剪切面上的真实分布规律很困难，因此工程计算中，通常假设剪力 Q 在剪切面上是均匀分布的。若把作用在单位面积上的剪力用 τ 表示，则有

$$\tau=\frac{Q}{A} \tag{4-1}$$

τ 称为切应力，它与剪切面平行，单位是 Pa 或 MPa；A 为剪切面面积。由定义可知，切应力实际上是剪切面内剪力 Q 的平均值，故也称为名义切应力。

为了保证受剪切构件安全可靠地工作，必须使构件的工作切应力不超过材料的许用切应力，即

$$\tau=\frac{Q}{A}\leqslant [\tau] \tag{4-2}$$

上式为受剪切构件的强度条件。式中 $[\tau]$ 为材料的许用切应力，其值可由剪切破坏试验测定的极限切应力除以安全系数确定。对塑性材料，$[\tau]=(0.6\sim0.8)[\sigma]$；对脆性材料，$[\tau]=(0.8\sim1)[\sigma]$。

4.1.2　挤压应力及强度条件

两种构件之间的接触表面相互压紧而使表面局部受压的现象称为挤压。例如在图 4-3 中铆钉连接的两个钢板，在接触面处受到挤压，可能会发生局部塑性变形，使铆钉孔变成长圆孔或铆钉压成扁圆柱。作用在接触面上的压力称为挤压力，记作 P_j。挤压力作用的面称为挤压面，记作 A_j。

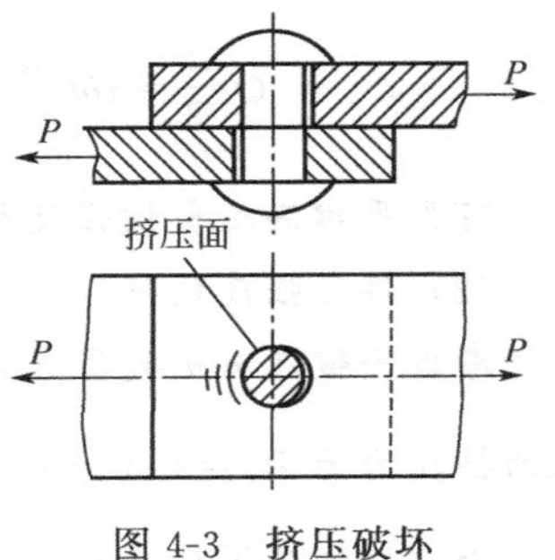

图 4-3　挤压破坏

假设挤压应力在挤压面上是均匀分布的，于是挤压应力 σ_j 为

$$\sigma_j=\frac{P_j}{A_j} \tag{4-3}$$

式中，A_j 为挤压面积。当挤压面为平面时，挤压面积 A_j 就是接触面的面积；当挤压面为圆柱面时，挤压应力的分布情况如图 4-4 (a) 所示，最大应力在圆柱面的中点，挤压面积

A_j用圆柱面的正投影计算，即$A_j=hd$［图4-4（b）］。按此计算的挤压应力σ_j与实际最大挤压应力接近。

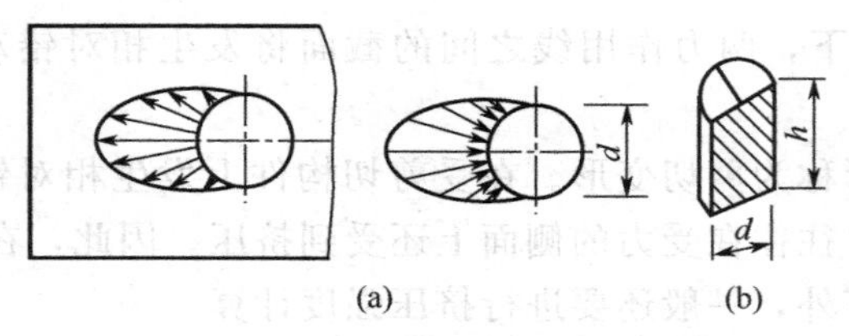

图4-4　圆柱挤压应力分布及计算面

构件的挤压强度条件为

$$\sigma_j=\frac{P_j}{A_j}\leqslant[\sigma_j] \tag{4-4}$$

式中，$[\sigma_j]$为材料的许用挤压应力。对钢制构件，许用挤压应力为$[\sigma_j]=(1.7\sim2)[\sigma]$。

【例4-1】　如图4-5（a）所示带轮用平键与轴连接（图中只画出了轴与键，未画带轮）。已知轴径$d=80\text{mm}$，平键的尺寸为$b\times h\times l=24\text{mm}\times14\text{mm}\times120\text{mm}$，传递的力偶矩为$m=3\text{kN}\cdot\text{m}$，键的许用切应力$[\tau]=80\text{MPa}$，许用挤压应力$[\sigma_j]=180\text{MPa}$，试校核键的强度。

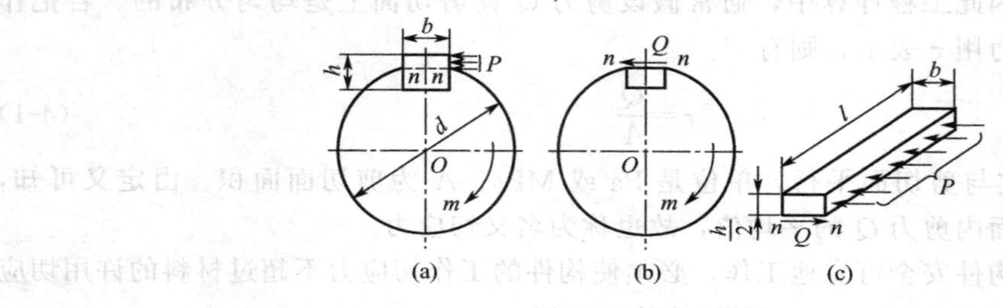

图4-5　例4-1附图

解　(1) 剪切强度校核

将平键沿n-n截面假想截成两部分，并把n-n截面以下的部分和轴看成一个整体作为研究对象［图4-5（b）］。现假设在n-n截面上的切应力均匀分布，则剪力Q为

$$Q=\tau A=\tau bl$$

由所有力对轴心O取矩的代数和等于零，即平衡方程$\sum M_O=0$，得

$$Q\frac{d}{2}=\tau bl\frac{d}{2}=m,\ \tau=\frac{2m}{bld}=\frac{2\times3\times10^6}{24\times120\times80}=26.04\ (\text{MPa})<[\tau]$$

可见平键满足剪切强度条件。

(2) 挤压强度校核

考虑平键在n-n截面以上部分的平衡［图4-5（c）］，在该截面上的剪力为$Q=bl\tau$，右侧面上的挤压力为$P_j=\sigma_jA_j=\sigma_j\frac{h}{2}l$。

由平衡条件$\sum F_x=0$得

$$Q=P_j,\ bl\tau=\sigma_j\frac{h}{2}l,\ \sigma_j=\frac{2b\tau}{h}=\frac{2\times24\times26.04}{14}=89.28\ (\text{MPa})<[\sigma_j]$$

可见平键满足挤压强度条件。

4.1.3 纯剪切与切应力互等定理

为了研究构件单纯的剪切变形规律，在某一构件上截取一个边长为 dx、dy 和 dz 的微小正六面体［图 4-6（a）］，简称为单元体。单元体各边长都是无限小的量，可以认为在它的每个面上，应力都是均匀的。假设单元体的六个面上只有切应力无正应力，这种应力状态称为纯剪切。若其中一对面上既无正应力也无切应力，则单元体简化为平面形式［图 4-6（b）］。

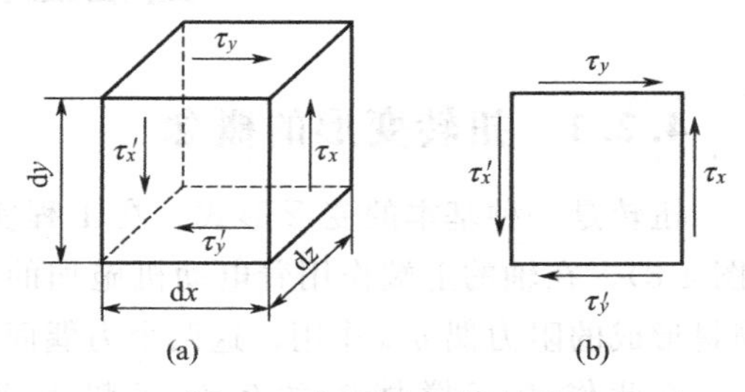

图 4-6 切应力互等定理

假设纯剪切单元体四个面上的切应力为 τ_x、τ'_x、τ_y、τ'_y，由平衡方程 $\sum F_x=0$，$\sum F_y=0$ 得

$$\tau_y(dxdz)-\tau'_y(dxdz)=0, \tau_y=\tau'_y$$

$$\tau_x(dydz)-\tau'_x(dydz)=0, \tau_x=\tau'_x$$

上两式表明，单元体两个平行平面上的切应力大小相等，方向相反。

由所有力对单元体左下角点取力矩的代数和等于零，即平衡方程 $\sum M=0$，得

$$(\tau_x dydz)dx-(\tau_y dxdz)dy=0,\ \tau_x=\tau_y$$

此式表明，单元体两个相互垂直的平面上，切应力必然成对存在，且数值相等，方向指向或背离两平面的交线，这就是切应力互等定理。

4.1.4 切应变与剪切虎克定律

假设从受力构件中取出一纯剪切单元体（图 4-7），在切应力作用下 BC 面相对 AD 面发生微小错动，B 移动到 B' 距离 δ 称为线位移，原直角 $\angle A$ 改变了微小量 γ，由几何关系可得

$$\frac{\delta}{dy}=\tan\gamma\approx\gamma$$

γ 为矩形直角的微小改变量，称为切应变或角应变，其单位为弧度（rad）。

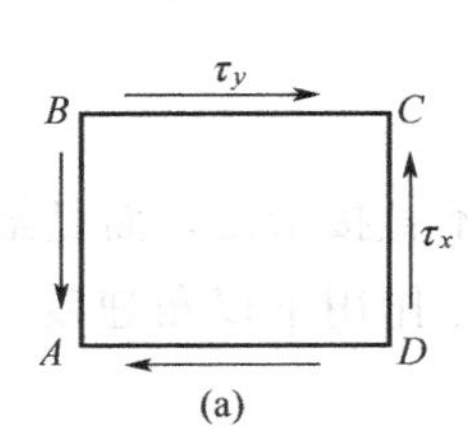

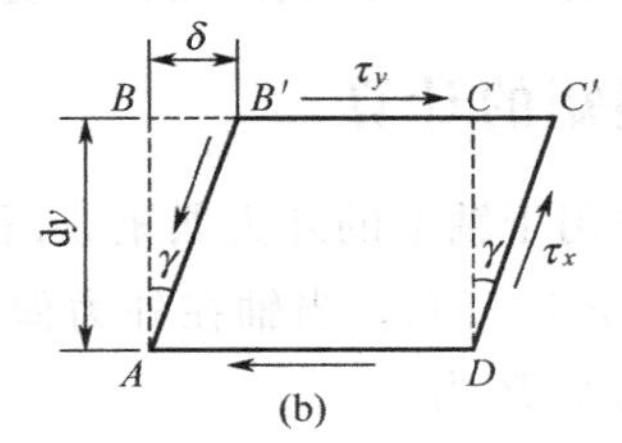

图 4-7 切应变

实验表明，当切应力不超过材料的剪切比例极限时，切应力 τ 与切应变 γ 成正比例关系，即

$$\tau=G\gamma \tag{4-5}$$

此式为剪切虎克定律。式中 G 为比例常数，称为材料的剪切弹性模量，单位与弹性模量 E 相同。它表示材料抵抗剪切变形的能力。

对于各向同性材料，材料的剪切弹性模量 G、弹性模量 E 和泊松比 μ 的三者关系为

$$G=\frac{E}{2(1+\mu)} \tag{4-6}$$

4.2 圆轴扭转时的外力和内力

4.2.1 扭转变形的概念

扭转是一种基本的变形形式。在工程实际中常遇到扭转问题。例如反应釜中的搅拌轴（图 4-8），在轴的上端作用着电动机施加的主动力偶 m_c 驱使轴转动，而下端板式桨叶受到物料形成的阻力偶 m_A 作用，这两个力偶面与搅拌轴垂直。

在此作用下搅拌轴的各个横截面将绕轴线发生相对转动。又如汽车的转向轴（图 1-22），轴的上端作用着方向盘传来的力偶，下端则受到来自转向器的阻抗力偶作用，转向轴的各个横截面将绕轴线发生相对转动。上述两例的受力特点是：

ⅰ. 物体上受到一对大小相等，转向相反，且作用平面垂直于杆件轴线的力偶；

ⅱ. 杆件每个横截面绕杆的轴线发生相对转动（图 4-9）。

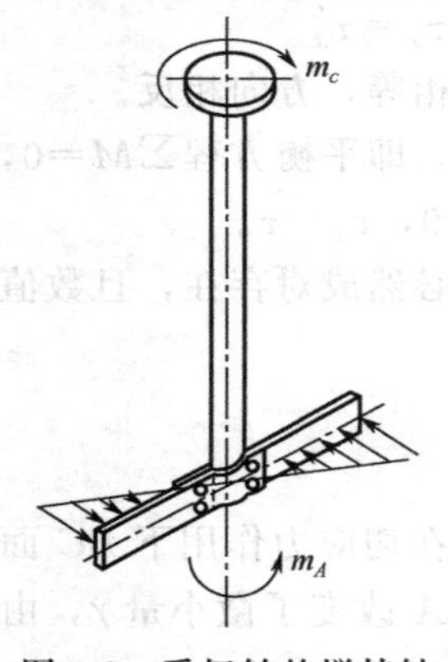

图 4-8　受扭转的搅拌轴

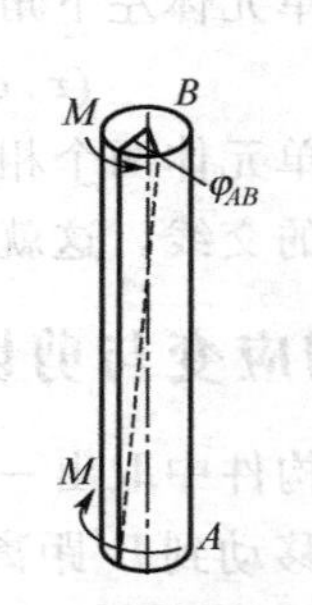

图 4-9　圆轴扭转

此种变形称为扭转变形。工程上，以扭转变形为主的直杆称作轴。

4.2.2 外力偶矩的计算

在工程实际中，作用于轴上的外力偶矩 m_e 往往不直接给出，而是给出传递的功率 P 和轴的转速 n。由物理学知识可知，当轴在外力偶矩 m_e 作用下以角速度 ω 旋转时，外力偶矩单位时间所作的功即功率 P 为

$$P=m_e\omega \tag{a}$$

式中 $\omega=\frac{2\pi n}{60}=\frac{\pi n}{30}$，单位为弧度/秒（rad/s），将其代入式（a），得

$$P=m_e\frac{\pi n}{30} \tag{b}$$

由式（b）可得外力偶矩 m_e 的计算公式，即

$$m_e=\frac{30P}{\pi n}=9550\frac{P}{n} \tag{4-7}$$

式中，m 为外力偶矩，N・m；P 为功率，kW；n 为转速，r/min。

式（4-7）不仅可以计算外力偶矩的大小，而且还能据此进行电动机选型、指导操作和

安装。

ⅰ. 当轴传递的功率一定，即 $P=\text{const}$ 时，转速 n 越高，轴所受外力偶 m_e 越小。由此可以判别减速器上伸出的两根轴的转速高低。转速高，轴径细，反之转速低，轴径粗。

ⅱ. 当转速一定，即 $n=\text{const}$ 时，轴所传递的功率将随外力偶矩的增加而增大。所以在选用电动机的型号时，应以最大阻力偶矩为依据。

ⅲ. 当外力偶矩一定，即 $m_e=\text{const}$ 时，转速增加，要求轴的传递功率增加，这就可能使电动机超载。因此，不能随便提高电动机转速。

4.2.3　扭转时横截面上的内力

确定轴扭转时横截面上的内力，可用截面法求出。如图 4-10 (a) 所示传动轴 AB 在其两端受到一对大小相等、转向相反的外力偶（m_A，m_B）作用时，将发生扭转变形。

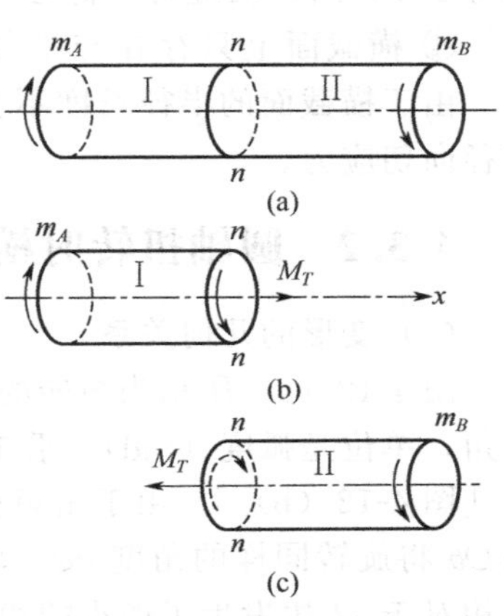

图 4-10　截面法求扭矩内力

仍可用截面法求横截面上的内力。假想用一平面沿 n-n 横截面处将轴切开，分成左右两段Ⅰ、Ⅱ。取左段Ⅰ作研究对象，左端受外力偶矩 m_A，则由平衡条件可知，在横截面上一定存在力偶与之平衡，此力偶为内力偶，其内力偶矩称为扭矩，记作 M_T。由平衡方程 $\sum m_x=0$，可得

$$-m_A+M_T=0,\ M_T=m_A$$

同样，若取右段Ⅱ为研究对象，则得 $M_T=m_B$。

由于 $m_A=m_B=\text{const}$，所以在 AB 轴上扭矩 M_T 是一个常量。扭矩的正负规定：一般按右手螺旋法则确定，将右手的四指沿着扭矩的旋转方向，若大拇指的指向与该扭矩所作用的横截面的外法线方向一致，则扭矩为正；反之为负。按此规定，图 4-10 (b)、(c) 所示截面 n-n 上的扭矩为正值。

为了全面地表示出轴上各横截面上扭矩的大小和转向，以便找出最大扭矩所在的横截面即危险截面，可将扭矩随横截面位置变化的规律绘成图形，这种图形称为扭矩图。扭矩图具体作法见例 4-2。

4.3　圆轴扭转时横截面上的应力

4.3.1　轴的扭转变形实验及假设

研究圆轴的扭转变形，可从试验观察入手。在图 4-11 (a) 所示的圆轴表面上画出一些平行于轴线的纵向线和一些代表横截面的圆周线，从而在其表面形成许多小矩形。在外力偶 m 作用下可观察到圆轴扭转后的变形现象如下：

ⅰ. 各圆周线的形状、大小及圆周线之间的距离均未改变，只是各圆周线绕轴线转动不同角度；

ⅱ. 各纵向线都倾斜了同一微小角度。变形前圆轴表面上的小矩形变成了平行四边形。

由此可作如下假设。

① 平面截面假设　在圆轴扭转变形前原为平面的横截面，变形后仍保持平面，形状和大小不变，半径仍保持为直线；且相邻两截面间的距离不变。

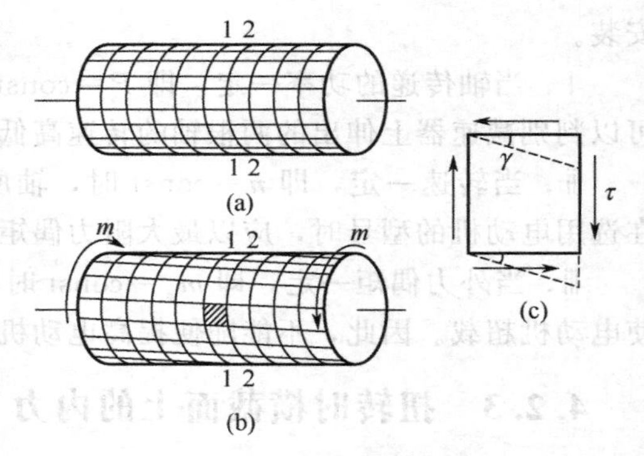

图 4-11 圆轴的扭转变形

② 横截面上没有正应力产生　由于扭转变形时相邻横截面之间的距离不变，整个圆轴没有伸长或缩短，即线应变 $\varepsilon=0$，所以正应力 $\sigma=0$。

③ 在横截面的圆周上各点的切应力 τ 都是相等的　由于各纵向线都倾斜了同一微小角度，说明相邻两个横截面（1-1 截面和 2-2 截面）之间产生了相对的平行错动［图 4-11（c）］，其错动的倾斜角 γ 就是切应变。每一个小矩形的切应变都等于 γ，所以切应力 τ 都是相等。

④ 横截面上只存在与半径方向垂直的切应力　由于横截面的半径长度不变，故横截面上没有径向切应力。

4.3.2 圆轴扭转时横截面上的应力计算

（1）变形的几何关系

图 4-12（a）所示为扭转的圆轴，设其左右两端横截面相对转动的角度为 φ，称其为扭转角，单位是弧度（rad）。沿 1-1 截面和 2-2 截面截取长度为 $\mathrm{d}x$ 的微段，以此作为研究对象［图 4-12（b）］。由于扭矩作用，截面 2-2 相对于截面 1-1 转动了一个角度 $\mathrm{d}\varphi$。半径 Oa 和 Ob 将旋转同样的角度 $\mathrm{d}\varphi$，转到 Oa' 和 Ob' 的位置。于是圆轴表面上的小矩形 $abcd$ 的 ab 边相对于 cd 边发生了微小的相对错动，变成了平行四边形 $a'b'cd$。

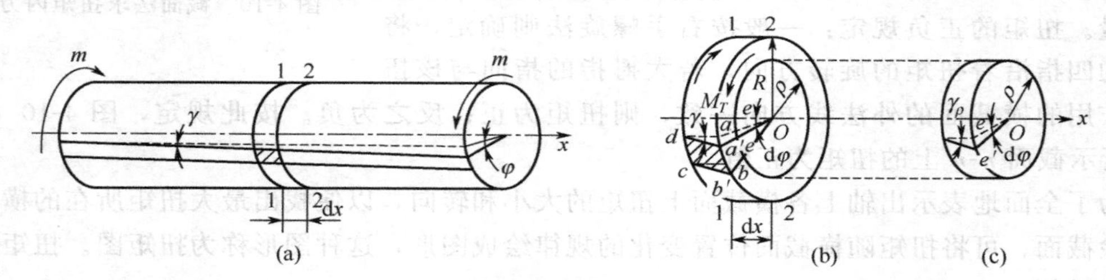

图 4-12 剪应变的变化规律

ab 边相对 cd 边错动的距离 aa' 为

$$aa'=R\,\mathrm{d}\varphi$$

由此求得原为直角 $\angle adc$ 的角度改变量 γ 为

$$\gamma\approx\tan\gamma=\frac{aa'}{ad}=R\,\frac{\mathrm{d}\varphi}{\mathrm{d}x}\tag{a}$$

此为圆轴横截面边缘 a 点的切应变，该切应变垂直于半径 Oa，且在横截面内。

同理，在半径为 ρ 的任一层圆柱面上，相应的小矩形也变成了平行四边形，发生了剪切变形［图 4-12（c）］，由此也可求得 e 点处的切应变为

$$\gamma_\rho=\rho\,\frac{\mathrm{d}\varphi}{\mathrm{d}x}\tag{b}$$

式中，$\dfrac{\mathrm{d}\varphi}{\mathrm{d}x}$表示扭转角 φ 沿轴线 x 的变化率，即为沿轴线方向单位长度上的扭转角，记作 θ，$\theta=\dfrac{\mathrm{d}\varphi}{\mathrm{d}x}$。对同一截面来说，$\theta$ 为常数。因此，由上式可知，圆轴横截面上任一点的切

应变 γ_ρ 与该点到圆心的距离 ρ 成正比。显然 γ 发生在垂直于半径 Oa 的平面内。

（2）物理关系

由剪切虎克定律知横截面上切应力的分布规律

$$\tau_\rho = G\gamma_\rho$$

把式（b）代入上式，得

$$\tau_\rho = G\rho \frac{\mathrm{d}\varphi}{\mathrm{d}x} \tag{c}$$

这表明横截面上任意点的切应力 τ_ρ 与该点到圆心的距离 ρ 成正比（图 4-13），τ_ρ 与半径垂直。$\frac{\mathrm{d}\varphi}{\mathrm{d}x}$ 尚未确定，需要用静力平衡关系求解。

（3）静力关系

图 4-14 所示，在圆轴的横截面上距圆心为 ρ 处，取一微面积 $\mathrm{d}A$，作用在此微面积上的内力为 $\tau_\rho \mathrm{d}A$，它对横截面中心 O 的微力矩为 $\mathrm{d}M_T = \tau_\rho \mathrm{d}A\rho$。

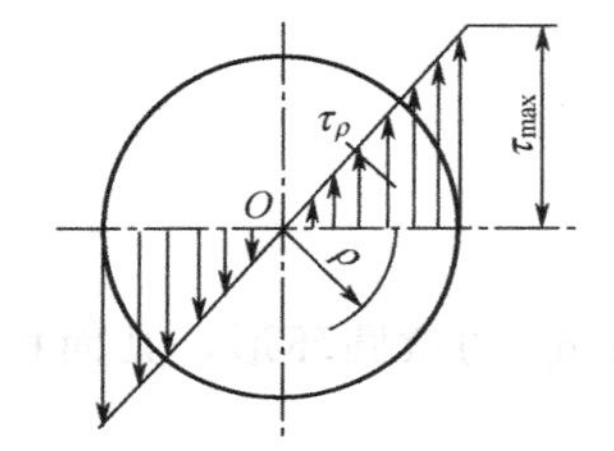

图 4-13　切应力在横截面上的分布规律

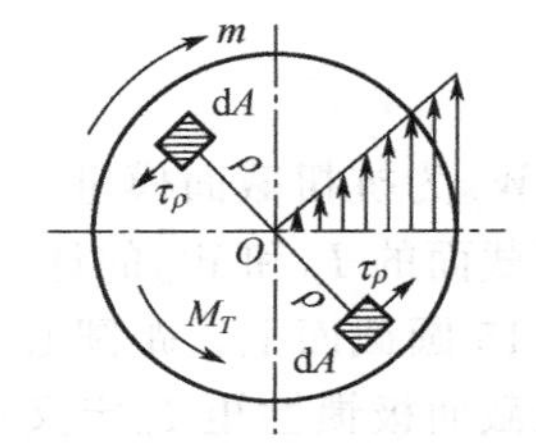

图 4-14　切应力与扭矩的关系

显然横截面上所有微力矩的总和就等于该横截面上的扭矩 M_T，即

$$\int_A \rho\tau_\rho \mathrm{d}A = M_T \tag{d}$$

由部分杆件的平衡可知，横截面上的扭矩 M_T 应与截面左侧的外力偶矩相平衡，所以可利用平衡方程求得。

将式（c）代入上式，得

$$\int_A \rho\tau_\rho \mathrm{d}A = \int_A G\rho^2 \frac{\mathrm{d}\varphi}{\mathrm{d}x}\mathrm{d}A = M_T$$

式中，G 和 $\frac{\mathrm{d}\varphi}{\mathrm{d}x}$ 为常量，将其移到积分符号外，得

$$G\frac{\mathrm{d}\varphi}{\mathrm{d}x}\int_A \rho^2 \mathrm{d}A = M_T \tag{e}$$

式中积分 $\int_A \rho^2 \mathrm{d}A$ 只与圆轴的横截面尺寸有关，称为截面的极惯性矩，以 I_ρ 表示，即

$$I_\rho = \int_A \rho^2 \mathrm{d}A \tag{4-8}$$

因此式（e）写为

$$GI_\rho \frac{\mathrm{d}\varphi}{\mathrm{d}x} = M_T$$

于是有圆轴扭转变形的基本公式

$$\frac{\mathrm{d}\varphi}{\mathrm{d}x} = \frac{M_T}{GI_\rho} \tag{4-9}$$

此式表明圆轴扭转时，单位长度上的扭转角即扭转变形 θ 与扭矩 M_T 之间的关系。

将式（4-9）代入式（c）得

$$\tau_{\rho}=\frac{M_T\rho}{I_{\rho}} \tag{4-10}$$

此式为圆轴扭转时横截面上任意一点处的切应力计算公式。显然当 $\rho=R$ 时，切应力最大，其值为

$$\tau_{\max}=\frac{M_T R}{I_{\rho}} \tag{4-11}$$

式中，R 和 I_{ρ} 都是与圆轴横截面几何尺寸有关的量，一般将其合并为一个几何量 W_{ρ}，即

$$W_{\rho}=\frac{I_{\rho}}{R} \tag{4-12}$$

于是横截面上的最大切应力为

$$\tau_{\max}=\frac{M_T}{W_{\rho}} \tag{4-13}$$

式中，W_{ρ} 为抗扭截面模量。

（4）圆截面的 I_{ρ} 和 W_{ρ} 的计算

在图 4-15 圆截面上，距圆心为 ρ 处，取宽度为 $\mathrm{d}\rho$ 的微圆环形，其面积为 $\mathrm{d}A=2\pi\rho\mathrm{d}\rho$。将其代入圆截面极惯性矩 I_{ρ} 定义可得

$$I_{\rho}=\int_A \rho^2\mathrm{d}A=\int_0^R \rho^2 2\pi\rho\mathrm{d}\rho=2\pi\int_0^R \rho^3\mathrm{d}\rho=2\pi\times\frac{R^4}{4}=\frac{\pi}{32}D^4 \tag{4-14}$$

式中，D 为圆截面的直径，极惯性矩 I_{ρ} 的单位常为 m^4 或 mm^4。

圆截面的抗扭截面模量 W_{ρ} 为

$$W_{\rho}=\frac{I_{\rho}}{R}=\frac{\pi}{32}D^4\Big/\frac{D}{2}=\frac{\pi}{16}D^3 \tag{4-15}$$

抗扭截面模量的单位常用 m^3 或 mm^3。

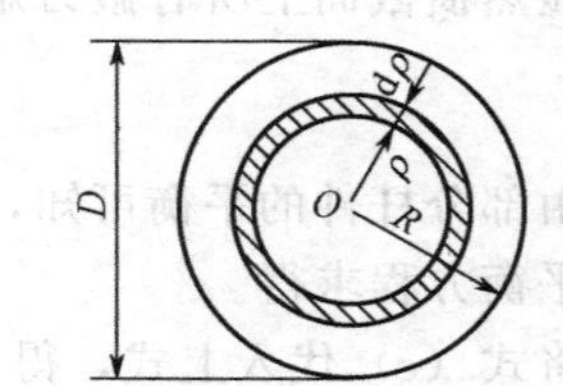

图 4-15　圆形截面极惯性矩的计算

4.4　圆轴扭转时的强度和刚度条件

4.4.1　圆轴扭转时的强度条件

为保证圆轴安全工作，根据轴的受力情况或扭矩图，确认危险截面上的最大扭矩 $M_{T\max}$，限制最大切应力 $\tau_{\max}$ 不超过许用应力 $[\tau]$，即

$$\tau_{\max}=\frac{M_{T\max}}{W_{\rho}}\leqslant[\tau] \tag{4-16}$$

式中，$M_{T\max}$、W_{ρ} 分别为危险截面上的扭矩与抗扭截面模量。对变截面杆，如阶梯轴，W_{ρ} 不是常量，$\tau_{\max}$ 不一定发生于扭矩为极值 $M_{T\max}$ 的截面上，需要综合考虑，以寻求 $\dfrac{M_T}{W_{\rho}}$ 极大值。

4.4.2　圆轴扭转时的刚度条件

对于受扭转的圆轴来说，除了要求满足强度条件外，还需要满足刚度条件，即不能产生过大的扭转变形，否则会影响轴的正常工作。为了保证轴的刚度，通常规定圆轴单位长度上的最大扭转角 θ_{max} 不超过许用单位长度扭转角 $[\theta]$，即

$$\theta_{max}=\frac{M_{T\max}}{GI_{\rho}}\leqslant[\theta] \tag{4-17}$$

式中，$\theta_{max}=\left(\frac{d\varphi}{dx}\right)_{max}$，其单位为弧度/米（rad/m），但在工程实际中许用扭转角 $[\theta]$ 的单位常用度/米（°/m）。经单位换算，上式可改写为

$$\theta_{max}=\frac{M_{T\max}}{GI_{\rho}}\times\frac{180}{\pi}\leqslant[\theta] \tag{4-18}$$

对于一般传动轴和搅拌轴 $[\theta]$ 可取（0.5～1）°/m。

【例 4-2】 等截面皮带轮传动轴如图 4-16所示，轴上装有三个皮带轮，若已知输入功率 $P_A=15\text{kW}$，输出功率 $P_B=7.5\text{kW}$、$P_C=7.5\text{kW}$。轴的转速 $n=900\text{r/min}$，许用切应力 $[\tau]=40\text{MPa}$，剪切弹性模量 $G=80\text{GPa}$，单位长度的许用扭转角 $[\theta]=0.3°/\text{m}$。

(1) 试设计该实心轴的直径；

(2) 若将主动轮 A 和从动轮 B 位置对调，是否合理？

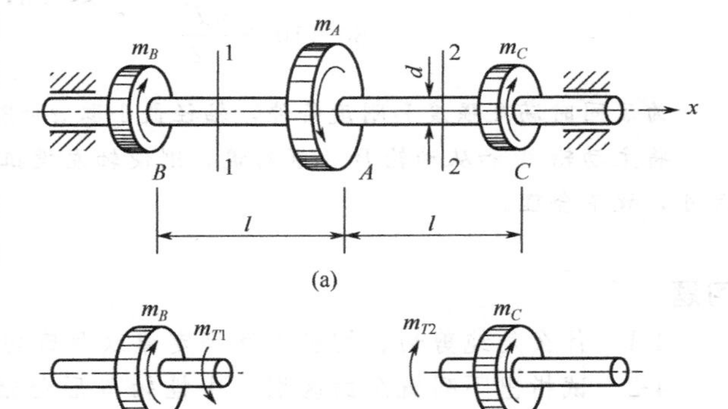

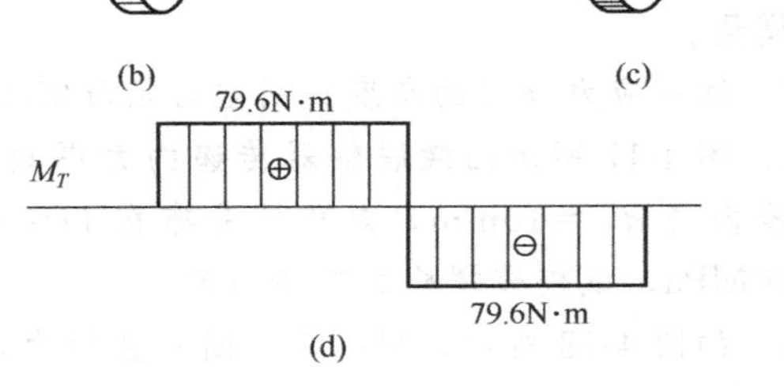

图 4-16　例 4-2 附图

解　(1) 计算外力偶矩

可求得作用在轴上各位置处的外力偶矩，其值分别为

$$m_A=9550\frac{P_A}{n}=9550\times\frac{15}{900}=159.2\ (\text{N}\cdot\text{m})$$

$$m_B=9550\frac{P_B}{n}=9550\times\frac{7.5}{900}=79.6\ (\text{N}\cdot\text{m})$$

$$m_C=9550\frac{P_C}{n}=9550\times\frac{7.5}{900}=79.6\ (\text{N}\cdot\text{m})$$

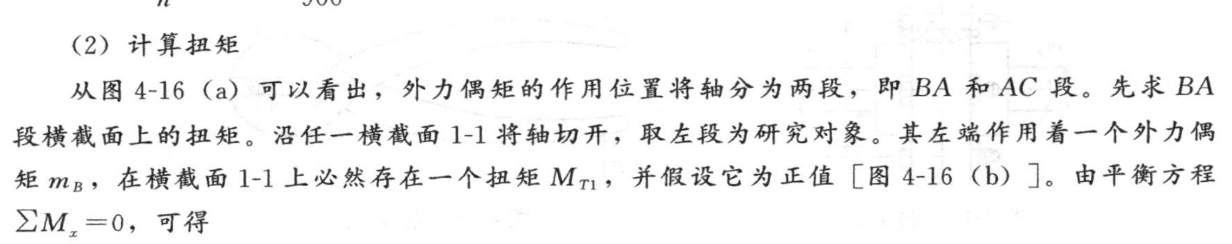

(2) 计算扭矩

从图 4-16 (a) 可以看出，外力偶矩的作用位置将轴分为两段，即 BA 和 AC 段。先求 BA 段横截面上的扭矩。沿任一横截面 1-1 将轴切开，取左段为研究对象。其左端作用着一个外力偶矩 m_B，在横截面 1-1 上必然存在一个扭矩 M_{T1}，并假设它为正值［图 4-16 (b)］。由平衡方程 $\sum M_x=0$，可得

$$M_{T1}-m_B=0,\quad M_{T1}=m_B=79.6\text{N}\cdot\text{m}$$

再求 AC 段横截面上的扭矩。沿任一截面 2-2 将轴切成两段，并取右段为研究对象，假设截面 2-2 上的扭矩 M_{T2} 为正值［图 4-16 (c)］。由平衡方程 $\sum M_x=0$，可得

$$-M_{T2}-m_C=0,\quad M_{T2}=-m_C=-79.6\ \text{N}\cdot\text{m}$$

M_{T2} 为负值，说明与假设方向相反。

(3) 画扭矩图

由图 4-16 (d) 可知，所有横截面上扭矩的绝对值都相等，则各截面危险程度相同，其值为 $M_{T_{max}}=M_{T1}=79.6\ \mathrm{N\cdot m}$。

(4) 设计轴径

由强度条件 $\tau=\frac{M_{max}}{W_\rho}\leqslant[\tau]$，圆轴的抗扭截面模量 $W_\rho=\frac{\pi}{16}d^3$。

AB 段和 BC 段轴径为

$$d\geqslant\sqrt[3]{\frac{16M_{max}}{\pi[\tau]}}=\sqrt[3]{\frac{16\times79.6}{\pi\times40\times10^6}}=0.0216(\mathrm{m})\text{，取 }d=21.6\mathrm{mm}\text{。}$$

由刚度要求 $\theta_{max}=\frac{M_{T\max}}{GI_\rho}\times\frac{180}{\pi}\leqslant0.3$，即

$$\frac{79.6}{80\times10^9\times\frac{\pi d^4}{32}}\times\frac{180}{\pi}\leqslant0.3\text{，得 }d\geqslant37.3\mathrm{mm}$$

为了同时满足强度和刚度条件，轴径最小取 $d=37.3$mm。

将主动轮 A 和从动轮 B 位置对调，则使轴左段扭矩增为 159.2N·m，从而增加了设计轴的尺寸，故不合理。

习题

4-1 什么是纯剪切、切应力互等定律以及剪切虎克定律?

4-2 试指出下列概念的区别：中性轴与形心轴；轴惯性矩与极惯性矩；抗弯刚度与抗弯截面模量。

4-3 试从应力分布的角度说明空心轴与实心轴相比更能充分发挥材料的作用。

4-4 图 4-17 所示凸缘联轴器传递的力偶矩为 $m=600\mathrm{N\cdot m}$，凸缘之间用四个螺栓连接，螺栓内径 $d_1=10$mm，对称地分布在 $D=100$mm 的圆周上，已知螺栓的许用切应力 $[\tau]=80$MPa。试校核螺栓的剪切强度。

4-5 如图 4-18 所示，用夹剪剪断一直径为 $d=4$mm 的铅丝。已知铅丝的剪切极限应力 $\tau_b=100$MPa，试问需用多大的力 P? 若销钉 B 的直径 $d_1=6$mm，试求销钉横截面上的平均切应力。

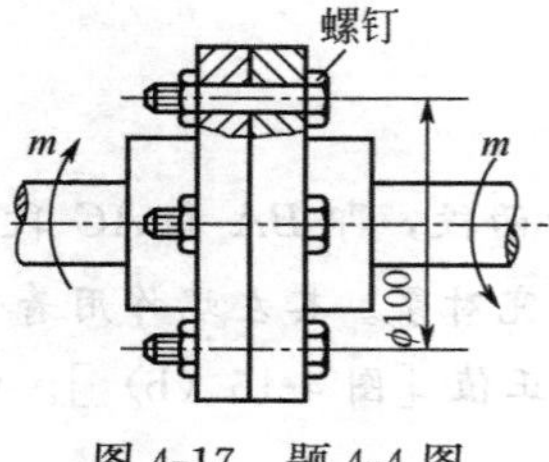

图 4-17 题 4-4 图

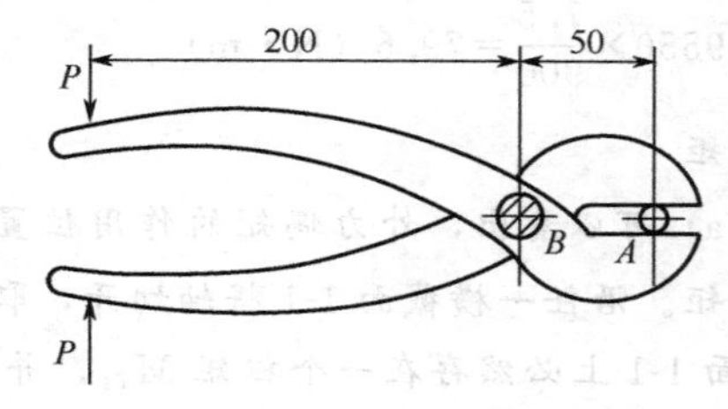

图 4-18 题 4-5 图

4-6 如图 4-19 所示，某电动机轴与带轮用平键连接。已知带轮传递的力偶矩 $m=400$ N·m，轴的直径 $d=45$mm，平键尺寸 $b\times h\times l=14\mathrm{mm}\times9\mathrm{mm}\times50\mathrm{mm}$，材料为钢，其许用应力为 $[\tau]=80$MPa，$[\sigma_j]=180$MPa。带轮材料为铸铁，其许用挤压应力 $[\sigma_j]=100$MPa。试校核键连接的强度。

4-7　某实心轴的直径为 $d=120\text{mm}$，长度为 $l=1\text{m}$，两端受力偶矩 $m=10\text{kN}\cdot\text{m}$ 作用，已知材料的剪切弹性模量 $G=8\times10^{4}\text{MPa}$。试求：(1) 最大切应力 $\tau_{\max}$ 及两端横截面间的相对扭转角 φ。(2) 图 4-20 所示横截面上 A、B、C 三点的切应力大小及方向。

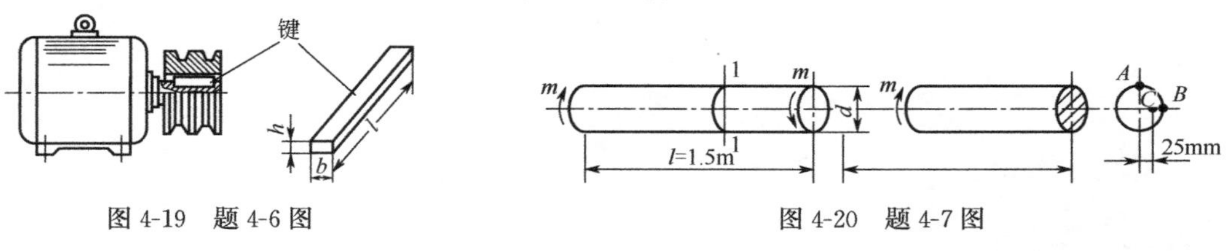

图 4-19　题 4-6 图　　　　图 4-20　题 4-7 图

4-8　一带有框式桨叶的搅拌轴，其受力情况如图 4-21 所示。搅拌轴由电动机经过减速箱及圆锥齿轮带动，已知电动机功率 $P=3.0\text{kW}$，机械传动效率 $\eta=85\%$，搅拌轴的转速 $n=100\text{r/min}$，轴的直径 $d=70\text{mm}$，轴的扭转许用切应力为 $[\tau]=60\text{MPa}$。试校核搅拌轴的强度。

4-9　某传动轴的转速为 $n=400\text{r/min}$，主动轮 1 输入功率为 $P_1=25\text{kW}$，从动轮 2、3 输出功率分别为 $P_2=10\text{kW}$，$P_3=15\text{kW}$。已知材料的扭转许用切应力 $[\tau]=60\text{MPa}$，许用单位长度扭转角 $[\theta]=1^{\circ}/\text{m}$，剪切弹性模量为 $G=8\times10^{4}\text{MPa}$。试确定：

(1) AB 段的直径 d_1 和 BC 段的直径 d_2；

(2) 主动轮和从动轮如何安排才比较合理？

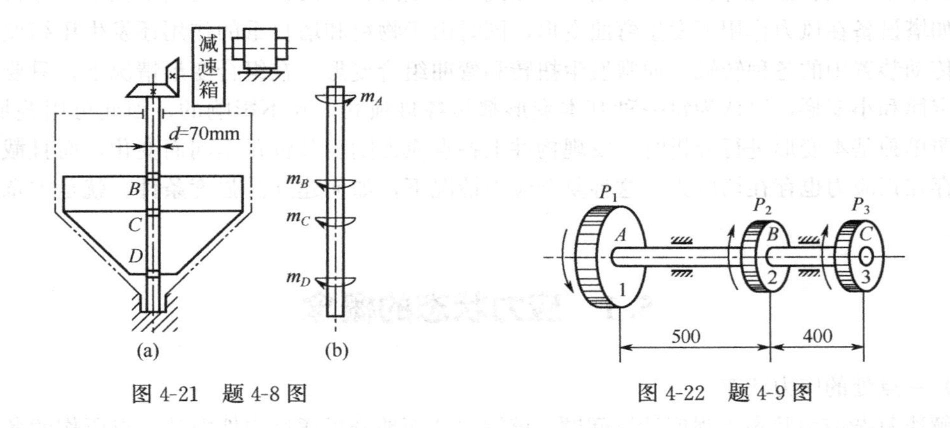

图 4-21　题 4-8 图　　　　图 4-22　题 4-9 图

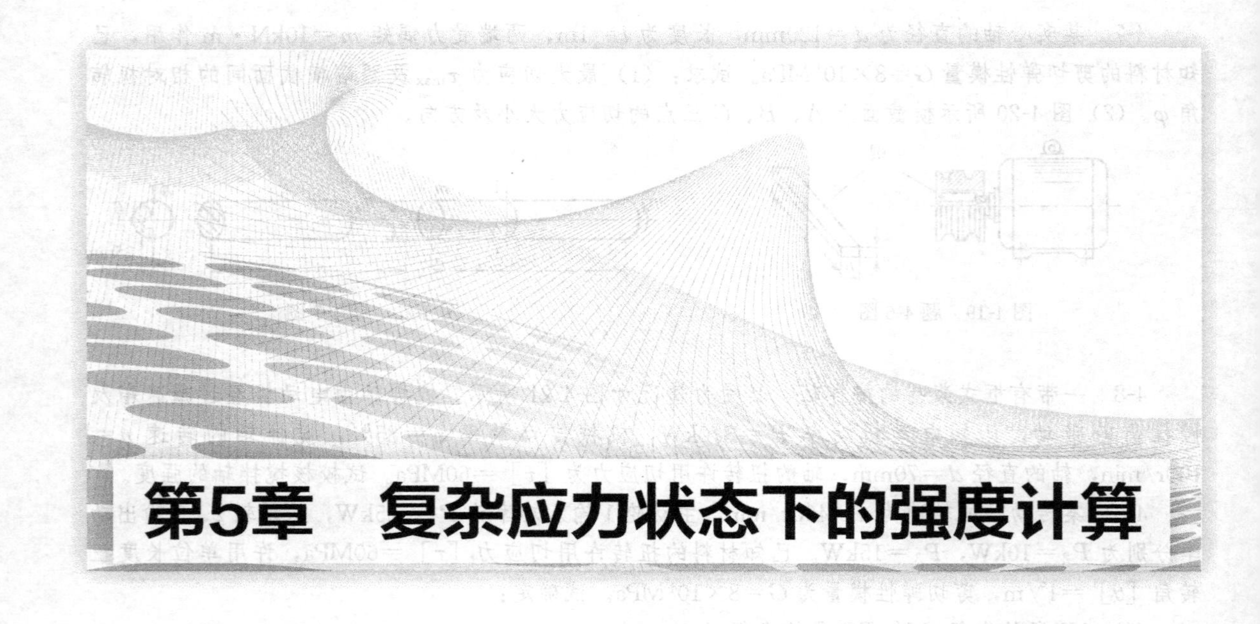

第5章 复杂应力状态下的强度计算

前面讨论了构件在拉伸（压缩）、弯曲、剪切和扭转四种基本变形情况下的强度问题。但是在工程实际中，大多数构件在外力作用下往往同时产生两种或两种以上的基本变形，称为组合变形。例如塔设备在风力作用下发生弯曲变形，同时由于物料和塔自重的作用还发生压缩变形；又如机械传动装置中的各种转轴，通常发生扭转和弯曲组合变形。在组合变形情况下，只要材料服从虎克定律和小变形，可认为每一种基本变形都是各自独立，互不影响的，因此可用叠加原理。分别按照单独基本变形进行分析时，发现构件上各点应力随着其位置不同而变化，而且截面上有可能既存在正应力也存在切应力。这种复杂应力情况下，如何建立其强度条件，就是本章要解决的问题。

5.1 应力状态的概念

(1) 一点处的应力状态

要解决复杂应力状态下强度计算问题，就需要全面地分析通过构件内某一点所作的各个截面上的应力，也就是说，要研究一点处的应力状态。从拉（压）杆斜截面上的应力分析可确定其任意一点处的应力状态。

为了研究受力构件内某一点处的应力状态，一般以研究的点为中心，取单元体。单元体各边长都是无限小的量，在它的每个面上应力都是均匀的；且在单元体内相互平行的截面上，应力都是相同的，同等于通过所研究点的平行面上的应力。由此单元体各个面上的应力代表了该点的应力状态。例如在图 5-1 (a) 所示的受轴向拉伸的直杆 A 处取单元体。该单元体用一对横截面，一对水平纵截面和一对铅垂纵截面截出［图 5-1 (b)］。

在横截面上有正应力 σ，而在另外两对平面上不存在任何应力。作用着正应力 σ 的单元体就代表了受拉直杆一点处的应力状态。又如在图 5-2 (a) 所示的扭转圆轴 A 处取单元体。该单元体用一对横截面，一对径向和一对切向纵截面截出［图 5-2 (b)］。在单元体的两对平面上有切应力 τ，另外一对面上无应力。这样一个作用着切应力 τ 的单元体就代表了扭转圆轴 A 处的应力状态。上面截取的单元体中，在与图面平行的一对平面上均无应力，所以简化为平面表示［图 5-1

(c)、图 5-2（c）]。如果扭转圆轴 A 处改用一对与轴线成 45° 和一对与轴线成 135°的斜截面来代替，则所截出的单元体及各面上所作用的应力如图 5-2（d）所示。可以看出，按不同方位截取的单元体，其面上的应力不同。但是可以证明，在它们之间存在着一定的关系，两者都表示了同一点的应力状态。

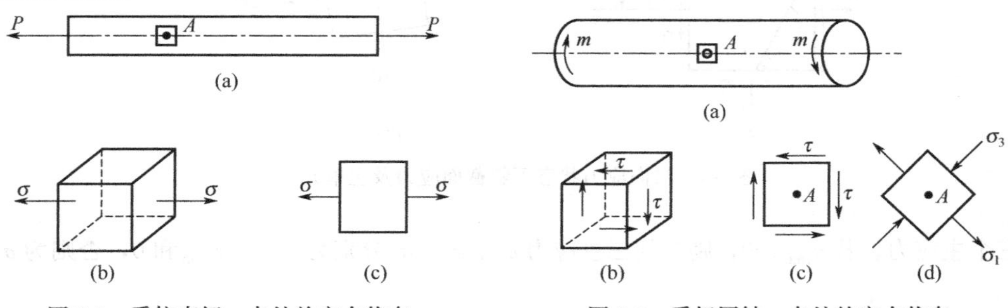

图 5-1　受拉直杆一点处的应力状态　　图 5-2　受扭圆轴一点处的应力状态

在单元体的面上只作用有正应力，而无切应力，称其为主平面，其上的正应力称作主应力。可以证明在受力构件内，一点处总可以截取出一个由六个主平面构成的单元体，称作主单元体。一点的应力状态就可以用主单元体上的三个主应力 σ_1、σ_2、σ_3 表示，并按其代数值的大小顺序排列，即 $\sigma_1>\sigma_2>\sigma_3$（图 5-3）。

由于构件的受力情况不同，各点的应力状态也不同，为了研究方便，常将单元体的应力状态分为以下三类。

① 单向应力状态　是指三个主应力中只有一个主应力不为零的应力状态，如受轴向拉伸或压缩的直杆。

② 二向应力状态　是指三个主应力中有两个主应力不为零的应力状态。如受扭转的轴，除轴线上各点外，其余均是二向应力状态。

③ 三向应力状态　是指三个主应力均不为零的应力状态，如高压厚壁容器器壁内各点的应力状态。

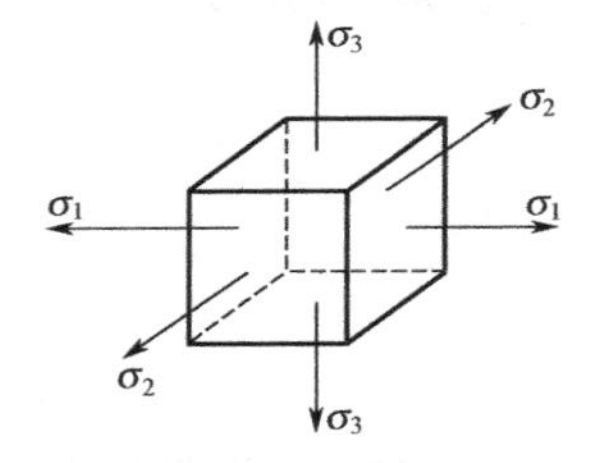

图 5-3　三个主应力表达的一点应力状态

二向和三向应力状态统称为复杂应力状态，单向应力状态称为简单应力状态。

(2) 二向应力状态下主应力、主平面和最大切应力

一般情况下，在一点处取的单元体不一定是主单元体，需要找到主单元体并确定主平面上的三个主应力 σ_1、σ_2、σ_3。下面以一般的二向应力状态的单元体［图 5-4（a）］为例，研究确定主应力 σ_1、σ_2（σ_3）［图 5-4（b）］。建立一直角坐标系，令两坐标轴 x，y 分别与互相垂直的平面法线重合。设作用在这些平面上的应力分别为 σ_x、σ_y、τ_x 和 τ_y，且 $\sigma_x \geqslant \sigma_y$，$\tau_x=\tau_y$。假想从斜截面 ef 处截开，取左块进行受力分析，可求得此斜截面上应力，然后令此斜截面上的切应力等于零，即可导出如下的主应力、主平面和最大切应力。

① 二向应力状态下主应力

$$\sigma_{\max}=\frac{\sigma_x+\sigma_y}{2}+\sqrt{\left(\frac{\sigma_x-\sigma_y}{2}\right)^2+\tau_x^2} \tag{5-1}$$

$$\sigma_{\min}=\frac{\sigma_x+\sigma_y}{2}-\sqrt{\left(\frac{\sigma_x-\sigma_y}{2}\right)^2+\tau_x^2} \tag{5-2}$$

$\sigma_{\max}$ 和 $\sigma_{\min}$ 分别为该点所有截面中正应力最大值和最小值。根据计算的 $\sigma_{\min}$ 是否为正值，确

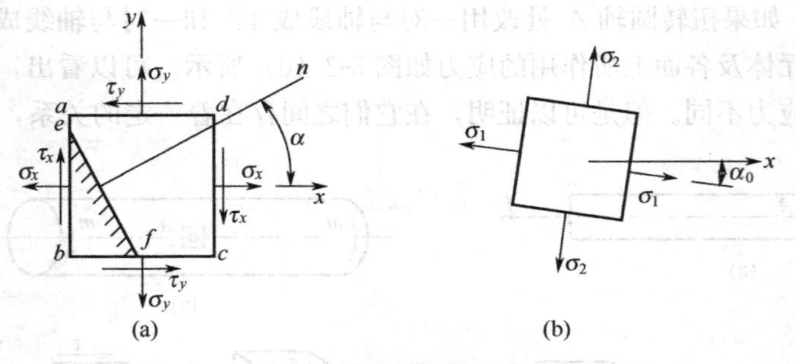

图 5-4　二向应力状态下斜截面应力及主单元

定空间三个主应力。若 $\sigma_{\min}>0$，则空间三主应力 σ_1、σ_2、σ_3 分别为 $\sigma_{\max}$、$\sigma_{\min}$ 和 0，否则为 $\sigma_{\max}$、0 和 $\sigma_{\min}$。

② 主平面位置

$$\tan 2\alpha_0=\frac{-2\tau_x}{\sigma_x-\sigma_y} \tag{5-3}$$

由此式可以确定主平面位置相差 90°的两个角度 α_0。若 $\sigma_x\geqslant\sigma_y$，则确定的两个角度 α_0 中，绝对值较小的一个为最大正应力 $\sigma_{\max}$ 所在的平面位置。

③ 最大切应力

$$\tau_{\max}=\sqrt{\left(\frac{\sigma_x-\sigma_y}{2}\right)^2+\tau_x^2} \tag{5-4}$$

$$\tau_{\min}=-\sqrt{\left(\frac{\sigma_x-\sigma_y}{2}\right)^2+\tau_x^2} \tag{5-5}$$

$\tau_{\max}$ 和 $\tau_{\min}$ 分别表示该点所有截面中切应力的最大值和最小值。又可以写为

$$\left.\begin{matrix}\tau_{\max}\\ \tau_{\min}\end{matrix}\right\}=\pm\frac{\sigma_1-\sigma_2}{2} \tag{5-6}$$

主平面的外法线与 $\tau_{\max}$ 所在平面的外法线之间的夹角为 45°。

进一步分析可以证明，三向应力状态下的最大切应力为

$$\tau_{\max}=\frac{\sigma_1-\sigma_3}{2} \tag{5-7}$$

5.2　广义的虎克定律

三向应力状态下单元体的应力与应变满足如下关系式

$$\begin{cases}\varepsilon_1=\dfrac{1}{E}\left[\sigma_1-\mu(\sigma_2+\sigma_3)\right]\\ \varepsilon_2=\dfrac{1}{E}\left[\sigma_2-\mu(\sigma_1+\sigma_3)\right]\\ \varepsilon_3=\dfrac{1}{E}\left[\sigma_3-\mu(\sigma_1+\sigma_2)\right]\end{cases} \tag{5-8}$$

式中，ε_1、ε_2和ε_3分别为单元体沿坐标轴 x，y，z 方向的主应变。式（5-8）称为广义虎克定律。

若为二向应力状态，有一个主应力为零，假设$\sigma_3=0$，则有

$$\begin{cases}\varepsilon_1=\dfrac{1}{E}(\sigma_1-\mu\sigma_2)\\\varepsilon_2=\dfrac{1}{E}(\sigma_2-\mu\sigma_1)\end{cases}\tag{5-9}$$

5.3 强度理论

在复杂应力σ_1、σ_2和σ_3状态下，是否仍然延续以前单向拉伸试验的方法测定极限应力呢？显然是不可能的，因为三个主应力σ_1、σ_2和σ_3存在无穷多种组合，对其一一进行试验很困难。解决这类问题，经常是依据部分实验结果，经过推理，提出一些假说，推测材料失效的原因，从而建立强度条件。

在生产实践和科学试验中，人们对复杂应力状态下的构件破坏进行了大量的观察和分析研究，认为强度失效主要包括屈服和断裂两种类型，并对强度失效提出了各种假说。这些假说认为：构件之所以按某种方式（断裂或屈服）失效，是应力、应变或变形能等因素中某一种主要因素引起的。按照这类假说，无论是在单向应力状态还是在复杂应力状态下材料的破坏都是由同种主要因素引起的。因此可以根据此主要因素，把复杂应力状态下材料的强度问题与简单拉伸试验结果联系起来，建立复杂应力状态下的强度条件。

对于材料破坏的主要因素，人们曾提出了各种不同的假设，那些经过实践检验，证明在一定范围内成立的假设，通常称为强度理论。下面首先介绍材料破坏的形式。

5.3.1　材料破坏的主要形式

(1) 脆性断裂

脆性断裂是指材料在未产生明显塑性变形的情况下，就突然断裂的破坏形式。例如铸铁拉伸时沿横截面断裂。试验证明，产生脆性断裂的原因常常是由于拉应力或拉应变过大而引起的。

(2) 塑性屈服

塑性屈服是指材料的应力达到屈服极限后产生明显的塑性变形，以致构件不能正常工作的破坏形式。例如低碳钢拉伸时，在与轴线约成45°的方向出现滑移线。试验证明，产生塑性屈服破坏的原因是由于切应力过大而引起的。

5.3.2　四种常用的强度理论

(1) 最大拉应力理论

最大拉应力理论也称第一强度理论。该理论认为最大拉应力是引起材料发生脆性断裂的主要因素。由此建立的第一强度条件为

$$\sigma_1\leqslant[\sigma]\tag{5-10}$$

式中，$[\sigma]$为材料的许用拉应力，其值可以从相关的材料手册得到。此理论对脆性材料较为适合。

(2) 最大拉应变理论

最大拉应变理论也称第二强度该理论。该理论认为最大拉应变是引起材料发生脆性断裂的主

要因素。由此理论建立的第二强度条件为

$$\sigma_1-\mu(\sigma_2+\sigma_3)\leqslant[\sigma] \tag{5-11}$$

实验研究表明，对于塑性材料，该理论不能为多数试验所证实，然而对铸铁等脆性材料，该理论与试验结果大致符合，但其符合程度不如第一强度理论，故较少应用。

(3) 最大切应力理论

最大切应力理论也称第三强度该理论。该理论认为，最大切应力是引起材料发生塑性屈服破坏的主要因素。由此理论建立的第三强度条件为

$$\sigma_1-\sigma_3\leqslant[\sigma] \tag{5-12}$$

实验研究表明，该理论在大多数情况下能与塑性材料的试验结果相符合，故常用于塑性材料发生塑性屈服的强度计算。

(4) 畸变能理论

畸变能理论也称第四强度该理论。该理论认为，引起材料发生屈服破坏的主要因素是畸变能密度达到其极限值，材料就发生屈服破坏。由此理论建立的第四强度条件为

$$\sqrt{\frac{1}{2}\left[(\sigma_1-\sigma_2)^2+(\sigma_2-\sigma_3)^2+(\sigma_3-\sigma_1)^2\right]}\leqslant[\sigma] \tag{5-13}$$

实验研究表明，该理论与各种屈服破坏试验结果相符合，故在塑性材料的强度计算中广泛应用。

综合上述四个强度理论所建立的强度条件，可把它们归纳成统一形式，即

$$\sigma_{ri}\leqslant[\sigma] \tag{5-14}$$

式中的 σ_{ri} 称为各强度理论的相当应力，其值分别为

$$\begin{cases}\sigma_{r1}=\sigma_1\\ \sigma_{r2}=\sigma_1-\mu(\sigma_2+\sigma_3)\\ \sigma_{r3}=\sigma_1-\sigma_3\\ \sigma_{r4}=\sqrt{\dfrac{1}{2}\left[(\sigma_1-\sigma_2)^2+(\sigma_2-\sigma_3)^2+(\sigma_3-\sigma_1)^2\right]}\end{cases}$$

上述四个强度理论是根据材料在一定应力状态下的破坏提出来的，具有一定的局限性，所以应用时需注意适用的场合。

5.4 组合变形时杆件的强度计算

对于组合变形的杆件，只要材料服从虎克定律和小变形，可认为每一种基本变形都是各自独立，互不影响的，因此可用叠加原理。在分析组合变形时，首先确定杆件截面上的内力，分析在内力作用下产生的相应基本变形，分别计算它们的应力，然后进行叠加。再根据危险点的应力状态，采用相应的强度理论，建立其强度条件。

5.4.1 弯曲与拉伸或压缩组合变形的强度计算

以图 5-5 (a)、(b) 所示小型压力机的铸铁框架为例，说明弯曲与拉伸（压缩）组合变形的强度计算方法。假设所加载荷为 P，P 到立柱边框的距离为 l，材料的许用拉应力为 $[\sigma_p]$，许用压应力为 $[\sigma_c]$，立柱为 T 形截面，截面面积为 A，截面形心 O 到左右边缘的距离为 z_0、z_1，截面对 y 轴的惯性矩为 I_y。

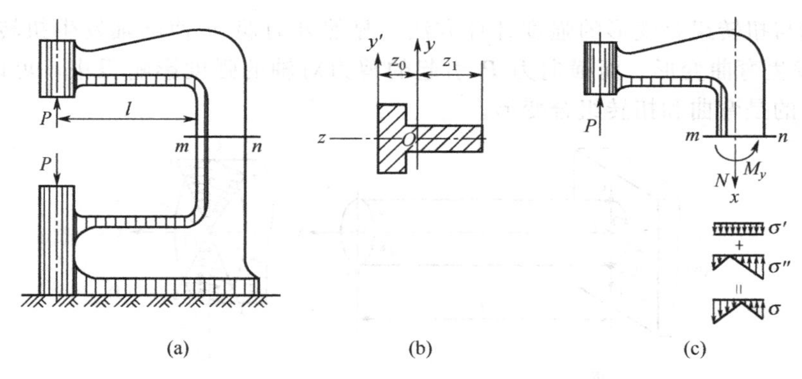

图 5-5　小型压力机的铸铁框架

沿立柱截面 m-n 截开，取上部分离体作研究对象［图 5-5（c）］。为了保持平衡，在此截面上必存在通过形心的内力 N 和弯矩 M_y。由平衡方程 $\sum F_x=0$，得

$$N-P=0,\ N=P$$

所有力对通过形心 O 点的 y 轴取矩的代数和等于零，即平衡方程 $\sum M_y(F)=0$，得

$$-P(l+z_0)+M_y=0,\ M_y=P(l+z_0)$$

在危险截面上，由轴力 N 引起的拉伸正应力 σ' 是均匀分布的［图 5-5（c）］，其值为

$$\sigma'=\frac{N}{A}=\frac{P}{A}$$

在危险截面上，由弯矩 M_y 引起的弯曲正应力 σ'' 是线性分布的［图 5-5（c）］，在截面内侧边缘上有最大的弯曲拉应力 $\sigma''_{p\max}$，在截面的外边缘上有最大弯曲压应力 $\sigma''_{c\max}$，分别为

$$\sigma''_{p\max}=\frac{M_y z_0}{I_y}=\frac{P(l+z_0)z_0}{I_y}$$

$$\sigma''_{c\max}=-\frac{M_y z_1}{I_y}=-\frac{P(l+z_0)z_1}{I_y}$$

叠加以上两种应力后，在截面内侧边缘上发生最大拉应力，其值为

$$\sigma_{p\max}=\sigma'+\sigma''_{p\max}=\frac{P}{A}+\frac{P(l+z_0)z_0}{I_y}$$

在截面的外边缘上有可能发生最大压应力，其绝对值为

$$|\sigma_c|_{\max}=|\sigma'+\sigma''_{c\max}|=\left|\frac{P}{A}-\frac{P(l+z_0)z_1}{I_y}\right|$$

由于框架是铸铁，其 $[\sigma_p]\neq[\sigma_c]$，故分别按最大拉应力和最大压应力建立的强度条件为

$$\sigma_{p\max}=\sigma'+\sigma''_{p\max}=\frac{P}{A}+\frac{P(l+z_0)z_0}{I_y}\leqslant[\sigma_p]$$

$$|\sigma_c|_{\max}=|\sigma'+\sigma''_{c\max}|=\left|\frac{P}{A}-\frac{P(l+z_0)z_1}{I_y}\right|\leqslant[\sigma_c]$$

5.4.2　弯曲与扭转组合变形的强度计算

以图 5-6（a）所示悬臂梁自由端上作用一个外力偶 m 和一个通过圆心的横向力 P 为例，

说明杆件弯曲与扭转组合变形的强度计算方法。显然外力偶 m 使圆轴发生扭转变形，横向力 P 使圆轴发生弯曲变形。而横向力 P 引起的剪力对轴的强度影响很小，可以忽略不计。因此圆轴发生的是弯曲和扭转组合变形。

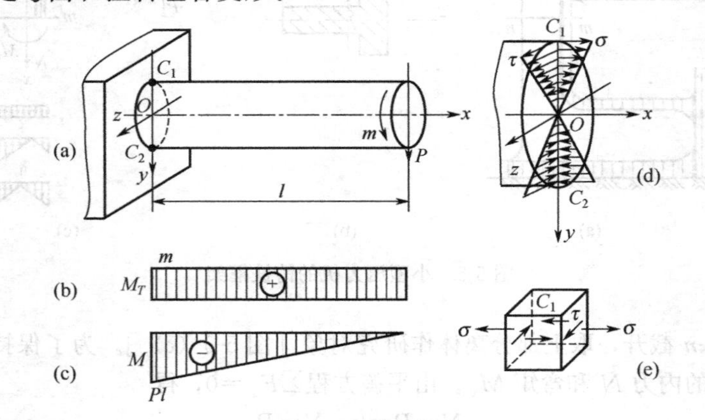

图 5-6　弯扭组合变形

(1) 弯、扭组合时的应力分析

分别作圆轴的扭矩图和弯矩图［图 5-6（b），（c）］。由图可知，固定端横截面弯矩最大，是危险截面，其内力值为

$$M=-Pl,\ M_T=m$$

由圆轴扭转时横截面上切应力的分布规律以及弯曲时横截面上弯曲正应力分布规律［图 5-6（d）］可知，在上下边缘 C_1、C_2 两点处切应力和弯曲正应力同时达到最大值，其值为

$$\begin{cases}\tau=\dfrac{M_T}{W_\rho}\\[2ex]\sigma=\dfrac{M}{W_z}\end{cases}$$

故固定端截面上下边缘处 C_1、C_2 为危险点。对于抗拉强度和抗压强度相等的塑性材料（如低碳钢）制成的轴，取其中一点研究即可，现取危险点 C_1 进行研究。围绕点 C_1 截取单元体，左右两侧用横截面截取，其上同时作用有正应力 σ 和切应力 τ；前后两面用经向平面截取，其上只有切应力 τ；上下两面用圆柱面截取，其上无应力［图 5-6（e）］。显然，C_1 为二向应力状态，可以求出主应力，然后利用第三和第四强度理论建立强度条件。

利用式（5-1）和式（5-2）求 C_1 点处的两个主应力，得

$$\sigma_1=\frac{1}{2}\left(\sigma+\sqrt{\sigma^2+4\tau^2}\right)\tag{a}$$

$$\sigma_2=0$$

$$\sigma_3=\frac{1}{2}\left(\sigma-\sqrt{\sigma^2+4\tau^2}\right)\tag{b}$$

(2) 强度条件

对塑性材料制成的轴，若用第三强度理论，则强度条件为

$$\sigma_{r3}=\sigma_1-\sigma_3\leqslant[\sigma]\tag{c}$$

对塑性材料制成的轴，若采用第四强度理论，则强度条件为

$$\sigma_{r4}=\sqrt{\frac{1}{2}[(\sigma_1-\sigma_2)^2+(\sigma_2-\sigma_3)^2+(\sigma_3-\sigma_1)^2]}\leqslant[\sigma] \tag{d}$$

将式（a）和式（b）代入式（c）和式（d）简化得

$$\sigma_{r3}=\sqrt{\sigma^2+4\tau^2}\leqslant[\sigma] \tag{5-15}$$

$$\sigma_{r4}=\sqrt{\sigma^2+3\tau^2}\leqslant[\sigma] \tag{5-16}$$

若将$\sigma=\dfrac{M}{W_Z}$、$\tau=\dfrac{M_T}{W_\rho}$和实心圆截面的$W_\rho=2W_z$代入式（5-15）和式（5-16），则弯、扭组合变形的强度条件可改写为

$$\sigma_{r3}=\sqrt{\left(\frac{M}{W_z}\right)^2+4\left(\frac{M_T}{W_\rho}\right)^2}=\frac{\sqrt{M^2+M_T{}^2}}{W_z}\leqslant[\sigma] \tag{5-17}$$

$$\sigma_{r4}=\frac{\sqrt{M^2+0.75M_T{}^2}}{W_z}\leqslant[\sigma] \tag{5-18}$$

式中，M和M_T分别为危险截面上的弯矩和扭矩，W_z为圆截面对z轴的抗弯截面模量。在应用式（5-17）和式（5-18）进行弯、扭组合变形的强度计算时应代入危险截面上的弯矩和扭矩。若无法确认最危险截面，则把有可能是危险截面的强度都进行计算，以确保圆轴安全。截面为空心圆轴时，公式仍可用，只是式中的W_z改用空心圆截面对z轴的抗弯截面模量。

【例 5-1】 某直径$d=70$mm的钢轴，两端支承在轴承上，轴上装有两个带轮，其直径均为$D=400$mm，带轮位置$a=0.6$m，带轮两边胶带的拉力如图5-7（a）所示。已知轴的许用应力为$[\sigma]=120$MPa，试分别按第三和第四强度理论校核轴的强度。

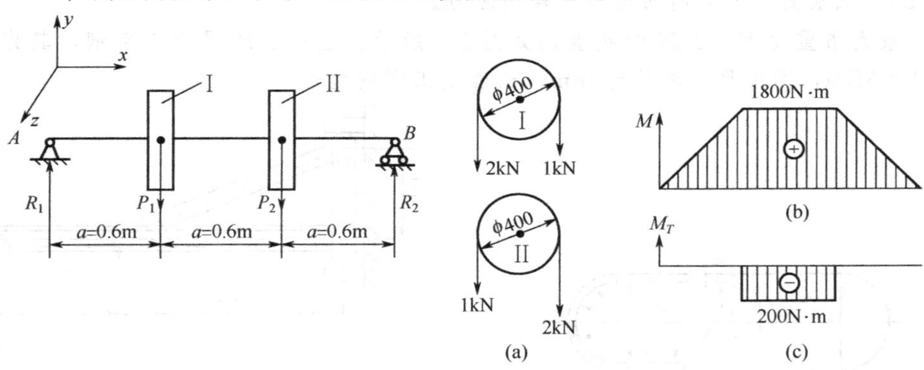

图 5-7　例 5-1 附图

解　(1) 受力分析

将皮带张力向轴的截面形心简化［图5-7（a）］，$P_1=P_2=1+2=3$（kN）$=3000$（N），外力偶矩$m_1=-m_2=2\times0.2-1\times0.2=0.2$（kN·m）$=200$（N·m）。可以看出杆件在$P_1$和$P_2$作用下发生弯曲变形，在外力偶$m_1$和$m_2$作用下发生扭转变形，因此为弯曲和扭转组合变形。

由对称可知　$$R_1=R_2=\frac{P_1+P_2}{2}=\frac{3000+3000}{2}=3000\ (\text{N})$$

(2) 内力计算，确定危险截面

轴在横向力作用下发生弯曲，其弯矩图如图5-7（b）所示，最大弯矩为

$$M=R_1a=3000\times0.6=1800\ (\text{N·m})$$

在外力偶作用下轴发生扭转，其扭矩图如图 5-7（c）所示，最大扭矩为

$$M_T=m_1=200\ (\mathrm{N\cdot m})$$

由图可知，危险截面在两皮带轮中间的轴上。

（3）校核计算

根据第三强度理论，由式（5-17）可得

$$\sigma_{r3}=\frac{\sqrt{M^2+M_T^2}}{W_z}=\frac{32}{\pi\times70^3}\sqrt{(1800\times10^3)^2+(200\times10^3)^2}=53.78\ (\mathrm{MPa})$$

因为 $\sigma_{r3}<[\sigma]=120\mathrm{MPa}$，所以强度满足要求。

根据第四强度理论，由式（5-18）可得

$$\sigma_{r4}=\frac{\sqrt{M^2+0.75M_T^2}}{W_z}=\frac{32}{\pi\times70^3}\sqrt{(1800\times10^3)^2+0.75\ (200\times10^3)^2}=53.7\ (\mathrm{MPa})$$

因为 $\sigma_{r4}<[\sigma]=120\mathrm{MPa}$，所以强度满足要求。

习题

5-1 为什么要研究一点处的应力状态？圆轴扭转时，轴表面各点处于何种应力状态？

5-2 何谓主平面、主应力？三个主应力如何排列顺序？

5-3 何谓第一、三、第四强度理论？说明各自的适用范围。

5-4 何谓组合变形的叠加法？

5-5 图 5-8 所示为一薄壁容器，其平均直径为 600mm，壁厚为 $\delta=6\mathrm{mm}$。在容器上某点的周向和轴向贴有电阻片 bb 和 aa，在介质内压 p 作用下，分别测得容器在周向和轴向的线应变为 $\varepsilon_1=0.35\times10^{-3}$，$\varepsilon_2=0.1\times10^{-3}$。已知材料的弹性模量为 $E=2\times10^5\mathrm{MPa}$，泊松比 $\mu=0.25$。试求筒壁内的周向应力和轴向应力。

5-6 最大吊重为 $P=8\mathrm{kN}$ 的起重机如图 5-9 所示。已知 AB 梁为工字钢，其许用应力为 $[\sigma]=100\mathrm{MPa}$，图中尺寸单位为 mm。试确定工字钢型号。

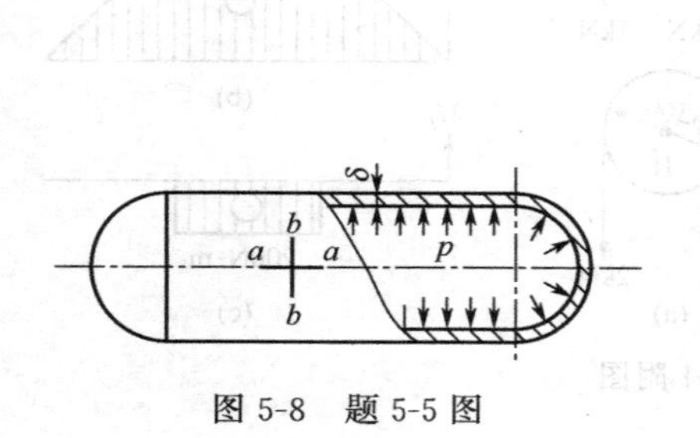

图 5-8 题 5-5 图

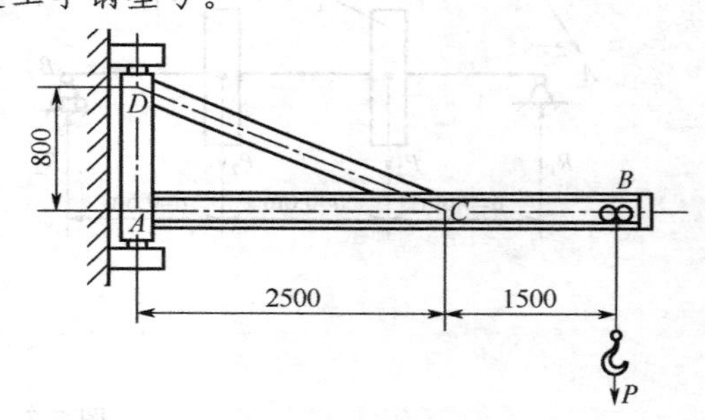

图 5-9 题 5-6 图

5-7 图 5-10 所示为某卧式离心机筒图，在轴的一端固定着转鼓，其重为 $G=2600\mathrm{N}$。轴向电动机驱动，已知作用在轴上的外力偶矩为 $m=1600\mathrm{N\cdot m}$，轴的许用应力为 $[\sigma]=70\mathrm{MPa}$。试分别按第三和第四强度理论设计轴的直径。

5-8 某反应器，其公称直径为 $DN2000\mathrm{mm}$，在温度 $t=510℃$ 时承受内压力为 $p=2.0\mathrm{MPa}$，材料为合金钢，其许用应力为 $[\sigma]=80\mathrm{MPa}$。试按第三强度理论设计反应器的壁厚 δ（注：$\sigma_1=\dfrac{pD}{2\delta}$，$\sigma_2=\dfrac{pD}{4\delta}$，参照题 5-5）。

5-9 如图 5-11 所示，某电动机的功率为 $P=10\mathrm{kW}$，转速为 $n=1000\mathrm{r/min}$，带轮重为

$G=800\text{N}$，直径为 $D=260\text{mm}$。轴可看成 $l=130\text{mm}$ 的悬臂梁，其许用应力为 $[\sigma]=100\text{MPa}$。试按第三和第四强度理论设计轴的直径。

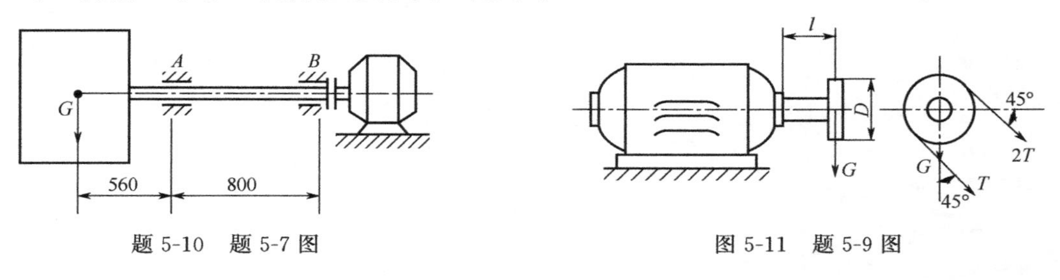

题 5-10　题 5-7 图　　　　图 5-11　题 5-9 图

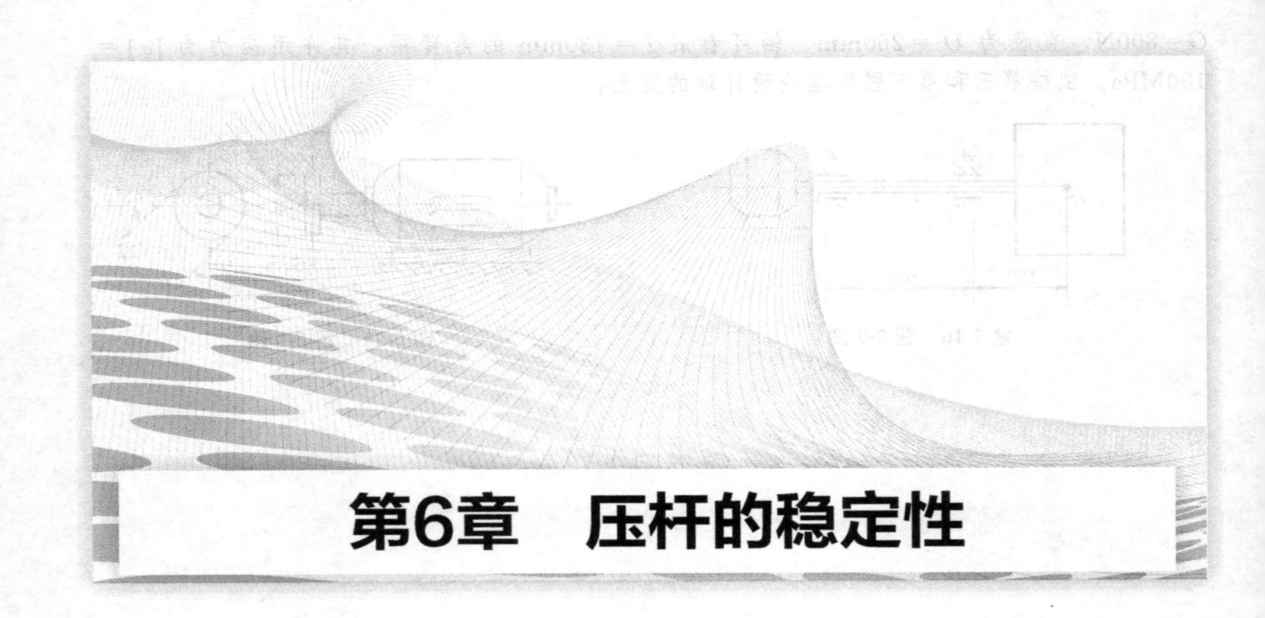

第6章　压杆的稳定性

前面讨论压杆的强度问题，认为只要压杆应力满足了强度条件，就能保证其安全工作。但是实践和理论证明，细长压杆丧失工作能力时杆截面的应力往往低于材料的屈服极限，有时甚至低于比例极限。细长压杆失效的原因并不是因为强度问题，而是由于杆的轴线不能维持原有的直线形状而变弯，此变形不可恢复。这是与强度问题截然不同，本章将重点讨论的压杆稳定性问题。

6.1　压杆稳定性的概念

图 6-1（a）所示，在一根细长直杆的两端逐渐施加轴向压力 P，观察到如下现象。

ⅰ. 当所加的轴向压力 P 小于某一极限值 P_{cr}，即 $P<P_{cr}$ 时，杆件能稳定地保持其原有的直线形状。如果此时在压杆中间位置施加一个微小的横向干扰力，压杆会发生微小弯曲。但是一旦撤去横向力后，压杆能很快地恢复原有的直线形状［图 6-1（b）］。这表明此时压杆具有保持原有直线形状的能力。此时压杆处在一种稳定的直线平衡状态。

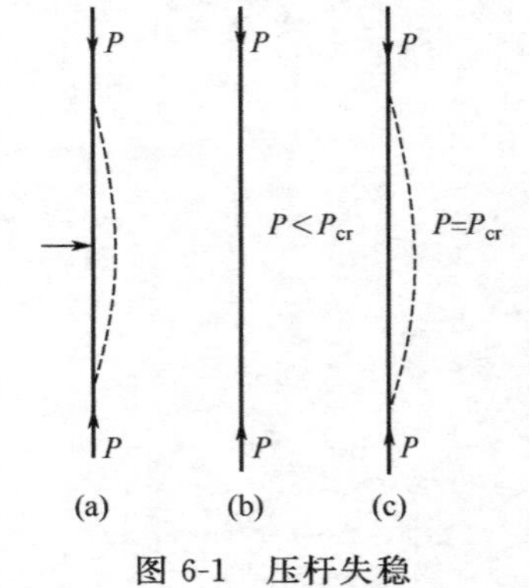

图 6-1　压杆失稳

ⅱ. 当轴向压力 P 达到某一极限值 P_{cr}，即 $P=P_{cr}$ 时，杆件不能稳定地保持其原有的直线形状。如果此时在压杆中间位置施加一个微小的横向干扰力，压杆会发生微小弯曲。但是一旦撤去横向力后，压杆就不能恢复原有的直线形状而处于弯曲状态［图 6-1（c）］。这说明此时压杆原有直线下的平衡已变为不稳定了。压杆的这种现象称为丧失稳定，简称失稳。

由此可见，压杆保持直线形状下的稳定平衡是有条件的，它取决于轴向压力 P 是否达到极限值 P_{cr}。该极限值 P_{cr} 称为临界力或临界载荷，它是压杆由稳定平衡变到不稳定平衡的临界值，也就是压杆保持直线形状下稳定平衡所能承受的最大压力。

对压杆失稳的研究，主要是确定压杆的临界力 P_{cr}。

6.2　压杆的临界力及临界应力

6.2.1　压杆的临界力

（1）两端铰支压杆的临界力

图 6-2（a）所示为一长度 l、两端铰链连接的等直细长压杆 AB。

当轴向压力 P 逐渐增加而达到临界力 P_{cr} 时，压杆原有的直线形状下的平衡将由稳定过渡到不稳定，其轴线也由直线变为曲线。假定在轴向压力 P 作用下，压杆在微弯变形形状下保持平衡，而使它保持微弯变形形状下平衡的最小压力就是临界力。要确定此临界力的大小，从压杆处于微弯变形形状下的挠曲线入手进行研究。在直角坐标系 xAy ［图 6-2（b）］中，距离原点 A 为 x 截面的挠度为 y，该截面上的弯矩为

$$M(x)=-Py \tag{a}$$

式中，P 是一个不考虑正负号的数值。在所建坐标系中，当 y 为正值时，$M(x)$ 为负值；反之，当 y 为负值时，$M(x)$ 为正值。为了使等式两边的符号一致，故在式（a）的右端加上了负号。

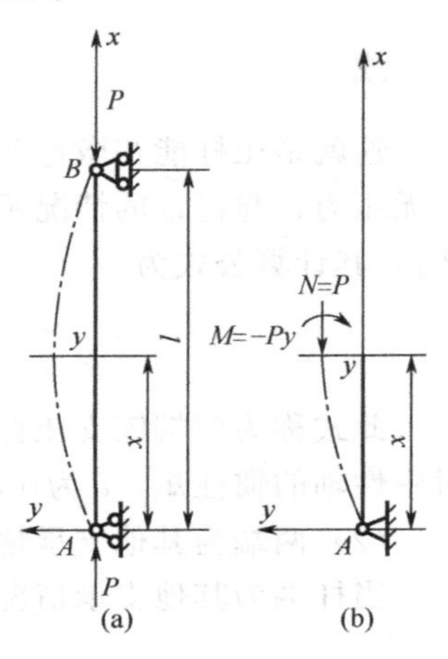

图 6-2　两端铰支压杆的临界力

由直梁弯曲变形时的挠曲线近似微分方程式

$$\frac{d^2y}{dx^2}=\frac{M(x)}{EI} \tag{b}$$

将式（a）代入式（b）得

$$\frac{d^2y}{dx^2}=\frac{-Py}{EI} \tag{c}$$

由于两端铰支，压杆的弯曲变形一定发生在抗弯能力最小的纵向平面内，所以上式中的 EI 是压杆的最小抗弯刚度。

$$若令\ k^2=\frac{P}{EI} \tag{d}$$

则式（c）改写为

$$\frac{d^2y}{dx^2}+k^2y=0 \tag{e}$$

这是一个典型的二阶常系数线性微分方程，由高等数学知其通解为

$$y=A\sin kx+B\cos kx \tag{f}$$

式中，A、B 是两个待定的积分常数。另外，从式（d）可知，因为 P 值未知，所以 k 也是一个待定值。根据杆端约束情况得到的边界条件为

$$\begin{cases}x=0,\ y=0\\x=l,\ y=0\end{cases} \tag{g}$$

将式（g）代入式（f）得

$$B=0,\ y=A\sin kx \tag{h}$$

$$A\sin kl=0 \tag{i}$$

由式（i）可知，$A=0$ 或 $\sin kl=0$。若 $A=0$，则压杆任一截面处的挠度 $y=0$。说明此时压杆没有弯曲，即其轴线仍保持为直线形状。显然这与压杆在微弯变形形状下保持平衡的前提是矛盾的，因此只能 $\sin kl=0$。满足这一条件的 kl 值为

$$kl=n\pi$$

式中，$n=0, 1, 2, \cdots$，可以是任意数。由此得

$$k=\frac{n\pi}{l}=\sqrt{\frac{P}{EI}} \tag{j}$$

或

$$P=\frac{n^2\pi^2 EI}{l^2} \tag{k}$$

这就是压杆能在微弯变形形状下保持平衡的轴向压力。若取 $n=0$，则 $P=0$。表示压杆上无压力，与讨论的情况不符，故取 $n=1$ 时，对应 P 力的最小值，即压杆的最小临界力 P_{cr}，其计算公式为

$$P_{cr}=\frac{\pi^2 EI}{l^2} \tag{6-1}$$

此式称为两端铰支压杆的欧拉公式。式中，E 为压杆的材料弹性模量，I 为压杆横截面对中性轴的惯性矩，l 为压杆的长度。

（2）两端为其他支承情况时压杆的临界力

当杆端为其他支承情况时，按照上述方法也可以导出。其通式为

$$P_{cr}=\frac{\pi^2 EI}{(\mu l)^2} \tag{6-2}$$

式中，μl 称为压杆的相当长度，而 μ 称为长度系数，它反映了各种支承情况对压杆临界力 P_{cr}的影响。常见几种杆端支承情况的 μ 值见表 6-1。

表 6-1 压杆的长度系数

杆端约束情况	两端固定	一端固定另一端铰支	两端铰支	一端固定另一端自由
长度系数 μ	0.5	$\approx$0.7	1.0	2.0
压杆的挠曲线形状				

应当注意，表中列出的 μ 值都是对理想的杆端支承情况而言，具体选用时，要看实际支承与哪一种理想支承相近。工程上压杆杆端支承处为焊接或铆接的情况，一般简化为铰支。

6.2.2 压杆的临界应力

（1）压杆临界应力的计算

压杆在开始丧失稳定时横截面内的应力，称为临界应力，记作 σ_{cr}。通常用临界力 P_{cr} 除以压杆的横截面面积 A 求得

$$\sigma_{cr}=\frac{P_{cr}}{A}=\frac{\pi^2 EI}{(\mu l)^2 A} \tag{a}$$

式中，I 和 A 都是表示截面几何性质的量，常用惯性半径 $i=\sqrt{\frac{I}{A}}$ 来表示，则式（a）变为

$$\sigma_{cr}=\frac{\pi^2 E i^2}{(\mu l)^2}=\frac{\pi^2 E}{(\frac{\mu l}{i})^2} \tag{b}$$

令

$$\lambda=\frac{\mu l}{i} \tag{6-3}$$

则可得

$$\sigma_{cr}=\frac{\pi^2 E}{\lambda^2} \tag{6-4}$$

式（6-4）为计算压杆临界应力的欧拉公式。对压杆来说，临界应力 σ_{cr} 就是压杆失稳时的极限应力。式中 λ 是一个无量纲的量，称为压杆的柔度或长细比，它集中地反映了压杆端的支承情况、杆的长度、横截面尺寸和形状对压杆临界应力的综合影响。由式（6-3）和式（6-4）可知，压杆尺寸越细长，柔度 λ 则越大，临界应力 σ_{cr} 越小，越容易失稳；反之，压杆尺寸越短粗，柔度 λ 则越小，临界应力 σ_{cr} 越大，越不容易失稳。柔度 λ 是压杆稳定计算中的一个重要参数。

（2）欧拉公式的适用范围

欧拉公式是根据压杆的挠曲线近似微分方程得到的，而这个微分方程只有在材料服从虎克定律的条件下成立。因此，欧拉公式的适用条件是压杆截面的临界应力 σ_{cr} 不超过材料的比例极限 σ_p，即

$$\sigma_{cr}=\frac{\pi^2 E}{\lambda^2}\leqslant\sigma_p \tag{6-5}$$

也可将上式改写为

$$\lambda^2\geqslant\frac{\pi^2 E}{\sigma_p}$$

令

$$\lambda_p=\sqrt{\frac{\pi^2 E}{\sigma_p}} \tag{6-6}$$

则 $\lambda\geqslant\lambda_p$，此式表明在压杆的柔度 λ 大于或等于 λ_p 时，才能应用欧拉公式。

由式（6-6）可知，λ_p 的数值取决于材料的力学性质，压杆所用的材料不同，λ_p 的数值也不同。以低碳钢为例，其弹性模量为 $E=2\times10^5$MPa，比例极限为 $\sigma_p=200$MPa，所以

$$\lambda_p=\sqrt{\frac{\pi^2\times2\times10^5\times10^6}{200\times10^6}}\approx100$$

也就是说，用低碳钢制成的压杆，只有当其柔度 $\lambda\geqslant100$ 时，才能用欧拉公式计算临界应力。通常把柔度 $\lambda\geqslant\lambda_p$ 的压杆称之为大柔度杆。前面所提的细长压杆是指大柔度杆。大柔度杆的失效是由于失稳所致，它的临界力或临界应力可用欧拉公式计算。

压杆的柔度越小，它抵抗失稳的能力越大。实验指出，在压杆的柔度小于某一数值 λ_s（即相应于材料屈服极限 R_{eL} 值时的柔度）时，其失效主要取决于强度。这种柔度 $\lambda\leqslant\lambda_s$ 的压杆称之为小柔度杆或粗短杆。

工程中常用杆件的柔度大多介于 λ_p 与 λ_s 之间，即 $\lambda_s\leqslant\lambda\leqslant\lambda_p$，通常称为中柔度杆或中长杆。实验指出，这类压杆的破坏性质接近于大柔度杆，也有较明显的失稳现象，但是它是在应力超过材料比例极限后的失稳，所以不能用欧拉公式计算临界应力。工程上一般采用建

立在实验基础上的经验公式（如直线公式、抛物线公式等）来计算临界应力。本文采用直线公式，即

$$\sigma_{cr}=a-b\lambda \tag{6-7}$$

式中，λ 是压杆的柔度，a、b 分别是与材料性质有关的常数，单位都是 MPa。某些常用工程材料的 a、b 值可从表 6-2 中查得。

表 6-2 常用工程材料的 a、b 值

材料		a/MPa	b/MPa	λ_p	λ_s	材料	a/MPa	b/MPa	λ_p	λ_s
低碳钢	$\sigma_s=235$MPa $\sigma_b=372$MPa	303.8	1.12	100	61	铸铁	332	1.453	80	
优质碳钢	$\sigma_s=306$MPa $\sigma_b=471$MPa	461	2.57	100	60	木材	28.7	0.19	110	

式（6-7）的适用范围是，对于由塑性材料制成的压杆，其临界应力 σ_{cr} 不超过材料的屈服极限 R_{eL}（σ_s）。若以 λ_s 代表对应于 R_{eL}（σ_s）时的柔度值，则要求

$$\sigma_{cr}=a-b\lambda<R_{eL}$$

或

$$\lambda\geqslant\frac{a-R_{eL}}{b}$$

令

$$\lambda_s=\frac{a-R_{eL}}{b} \tag{6-8}$$

则 $\lambda\geqslant\lambda_s$。此式表明，只有在压杆的柔度 λ 大于或等于 λ_s 时，才能应用直线公式。对于低碳钢，查表 6-2 得 $a=303.8$MPa，$b=1.12$MPa，$R_{eL}(\sigma_s)=235$MPa，将其代入式（6-8）得

$$\lambda_s=\frac{303.8-235}{1.12}\approx 61$$

也就是说，由低碳钢制成的压杆，只有当其柔度 $\lambda\geqslant\lambda_s=61$ 时，才能用直线公式。

如果压杆的材料是脆性材料，只要把式（6-8）中的 R_{eL} 改为 R_m，就可确定相应的 λ。

综上所述，可将各类柔度压杆的临界应力计算公式归纳如下：

ⅰ. 对于大柔度杆（$\lambda\geqslant\lambda_p$），其破坏形式是失稳，用欧拉公式计算，即 $\sigma_{cr}=\frac{\pi^2E}{\lambda^2}$；

ⅱ. 对于中柔度杆（$\lambda_s\leqslant\lambda\leqslant\lambda_p$），其破坏形式是应力超过比例极限后的失稳，用直线公式计算，即 $\sigma_{cr}=a-b\lambda$；

ⅲ. 对于小柔度杆（$\lambda\leqslant\lambda_s$），其破坏形式是强度不足，用压缩强度公式计算，即 $\sigma_{cr}=\frac{P}{A}=R_{eL}$。

6.3 压杆的稳定性计算

为了保证压杆正常工作而不丧失稳定，应使压杆所承受的轴向压力 P 小于其临界力 P_{cr}。为了安全起见，考虑一定的稳定安全系数，由此建立的压杆稳定条件为

$$p\leqslant\frac{P_{cr}}{n_{cr}} \tag{6-9}$$

这是用载荷形式表示的压杆稳定条件，称为许可载荷法。式中 n_{cr} 为稳定安全系数。对一般钢材取 $n_{cr}=1.8\sim3.0$，对铸铁材料取 $n_{cr}=5\sim5.5$。

若将式（6-9）改写成

$$n=\frac{P_{cr}}{P}\geqslant n_{cr} \tag{6-10}$$

则此式为用安全系数表示的压杆稳定条件，称为安全系数法。式中 n 为工作安全系数，它等于临界力与工作压力之比值。

利用式（6-9）、式（6-10）可以确定压杆的许可载荷和校核压杆的稳定性。为了设计计算方便，工程上常将压杆的稳定条件用应力形式表示。

若将式（6-9）的两边同时除以压杆的横截面面积 A，则可得

$$\frac{P}{A}\leqslant\frac{P_{cr}}{An_{cr}} \text{或} \sigma\leqslant\frac{\sigma_{cr}}{n_{cr}}=[\sigma_{cr}] \tag{6-11}$$

此为用应力形式表示的压杆稳定条件。式中 $[\sigma_{cr}]$ 为压杆的稳定许用应力。由于临界应力 σ_{cr} 随柔度 λ 而变化，所以稳定许用应力 $[\sigma_{cr}]$ 也随 λ 而变化。通常将稳定许用应力 $[\sigma_{cr}]$ 表示为材料的强度许用应力 $[\sigma]$ 乘上一个系数 ϕ，即 $[\sigma_{cr}]=\phi[\sigma]$，则式（6-11）改写为

$$\sigma=\frac{P}{A}\leqslant\phi[\sigma] \tag{6-12}$$

式中，ϕ 为折减系数。由于 $[\sigma_{cr}]<[\sigma]$，所以 ϕ 必是一个小于1的系数，ϕ 随着压杆的柔度 λ 变化。为了便于实用计算，工程设计规范中提供了不同材料压杆的折减系数 ϕ 与柔度 λ 的关系曲线或表格供查用（表6-3）。

表6-3 压杆的折减系数 ϕ

柔度 $\lambda=\frac{\mu l}{i}$	ϕ 值			柔度 $\lambda=\frac{\mu l}{i}$	ϕ 值		
	低碳钢	铸铁	木材		低碳钢	铸铁	木材
0	1.000	1.00	1.00	110	0.536	—	0.25
10	0.995	0.97	0.99	120	0.466	—	0.22
20	0.981	0.91	0.97	130	0.401	—	0.18
30	0.958	0.81	0.93	140	0.349	—	0.16
40	0.927	0.69	0.87	150	0.306	—	0.14
50	0.888	0.57	0.80	160	0.272	—	0.12
60	0.842	0.44	0.71	170	0.243	—	0.11
70	0.789	0.34	0.60	180	0.218	—	0.10
80	0.731	0.26	0.48	190	0.197	—	0.09
90	0.669	0.20	0.38	200	0.180	—	0.08
100	0.604	0.16	0.31				

利用式（6-12）进行稳定计算的方法，称为折减系数法。此法可以用来校核压杆稳定性、确定许可载荷和设计压杆的截面尺寸。在设计截面尺寸时，因为式（6-12）中有 A 和 ϕ 两个未知量，所以不能直接确定压杆的截面尺寸，需采用逐次渐进法进行设计计算。

【例6-1】 如图6-3所示，托架 D 处承受载荷 $P=10\text{kN}$，A、B、C 点处铰链连接，AB 杆外径 $D=50\text{mm}$，内径 $d=40\text{mm}$，$CB=1500\text{mm}$，$BD=350\text{mm}$，材料 $[\sigma]=120\text{MPa}$，该材料的折减系数 ϕ 见表6-4。试校核 AB 杆的稳定性。

表 6-4 例 6-1 附表

柔度 λ	60	70	80	90	100	110
碳钢的折减系数 ϕ	0.842	0.789	0.731	0.669	0.604	0.536

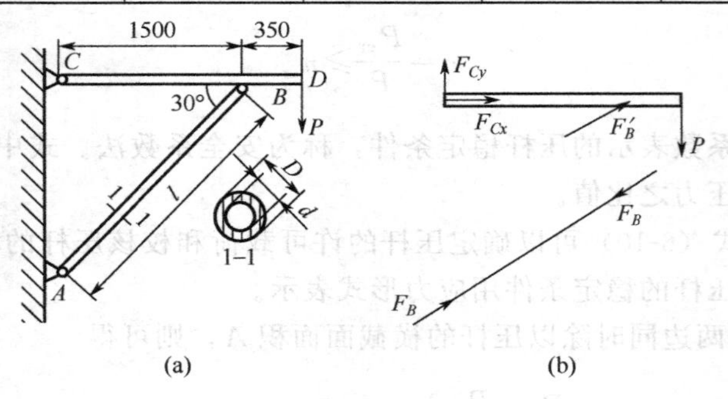

图 6-3 例 6-1 附图

解 AB 为二力杆，其约束力为 F_B。取 CD 梁为研究对象，画受力图［图 6-3（b）］。$F_B=F'_B$

为了避免求解联立方程，所以采用平衡方程 $\sum M_C=0$，得

$$P\ (1500+350)\ =F'_B\sin30°1500,\ F'_B=40.54\text{kN}$$

AB 杆横截面上的正应力为 $\sigma=\dfrac{F_B}{A}=\dfrac{40.54\times10^3}{\dfrac{\pi}{4}\times\ (50^2-40^2)}=57.38$（MPa）

AB 杆横截面上的轴惯性矩为 $I=\dfrac{\pi D^4}{64}-\dfrac{\pi d^4}{64}=\dfrac{\pi\times50^4}{64}-\dfrac{\pi\times40^4}{64}=18.10\times10^4$（mm^4）

由几何关系可知 AB 杆长度为 $AB=\dfrac{1500}{\cos30°}=1732.05$（mm）

AB 杆横截面上的惯性半径为 $i=\sqrt{\dfrac{I}{A}}=\dfrac{\sqrt{D^2+d^2}}{4}=16.01$（mm）

AB 杆的柔度为 $\lambda=\dfrac{\mu l}{i}=\dfrac{1\times1732.05}{16.01}=108.19$（mm）

在此柔度下，由表格通过内插法可得

折减系数 $\phi=0.553$

$$\sigma=57.38\text{MPa}<[\sigma]\ \phi=120\times0.553=66.36\ (\text{MPa})$$

由此可知 AB 杆满足稳定性要求。

习题

6-1 压杆失稳所产生的弯曲变形与梁在横向力作用下产生的弯曲变形有何不同？

6-2 为什么梁通常采用矩形截面（$h/b=2\sim3$），而压杆采用方形截面（$h/b=1$）？

6-3 两端支承情况相同的压杆，其横截面形状如图 6-4 所示。试问当压杆失稳时，它的横截面绕哪一个轴转动？

6-4 图 6-5 所示为材料相同的细长压杆，试问：

（1）图（a）所示压杆的临界力是图（b）的几倍？

（2）图（c）所示压杆的临界力是图（d）的几倍？

6-5 图 6-6 所示托架中的 AB 杆由钢管 $\phi57\times3.5$ 制成，两端为铰支，钢管的弹性模量

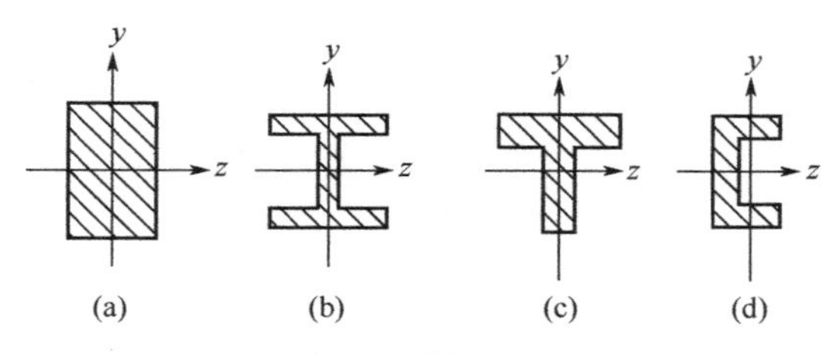

图 6-4　题 6-3 图

为 $E=2\times10^5$MPa。在托架 D 端的工作载荷为 $P=12$kN，规定的稳定安全系数为 $n_{cr}=3$。试校核 AB 杆的稳定性（图中尺寸单位为 mm）。

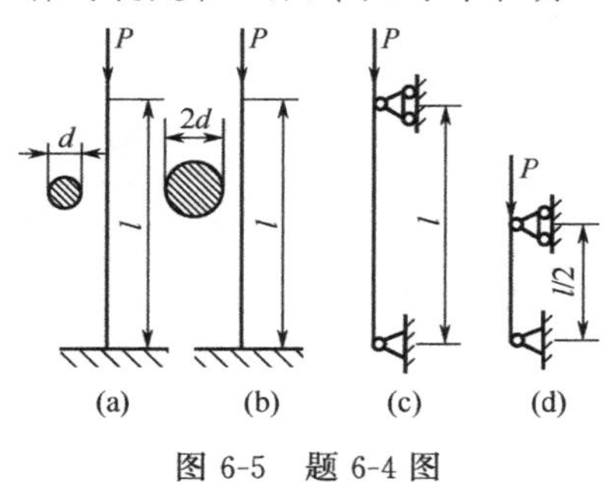

图 6-5　题 6-4 图

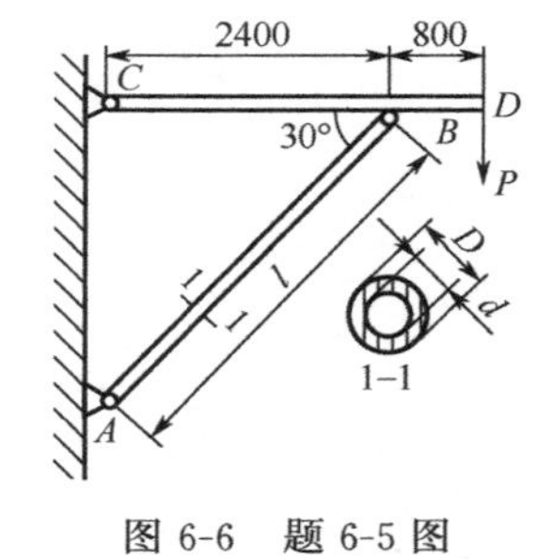

图 6-6　题 6-5 图

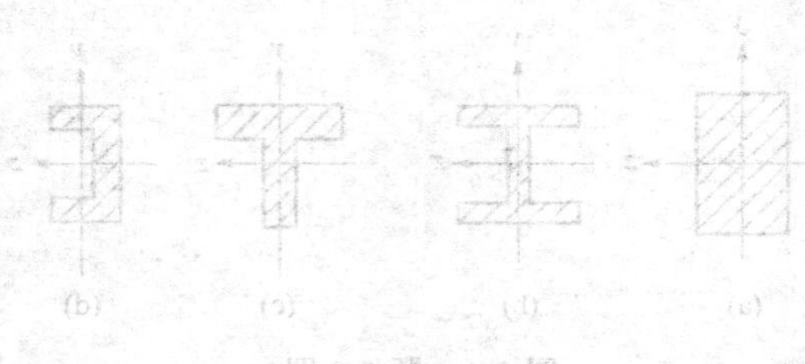

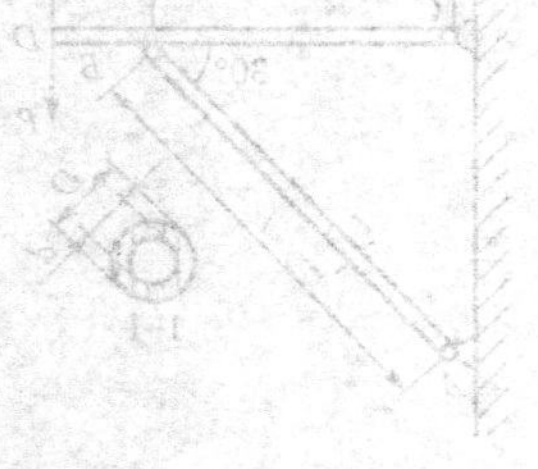

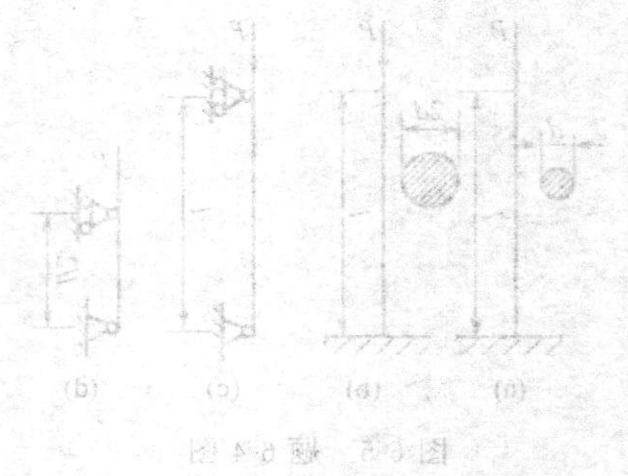

第2篇　薄壁容器设计

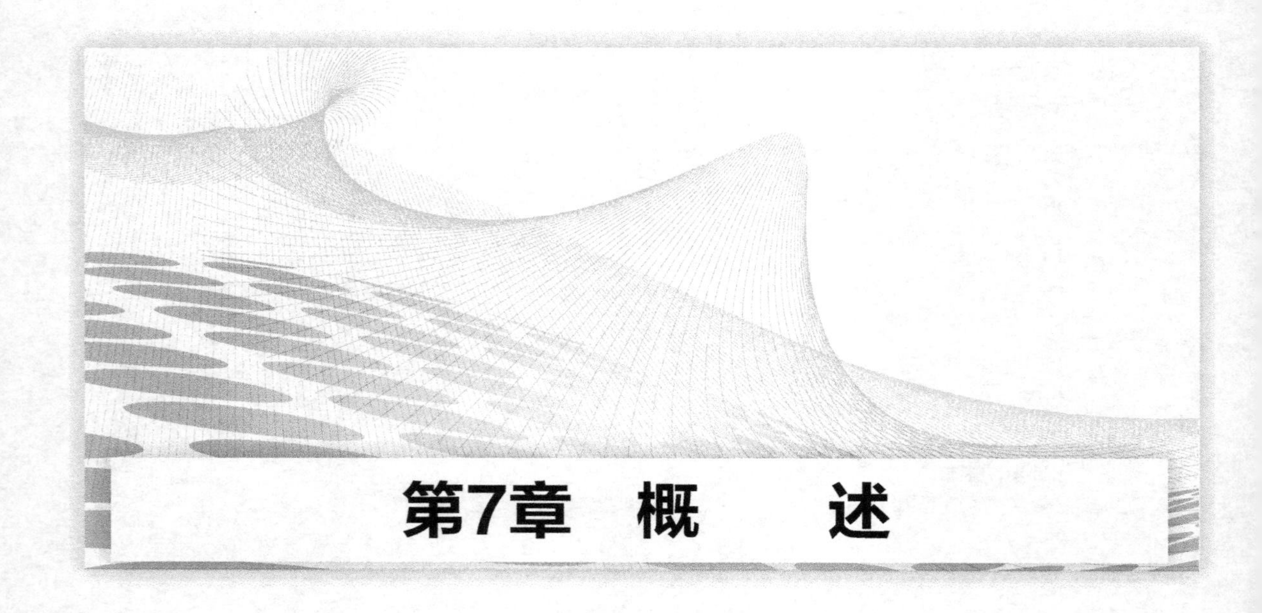

第7章 概 述

压力容器是指盛装气体或者液体，承载一定压力的密闭设备。在化工、石油、炼油、医药等行业生产中，用作储存物料及作为换热器、塔器、反应器等设备的外壳，是生产过程中必不可少的核心设备。

7.1 压力容器的结构和特点

(1) 压力容器的结构组成

由于生产过程的多种需要，压力容器的种类繁多，结构也多种多样，但共同的特点是它们都有一个承受一定压力的各种不同形状的外壳，这个外壳称为容器。压力容器一般由筒体、封头、法兰、密封元件、开孔与接管、安全附件等部分组成，如图 7-1 所示。

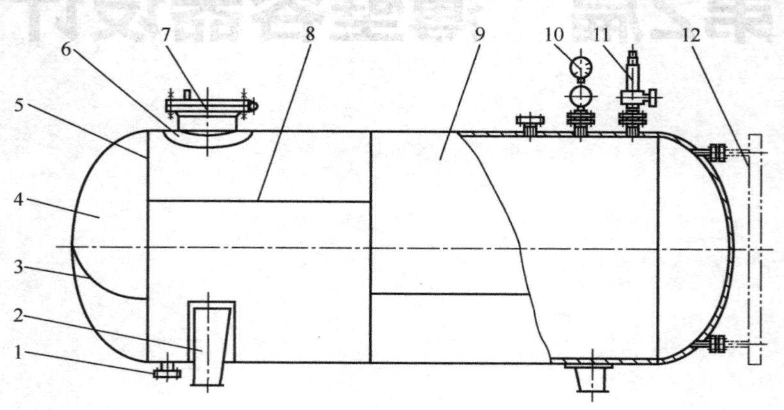

图 7-1 压力容器的基本结构

1—法兰；2—支座；3—封头拼接焊缝；4—封头；5—环焊缝；6—补强圈；7—人孔；8—纵焊缝；9—筒体；10—压力表；11—安全阀；12—液位计

① 筒体 筒体构成储存或完成化学反应所需的压力空间。常见的筒体外形为圆柱形，

用钢板卷成筒节后焊接而成，对于小直径的压力容器一般采用无缝钢管制成。

② 封头　封头的形式较多，以它的纵剖面形状来分，有半球形、碟形、椭圆形、球冠形、锥形和平板等。

③ 法兰　法兰是容器的封头与筒体、筒体与筒体以及管口与外部管道连接的重要部件。它通过螺栓连接，使密封元件压紧来保证密封。

④ 开孔与接管　由于工艺要求和检修的需要，常在压力容器的筒体或封头上开设各种大小的孔或安装接管，如人孔、手孔、视镜孔、物料进出口接管以及仪表接管等。

⑤ 支座　压力容器靠支座支承并固定在基础上。

(2) 压力容器的特点

压力容器的操作条件十分复杂，甚至近于苛刻。

① 温度条件　从液氢装置的－253℃、液态空气及其他气体制取的－196℃，到苯乙烯装置中SMART反应器的650℃、乙烯生产装置中的管式裂解炉的1100℃。

② 压力条件　从接近绝对真空到超高压人造水晶釜的200MPa、低密度聚乙烯反应釜的300MPa。

③ 介质腐蚀条件　同一种材料在不同介质中，不同材料在同一介质中，同一种材料同一种介质在不同内部、外部条件下都会表现出不同的腐蚀规律。

④ 介质的危害性　参与过程的绝大部分是易燃、易爆、有毒或有腐蚀性的物质，同时这些物质的状态在工艺过程中随温度、压力的变化而不断变化。

⑤ 其他载荷条件　压力容器在使用过程中，除承受介质的压力以外，还有其他载荷的作用：风载荷、地震载荷；有些设备可能是在循环载荷作用下运行，同时还可能承受热应力循环作用；设备及其内件、附件自重；设备内盛装的物料重量，试验状态下的液体重量；来自支承、连接管道及相邻设备的作用载荷；设备运输、安装、维修时可能承受的作用载荷。

⑥ 装置的大型化　乙烯装置中的丙烯塔：直径10m，高94m，重1100t。煤液化加氢反应器：直径4.81m，壁厚338mm，重2040t。乙二醇列管式反应器：直径5m，长10m，管数9000。立式圆筒形油品储罐：直径100m，高21.8m，容积150000m^3。

⑦ 结构多样性　常见的压力容器有卧式、立式、换热器、塔器、搅拌器、圆筒形储罐、球罐、空冷器、余热锅炉等，其中每种形式又有不同的结构。例如换热器就分为固定管板式、浮头式、填函式、U形管式；单管程、多管程；双管板、带导流筒、带膨胀节等。

7.2 压力容器的分类

(1) 按容器在生产过程中的作用原理分类

反应容器(R)；换热容器(E)；分离容器(S)；储存容器(C，球罐B)。括号中的字母为该类容器的代号。

(2) 按压力等级分类

低压容器(L)　$0.1 \leqslant p < 1.6$MPa；中压容器(M)　$1.6 \leqslant p < 10$MPa；高压容器(H)　$10 \leqslant p < 100$MPa；超高压容器(U)　$p \geqslant 100$MPa；常压容器　$0 \leqslant p < 0.1$ MPa或真空度<0.02MPa；真空容器　真空度≥0.02MPa的容器。其中p为设计压力(本篇中未注明者均指表压)。

(3) 按容器壁温分类

常温容器　在壁温高于－20℃至200℃之间条件下工作的容器；

高温容器　在壁温达到材料蠕变温度条件下工作的容器，对碳素钢或低合金钢容器，温度超过420℃、合金钢超过450℃、奥氏体不锈钢超过550℃均属高温容器；

中温容器　壁温在常温和高温之间的容器；

低温容器　在壁温低于－20℃条件下工作的容器。

(4) 按容器主体材料分类

根据制造容器所用的材料不同，容器有金属和非金属两大类。金属容器中又分为钢制容器、铸铁容器和有色金属容器。钢制容器中以碳素钢和低合金钢使用最多，高合金钢多用在腐蚀、高温等场合。承压不大或不承压的容器、塔节可采用铸铁制造。在深冷、强腐蚀的场合可使用有色金属。非金属材料可作为容器的衬里，也可作为容器独立使用。容器的结构与尺寸、制造与施工很大程度上取决于其材料，不同材料的容器有不同的设计要求。

(5) 按容器形状分类

矩形（方形）容器：由平板焊成，制造方便，但承压能力差，只用作小型常压储槽；球形容器：由弓形板拼焊而成，承压能力好，但制造困难，内件安装不便，多用作大型储罐；圆筒形容器：由圆柱形筒体和封头组成，作为容器主体的圆柱形筒体，制造容易，内件安装方便，承压能力较好，应用最为广泛。

(6) 按容器主轴线方向分类

轴线为垂直方向者称为立式容器，水平方向的称为卧式容器。

(7) 按容器壁厚分类

根据容器外径 D_o 和内径 D_i 的比值 K（$K=D_o/D_i$）将容器分为薄壁容器（$K\leqslant1.2$）和厚壁容器（$K>1.2$）。

(8) 按 TSG R0004—2009《固定式压力容器安全技术监察规程》分类

根据容器承受的压力高低、介质的危害程度、在生产过程中的重要性，为保障容器的安全运行，保护人民生命和财产安全，《固定式压力容器安全技术监察规程》（简称“固容规”）将压力容器分为Ⅰ、Ⅱ、Ⅲ类。

压力容器的类别划分应当根据介质特性，按照以下要求选择类别划分图，再根据设计压力 p（单位 MPa）和容积 V（单位 L），标出坐标点，确定压力容器类别。第一组介质，压力容器类别的划分见图 7-2，第二组介质见图 7-3。

第一组介质指毒性程度为极度危害、高度危害的化学介质、易爆介质、液化气体；第一组介质以外的为第二组介质。

介质的危害性指压力容器在生产过程中因事故致使介质与人体大量接触，发生爆炸或者因经常泄漏引起职业性慢性危害的严重程度，用介质毒性程度和爆炸危害程度表示。

综合考虑急性毒性、最高容许浓度和职业性慢性危害等因素，极度危害最高容许浓度小于 0.1mg/m³；高度危害最高容许浓度 0.1mg/m³～<1.0 mg/m³；中度危害最高容许浓度 1.0mg/m³～<10.0 mg/m³；轻度危害最高容许浓度大于或者等于 10.0mg/m³。

易爆介质是指气体或者液体的蒸汽、薄雾与空气混合形成的爆炸混合物，并且其爆炸下限小于10%，或者爆炸上限和爆炸下限的差值大于或者等于20%的介质。

介质毒性危害程度和爆炸危险程度按照 HG 20660—2000《压力容器中化学介质毒性危害和爆炸危险程度分类》确定。HG 20660 没有规定的，由压力容器设计单位参照 GB 5044—1985《职业性接触毒物危害程度分级》的原则，决定介质组别。

本篇讨论钢制中、低压薄壁容器的设计。其主要内容包括化工设备常用材料、内压和外压容器设计理论、设计方法以及通用零部件选型方法。

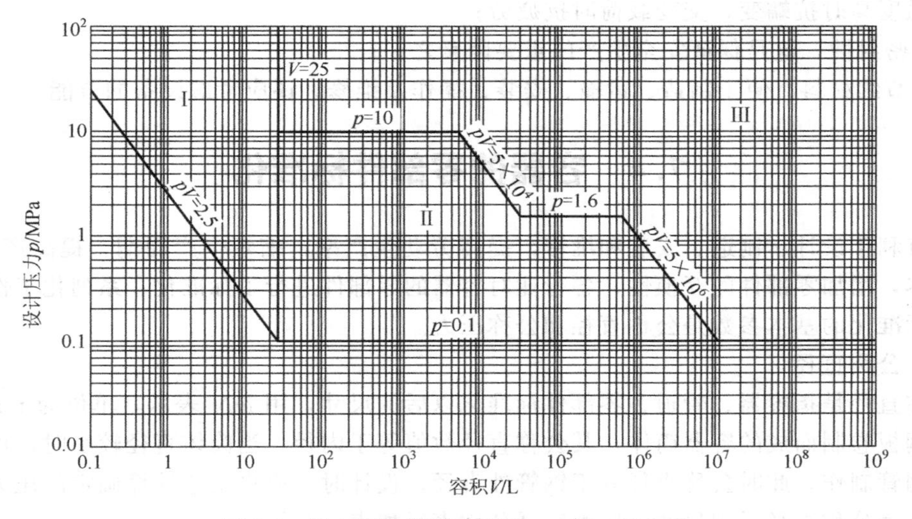

图 7-2　压力容器类别划分图——第一组介质

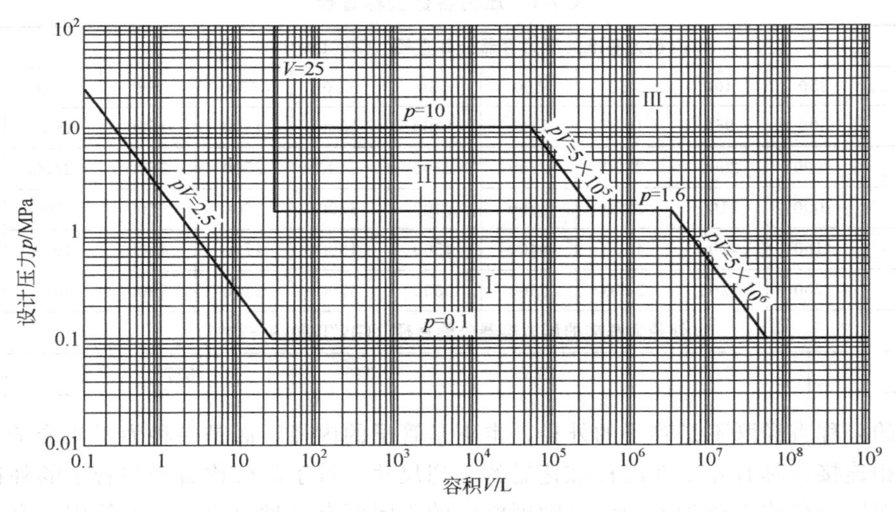

图 7-3　压力容器类别划分图——第二组介质

7.3　容器机械设计的基本要求

容器机械设计的基本要求是，在按工艺要求初步确定了工艺尺寸后，对容器零部件的结构尺寸进行设计，并满足以下要求。

ⅰ. 为保证安全生产，有抵抗外力破坏的能力，即有足够的强度；

ⅱ. 防止在使用、运输或者安装过程中发生不允许的变形，构件有抵抗外力使其发生变形的能力，即有足够的刚度；

ⅲ. 为防止压瘪或出现褶皱，有维持容器在外力作用下保持原有形状的能力，即有足够的稳定性；

ⅳ. 保证设备在设计寿命期限内安全工作的耐久性，这主要取决于选取的材料能耐腐蚀，当温度高时抗蠕变，交变载荷时抗疲劳；

ⅴ. 密封性，这是保证安全生产的重要因素之一；

ⅵ. 节约材料，便于制造、运输、安装、操作及维修，还应考虑设备的节能。

7.4 容器的零部件标准化

为有利于设计、制造、安装和维修，提高劳动生产率，缩短生产周期，提高产品质量，降低成本，增加零部件的互换性，各行业对容器的零部件进行了标准化、系列化工作。容器零部件标准化的基本参数是公称直径和公称压力。

(1) 公称直径

公称直径是指容器、管道、零部件标准化以后的尺寸，用 *DN* 表示，单位为 mm。

由钢板卷制而成的容器筒体，其公称直径数值等于内径。当筒体直径较小时，可直接采用无缝钢管制作，此时公称直径等于钢管外直径。设计时，应将工艺计算确定的压力容器直径，圆整为公称直径系列尺寸。压力容器公称直径如表 7-1 所示。

表 7-1 压力容器公称直径 mm

以内径为基准的压力容器公称直径（GB/T 9019—2001）										
300	350	400	450	500	550	600	650	700	750	800
850	900	950	1000	1100	1200	1300	1400	1500	1600	1700
1800	1900	2000	2100	2200	2300	2400	2500	2600	2700	2800
2900	3000	3100	3200	3300	3400	3500	3600	3700	3800	3900
4000	4100	4200	4300	4400	4500	4600	4700	4800	4900	5000
5100	5200	5300	5400	5500	5600	5700	5800	5900	6000	

以外径为基准的压力容器公称直径（GB/T 9019—2001）					
159	219	273	325	377	426

钢管的公称直径既不是管子的外径，也不是管子的内径，而是一种为了使管子与管件之间实现互相连接、具有互换性而标准化后的系列尺寸。管子的公称直径与管子的外径是逐一对应的，而同一公称直径管子的内径则因壁厚的不同而有多种数值。目前使用的有两套钢管外径尺寸系列：一套是国际上通用的配管系列，也是国内石油化工引进装置中广泛使用的钢管尺寸系列，俗称英制管；另一套是国内化工及其他工业部门至今仍广泛使用的钢管外径尺寸系列，俗称公制管。钢管外径尺寸系列与公称直径的对应关系见表 7-2。

表 7-2 钢管外径尺寸系列与公称直径的对应关系 mm

DN	10	15	20	25	32	40	50	65	80	100	125	150	200	250
公制管	14	18	25	32	38	45	57	76	89	108	133	159	219	273
英制管	17.2	21.3	26.9	33.7	42.4	48.3	60.3	76.1	88.9	114.3	139.7	168.3	219.1	273
DN	300	350	400	500	600	700	800	900	1000	1200	1400	1600	1800	2000
公制管	325	377	426	530	630	720	820	920	1020	1220	1420	1620	1820	2020
英制管	323.9	355.6	406.4	508	610	711	813	914	1016	1219	1442	1626	1829	2032

化工厂用来输送水、煤气、空气、油以及取暖用蒸汽等一般压力的流体，管道往往采用有缝钢管。水、煤气输送钢管的公称直径、外径与壁厚见表 7-3。

与压力容器筒体或钢管相配的零部件，如压力容器法兰、容器支座、封头和管法兰等，其公称直径就是相配筒体或钢管的公称直径。还有一些零部件的公称直径往往是指结构上某一重要尺寸，如液面计、视镜和人孔等，其公称直径的意义可查阅相关标准。

表 7-3　水、煤气输送钢管的公称直径、外径与壁厚

公称直径		外径	壁厚/mm		公称直径		外径	壁厚/mm	
mm	in	mm	普通钢管	加厚钢管	mm	in	mm	普通钢管	加厚钢管
6	1/8	10.0	2.00	2.50	40	$1\frac{1}{2}$	42.3	3.50	4.25
8	1/4	13.5	2.25	2.75	50	2	60.0	3.50	4.50
10	3/8	17.0	2.25	2.75	65	$2\frac{1}{2}$	75.5	3.75	4.50
15	1/2	21.3	2.75	3.25	80	3	88.5	4.00	4.75
20	3/4	26.8	2.75	3.50	100	4	114.0	4.00	5.00
25	1	33.5	3.25	4.00	125	5	140.0	4.50	5.50
32	$1\frac{1}{4}$	38.0	3.25	4.00	150	6	165.0	4.50	5.50

（2）公称压力

对于公称直径相同的同类零部件，只要其工作压力不同，则其他尺寸必定会有所不同，因此在制订零部件标准时，仅有公称直径这一个参数是不够的，还需要将其所承受的压力也规定为若干个等级。对于支座等非受压元件，则没有公称压力的概念。

国际通用的公称压力等级有两大体系，即欧洲体系和美洲体系。欧洲体系采用 *PN* 系列表示公称压力等级，如 *PN*2.5、*PN*50 等。美国等一些国家习惯采用 Class 系列表示压力等级，如 Class150、Class300 等。需要注意的是 *PN* 和 Class 都是用于表示公称压力等级系列的符号，没有量纲。*PN* 系列中常用的公称压力等级有 0.25MPa、0.60MPa、1.0MPa、1.6MPa、2.5MPa、4.0MPa、6.3MPa、10.0MPa、16.0MPa 等。Class 系列中常用的公称压力等级有 2.0MPa、5.0MPa、11.0MPa、15.0MPa、26.0MPa、42.0MPa 等。*PN* 系列与 Class 系列之间的相互对应关系以及表示的公称压力值见表 7-4。

表 7-4　*PN* 系列与 Class 系列之间的相互对应关系以及表示的公称压力值

PN	20	50	110	150	260	420
Class	150	300	600	900	1500	2500
压力值/MPa	2.0	5.0	11.0	15.0	26.0	42.0

习题

7-1　压力容器由哪些部分组成，各有什么作用？

7-2　压力容器的分类方法有哪些？

7-3　从容器的安全、制造、使用等方面说明对化工容器机械设计有哪些基本要求？

7-4　化工容器零部件标准化的意义是什么？标准化的基本参数有哪些？

7-5　按 TSG R0004—2009《固定式压力容器安全技术监察规程》对下列容器进行分类。

（1）设计压力为 0.6MPa，容积为 $1m^3$ 的氰化氢储罐；

（2）*DN*2000，容积为 $20m^3$ 的液氨储罐；

（3）压力为 10MPa，容积为 800L 的乙烯储罐；

（4）压力为 4MPa，毒性程度为极度危害介质的容器；

（5）工作压力为 23.5MPa 的尿素合成塔。

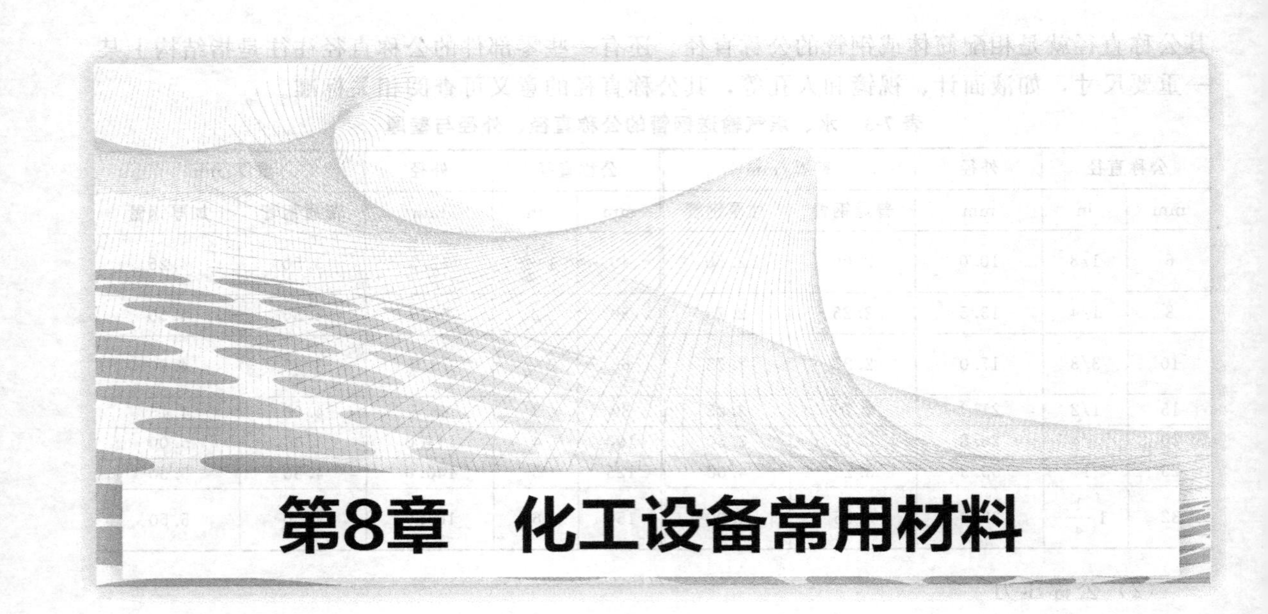

第8章　化工设备常用材料

在化工设备设计中，正确地选择结构和材料对于保证其结构合理、安全使用和降低制造成本是至关重要的。现代化工生产条件很复杂，温度从低温到高温；压力从真空（负压）到超高压；物料有易燃、易爆、剧毒、强腐蚀等。在设计过程中，必须针对设备的具体操作条件，正确地选择材料。这对于保证设备的正常安全运行，完成生产任务以及节约材料、延长设备使用寿命与检验周期，都起着积极作用。

容器承受压力或其他载荷，因此容器的材料应具有足够的强度。材料强度过低，势必使容器过厚，但强度过高又将影响材料的其他力学性能。容器制造时多数需用冷卷及冲压成型工艺，为此材料应具有良好的塑性，使冷卷或冲压时不裂不断。容器在结构上不可能没有任何小圆角或缺口，也不可能在焊缝中无气孔、夹渣、未焊透、未熔合、裂纹等缺陷，这些都形成应力集中。这就要求材料具有良好的韧性，不致因载荷突然波动、冲击、过载低温而造成断裂。此外还要求在交变载荷作用时材料具有抗疲劳破坏的能力，使容器有足够的安全使用寿命。除少数铸造及锻造容器外，容器的制造均需要焊接，因此材料必须具有良好的可焊性。增加含碳量和某些合金元素可提高强度，但又使可焊性变差。综上所述，具有较高的强度和良好的塑性、韧性和可焊性是对压力容器用材料的基本要求。同时还应考虑材料的耐腐蚀性能。

8.1　金属材料的基本性能

金属材料的基本性能是指它的物理性能、力学性能、化学性能和工艺性能。这些性能一般都受其化学成分的影响。

8.1.1　化学成分

化学成分的变化对金属材料的基本性能有较大的影响。钢中除铁元素以外，还有碳、硫、磷、锰、硅以及合金元素。

碳是钢中的主要元素之一，对钢性能的影响最大。一般随碳含量的增加，强度和硬度提高，塑性和韧性下降。硫是炼钢时由矿石与燃料带到钢中的杂质，是钢中的有害元素。硫在钢中与铁化合形成低熔点的硫化物，使钢在热加工时容易开裂，即“热脆”。硫含量高还使材料的断裂韧性降低。磷是炼钢时由矿石带到钢中来的。一般而言，磷在钢中也是一种有害元素。磷虽然能使钢的强度和硬度增加，但引起塑性和冲击韧性显著降低，特别在低温时使钢材显著变脆，即“冷脆”。锰是炼钢时作为脱氧剂和合金元素加入钢中的。由于锰可以和硫形成高熔点的硫化锰，能消除硫的有害作用，并能提高钢的强度和硬度，它是低合金钢中的常见元素。硅是炼钢时作为脱氧剂和合金元素加入钢中的。硅能提高钢的强度和硬度，是主要的耐蚀合金元素之一。还有一些元素如砷、锑、锡等，这些元素含量虽然很低，对钢材的性能也有较大影响。

为改善钢的组织和性能在碳钢中加入一种或几种合金元素。常用的合金元素有锰、硅、铬、镍、铝、硼、钨、钼、钒、钛、铌和稀土元素等。合金元素的加入可提高钢的综合力学性能，还可使钢具有某些特殊的物理与化学性能，如耐蚀和耐热性能等。

8.1.2　金属材料的基本性能

(1) 物理性能

金属材料的物理性能是指密度、熔点、线膨胀系数、导热系数、弹性模量、导电性等。由于材料使用场合的不同，对其物理性能要求也不同。密度是计算设备质量的参数；换热设备要求换热管材料有很好的导热性；由于管、壳的温差，计算温差应力时线膨胀系数是一个主要物理性能参数；对于衬里设备或由复合钢板制成的设备，应尽量使不同材料的线膨胀系数相同或接近。

(2) 力学性能

材料在外力作用下表现出来的抵抗变形与破坏等方面的性能，称为材料的力学性能，如强度、塑性、硬度、冲击韧性等。这些性能是化工设备设计中选择材料和计算时决定许用应力的依据。

① 强度　金属材料在外力作用下抵抗永久变形和断裂的能力称为强度。强度是衡量材料本身承载能力（即抵抗失效能力）的重要指标。是构件首先应满足的基本要求。反映材料强度高低的指标有抗拉强度 R_m、屈服强度 R_{eL}（或 0.2%塑性延伸强度 $R_{p0.2}$）、持久强度 R_D^t、蠕变极限 R_n^t 等。对于承受交变载荷的构件，还要用到疲劳极限。

② 塑性　塑性是指材料在外力作用下产生塑性变形而不破坏的能力。通常用来衡量材料塑性的指标是断后延伸率 δ 和断面收缩率 φ。承受静载荷的容器及零件，其制作材料都应具有良好的塑性，便于成型，同时在使用中产生塑性变形而避免发生突然断裂，一般要求 $\delta=15\%\sim20\%$。

③ 韧性　韧性是材料对缺口或裂纹敏感程度的反映。韧性好的材料即使存在缺口或裂纹而引起应力集中，也有较好的防止发生脆断和裂纹快速扩展的能力。韧性对压力容器材料是十分重要的，是压力容器必检的项目。塑性好的材料一般韧性也好，但塑性指标较高的材料，却不一定具有较高的韧性，原因是在静载荷下能够缓慢塑性变形的材料，在动载荷下不一定能够迅速地塑性变形。描述韧性的指标有冲击韧性、断裂韧性和无塑性转变温度。冲击韧性是材料对冲击载荷的抵抗能力，用带缺口的冲击试样在冲击试验中吸收的冲击功数值作为冲击韧性值。

④ 硬度　硬度是指金属材料的软硬程度，也即金属材料抵抗其他物体压入其表面的能力。它表示材料在一个小的体积范围内，抵抗弹性变形、塑性变形或破裂的能力。常用的硬

度表示方法有布氏硬度（HB）、洛氏硬度（HRC）和维氏硬度（HV）。在压力容器行业，多采用布氏硬度。布氏硬度的测定方法如下：以一定载荷把标准钢球（压陷器）压入被测金属表面，并保持至规定的时间后卸载，由于塑性变形，在材料表面形成一个压痕，用压痕的球面面积去除载荷，由所得的数值来表示材料的硬度。

⑤ 温度对材料力学性能的影响　一般金属材料的力学性能随温度的升高会发生显著的变化。图 8-1 为碳钢的力学性能随温度的变化。从图中看出，当温度超过 350℃时，强度降低，而塑性提高。

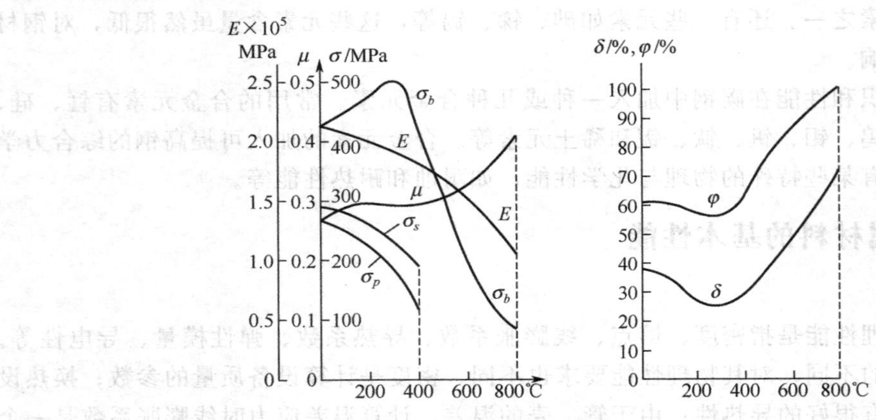

图 8-1　碳钢力学性能随温度的变化

材料在高温下承受某一固定拉伸应力时，会随着时间的延续而不断发生缓慢增长的塑性变形，这种现象称为蠕变。因而高温下承受较高应力时，材料的抗蠕变性能是关键指标。有时零部件的总变形不能改变，但因蠕变变形的增加，而引起总变形中的弹性变形随时间而减小，因而应力随时间而降低，这种现象称为应力松弛。蒸汽管道上的法兰螺栓，常因应力松弛使其拉应力随时间增长而降低，最后引起法兰处泄漏。

材料在低温下强度往往升高，而冲击韧性值则陡降，材料由塑性转变为脆性，这种现象称为材料的冷脆性。材料的冷脆性使得设备在低温下操作时产生脆性破裂，而脆性破裂前通常不产生明显的塑性变形。在设计及使用低温设备时，应对材料的冷脆现象给予足够重视。

（3）耐腐蚀性能

材料抵抗周围介质对其腐蚀破坏的能力称为材料的耐腐蚀性能。耐蚀性不是材料固有不变的特性，它随材料的工作条件而改变。在化工生产中，腐蚀问题是主要矛盾，它直接关系着设备的使用寿命、产品产量和质量、环境污染等问题。因此，必须针对腐蚀特点，合理选择材料。对于均匀腐蚀，通常是在设计时留有一定的腐蚀裕量来解决，对于有局部腐蚀的场合，则必须从选择相应的耐腐蚀材料及防护措施来解决。

（4）工艺性能

材料要经过各种加工后，才能成为设备或机器的零件。材料在加工方面的物理、化学和力学性能的综合表现构成了材料的工艺性能，又称加工性能。选择材料时必须同时考虑材料的使用与加工两方面的性能。从使用角度看，材料的物理、化学和力学性能即使比较合适，但是如果在加工制造过程中，材料缺乏某一必备的工艺性能，那么这种材料也是无法采用的。

化工容器和设备零部件的制造主要是焊接、锻造、切削、冲压、弯曲和热处理等。

① 可焊性　将两个分离的金属进行局部加热，使之熔融后产生结晶的结合叫做焊接。

材料的可焊性是指金属材料在一定条件下，通过焊接形成优质接头的可能性。一种金属如果能用最普通的焊接工艺条件获得优质接头，则认为它具有良好的可焊性；如果需要很复杂、特殊的焊接工艺条件才能获得优质接头，则认为可焊性差。

② 可锻性　金属承受压力加工的能力称为金属的可锻性。金属的可锻性决定于材料的化学组成与组织结构，同时也与加工条件（如温度）有关。

③ 切削性　材料在切削加工时所表现出的性能称为切削性。当切削某种材料时，刀具寿命长、切削量大、表面质量高，则该材料的切削性好。

④ 成型工艺性　成型是金属在热态或冷态下，经外力作用产生塑性变形而成为所需形状的过程。在容器和设备的制造过程中，封头的冲压、筒体的卷制和管子的弯曲都属于成型工艺。良好的成型工艺性能要求材料具有较好的塑性。

⑤ 热处理性能　热处理是以改善钢材的某些性能为目的，将钢材加热到一定的温度，在此温度下保持一定的时间，然后以不同的速度冷却下来的一种操作。热处理工艺不仅应用于钢材，在其他材料中也广泛应用。常见的热处理方法有退火、正火、淬火、回火、调质处理、固溶处理和化学热处理等。

退火是将钢（工件）放在炉中缓慢加热到一定温度，保温一段时间，随炉缓慢冷却下来的一种热处理工艺。退火的目的是：消除内应力，降低脆性，软化金属以便于加工，细化晶粒，改善力学性能。

正火是将钢（工件）放在炉中缓慢加热到一定温度，保温一段时间，然后从炉中取出置于空气中冷却的一种热处理工艺。正火的目的是：减小零件内应力、均匀组织和细化晶粒，或消除过共析钢的网状渗碳体组织，为最终热处理做好组织准备。

淬火是将钢（工件）加热到超过相变温度，保持一定时间，然后快速冷却的一种热处理工艺。这种热处理可以提高钢的强度和硬度，在压力容器结构元件中很少单独使用。

淬火钢需回火后使用。回火是为了使淬火组织通过相变或沉淀趋于稳定，获得所需的性能和状态，在临界温度以下的适当温度进行加热、保温和冷却的一种热处理工艺。根据回火温度的不同，将回火分为：低温回火（150～250℃），消除钢件中的部分内应力和脆性，但不会降低其硬度；中温回火（350～450℃），可减少内应力，降低硬度和提高弹性；高温回火（500～650℃），内应力消除较好，可获得塑性、韧性和强度均较高的优良综合性能。

调质处理是指淬火后再高温回火。材料经调质处理后可以得到强度、塑性、韧性具有良好配合的综合力学性能。

固溶处理是将钢（工件）加热到一定温度，并保持足够长时间，使一种或几种合金元素或化合物溶入固体中，然后在水或空气中快速冷却，以抑制这些被溶物质重新析出，从而得到在室温下的过饱和固溶体。

化学热处理是将钢件放在一定的活性介质中加热，使介质中的某些元素渗入工件表面，改变表面层的化学成分，以获得预期组织和性能的一种热处理过程。化学热处理有渗碳、氮化、氰化（碳氮共渗）等方法。

8.2 碳素钢

工程上广泛应用的金属材料是钢和铸铁。虽然钢和铸铁的成分复杂，但基本上是铁和碳两种主要元素所组成，所以，通常把它们都称为铁碳合金。碳含量对其性能有决定性的影响。一般含碳量为0.02%～2%的称为碳素钢（简称碳钢），含碳量大于2%的称为铸铁。

8.2.1 碳素钢的分类

8.2.1.1 按用途分类

① 结构钢 分为工程结构用钢和机械零件用钢。工程结构钢包括建筑用钢和专门用钢（船舶、桥梁、锅炉、容器用钢等）；机械零件用钢包括渗碳钢、调质钢、弹簧钢、轴承钢等。

② 工具钢 又分为量具钢、刃具钢和模具钢。

8.2.1.2 按脱氧程度分类

① 沸腾钢 浇铸前不用硅和铝脱氧，钢水中保留一定的氧含量，在钢锭模内产生沸腾现象。这类钢只限于生产碳与硅含量不大于0.25%与0.07%钢种。沸腾钢组织疏松，质量较差。

② 镇静钢 脱氧较完全，钢水在钢锭模内基本上不产生一氧化碳气体。生产的钢种不受成分限制。

③ 半镇静钢 进行中等程度脱氧，介于镇静钢和沸腾钢之间，钢水在钢锭模内沸腾较弱，碳含量范围比沸腾钢大，硅含量不大于0.17%。

8.2.1.3 按含碳量分类

① 低碳钢 也称软钢，含碳量一般不大于0.25%。它们强度较低，但塑性好，焊接性能好，在化工设备制造中常用于设备壳体、换热器列管、设备接管、法兰等焊接件和冲压件。

② 中碳钢 含碳量在0.25%～0.60%。这类钢经调质处理后具有良好的综合力学性能，但焊接性能较差，不适宜做化工设备的壳体，但可作强度较高的螺栓、螺母等。45钢常用于化工设备中的传动轴。

③ 高碳钢 含碳量大于0.60%。高碳钢强度、硬度高，主要用于制造弹簧和钢丝绳等。

8.2.1.4 按质量分类

① 普通钢 磷含量≤0.045%，硫含量≤0.050%。

② 优质钢 磷含量≤0.035%，硫含量≤0.035%。

③ 高级优质钢 磷含量≤0.025%，硫含量≤0.025%。

④ 特级优质钢 磷含量≤0.015%，硫含量≤0.025%。

普通碳素钢的牌号由代表屈服点的字母Q、屈服强度值、质量等级符号、脱氧方法符号等四个部分按顺序组成。钢材质量等级分为4级，分别用A、B、C和D表示，质量由A到D依次提高。脱氧方法符号：沸腾钢为F；镇静钢为Z；特殊镇静钢为TZ。其中“Z”和“TZ”可以省略。例如Q235AF，表示屈服强度为235MPa、质量等级为A级的沸腾钢。

优质碳素钢既保证化学成分，又保证化学性能，含硫、磷杂质元素较少，都是镇静钢，均匀性及表面质量都比较好。

优质碳素结构钢的牌号通常由五部分组成：第一部分是以两位阿拉伯数字表示平均含碳量（万分数）；第二部分（必要时）为当含锰量较高的优质碳素结构钢，加锰元素符号“Mn”；第三部分（必要时）表示钢材冶金质量，即高级优质钢加字母“A”、特级优质钢加字母“E”，优质钢不加字母；第四部分（必要时）为脱氧方式符号，同普通碳素钢；第五部分（必要时）为产品用途、特性和工艺方法表示符号。例如，20表示平均含碳量为万分之二十（即 0.20%）的优质碳素结构钢；40Mn 表示平均含碳量为万分之四十（即 0.40%）且锰含量为 0.70%～1.00%的优质碳素结构钢。

8.2.2　碳素钢的性能和使用

8.2.2.1　碳素钢的力学性能

碳钢的力学性能较好，不但有较高的强度和硬度，而且有较好的塑性和韧性。力学性能与钢的含碳量、热处理条件、零件的尺寸及使用温度有关。随着钢中的碳含量增多，钢的强度和硬度提高、塑性下降。温度升高时，钢的强度下降，塑性提高。普通碳素钢大于 350℃，优质碳素钢大于 400℃时就要考虑蠕变影响。由于碳素钢在 570℃以上会被显著氧化，而在 0℃以下塑性和冲击韧性又急剧下降，所以根据碳素钢中硫含量控制的严格程度不同，普通碳素钢在压力容器中的使用温度范围是 0～350℃，优质碳素钢可扩展到－20～475℃。经退火处理的碳素钢硬度低、塑性好。中、高碳钢可通过调质处理提高其综合力学性能。

8.2.2.2　碳素钢的工艺性能

碳钢的综合力学性能较好，也带来良好的制造工艺性能。碳钢可以进行铸造、锻压、切削等各种形式的冷、热加工。钢铸件一般应进行正火或退火处理，以消除残余应力，细化晶粒。低碳钢板可冷卷，薄碳钢板可进行冷冲压。碳钢的可锻性良好，可焊性随碳含量的增加而变化。低碳钢由于具有良好的塑性和可焊性，所以适于制造容器。

8.2.2.3　碳素钢的耐蚀性

碳钢的耐蚀性较差。在盐酸、硫酸、稀硫酸、乙酸、氯化物溶液及浓碱液中均会遭受较强烈的腐蚀，所以碳钢不能直接用于处理这些介质。碳钢在浓硫酸中由于出现钝化，耐蚀性较好。在浓度小于 30%的稀碱液中，碳钢表面可生成不溶性的氢氧化铁和氢氧化亚铁保护膜，所以在温度不高的稀碱液中是耐蚀的。

8.2.2.4　碳素钢的使用

碳钢的工艺性能较好，但耐蚀性及使用温度范围等使其在化学工业中的使用受到了一定的限制。

ⅰ. 碳钢的强度较低，用来制造高负荷的零件时尺寸往往较大；同时碳钢的屈强比也较低，材料的潜力不能充分发挥。

ⅱ. 碳钢的耐蚀性差，限制了它在许多介质中的应用。

ⅲ. 碳钢的使用温度范围较窄，无法满足某些工艺过程提出的高温或低温要求。

8.3　合　金　钢

碳钢虽然具有良好的塑性和韧性、机械加工工艺性，但强度较低、耐蚀性差、适应温度范围窄，不论从满足现代化生产工艺条件方面，还是从经济方面，都不是理想材料。在碳钢中加入一种或几种元素，能改善钢的组织和性能，这些特意加入的元素称为合金元素，加入合金元素的碳钢称为合金钢。

8.3.1　合金钢的分类

8.3.1.1　按合金元素总含量分类

低合金钢：合金元素总含量≤5%。

中合金钢：合金元素总含量5%～10%。

高合金钢：合金元素总含量>10%。

8.3.1.2 按用途分类

① 合金结构钢　分为普通低合金结构钢和机械制造结构钢。后者又分为渗碳钢、调质钢、弹簧钢和滚动轴承钢。

② 合金工具钢　分为低合金工具钢和高合金工具钢。

③ 特殊性能钢　分为不锈钢、耐热钢、耐磨钢和电工用钢。

8.3.2 低合金钢

8.3.2.1 普通低合金钢

普通低合金钢是在普通碳素钢的基础上加入少量合金元素所得到的合金钢。加入的合金元素主要是锰、硅、钒、钛、铌和稀土元素等。

普通低合金钢比碳素钢的强度高，耐低温、耐腐蚀和耐磨性能优于碳素钢。有些钢种的冷脆临界温度比碳素钢低，加工和焊接工艺性能好，生产成本和碳素钢相近。普通低合金钢一般在热轧退火状态下使用，且不需热处理，在化工容器、锅炉和管道中广泛使用。

普通低合金钢的牌号由表示平均含碳量的万分数的数字，加上所含主要合金元素的元素符号和表示合金元素平均含量的百分数的数字组成。平均含碳量小于千分之一的用“0”表示，小于万分之三的用“00”表示；平均合金含量小于1.50%者在牌号中只标出合金元素符号，不标注合金含量；平均合金含量为1.50%～2.49%、2.50%～3.49%…时，相应地注为2、3…。在压力容器中使用的普通低合金钢，在牌号的后面加“R”表示容器用钢，它是“容”字汉语拼音的第一个字母；低温用钢相应加“D”。例如16MnDR表示平均含碳量0.16%、含锰量小于1.5%的低温容器用钢。

8.3.2.2 合金结构钢

合金结构钢是在优质碳素钢基础上加入适量的一种或几种合金元素而形成的合金钢，比优质碳素钢的综合性能好。由于合金元素的作用，其强度高、韧性好、耐磨性好，并具有良好的淬透性。合金结构钢广泛应用于制造各种重要的机器零件和各种工程结构。牌号的表示方法与普通低合金钢相同。

8.3.3 不锈钢和耐热钢

一般把在空气、水及一些弱腐蚀介质中能耐蚀的合金钢叫不锈钢，在酸和其他强腐蚀介质中耐蚀的合金钢叫不锈耐酸钢，习惯上把两者统称为不锈钢。

不锈钢实际上是在低碳的碳素钢基础上，通过添加较多的合金元素（总量超过10%以上）而得到的。由于较多含量合金元素的加入提高了钢的整体热力学稳定性，使钢呈现电化学性能稳定的组织，并使钢在腐蚀性介质中呈现稳定的钝态或表面生成致密的保护膜，从而极大地提高了钢的耐蚀性能，还具备较好的耐热性能。

不锈钢牌号的表示方法是由化学元素符号和表示各元素含量的阿拉伯数字表示。其中以两位或三位阿拉伯数字表示碳含量最佳控制值（以万分数或十万分数计），合金元素含量以合金元素符号及阿拉伯数字表示（百分数）。例如牌号为06Cr19Ni10的不锈钢，碳含量不大于0.08%、铬含量为18.00%～20.00%、镍含量为8.00%～11.00%；例如牌号为022Cr18Ti的不锈钢，碳含量不大于0.03%、铬含量为16.00%～19.00%、钛含量为

0.10%～1.00%。

不锈钢也可用统一数字代号表示，GB/T 20878《不锈钢和耐热钢　牌号及化学成分》中给出了每一牌号所对应的统一数字代号。表8-1是压力容器用不锈钢、耐热钢材料牌号和统一数字代号的对照。

表8-1　不锈钢、耐热钢牌号和统一数字代号对照表

统一数字代号	牌　　号	统一数字代号	牌　　号	统一数字代号	牌　　号
S11306	06Cr13	S25073	022Cr25Ni7Mo4N	S31603	06Cr17Ni12Mo2
S11438	06Cr13Al	S30408	06Cr19Ni10	S31668	06Cr17Ni12Mo3Ti
S11972	019Cr19Mo2NbTi	S30403	022Cr19Ni10	S31708	06Cr19Ni13Mo3
S21953	022Cr19Ni5Mo3Si2N	S30409	07Cr19Ni10	S31703	022Cr19Ni13Mo3
S22253	022Cr22Ni5Mo3N	S31008	06Cr25Ni20	S32168	06Cr18Ni11Ti
S22053	022Cr23Ni5Mo3N	S31608	06Cr17Ni12Mo2	S39042	015C21Ni26Mo5Cu2

不锈钢中常用的合金元素有铬、镍、钼、铜、钛、硅、锰和氮等。根据所含主要合金元素的不同，压力容器采用的不锈钢分为以下三种。

① 铬不锈钢　在铬不锈钢中，主要合金元素为铬，其含量通常超过13%，不含镍，有些钢种还添加了铝、钛等，如06Cr13。铬在不锈钢中起钝化作用，铬含量越高，介质的氧化性越强，耐蚀性越好。铬在钢中固溶于铁的晶格中形成固溶体，钢中的碳与铬能形成铬的化合物，使铁固溶体中的有效铬含量降低，所以要求耐蚀性良好的不锈钢，含碳量要低，铬含量要高。铬不锈钢能很好地耐氧化性酸类（尤其硝酸）溶液的腐蚀，在碱性溶液、无氯盐水、丙烯腈、乙醇胺、苯、汽油等介质中也有较好的耐蚀性，而在硫酸、盐酸、氢氟酸、热磷酸、热硝酸、熔融碱等介质中耐蚀性差。在铬不锈钢中加入钼元素，可提高耐氯离子应力腐蚀开裂、耐点蚀的能力。

② 铬镍不锈钢　为了改变钢材的组织结构，并扩大铬不锈钢的耐蚀范围，在铬不锈钢中加入镍构成铬镍不锈钢。这类钢含有较高的可扩展γ相区的合金元素镍，故钢的组织在常温下仍为奥氏体，常称为奥氏体不锈钢。奥氏体不锈钢的种类很多，其中含铬18%、镍8%～9%的一系列钢，称为“18-8”钢，如06Cr19Ni10。18-8奥氏体不锈钢具有优良的耐蚀性和良好的热塑性、冷变形能力和可焊性，应用最为广泛。但其不足是长期在水及水蒸气中工作时有晶间腐蚀倾向，并且在氯化物溶液中易发生应力腐蚀开裂。

③ 铬镍钼不锈钢　铬镍钼不锈钢是在18-8型奥氏体不锈钢基础上，通过添加钼、硅等合金元素而发展起来的，如022Cr19Ni5Mo3Si2N。这类钢属于奥氏体-铁素体双相不锈钢，兼有铁素体不锈钢的较高强度、耐氯化物应力腐蚀能力和奥氏体不锈钢的良好韧性和塑性，具有优良的抗应力腐蚀、点腐蚀及晶间腐蚀的性能。

化工设备制造中所用的低碳和超低碳不锈钢，均属于高合金结构钢，大多数是既耐腐蚀又耐高温。此外，除铬不锈钢之外，这些高合金结构钢均具有良好的高温和低温性能。因此，需要在高温或低温工况下使用时，可根据不锈钢相关标准选择必要的耐高温或低温钢材。

8.4　压力容器用钢

压力容器作为过程工业生产的重要设备，虽然在实际生产过程中的安全运行与许多因素有关，但其中材料性能是最重要的因素之一。为了确保压力容器的使用安全，对制造压力容器的材料要求非常严格。

压力容器受压元件用钢，应当是氧气转炉或者电炉冶炼的镇静钢。对标准抗拉强度下限值≥540MPa 的低合金钢钢板和奥氏体-铁素体不锈钢钢板，以及用于设计温度低于－20℃的低温钢板和低温钢锻件，还应当采用炉外精炼工艺。

用于焊接的碳素钢和低合金钢其成分应满足 $w_C \leqslant 0.25\%$、$w_P \leqslant 0.035\%$、$w_S \leqslant 0.035\%$。压力容器专用碳素钢和低合金钢：$w_P \leqslant 0.030\%$、$w_S \leqslant 0.020\%$；标准抗拉强度下限值≥540MPa 的钢：$w_P \leqslant 0.025\%$、$w_S \leqslant 0.015\%$；用于设计温度低于－20℃并且标准抗拉强度下限值＜540MPa 的钢材：$w_P \leqslant 0.025\%$、$w_S \leqslant 0.012\%$；用于设计温度低于－20℃并且标准抗拉强度下限值≥540MPa 的钢材：$w_P \leqslant 0.020\%$、$w_S \leqslant 0.010\%$。

8.4.1 钢板

GB 150 规定，可用于压力容器的钢板有以下几种：

ⅰ. GB 713《锅炉和压力容器用钢板》；

ⅱ. GB 3531《低温压力容器用低合金钢钢板》；

ⅲ. GB 19189《压力容器用调质高强度钢板》；

ⅵ. GB 24511《承压设备用不锈钢钢板及钢带》；

ⅴ. GB/T 3274《碳素结构钢和低合金结构钢热轧厚钢板和钢带》（GB 150.2 附录）中的 Q235B 和 Q235C。Q235B 和 Q235C 钢板的使用条件为：容器设计压力小于 1.6MPa；Q235B 使用温度为 20～300℃，Q235C 使用温度为 0～300℃；用于容器壳体的钢板厚度不大于 16mm；用于其他受压元件的钢板厚度，Q235B 为不大于 30mm，Q235C 为不大于 40mm；不得用于毒性程度为极度或高度危害的介质。

8.4.2 钢管

GB 150 规定，可用于压力容器的钢管有：

ⅰ. GB/T 8163《输送流体用无缝钢管》；

ⅱ. GB 9948《石油裂化用无缝钢管》；

ⅲ. GB 6479《高压化肥设备用无缝钢管》；

ⅳ. GB 5310《高压锅炉用无缝钢管》；

ⅴ. GB 13296《锅炉、热交换器用不锈钢无缝钢管》；

ⅵ. GB/T 14976《流体输送用不锈钢无缝钢管》；

ⅶ. GB/T 21833《奥氏体-铁素体型双相不锈钢无缝钢管》；

ⅷ. GB/T 12771《流体输送用不锈钢焊接钢管》；

ⅸ. GB/T 24593《锅炉和热交换器用奥氏体不锈钢焊接钢管》；

ⅹ. GB/T 21832《奥氏体-铁素体型双相不锈钢焊接钢管》。

8.4.3 锻件

GB 150 规定，可用于压力容器的锻件有：

ⅰ. NB/T 47008《承压设备用碳素钢和合金钢锻件》；

ⅱ. NB/T 47009《低温承压设备用低合金钢锻件》；

ⅲ. NB/T 47010《承压设备用不锈钢和耐热钢锻件》。

8.5 铸　　铁

工业上常用的铸铁为含碳量约2%～4.5%的铁碳合金，另外，还含有硫、磷和锰、硅等杂质。铸铁是一种脆性材料，抗拉强度、塑性、韧性等力学性能均较低，但是有优良的铸造性、减振性、耐磨性和切削加工性。铸铁生产工艺和熔化设备简单，成本低廉，因此在工业中得到普遍应用。

8.5.1 铸铁分类

(1) 灰铸铁

灰铸铁中碳大部分或全部以自由状态的片状石墨形式存在，断口呈暗灰色，故称灰铸铁。灰铸铁是目前应用较为广泛的一类铸铁。灰铸铁的抗压强度较大，但抗拉强度、冲击韧性很低，不适于制造承受弯曲、拉伸、剪切和冲击载荷的零件。灰铸铁的耐磨性、耐蚀性好，同时具有良好的铸造性、减振性，可用来铸造承受压力不高、要求消振和耐磨的零件，如支架、阀体、泵体、机座、管路附件，或受力不大的铸件。

常用灰铸铁牌号有HT100，HT150，HT200，HT250，HT300，HT350等。“HT”表示“灰铁”的汉语拼音字首，数字表示其最低抗拉强度值（MPa）。

(2) 球墨铸铁

在浇铸前往铁水中加入少量球化剂（如Mg，Ca和稀土元素等），形成的球状石墨分布在钢基体中的铸铁材料，称为球墨铸铁。它不但具有灰铸铁的许多优点，同时还具有一些优于灰铸铁或锻钢的特点：屈强比较高；抗拉强度值普遍高于灰铸铁；疲劳强度比灰铸铁大，与中碳钢接近；比灰铸铁有更好的热处理工艺性，钢的各种热处理，球墨铸铁大部分都能进行。因此，它是目前最好的铸铁，其综合力学性能接近于钢，但价格低于钢。过去用碳钢和合金钢制造的重要零件，如曲轴、连杆、主轴、中压阀门等，目前不少改用球墨铸铁制造。

球墨铸铁的牌号由“QT”加两组数字组成，如QT 400-17、QT 700-02等。QT为“球铁”的汉语拼音字首，第一组数字表示最低抗拉强度（MPa），第二组数字表示最低延伸率。

(3) 可锻铸铁

可锻铸铁是白口铁在固态下经长时间石墨化退火而得到的具有团絮状石墨的一种铸铁。与灰铸铁相比，它具有较好的塑性和韧性，又比钢具有更好的铸造性能，常用于截面较薄而形状复杂的轮壳、管接头等。这里“可锻”并非指可以锻造。根据组织成分和性能，可锻铸铁分为具有一定韧性和较高强度的黑心可锻铸铁，强度较高、耐磨性好的珠光体可锻铸铁以及韧性和加工性能均较好的白心可锻铸铁。

可锻铸铁的牌号以种类代号（KTH、KTZ和KTB）加两组数字表示，KT、H、Z和B别为“可铁”、“黑”、“珠”和“白”的汉语拼音字首，第一组数字表示其最低抗拉强度值（MPa），第二组数字表示延伸率。例如，KTH350-10表示最低抗拉强度为350MPa、延伸率为10%的黑心可锻铸铁。

(4) 耐蚀、耐热、耐磨铸铁

在铸铁中加入适量的合金元素就形成了具有耐蚀、耐热、耐磨性能的铸铁。在铸铁中加入硅、铬、铝等合金元素，使表面形成连续而致密的氧化保护膜，从而提高铸铁的耐蚀性，这种铸铁称为耐蚀铸铁，如耐蚀灰铸铁HTS Ni2Cr。在铸铁中加入硅、铝、铬等合金元素，使表面形成致密的氧化膜保护内层不被氧化，或提高铸铁的相变点，从而提高铸铁的耐热性，这种铸铁称为耐热铸铁，如耐热球墨铸铁 QTR Si5。在铸铁中加入磷、铬、铜和钼等合金元素，从而提高铸铁的耐磨性，这种铸铁称为耐磨铸铁，如耐磨灰铸铁 HTM Cu1CrMo。

8.5.2 压力容器用铸铁

铸铁不得用于盛装毒性程度为极度、高度或者中度危害介质，以及设计压力大于或者等于 0.15MPa 的易爆介质压力容器的受压元件，也不得用于管壳式余热锅炉的受压元件。除上述压力容器之外，允许选用以下铸铁材料：灰铸铁 HT 200、HT 250、HT 300 和 HT 350；球墨铸铁 QT 400-18R 和 QT 400-18L。

灰铸铁设计压力不大于 0.8MPa，设计温度范围为 10～200℃。球墨铸铁设计压力不大于 1.6MPa，QT 400-18R 的设计温度范围为 0～300℃，QT 400-18L 的设计温度范围为 −10～300℃。

8.6 有色金属

工业生产中，通常把铁基金属材料称为黑色金属，如钢和铸铁。把非铁金属及其合金称为有色金属。与黑色金属相比，有色金属的产量及使用都较少，价格也贵。但由于它们具有某些特殊的性能，例如良好的导电性、导热性、密度小、熔点高、低温韧性，在空气、海水以及一些酸、碱介质中耐腐蚀，以及良好的工艺性和一定的力学性能等，因此是现代工业生产中不可缺少的材料，许多化工设备及其零部件经常采用有色金属及其合金。

8.6.1 铝及铝合金

铝是一种银白色金属，密度小（$2700kg/m^3$），约为铁的三分之一，属于轻金属。铝的导电性、导热性能好，仅次于金、银和铜；塑性好、强度低，可进行各种压力加工，并可进行焊接和切削。铝在氧化性介质中易形成 Al_2O_3 保护膜，因此在干燥或潮湿的大气中，在氧化剂的盐溶液中，在浓硝酸以及干氯化氢、氨气中，都是耐腐蚀的。但含有卤素离子的盐类、氢氟酸以及碱溶液都会破坏铝表面的氧化膜，所以铝不宜在这些介质中使用。

铝及铝合金的牌号有两种表示方法，即国际四位数字体系牌号和 GB/T 16474《变形铝及铝合金牌号表示方法》中的四位字符体系牌号。四位字符体系牌号有由三个数字和一个大写字母（C、I、L、N、O、P、Q、Z 除外）构成。第一位为数字："1" 为纯铝，铝含量不低于 99.00%；"2～8" 为铝合金。第二位为字母："A" 为原始纯铝或铝合金，"B～Y" 中的任意一个表示改型铝或铝合金。第三、四位为数字：对于纯铝表示最低铝百分含量，当其精确到 0.01%时，这两位数字就是百分含量中小数点后面的两位；对于铝合金则没有特殊的意义，仅用来区分同一组中不同的铝合金。

按主要性能特点，变形铝及铝合金分为工业纯铝、防锈铝、硬铝、超硬铝和锻铝等几类。用于化工设备的主要是工业纯铝、防锈铝。

8.6.2 铜及铜合金

铜属于半贵重金属，密度为 $8940kg/m^3$，铜及其合金具有高的导电性和导热性，较好的塑性、韧性及低温力学性能，在许多介质中具有很好的耐蚀性。

纯铜呈紫红色，又称紫铜。纯铜有良好的导电、导热和耐蚀性，同时具有良好的塑性，并且在低温时可保持较高的塑性和冲击韧性，用于制作深冷设备和高压设备的垫片。

铜耐稀硫酸、亚硫酸、稀的和中等浓度的盐酸、乙酸、氢氟酸及其他非氧化性酸等介质的腐蚀，对淡水、大气、碱类溶液的耐蚀能力很好。铜不耐各种浓度的硝酸、氨和铵盐溶液。在氨和铵盐溶液中，会形成可溶性的铜氨离子 $[Cu(NH_4)_2]^{2+}$，故不耐腐蚀。所以在氨生产中使用的仪表、泵、阀门等均不能用铜制造。

工业纯铜的牌号用其汉语拼音首位字母“T”（无氧同为“TU”）结合顺序号表示，纯度随顺序号增加而降低，如 T2，表示杂质含量≤0.1%的工业纯铜。

由于纯铜强度低等原因，在化工设备制造中应用较多的是铜的合金——黄铜、白铜和青铜，尤其青铜是经常选用的耐蚀结构材料。

铜与锌的合金称为黄铜。它的铸造性能良好，力学性能比纯铜高，耐蚀性能与纯铜相似，在大气中耐腐蚀性比纯铜好，价格也便宜。常用的黄铜牌号有 H80、H68、H62 等，其中 H 为黄的汉语拼音字首，两位数字表示合金内铜平均含量的百分数。为了改善普通黄铜的性能，在铜锌合金中再加入铝、铅、锰、锡等元素，这类黄铜称为特殊黄铜。

镍的质量分数低于 50%的铜镍合金称为简单（普通）白铜。再加入锰、铁、锌或铝等元素的白铜称为复杂（特殊）白铜。白铜是工业铜合金中耐腐蚀性能最优者，抗冲击腐蚀、应力腐蚀性能亦良好，是海水冷凝管的理想材料。白铜的牌号与黄铜类似，字首为“B”，后面跟主添元素符号，如 BFe30-1-1 就是含 30%Ni、1%Fe、1%Mn 的铁白铜。在众多的白铜中，化工生产使用较多的是 B30、BFe30-1-1 和 BFe10-1-1，它们主要用作冷凝器、热交换器的传热管及各种耐蚀零件。

除黄铜、白铜外，其余的铜合金均称为青铜。根据添加元素不同，有多种青铜。铜与锡的合金称为锡青铜，它是最古老且应用较广的青铜；铜与铝、硅、铅、铍、锰等组成的合金称无锡青铜。

锡青铜的力学性能主要取决于含锡量的多少。当含锡量小于 6%时，锡青铜具有较好的塑性；含锡量大于 6%时塑性急剧下降，但强度提高；当含锡量大于 25%后强度也迅速下降。含锡量小于 10%的锡青铜常采用压力加工方式成型，称为加工锡青铜，如锡青铜 QSn4-3，表示含锡量 4%、含锌量 3%的锡青铜。含锡量大于 10%的锡青铜常用铸造方式形成零件或毛坯，故称为铸造锡青铜，这种锡青铜应用更多。典型牌号锡青铜 ZQSn10-1，具有较高的强度和硬度，能承受冲击载荷，耐磨性很好，具有优良的铸造性，在许多介质中比纯铜耐腐蚀。锡青铜主要用来铸造耐腐蚀和耐磨零件，如泵壳、阀门、轴承、蜗轮、齿轮、旋塞等。

无锡青铜（如铝青铜）的力学性能比黄铜、锡青铜好。其具有耐磨、耐蚀特点，无铁磁性，冲击时不生成火花，主要用于加工成板材、带材、棒材和线材。

8.6.3 钛及钛合金

钛的密度小（4510kg/m³）、熔点高（1668℃），不但具有比强度（抗拉强度与材料密度之比）高、耐热性好和优异的耐蚀性能，而且还具有良好的力学性能和较好的加工工艺性能。因此，它在现代工业中占有极其重要的地位。钛及其合金在航空、航天、化工、石油、制盐、造纸、电镀、食品、动力、医药和环保等多个行业中得到广泛应用，但其加工条件严格，成本较高。

由于钛在许多介质中其表面能形成钝化膜，因而具有极好的耐蚀性：在湿气和海水中具有优良的耐蚀性；钛在氧化性酸（如硝酸、铬酸）中的耐蚀性也很好，但在还原性酸（如盐酸、氢氟酸等）中腐蚀则比较严重；钛对大多数碱溶液都具有良好的耐蚀性能，但在沸腾的

pH>12碱溶液中，钛吸收氢可能导致氢脆；钛在大多数盐溶液中，即使在高温和高浓度时也很耐蚀；钛在有机化合物中也显示很强的耐蚀性。所以，钛是非常重要的耐蚀材料。

根据使用要求发展了多种系列的钛合金，如强度钛合金、耐蚀钛合金、功能钛合金等，但在化工设备制造中常用的是工业纯钛和耐蚀钛合金。工业纯钛按其杂质含量不同可分为三个等级，牌号分别用TA1、TA2、TA3表示，其纯度随序号增大依次降低。耐蚀钛合金主要有钛钯合金、钛镍钼合金和钛钼合金三类，典型牌号有Ti-0.2Pd、Ti-0.8Ni-0.3Mo、Ti-32Mo等。主要用于各种强腐蚀环境的换热设备、釜式反应设备、分离设备、泵、阀、管道、管件等。

8.6.4 镍及镍合金

镍具有高强度、高塑性和冷韧的性能，能压延成很薄的板和拉成细丝。它在许多介质中有很好的耐蚀性。在各种温度、任意浓度的碱溶液和各种熔碱中，镍具有特别高的耐蚀性。无论在干燥或潮湿的大气中，镍总是稳定的。氨气和氨的稀溶液对镍也没有作用。镍在氯化物、硫酸盐、硝酸盐的溶液、大多数有机酸，以及燃料、皂液、糖等介质中也相当稳定。但是镍在含硫气体、浓氨水和强烈充气氨溶液、含氧酸和盐酸等介质中，耐蚀性很差。

镍很稀贵，在化工上主要用于制造碱性介质设备（如苛性碱的蒸发设备），以及铁离子在反应过程中会发生催化影响而不能采用不锈钢的那些过程设备（如有机合成设备等）。镍的牌号用字母N加顺序号表示，如N4。

镍合金主要有镍铜合金、镍铬合金、镍钼合金、镍铬钼合金和铁镍基合金五类。镍合金的牌号用字母N加第一个主添加元素符号及除基元素镍外的成分数字表示。在过程装备制造中应用较多的是镍铜合金，其中牌号为NCu28-2.5-1.5的合金是用量最大、用途最广和综合力学性能最佳的耐蚀镍铜合金，也称为蒙乃尔合金。蒙乃尔合金在750℃以下的大气中是稳定的，在500℃时还保持足够的强度，在熔融的碱中，在碱、盐、有机物质的水溶液中，以及在非氧化性酸中也是稳定的。高温高浓度的纯磷酸和氢氟酸，对这种合金也不腐蚀。但有硫化物和氧化剂存在时，它不稳定。蒙乃尔合金主要用于在高温载荷下工作的耐蚀零件和设备。

8.6.5 铅及铅合金

铅的强度低（只有钢的二十分之一）、硬度低、密度（11350kg/m^3）大、再结晶温度低、熔点低、导热性差，在硫酸、大气（特别是有二氧化硫、硫化氢的气体）中有很好的耐蚀性，在生产上多用于处理硫酸的设备上。铅有毒，而且价格高，所以多被其他非金属材料代替。

纯铅的牌号用铅的化学元素符号Pb加顺序号表示。由于铅不耐磨，非常软，不宜单独制作化工设备，只能作衬里。铅耐硫酸、亚硫酸、浓度小于85%的硫酸、铬酸、氢氟酸等介质腐蚀，不耐甲酸（俗称蚁酸）、醋酸、硝酸和碱溶液的腐蚀。Pb4常用于衬里，Pb6用于管接头。

铅与锑的合金称为硬铅，它的硬度、强度都比纯铅高，在硫酸中的稳定性也比纯铅好。硬铅的主要牌号有PbSb4、PbSb6、PbSb8和PbSb10。

8.7　非金属材料

除金属以外的所有工程材料，通称非金属材料。它具有优良的耐腐蚀性，原料来源丰富、品种多样、造价便宜。非金属材料既可以用作过程装备的结构材料，又能作金属设备的保护衬里、涂层，还可做设备的密封材料、保温材料和耐火材料。

非金属材料分为无机非金属材料、有机非金属材料和复合材料。

8.7.1　有机非金属材料

8.7.1.1　聚乙烯塑料（PE）

聚乙烯是由乙烯聚合制得的热塑性树脂，有优良的电绝缘性、防水性和化学稳定性。在室温下，除硝酸外，对各种酸、碱、盐溶液均稳定，对氢氟酸特别稳定。高密度聚乙烯又称低压聚乙烯，可做防腐蚀管道、管件、阀门、泵等，也可以做化工设备的涂层衬里，以代替铜和不锈钢。聚乙烯无毒无味，可制作食品包装袋、奶瓶、食品容器等。

8.7.1.2　聚氯乙烯塑料（PVC）

聚氯乙烯塑料具有良好的耐腐蚀性能，除强氧化性酸（浓硫酸、发烟硫酸）、芳香族及含氟的碳氢化合物和有机溶剂外，对一般的酸、碱介质都是稳定的。聚氯乙烯塑料适宜的加工温度为150～180℃，使用温度为－15～55℃，按加入的增塑剂数量的不同分为软质聚氯乙烯和硬质聚氯乙烯。前者有管、棒、耐寒管、耐酸碱软管、薄板、薄膜以及承受高压的织物增强塑料软管等。后者的突出优点是耐化学腐蚀、不燃烧、成本低、易于加工。

聚氯乙烯广泛地用于制造各种化工设备，如塔、储罐、容器、尾气烟囱、离心泵、通风机、管道、管件、阀门等。目前许多工厂成功地用硬聚氯乙烯来代替不锈钢、铜、铝、铅等金属材料作耐腐蚀设备与零件，所以它是一种很有发展前途的耐腐蚀材料。

8.7.1.3　耐酸酚醛塑料（PF）

耐酸酚醛塑料是以酚醛树脂为基本成分，以耐酸材料（石棉、石墨、玻璃纤维等）做填料制成的一种热固性塑料。具有良好的耐蚀性和耐热性，能耐多种酸、盐和有机溶剂的腐蚀。

耐酸酚醛塑料可做成管道、阀门、泵、塔节、容器、储罐、搅拌器等，也可用作设备衬里，目前在氯碱、染料、农药等工业中应用较多。其使用温度为－30～130℃。这种塑料性质较脆、冲击韧性较低。

8.7.1.4　聚四氟乙烯塑料（PTFE）

聚四氟乙烯具有优异的耐化学腐蚀性，不受任何化学试剂的侵蚀，即使在高温及强酸、强碱、强氧化剂中也不受腐蚀，故有“塑料之王”之称。同时具有突出的耐高温和耐低温性能，在－195～250℃范围内长期使用，其力学性能几乎不发生变化。

聚四氟乙烯在工业上常用来制作耐腐蚀、耐高温的密封元件及高温管道。由于聚四氟乙烯具有良好的自润滑性，还可以制作无油润滑压缩机的活塞环。

8.7.1.5　聚丙烯塑料（PP）

聚丙烯由丙烯单体聚合而成，具有良好的耐热性能，无外力作用时，加热到150℃也不变形，是常用塑料中唯一能经受高温消毒（130℃）的品种。其力学性能优于高密度聚乙烯，并有突出的刚性和优良的电绝缘性能、优良的化学稳定性（对浓硫酸、浓硝酸除外）。主要缺点是黏合性、染色性较差，低温易脆化，易受热、光作用变质，易燃，收缩大。常用作法兰、接头、泵叶轮、取暖及通风系统的各种结构件。因聚丙烯无毒，可用作药品、食品的包装。

8.7.2 无机非金属材料

8.7.2.1 化工陶瓷

化工陶瓷是以黏土为主要原料，按比例加入长石、石英等，用水混合，经过成型、干燥和高温焙烧，形成表面光滑、断面像细密石质的材料。化工陶瓷具有良好的耐腐蚀性，除氢氟酸、氟硅酸及热或浓碱液外，几乎能耐包括硝酸、硫酸、盐酸、王水、盐溶液、有机溶剂等介质的腐蚀，具有足够的不透性、耐热性和一定的机械强度。在过程装备中，化工陶瓷设备和管道的应用越来越多。化工陶瓷主要用于制造接触强腐蚀介质的塔、储槽、容器、反应器、搅拌器、过滤器、泵、风机、阀门、旋塞和管道、管件等。

化工陶瓷最大的缺点是抗拉强度低、脆性大、导热系数小、热膨胀系数大，受碰击或温差急变而易破裂。因此，化工陶瓷不宜制作应力高、温度波动大、尺寸太大的设备。

8.7.2.2 化工搪瓷

化工搪瓷是由含硅量高的瓷釉通过高温煅烧，使瓷釉密着于金属胎表面而制成的。它具有优良的耐蚀性、较好的耐磨性和电绝缘性。搪瓷表面十分光滑，能隔离金属离子，因此搪瓷设备广泛地应用于耐腐蚀、不挂料以及产品纯度要求较高的场合。搪瓷的热膨胀系数小，体膨胀系数较大，不能用直接火加热；受机械碰撞易碎，骤冷骤热会炸裂；在缓慢加热或冷却条件下，使用温度为－30～270℃。化工搪瓷能耐大多数无机及有机酸、有机溶剂等介质的腐蚀，尤其在盐酸、硝酸、王水等介质中有优良的耐蚀性，但不能用于氢氟酸（包括其他含氟离子的介质）、温度高于180℃的磷酸、150℃以上的盐酸以及温度高于100℃的碱液等介质中。

8.7.2.3 不透性石墨

石墨具有特别高的化学稳定性及良好的导电、导热性。石墨是用焦炭粉和石墨粉作基料，用沥青作黏结剂，经模压成型在高温下烧结而成的。但在制造过程中，由于高温烧结而逸出挥发物，造成石墨中有很多微孔，影响它的机械强度和加工性能，直接应用会出现介质的渗透性泄漏。因此，用于制造过程装备的石墨，常用浸渍处理以获得不透性石墨，并提高其强度。浸渍剂的性质决定了浸渍石墨的化学稳定性、热稳定性、机械强度和应用温度范围。目前常用的浸渍剂有合成树脂和金属两大类。当使用温度低于170℃时，可选用浸合成树脂的石墨；当使用温度大于170℃时，应选用浸金属的石墨，浸锑石墨是高温介质环境中常选用的一种浸金属石墨。

不透性石墨的导热性比碳钢大两倍半，比不锈钢大五倍，热膨胀系数小，耐温急变性好，易切削加工，多用来制造换热器。不透性石墨的抗压强度比抗拉、抗弯强度高几倍，使用时宜使之受压，应避免受拉应力和弯曲应力。因此在机械密封中，浸树脂石墨密封环最为常用。

8.7.3 复合材料

复合材料由两种或两种以上化学性质或组织结构不同的材料组合而成。复合材料一般由高强度、高模量的增强体和强度低、韧性好、低模量的基体组成。增强体主要起承受载荷作用，基体则起到黏结增强体，并把外载荷传递到增强体上的作用。复合材料的基体材料常用树脂、橡胶、金属陶瓷等；增强体材料常用玻璃纤维、碳纤维等物。化工生产中常用的复合材料是玻璃钢。

玻璃钢，即玻璃纤维-树脂基复合材料，以合成树脂为黏结剂，玻璃纤维为增强材料，按一定成型方法，在一定温度及应力下使树脂固化而制成的复合材料。因其比强度高，可以和钢铁相比，故又称玻璃钢。玻璃钢根据所用的树脂不同而差异很大。目前应用在化工防腐方面的有环氧玻璃钢（成本低）、酚醛玻璃钢（耐酸性好）、呋喃玻璃钢（耐酸、碱腐蚀性好）和聚酯玻璃钢（施工方便）等。

由于玻璃钢具有优良的耐腐蚀性能、强度高和良好的工艺性能，在化工生产中可做容器、储罐、塔、鼓风机、槽车、搅拌器、泵、管道、阀门等，应用越来越广泛。

习题

8-1　化工容器及设备用钢的基本要求是什么？

8-2　材料的强度由哪些指标来衡量？

8-3　衡量材料韧性的指标有哪些？

8-4　材料力学性能随温度的变化规律是什么？高温、低温下材料的什么性能指标是关键性指标？

8-5　材料的主要工艺性能有哪些？

8-6　碳钢和合金钢的区别是什么？说明其主要性能特点和使用场合。

8-7　有色金属及其合金的主要性能特点是什么？各使用在什么场合？

8-8　化工生产中常用的铸铁有哪些？

8-9　化工生产中常用的有机非金属材料有哪些？

8-10　化工生产中常用的无机非金属材料有哪些？

8-11　写出几种压力容器用钢的牌号，并说明其属于哪类钢，牌号所表示的意义是什么。

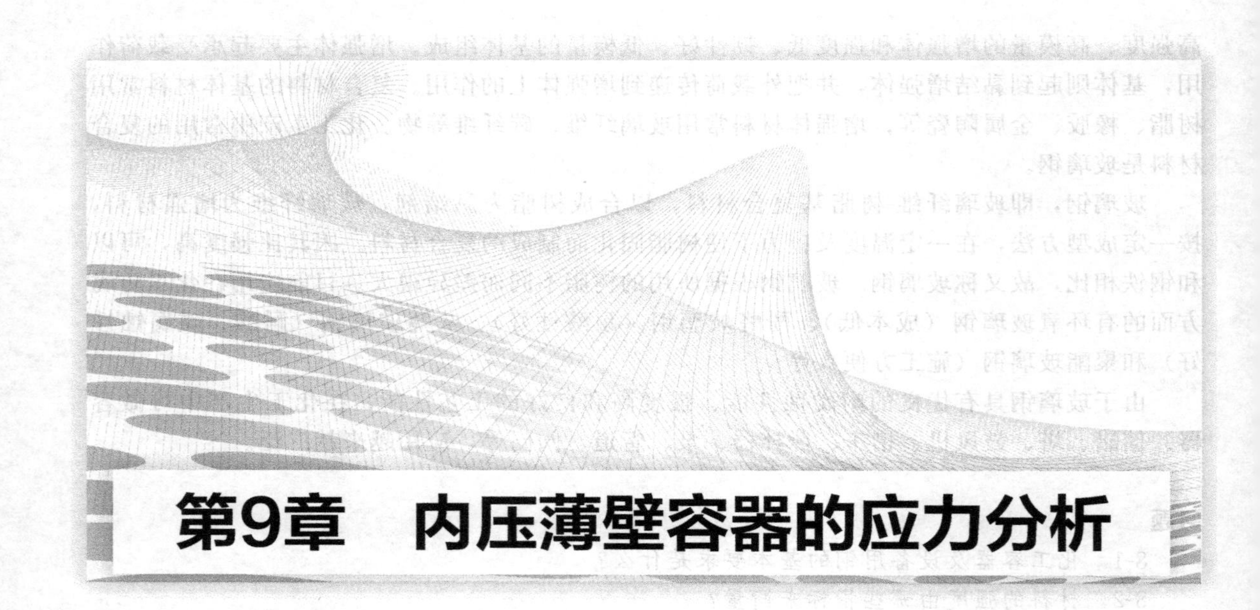

第9章　内压薄壁容器的应力分析

压力容器通常由板、壳通过焊接的方法组合而成，常见的壳体结构有圆筒形壳体、球形壳体、锥形壳体、椭球形壳体等，这些壳体均为回转壳体。壳体是一种以两个曲面为界，且曲面之间的距离远比其他两个方向尺寸小的构件。两曲面之间的距离即壳体的厚度。平分壳体厚度的曲面称为中间面。按照壳体厚度 δ 与其中间面曲率半径 R 比值的大小，分为薄壁壳（$\delta/R \leqslant 0.1$）和厚壁壳（$\delta/R > 0.1$）。本章研究回转薄壳在外载荷作用下的应力变化规律。

9.1　回转薄壳的薄膜应力分析

9.1.1　回转壳体的几何特性

回转壳的中间面是由一条平面曲线绕其平面内的一根定轴旋转而成，该曲线称为母线。如图 9-1（a）所示的回转壳体中间面，是由平面曲线 OB 绕轴线 z 轴旋转而得，OB 即是母线。

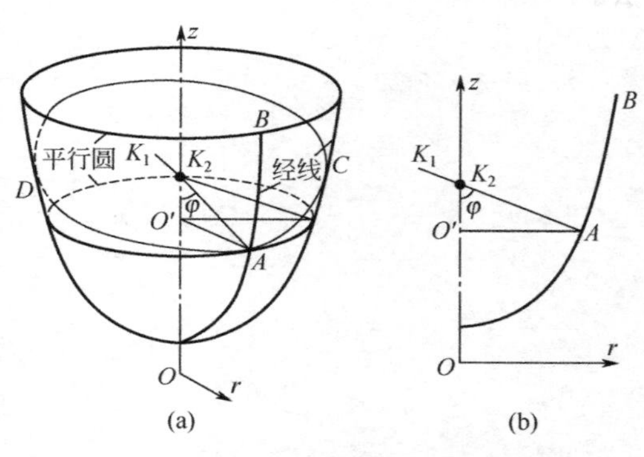

图 9-1　回转壳体中间面的几何参数

通过回转轴的平面称为经线平面，经线平面与中间面的交线称为经线，如图中 OB。显然母线和经线形状一样。垂直于回转轴的平面与中间面的交线是一个圆，称为平行圆。该圆的半径称为平行圆半径，用 r 表示。经线上任一点 A 的曲率半径，称为第一曲率半径，用 R_1表示，即图中的线段 K_1A（K_1点为曲率中心）。过点 A 用与经线垂直的平面切割中间面也形成一条曲线，该曲线在 A 点的曲率半径称为第二曲率半径，用 R_2表示，它等于该点法线上由中间面到旋转轴的距离，即图中的线段 K_2A。以第二曲率半径 R_2为母线形成的锥面截壳体形成的截面称为锥截面。锥截面和壳体截交得到壳体厚度。

由高等数学知识可知，如果已知经线方程 $y=y(x)$，则经线上任一点的第一曲率半径可用下式求得

$$R_1=\frac{[1+(\mathrm{d}y/\mathrm{d}x)^2]^{3/2}}{|\mathrm{d}^2y/\mathrm{d}x^2|} \tag{9-1}$$

平行圆半径 r 与第二曲率半径 R_2 的关系为

$$r=R_2\sin\varphi \tag{9-2}$$

回转壳的几何形状是绕回转轴对称的。通常它受的载荷也是轴对称的。所谓轴对称载荷就是指壳体任一截面上载荷对称于回转轴，但沿轴线方向的载荷可以按照任意规律变化，例如均匀的气体压力或液体静压力等。如果支承容器的边界也是对称于轴线，则壳体因外载荷而引起的内力和变形也必定轴对称。分析这种壳体的应力和变形问题，称为回转壳体的轴对称问题。轴对称问题中，壳体内产生的应力在同一平行圆上无变化，但沿经线一般是变化的。

9.1.2　回转薄壳的无力矩与有力矩概念

为分析薄壁壳体中一点的应力状态，通常在壳体中截取一微元六面体，该六面体由壳体的内壁面和外壁面、两个夹角很小的经线平面、两个距离很近的锥截面截壳体得到，如图 9-2 中的 $abcd$（为简单起见，图中只画出壳体的中间面，没有画出壳体厚度）。ab 和 cd 为经向截面，bc 和 ad 为锥截面。六个面上的作用力如图 9-2（b）所示。一般情况下，经向截面两侧材料在经向和壳体法线方向，锥截面两侧材料在周向，都不会存在相对错动的剪切变形，因而在经向截面和锥截面上的周向都不存在剪力。弯矩 M_θ、M_φ 是由于周向和经向的曲率变化引起的，横剪力 Q_φ 则是由于锥截面两侧材料在沿壳体法线方向可能存在的剪切变形引起的。N_θ、N_φ 是由于壳体中间面的拉伸或压缩变形而产生的，称为薄膜内力。

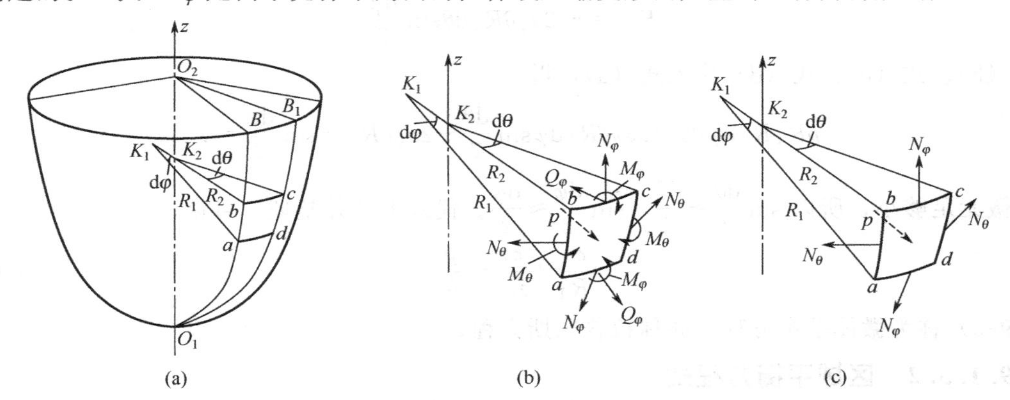

图 9-2　回转壳体微元体及其作用的内力

在壳体理论中，如果全部考虑上述内力，称为“有力矩理论”，或“弯曲理论”。但是，在一般只承受气体压力或液体静压力的情况下，在容器壳体的大部分区域，其弯矩和横剪力与薄膜内力相比是很小的。如果略去不计，将使壳体的应力分析大大简化且不引起大的误差。此时壳体的应力状态仅由薄膜内力 N_θ、N_φ 确定，称为“无矩应力状态”，如图 9-2（c）所示。基于这一近似假设求解薄膜内力的理论，称为“无力矩理论”。壳体处于“无矩应力状态”时，类似于薄膜（如气球承受内部压力）仅靠张力承压，故又称之为“薄膜理论”。薄壁容器壳体的应力分析和强度计算都是以无力矩理论为基础的。

9.1.3 回转薄壳的薄膜应力分析

9.1.3.1 微体平衡方程式

现在分析作用在图 9-2（c）中壳体微元 $abcd$ 的受力。ab 和 cd 面上作用内力 N_θ，产生应力 σ_θ，bc 和 ad 面上作用内力 N_φ，产生应力 σ_φ，壳体内壁面上作用介质压力 p。由于是轴对称微体，假定 ab 和 cd 面上的应力 σ_θ 相等；由于所取的微元足够小，假定 bc 和 ad 面上 σ_φ 相等，且作用在每个面上的应力均匀分布。从图 9-3 可知，ab 和 cd 的长度为 $R_1\mathrm{d}\varphi$，bc 和 ad 的长度为 $R_2\mathrm{d}\theta$，微元面积为 $R_1R_2\mathrm{d}\varphi\mathrm{d}\theta$。

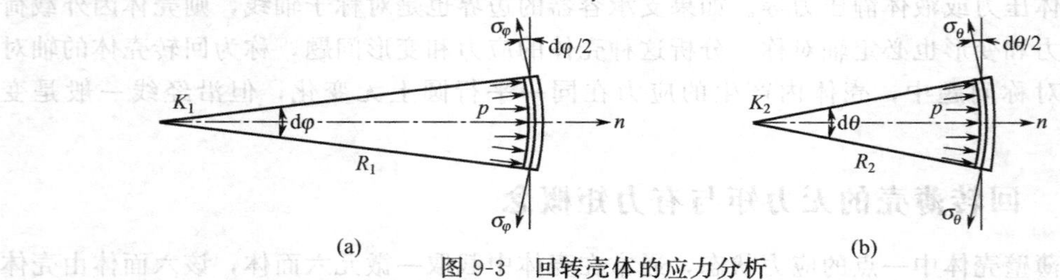

图 9-3 回转壳体的应力分析

若 p、σ_θ、σ_φ 的合力在法线方向的合力分别用 P_n、$F_{\theta n}$、$F_{\varphi n}$ 表示，则

$$P_n+F_{\theta n}+F_{\varphi n}=0 \tag{a}$$

由图 9-3，假设壳体的壁厚为 δ，有

$$P_n=pR_1R_2\mathrm{d}\varphi\mathrm{d}\theta \tag{b}$$

$$F_{\theta n}=-2\sigma_\theta\delta R_1\mathrm{d}\varphi\sin\frac{\mathrm{d}\theta}{2} \tag{c}$$

$$F_{\varphi n}=-2\sigma_\varphi\delta R_2\mathrm{d}\theta\sin\frac{\mathrm{d}\varphi}{2} \tag{d}$$

将式（b）、式（c）、式（d）代入式（a），得

$$pR_1R_2\mathrm{d}\varphi\mathrm{d}\theta-2\sigma_\theta\delta R_1\mathrm{d}\varphi\sin\frac{\mathrm{d}\theta}{2}-2\sigma_\varphi\delta R_2\mathrm{d}\theta\sin\frac{\mathrm{d}\varphi}{2}=0$$

由于微元足够小，所以 $\sin\frac{\mathrm{d}\theta}{2}\approx\frac{\mathrm{d}\theta}{2}$，$\sin\frac{\mathrm{d}\varphi}{2}\approx\frac{\mathrm{d}\varphi}{2}$。代入上式并整理，可得

$$\frac{\sigma_\varphi}{R_1}+\frac{\sigma_\theta}{R_2}=\frac{p}{\delta} \tag{9-3}$$

式（9-3）称为微体平衡方程，亦称拉普拉斯方程。

9.1.3.2 区域平衡方程式

微体平衡方程式有两个未知量，必须再补充一个方程，才能求出壳体上的应力。补充方程取部分容器的静力平衡条件求得。

用一个经过经线上 K 点，垂直于中间面的圆锥面切割承受内压 p 的回转壳体，取下部截体为分离体，如图 9-4 所示。K 点的第二曲率半径为 R_2，平行圆半径为 r_K。圆锥面和壳体的切面即为锥截面，其上作用有经向应力 σ_φ，在整个锥截面上相等且分布均匀。

作用于分离体上的介质压力 p 的合力在轴线 z 方向上的分量用 P_z 表示，经向应力 σ_φ 的合力在轴线 z 方向分量用 $F_{\varphi z}$ 表示，根据轴线方向上力的平衡条件，可得

$$P_z+F_{\varphi z}=0 \tag{e}$$

由图 9-4，假设壳体的壁厚为 δ，得

$$F_{\varphi z}=2\pi r_K\delta\sigma_\varphi\sin\varphi \tag{f}$$

为求 P_z，在分离体上平行圆半径为 r 处取一宽度为 dl 的环带，在环带上压力 p 的合力在轴线方向的分量为 $-2\pi r dl p\cos\varphi$。由图 9-4 知，$dr=dl\cos\varphi$，所以 $-2\pi r dl p\cos\varphi=-2\pi r p dr$，在整个分离体上，压力 p 的合力在轴线方向的分量为 $P_z=-\int_0^{r_K}2\pi r p dr$。所以

$$2\pi r_K\delta\sigma_\varphi\sin\varphi=\int_0^{r_K}2\pi r p dr \tag{g}$$

若 p 与 r 无关，则 $P_z=-p\pi r_K^2$ (h)

该式表明，压力作用在壳体上的合力在某个方向上的分量，等于压力乘以所取壳体区域在同一方向的正投影面积。

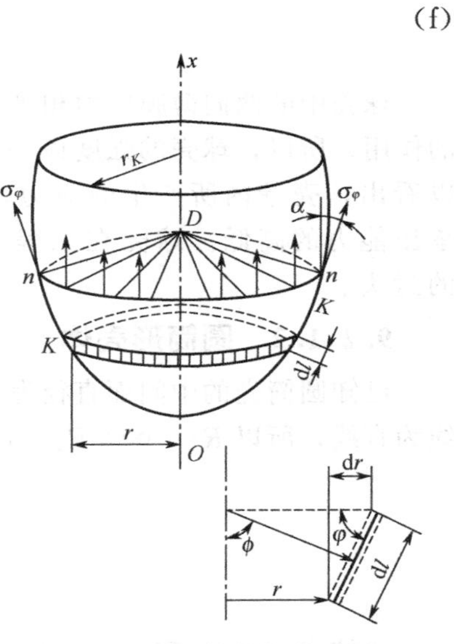

图 9-4　截体静力平衡

将式 (f)、式 (h) 代入式 (e)，得

$$2\pi r_K\delta\sigma_\varphi\sin\varphi-p\pi r_K^2=0$$

即

$$\sigma_\varphi=\frac{pr_K}{2\delta\sin\varphi}=\frac{pR_2}{2\delta} \tag{9-4}$$

式 (9-4) 是回转壳体在承受气体介质压力时的经向应力计算公式。由于该式是根据部分截体的静力平衡关系得到的，所以称之为区域平衡方程式。

由微体平衡方程式和区域平衡方程式可知，只要回转壳体任一点的第一曲率半径 R_1、第二曲率半径 R_2 以及壳体壁厚 δ 为已知，则该点由介质压力 p 产生的经向应力 σ_φ 和周向应力 σ_θ 就不难求得。这两个应力方程式的导出都是以应力沿壁厚均匀分布为前提，而这种情况只有在壳壁较薄以及离两个不同形状的壳体连接处稍远处才是正确的。如前所述，这种应力状况与承受内压的薄膜非常相似，故而得名“薄膜应力理论”。因此，区域平衡方程式和微体平衡方程式就是薄膜应力理论的基本方程式，由这两个方程式求出的应力，习惯上称为薄膜应力。

薄膜应力理论是在进行一些简化后得到的，但在工程使用中其精度还是足够的。这里再对薄膜应力理论的使用条件进行总结。

ⅰ. 是回转壳体，而且回转壳体曲面在几何上是对称的，壳壁厚度无突变；曲率半径是连续变化的；材料的物理性能（主要是 E、μ）应当是相同的。

ⅱ. 载荷在壳体曲面上的分布是轴对称和连续的。因此壳体上任何有集中力作用处或壳体边缘处存在着边缘力和边缘力矩时，都将不可避免地有弯曲变形发生，不再保持无力矩状态，薄膜应力理论在这些地方不再适用。

因此，壳体几何形状及载荷分布的对称性和连续性，是薄膜应力理论的应用条件。

9.2　回转薄壳的薄膜应力计算

9.2.1　承受气体压力的壳体

9.2.1.1　球形壳体

已知球壳的中间面直径为 D，壳体厚度为 δ，承受气体压力 p。由于球壳的几何形状对称于球心，则 $R_1=R_2=D/2$，代入式 (9-3)、式 (9-4)，得

$$\sigma_{\varphi}=\sigma_{\theta}=\frac{pD}{4\delta} \tag{9-5}$$

球壳中的两向薄膜应力相等，即各点具有同样的应力状态，强度相等，充分发挥了材料的作用。所以，球壳的强度最好，从力学上来说是最理想的壳体结构。从式（9-5）中还可以看出，壳壁内所产生的应力，是与壳体的 δ/D 成反比的，δ/D 值的大小体现着壳体承压能力的高低。球壳在工程上用于制作储存容器，即球形储罐，半个球壳用作容器的封头。

9.2.1.2 圆筒形壳体

已知圆筒壳的中间面直径为 D，壳体厚度为 δ，承受气体压力 p。由于圆筒形壳体的经线为直线，所以 $R_1=\infty$，$R_2=D/2$，代入式（9-3）、式（9-4），得

$$\sigma_{\varphi}=\frac{pD}{4\delta} \tag{9-6}$$

$$\sigma_{\theta}=\frac{pD}{2\delta} \tag{9-7}$$

比较式（9-6）和式（9-7），圆筒壳上的周向应力是经向应力的两倍。所以，在容器设计中就应注意：焊接的圆筒形压力容器，其纵向焊接接头的强度应高于环向焊接接头的强度；在圆筒形壳体上要开设椭圆形孔时，应将椭圆孔的短轴放在筒体的轴线方向，以尽量减小纵截面的削弱程度。

9.2.1.3 圆锥形壳体

圆锥形壳体一般用作容器的封头或变径段。如图 9-5 所示的圆锥形壳体，对于壳体上半径为 r 的点 $R_1=\infty$，$R_2=r/\cos\alpha$。代入式（9-3）、式（9-4），得

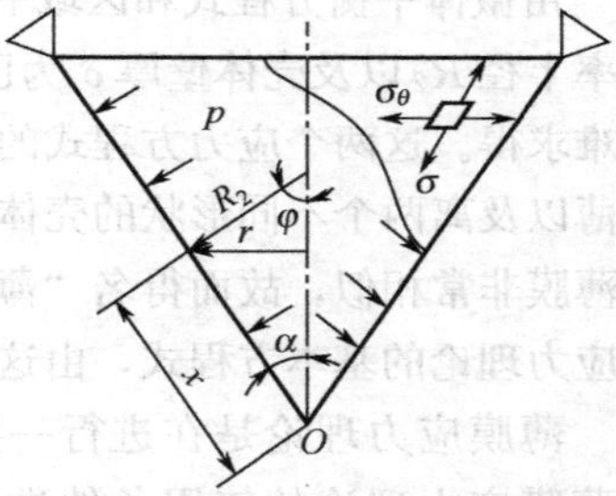

$$\sigma_{\varphi}=\frac{pr}{2\delta\cos\alpha} \tag{9-8}$$

$$\sigma_{\theta}=\frac{pr}{\delta\cos\alpha} \tag{9-9}$$

图 9-5 承受内压的圆锥形壳体

由式（9-8）和式（9-9）可知，圆锥形壳体的周向应力是经向应力的两倍。并且圆锥形壳体的应力，随半锥角 α 的增大而增大。所以在设计制造锥形容器时，α 角要选择合适，不宜太大。同时还可以看出，周向应力和经向应力是随 r 改变的，在圆锥形壳体大端处，应力最大，在锥顶处，应力为零。

9.2.1.4 椭圆形壳体

工程上常见的椭圆形壳体，多为形状为半个椭球壳的容器封头。如图 9-6 所示的椭球壳，经线方程可以写成

$$\frac{x^2}{a^2}+\frac{y^2}{b^2}=1$$

式中 a——椭圆长半轴；

b——椭圆短半轴。

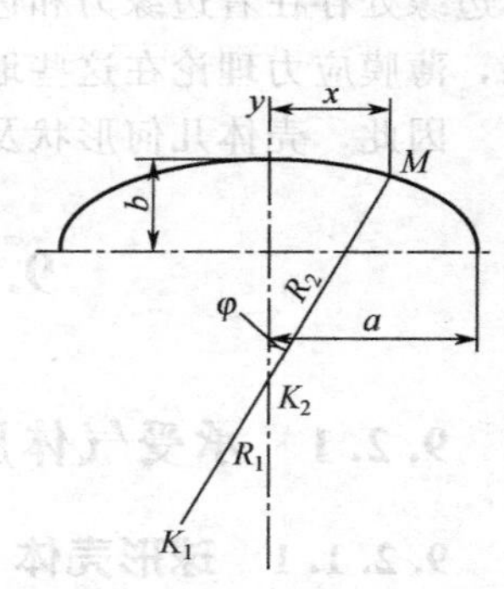

图 9-6 半椭球壳

利用式（9-1）可以求得距离回转轴为 x 的 M 点的第一曲率半径 R_1，由图 9-6 所示的几何关系，可求出 M 点的第二曲率半

径R_2。

$$R_1=\frac{[a^4-x^2(a^2-b^2)]^{3/2}}{a^4b} \qquad R_2=\frac{x}{\sin\varphi}=\frac{\sqrt{a^4-x^2(a^2-b^2)}}{b}$$

代入式（9-3）、式（9-4），得

$$\sigma_\varphi=\frac{p}{2\delta b}\sqrt{a^4-x^2\ (a^2-b^2)} \tag{9-10}$$

$$\sigma_\theta=\frac{p}{2\delta b}\sqrt{a^4-x^2\ (a^2-b^2)}\left[2-\frac{a^4}{a^4-x^2\ (a^2-b^2)}\right] \tag{9-11}$$

式（9-10）、式（9-11）为椭圆形壳体中的应力计算式。从式中可知：壳体上的应力是随点的位置变化而连续变化的，且应力值大小还受壳体本身几何形状的影响，a/b 值不同，应力大小也不同。下面对应力的分布情况进行讨论。

(1) 经向应力 σ_φ

壳体顶点处　　$x=0$，$\sigma_\varphi=\frac{pa}{2\delta}\left(\frac{a}{b}\right)$

壳体周边（赤道）处　　$x=a$，$\sigma_\varphi=\frac{pa}{2\delta}$

(2) 周向应力 σ_θ

壳体顶点处　　$x=0$，$\sigma_\theta=\frac{pa}{2\delta}\left(\frac{a}{b}\right)$

壳体周边（赤道）处　　$x=a$，$\sigma_\theta=\frac{pa}{2\delta}\left(2-\frac{a^2}{b^2}\right)$

(3) 经向应力与周向应力随长轴与短轴之比的变化

经向应力在椭圆形壳体上随长轴与短轴之比的变化规律如图 9-7 所示。在任何 a/b 值下，经向应力 σ_φ 恒为正值，即拉伸应力，且由顶点（最大）到赤道逐渐递减到最小值。

周向应力在椭球壳上随长轴与短轴之比的变化规律如图 9-8 所示。周向应力 σ_θ 在顶点（$x=0$）处最大，且总为拉应力。周边（赤道）处的应力与 a/b 有关：$a/b<\sqrt{2}$ 时，$\sigma_\theta>0$；$a/b=\sqrt{2}$ 时，$\sigma_\theta=0$；$a/b>\sqrt{2}$ 时，$\sigma_\theta<0$。

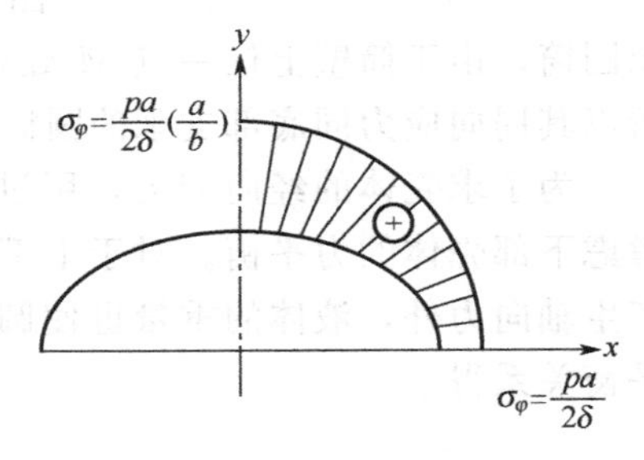

图 9-7　经向应力在椭圆形壳体上的分布

化工设备中常用半个椭球壳作为封头，封头与圆筒焊接构成容器。由以上分析知道，随 a/b 从大于 1 到接近于 1，其最大应力减小。但此时封头的深度增加，制造难度增加。a/b 越大，制造越容易，但最大应力增大，强度降低。当 $a/b=2$ 时，筒体的拉应力与封头的压应力数值相

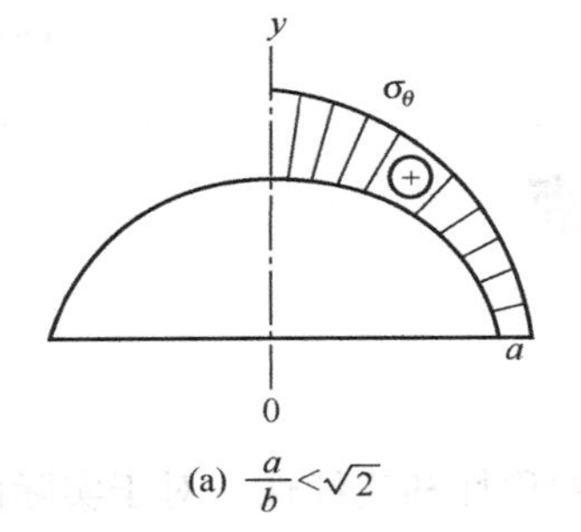

(a) $\frac{a}{b}<\sqrt{2}$

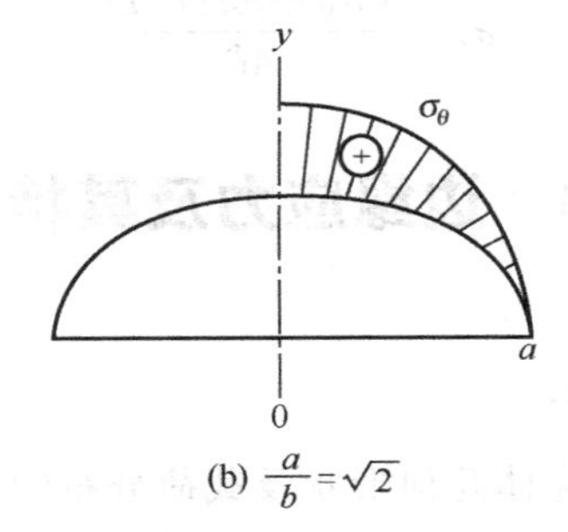

(b) $\frac{a}{b}=\sqrt{2}$

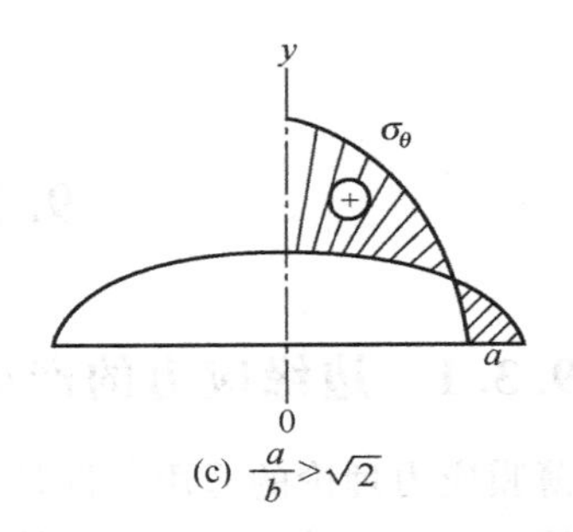

(c) $\frac{a}{b}>\sqrt{2}$

图 9-8　周向应力在椭圆形壳体上的分布

等，从强度设计观点，封头与筒体等强度。把这样的封头叫做标准椭圆形封头。

9.2.2 承受液体静压力的壳体

在对承受气体介质压力的壳体进行分析时，考虑到气体的密度很小，把气体压力看成各处相等，得到了区域平衡方程式（9-4）。当壳体承受液体介质压力时，由于液体密度较大，必须考虑液柱压力的影响。液柱压力随距液面距离的变化而变化，壳体所承受的压力不再是常数，就不能用式（9-4）求解经向应力。并且壳体支承方式不同，对壳体内的应力分布也有影响。

9.2.2.1 底部支承的圆筒

图 9-9 所示为一底部支承的密闭圆筒，筒壁上任一点 M 的压力为 $p=p_0+\rho gx$。式中，p 为筒壁上 M 点的液体压力，p_0 为液面上方的气体压力。由于圆筒的 $R_1=\infty$，根据微元平衡方程式（9-3）可得

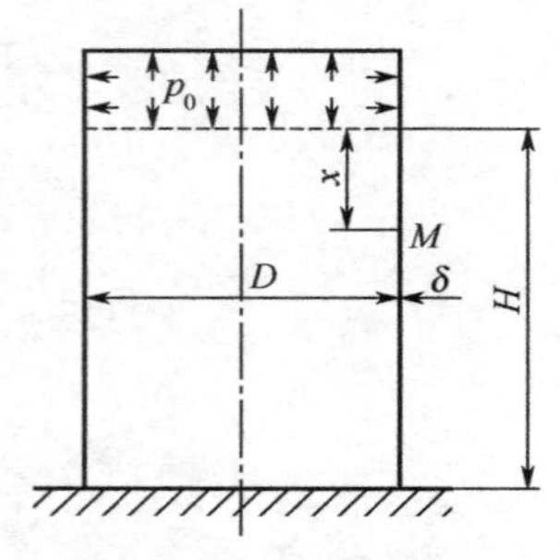

图 9-9 底部支承的容器

$$\sigma_\theta=\frac{(p_0+\rho gx)\ D}{2\delta} \tag{9-12}$$

为了求壳体的经向应力，用过 M 点的横截面将壳体截开，考虑上部壳体的力平衡。对于底部支承的圆筒，由于液体的重量由支承传递给基础，圆筒壁不受液体的轴向力作用，则

$$\sigma_\varphi=\frac{p_0 D}{4\delta} \tag{9-13}$$

9.2.2.2 上部支承的容器

图 9-10 所示为一上部支承的密闭圆筒，由于筒壁上任一点 M 处的液体压力与支承方式无关，所以其周向应力同底部支承的圆筒应力，即式（9-12）。

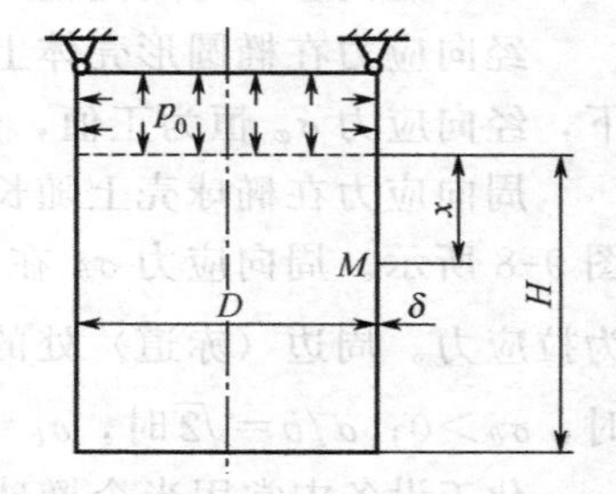

图 9-10 上部支承的容器

为了求壳体的经向应力，用过 M 点的横截面将壳体截开，考虑下部壳体的力平衡。对于上部支承的圆筒，除了介质压力产生轴向力外，液体的重量也使圆筒壁受轴向力作用，由静力平衡关系得

$$\pi D\delta\sigma_\varphi=\frac{\pi D^2 p_0}{4}+\frac{\pi D^2\rho gH}{4}$$

$$\sigma_\varphi=\frac{(p_0+\rho gH)D}{4\delta} \tag{9-14}$$

9.3 边缘应力及其特点

9.3.1 边缘应力的产生

薄膜应力理论的适用条件是壳体几何形状及载荷分布的对称性和连续性。对于实际的压力容器，并不能满足这样的条件，例如在压力容器的支座、接管处，不仅壳体的受力发生了

突变，而且壳体的几何形状和受力的轴对称性都受到了破坏。此外，薄膜变形属于无约束自由变形，要求边界是自由的，而且不同类型的壳体之间不能相互约束，这在实际壳体中也是不能实现的。实际的压力容器通常是由不同类型壳体组成的，不同类型壳体在压力作用下，各自的薄膜变形即无约束自由变形通常在连接边缘处是不相同的，因而薄膜变形不是壳体在连接边缘处的真实变形。不同类型的壳体之间必然要相互约束使变形协调，产生附加的弯曲变形。这种由于不同类型的壳体相互约束产生的约束力和约束弯矩，称为边缘力和边缘力矩。

图 9-11 表示了 $a/b>\sqrt{2}$ 的椭圆形封头与筒体连接边缘处的边缘力和边缘力矩的产生原因。在均匀内压的作用下，若封头和筒体在连接处不相互约束而各自自由变形，则两者的变形均为薄膜变形。由回转薄壳中的薄膜应力分析可知，椭圆形壳体在赤道附近平行圆直径会减小，而筒体的周向薄膜应力是大于零的，直径必然要扩大，两者的薄膜变形即自由变形如图9-11中的虚线所示。显然，两者的薄膜变形在连接处是不连续的。因此，两者必然要相互约束使变形协调，产生相互约束的边缘力 Q_0 和边缘力矩 M_0。在 Q_0 和 M_0 的作用下，椭圆形封头和筒体都会产生相应的变形，使两者在连接处具有相同的径向位移和转角，即两者连接在一起，从而保持了变形的连续性，同时在各自的壳体内产生了相应的应力，这种应力称为边缘应力。

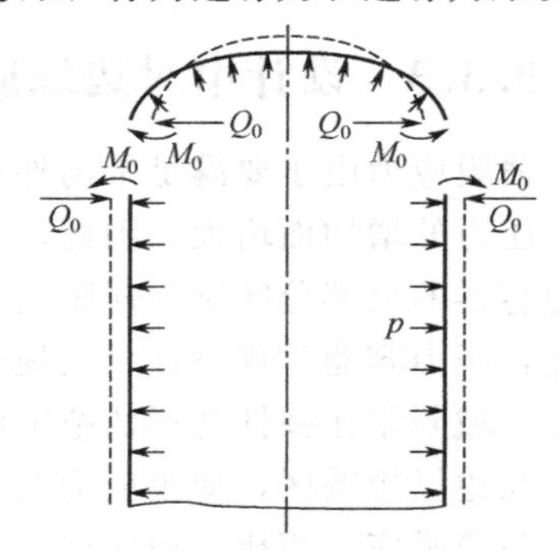

图 9-11　边缘力与边缘力矩产生示意图

边缘应力中包括由于经线的弯曲而产生的弯曲正应力和切应力；由于平行圆直径的增加或减小，会产生相应于平行圆曲率变化的弯曲应力和相应于周向纤维的拉伸或压缩变形的拉伸应力或压缩应力。边缘应力应通过边缘连接处的变形协调方程求解，比求解薄膜应力要复杂得多，壳体中的真实应力看作是薄膜应力和边缘应力的叠加。

9.3.2　边缘应力的特性

壳体中的薄膜应力满足了壳体受载的平衡条件，而边缘应力则是为了满足变形连续要求而产生的。正因为如此，边缘应力具有如下两个特性。

9.3.2.1　局部性

边缘应力虽然可能达到相当大的数值，但它的作用范围不大，与 $\sqrt{R\delta}$ 为同一量级，这里 R 是壳体半径，δ 是壳体壁厚。并且这种应力还将随着离边界距离的增大而迅速衰减，衰减中应力符号作反复变化。如圆筒与平板封头连接处的边缘应力，根据有力矩理论计算，在离开连接边缘 $2.5\sqrt{R\delta}$ 处，边缘应力较连接处衰减了 95.7%。这就意味着一个直径 1000mm，壁厚 10mm 的圆筒，当离开连接处约 180mm 时，边缘效应的影响就几乎不存在了。而 $2.5\sqrt{R\delta}$ 这个数值与圆筒长度相比，一般来说都是很小的。所以边缘应力具有局部性，而且当壳体直径小、壁薄时，边缘应力的局部性更加明显。

9.3.2.2　自限性

从根本上说，发生边缘弯曲的原因是由于薄膜变形（弹性变形）不连续。当边缘两侧的弹性变形相互受到约束，则必然产生边缘力和边缘力矩，从而产生边缘应力。当边缘应力超过材料的屈服极限时，它总是首先使那些高应力点产生塑性变形，而一旦这部分材料屈服后，应力值就不再升高，停留在屈服限，而靠增大局部塑性区的范围来继续承担边缘应力。在此过程中，上述那些弹性约束就开始缓解，使之原来不同的薄膜变形也趋于协调，结果边缘应力便会自动限制在一定范围内。此时，局部塑性区被其周围的弹性变形区所包围，所以不致发生整体性的塑性流动而造成壳体破裂。除非由于边缘应力过大，边界处的全部材料均发生塑性流动，壳体才会失效。边缘应力的这种性质称为自限性。一般而言，凡是局部性的应力，材料又为塑性材料，都有这种自限性。

9.3.3　设计中对边缘应力的处理

薄膜应力由于要满足平衡外载荷的要求，只要在压力作用的地方都会有薄膜应力，并且随着压力的增加而增大。因此，薄膜应力的作用范围遍布于整个壳体，不具有自限性。薄壁压力容器的大部分区域为薄膜应力区，薄膜应力是影响压力容器整体强度的主要应力成分。因此，压力容器常规设计（按规则设计）中，强度条件是根据薄膜应力来建立的，将壳体大部分区域限制在弹性变形的范围内，以保证压力容器运行的安全性。

在边缘影响区，薄膜应力与边缘应力属于同一数量级，有时边缘应力还具有较高的数值。与薄膜应力相比，边缘应力具有局部性和自限性，使压力容器直接发生破坏的危险性减小。所以，从设计角度看，控制边缘应力关键不在如何用繁杂的有力矩理论计算应力的大小，而是应用边缘应力的基本概念在结构上作出改进，从而使边缘应力大大减小，甚至完全消失。

对于大多数由塑性较好的材料（如低碳钢、奥氏体不锈钢等）制成的压力容器，承受静载荷作用，进行容器结构设计时经常采用以下措施：避免壳体经线曲率的突然变化，以保持几何形状的连续，直线与曲线连接时增加必要的过渡圆弧；使焊缝尽量避开边缘应力作用区；尽量不采用不等壁厚的焊接，不可避免时，增加过渡段；有必要时在边缘应力作用区设置局部加强段或加强圈；避免边缘区附加局部应力或产生应力集中；采用适当的热处理，进一步改善材料的塑性。

对塑性较差的高强度钢制造的压力容器、低温下铁素体钢制的压力容器、受疲劳载荷作用的压力容器，如果边缘应力过高，在边缘高应力区有可能导致脆性破坏或疲劳破坏，因此必须计算其边缘应力，并采取相应的控制措施。

9.4　压力容器应力分类及分析设计简介

常规设计法是以弹性失效准则为基础制定的，所谓弹性失效准则，是将容器总体部位的最大设计应力限制在材料屈服强度以内以防止发生弹性失效。弹性失效准则采用的是第一强度理论，设计计算公式主要以材料力学和板壳理论为基础。它的特点是比较简便易行，但考虑问题不够全面，也缺乏针对性。为了容器的安全运行，一般都采用较高的安全系数。

但随着科学的进步，压力容器的尺寸愈来愈大，而且不仅承受高压，有时还伴随高温，同时载荷或温度也可能产生波动。如果仍按常规设计法来进行设计，用增大容器壁厚的办法来控制材料在弹性范围内工作，显然是不合理的，也是不现实的。因此，为了合理使用钢材，确保压力容器在条件十分复杂、苛刻情况下的安全运行，有必要采用更合理的设计方法——分析设计方法。

分析设计法就是以应力分析为基础的设计方法。采用这种设计方法进行压力容器设计时，必须先进行详细的应力分析，将各种外载荷或变形约束产生的应力分别计算出来，然后进行应力分类，针对不同应力，再按不同的设计准则来限制，从而保证容器在使用周期内不发生失效。

9.4.1　压力容器的应力分类

对压力容器中的应力进行分类的基本原则如下。

① 应力产生的原因　是外载荷直接产生的还是在变形协调过程中产生的。

② 应力分布　是总体范围还是局部范围的，沿壁厚的分布是均匀的还是线性的或非线性的。

③ 对失效的影响　即是否会造成结构过度的变形、是否导致疲劳、韧性失效。

按照这一原则，压力容器中的应力可以分为三类。

(1) 一次应力

一次应力是平衡压力与其他机械载荷所必须的应力，是维持结构各部分平衡直接需要的。一次应力属于非自限性应力，达到极限状态，即使载荷不再增加，仍可产生不可限制的塑性流动，直至破坏。一次应力按沿壁厚分布情况可分为一次总体薄膜应力（P_m）和一次弯曲应力（P_b）。一次总体薄膜应力沿厚度方向均匀分布，影响范围遍及整个受压元件，一旦达到屈服点，受压元件整体发生屈服，应力不重新分布，一直到整体破坏。例如，薄壁圆筒中由受内压引起的环向薄膜压力。一次弯曲应力是平衡压力或其他机械载荷所需沿厚度方向线性分布的弯曲应力，例如平板封头中央部分在内压作用下所产生的弯曲应力。

除此之外，还有一种应力称为局部薄膜应力（P_L）。它是由内压和其他机械载荷引起的薄膜应力及边缘效应中应力的薄膜部分的统称，即局部应力区中薄膜应力的总量。这种应力不像一次总体薄膜应力那样沿容器的整体或很大区域内都有分布，而只在局部区域发生，影响范围仅限于结构局部区域。

(2) 二次应力（Q）

二次应力是为满足相邻元件间的约束条件或结构自身变形的连续性要求所需的应力。实际上它是同一次应力一起满足变形连续（协调）要求，也即是为满足变形协调要求的附加应力。在材料有足够塑性的前提下，二次应力水平的高低对结构的承载能力并无影响。当二次应力超过屈服限以后，就产生局部的塑性流动。一旦塑性变形弥补了一次应力引起的弹性变形不连续，变形协调得以满足，塑性流动就会自动停止。因此，在一次加载的情况下，破坏过程就不会继续下去，这就是二次应力所具有的“自限性”。如封头与筒体连接处的总体不连续结构在内压作用下由于边缘剪切和弯矩在筒体和封头上所引起的弯曲应力、固定管板式换热器在管壳上的温差应力均属于二次应力。

(3) 峰值应力（F）

峰值应力是附加在一次加二次应力之上的应力增量。此增量源于局部不连续或局部热应力的影响。峰值应力也就是扣除薄膜应力与弯曲应力（一次与二次的）之后，沿厚度方向呈非线性分布的应力。它是作用范围在厚度方向上仅占危险截面一小部分的二次应力的增量。峰值应力的基本特征是局部性与自限性。可以说，二次应力是影响范围遍及断面的总体自限性应力，而峰值应力是应力水平超过二次应力但影响范围仅为局部断面的局部自限性应力。

峰值应力从二次应力中区分出来是因为它不会引起结构任何明显变形而使整个断面失效，它仅仅是疲劳裂纹产生的根源或可能断裂的原因，危险程度较低。注意，不要把峰值应力与集中应力、应力峰值相混淆。峰值应力不是应力集中处最大应力的全值，而是扣除一次与二次应力之后的增量部分。

9.4.2 应力强度及其基本许用应力

压力容器中各处的应力一般为二向或三向应力状态。在设计时，要按照相应的强度理论求出当量应力强度（简称应力强度），并对应力强度与许用应力值进行比较。由于压力容器大多数是采用韧性很好的弹塑性材料制成，在强度计算中第三、四强度理论能较好反映材料性能与应力状态之间的关系。因而目前在设计中多采用计算方便简单的第三强度理论。按照第三强度理论计算应力强度是求出最大切应力乘以2作为应力强度S。

许用应力是强度校核和计算中的应力强度许用值。由于分析设计中不同类别的应力采用不同的许用应力强度，而其最基本的许用应力强度基准称为基本许用应力强度，用S_m表示。基本许用应力强度是按照材料的拉伸性能除以相应的安全系数得到的值。拉伸性能包括常温拉伸强度极限、屈服极限、高温下的拉伸强度极限和屈服极限等。

9.4.3 分析设计法对各类应力强度的限制

由于各类应力对容器危害程度不同，所以对它们的限制也各不相同。对不同的应力限制采用不同的准则，以保证压力容器的安全性。这些准则包括极限载荷设计准则、安全性设计准则、疲劳准则。根据不同准则，压力容器设计中对各类应力强度的限制如下：

ⅰ. 一次总体薄膜应力强度小于基本许用应力强度S_m；

ⅱ. 一次局部薄膜应力强度小于$1.5S_m$；

ⅲ. 一次总体或局部薄膜应力与弯曲应力之和的应力强度小于$1.5S_m$；

ⅳ. 一次总体或局部薄膜应力和弯曲应力与二次应力之和的应力强度小于$1.5S_m$；

ⅴ. 一次应力（包括薄膜应力、弯曲应力）与二次应力及峰值应力之和的应力强度小于由疲劳曲线所确定的交变应力幅值。

习题

9-1 无力矩理论应用的条件是什么？

9-2 椭圆孔的长轴应放在筒体轴线的什么方向上？

9-3 为什么大型储罐采用球形容器最合理？

9-4 试分析标准椭圆形封头取$a/b=2$的原因。

9-5 什么是边缘应力？边缘应力是怎么产生的？有什么特点？

9-6 有一圆筒形容器，一端为球形封头，另一端为椭圆形封头。已知圆筒平均直径$D=2000$mm，筒体和封头壁厚均为20mm，最高工作压力$p=2$MPa，试确定：(1) 筒体经向应力和周向应力；(2) 球形封头上的经向应力和周向应力；(3) 如果椭圆形封头的a/b分别为2、$\sqrt{2}$和3，封头上最大经向应力与周向应力及最大应力所在的位置。

9-7 如图9-12所示的回转壳体（碟形壳）由三部分经线曲率不同的壳体组成：上部是半径为R的球壳；下部是半径为r的圆筒壳；中间部分是连接球壳和圆筒的过渡圆弧，圆弧半径为r_1，又称为折边。当承受均匀压力p时，试用薄膜应力理论求出碟形壳各部分的薄膜应力。壳体各部分厚度均为δ。

9-8 在直径为D的圆筒上安装一半圆形膨胀节，膨胀节截面半径为r，如图9-13所示。若膨胀节厚度为δ，当承受均匀压力p时，试用薄膜应力理论求出膨胀节上的薄膜应力。

9-9 有一上部支承装满液体的敞口锥壳，液体密度为ρ，锥壳尺寸如图9-14所示，若忽略锥壳质量，试求锥壳中的最大经向应力和最大周向应力，并确定最大应力所在的位置。

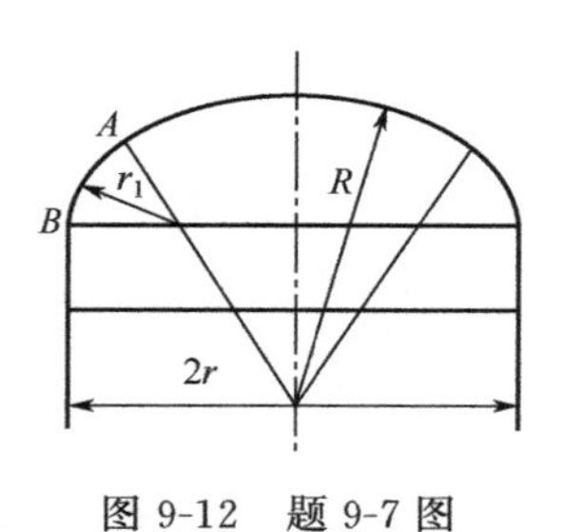

图 9-12　题 9-7 图

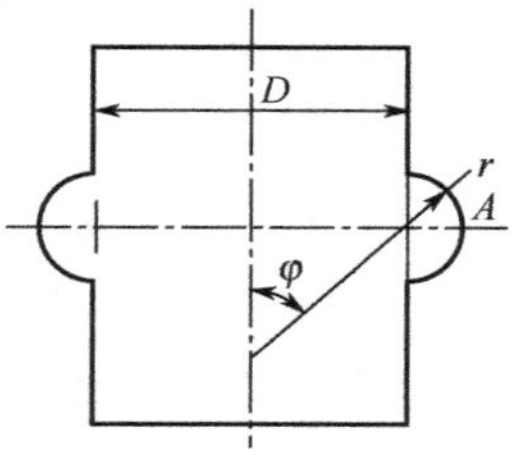

图 9-13　题 9-8 图

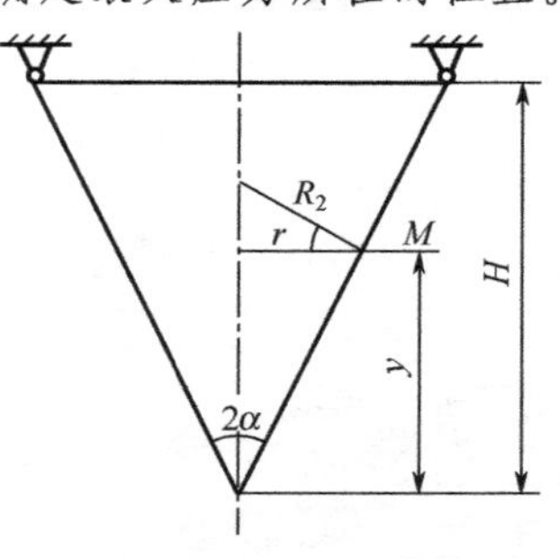

图 9-14　题 9-9 图

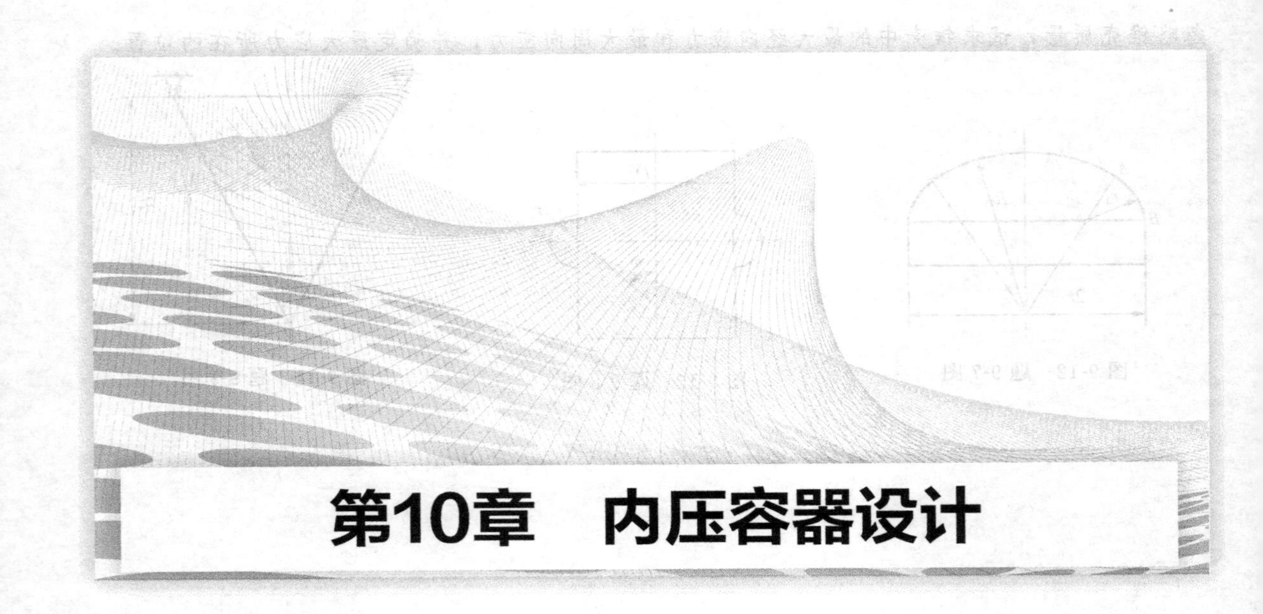

第10章　内压容器设计

目前我国压力容器设计执行的标准有两个：GB 150《压力容器》和 JB 4732《钢制压力容器——分析设计标准》。GB 150 是常规设计标准，它采用弹性失效准则，即把容器元件上远离结构或载荷不连续处的最大应力限制在所用材料的弹性范围内，以内壁屈服作为容器达到极限承载能力的一种强度设计准则。而由于总体结构不连续的附加应力，以应力增强系数和形状系数的形式引入壁厚计算公式，并将这些局部应力控制在许用范围内。压力容器不仅受介质压力的作用，而且受包括容器及其物料和内件的重量、风载荷、地震载荷、温度差、附加外载荷的作用。设计中一般以介质压力作为确定壁厚的基本载荷，然后校核在其他载荷作用下壳体中的应力，以保证容器的安全。本章仅介绍常规设计法。鉴于压力容器设计必须遵循有关标准规范，本章和以后各章有关受压元件的设计内容，与 GB 150 保持一致。作为常规设计，一般仅考虑静载荷，不考虑循环载荷和振动的影响。GB 150 适用于设计压力不大于 35MPa 的容器设计，使用强度理论为第一强度理论。

10.1　内压圆筒的强度计算

圆筒承受均匀内压作用时，筒壁中的薄膜应力由式（9-6）和式（9-7）给出，最大应力为周向应力，按照第一强度理论可得

$$\sigma_\theta=\frac{p_c D}{2\delta}\leqslant [\sigma]^t$$

式中　p_c——计算压力，MPa；

D——圆筒中径，mm；

δ——壁厚，mm；

$[\sigma]^t$——材料在设计温度下的许用应力，MPa。

工艺设计中一般给出圆筒内直径 D_i，$D=D_i+\delta$，代入上式，得

$$\sigma_\theta=\frac{p_c(D_i+\delta)}{2\delta}\leqslant [\sigma]^t$$

圆筒由钢板卷制而成，焊接接头区金属强度可能低于母材，所以上式中的许用应力应该用强度较低的焊接接头区金属的许用应力代替，方法是把钢板的许用应力乘以焊接接头系数 φ（$\varphi \leqslant 1$）。由此得出圆筒的厚度计算公式

$$\delta = \frac{p_c D_i}{2[\sigma]^t \varphi - p_c} \tag{10-1}$$

式（10-1）是筒体承受压力 p_c 时，按强度计算需要的最小厚度，称为计算厚度。该式的适用范围为 $p_c \leqslant 0.4[\sigma]^t \varphi$。

要保证容器的安全，还必须考虑介质对材料的腐蚀以及材料在制造过程中的负偏差，为此引入厚度附加量，即

$$C = C_1 + C_2 \tag{10-2}$$

式中　C——厚度附加量，mm；

C_1——材料厚度负偏差，mm；

C_2——腐蚀裕量，mm。

计算厚度与腐蚀裕量之和称为容器的设计厚度 δ_d，即

$$\delta_d = \delta + C_2 \tag{10-3}$$

在设计厚度的基础上，考虑钢板的负偏差 C_1，再向上圆整到钢板的标准规格，即得容器的名义厚度 δ_n，即

$$\delta_n = \delta_d + C_1 + \Delta \tag{10-4}$$

式中，Δ 为圆整值。名义厚度即设计图纸上所标注的厚度。

名义厚度 δ_n 减去钢板的厚度附加量即为钢板的有效厚度 δ_e，即

$$\delta_e = \delta_n - C \tag{10-5}$$

当已知圆筒内径 D_i、有效厚度 δ_e，需要对圆筒进行强度校核时，筒壁的应力校核公式为

$$\sigma_t = \frac{p_c (D_i + \delta_e)}{2\delta_e} \leqslant [\sigma]^t \varphi \tag{10-6}$$

设计温度下圆筒的最大允许工作压力为

$$[p_w] = \frac{2\delta_e [\sigma]^t \varphi}{D_i + \delta_e} \tag{10-7}$$

10.2　内压球壳的强度计算

球壳的应力由式（9-5）计算。对照圆筒的强度计算，式（10-1）、式（10-6）和式（10-7）分别变为

$$\delta = \frac{p_c D_i}{4[\sigma]^t \varphi - p_c} \tag{10-8}$$

$$\sigma_t = \frac{p_c (D_i + \delta_e)}{4\delta_e} \leqslant [\sigma]^t \varphi \tag{10-9}$$

$$[p_w] = \frac{4\delta_e [\sigma]^t \varphi}{D_i + \delta_e} \tag{10-10}$$

式（10-8）～式（10-10）的适用范围为 $p_c \leqslant 0.6[\sigma]^t \varphi$。

10.3 设计参数的确定

10.3.1 设计压力和计算压力

设计压力是设定的容器顶部的最高压力，与相应的设计温度一起作为容器的基本设计载荷条件，其值不低于工作压力。工作压力是在正常工作条件下，容器顶部可能达到的最高压力。压力系指表压力。计算压力是在相应设计温度下，用以确定元件厚度的压力，包括液柱静压力等附加载荷。当容器各部位或受压元件所承受的液柱静压力小于设计压力5%时，可忽略不计。

当容器上装有安全泄放装置时，其设计压力应根据不同形式的安全泄放装置确定。装设安全阀的容器，考虑到安全阀开启动作的滞后，容器不能及时泄压，设计压力不应低于安全阀的开启压力，通常可取工作压力的1.05～1.10倍；当容器内装有爆炸介质，或由于化学反应引起压力波动大时，需装设爆破片，设计压力取爆破片最低标定爆破压力加上所选爆破片制造范围的上限。对于盛装液化气体的容器，由于容器内介质压力为液化气体的饱和蒸汽压，在规定的装量系数范围内与体积无关，仅取决于温度的变化。设计压力应根据容器工作条件下可能达到的最高金属温度确定。

10.3.2 设计温度

设计温度是容器在正常工作情况下，设定的元件的金属温度（沿元件金属截面的温度平均值）。设计温度与设计压力一起作为设计载荷条件。设计温度不得低于元件金属在工作状态可能达到的最高温度，对于0℃以下的金属温度，设计温度不得高于元件金属可能达到的最低温度。容器各部分在工作状态下的金属温度不同时，可分别设定每部分的设计温度。在确定最低设计金属温度时，应当充分考虑在运行过程中，大气环境低温条件对容器壳体金属温度的影响。对不同工况的容器，应按最苛刻工况设计，必要时还需考虑不同工况的组合。元件金属温度通过以下方法确定：传热计算求得；在已使用的同类容器上测定；根据容器内部介质温度并结合外部条件确定。

10.3.3 焊接接头系数

焊缝是容器和受压元件中的薄弱环节。由于焊缝热影响区有热应力存在，形成的粗大晶粒会使其强度和塑性降低；且焊缝中可能存在着夹渣、气孔、裂纹及未焊透等缺陷，使焊缝及热影响区的强度受到削弱。因此，需要引入焊接接头系数对材料强度进行修正。焊接接头系数表示接头处材料的强度与母材强度之比，反映容器强度受削弱的程度，用φ表示。焊接接头系数的取值与接头的形式及对其进行无损检测的长度比例有关。

钢制压力容器的焊接接头系数规定如下：双面焊对接接头和相当于双面焊的全焊透对接接头，全部无损检测时取$\varphi=1.0$；局部无损检测时取$\varphi=0.85$。单面焊对接接头（沿焊缝金属全长有紧贴基本金属的垫板），全部无损检测时取$\varphi=0.9$；局部无损检测时取$\varphi=0.8$。局部无损检测，对低温容器检测长度不得少于各焊接接头长度的50%，对非低温容器检测长度不得少于各焊接接头长度的20%，且均不得小于250mm。

10.3.4　厚度附加量

厚度附加量 C 等于材料厚度负偏差 C_1 加上腐蚀裕量 C_2。

10.3.4.1　材料厚度负偏差

材料厚度负偏差按相应材料标准的规定选取。

(1) 钢板厚度负偏差

根据 GB/T 709《热轧钢板和钢带的尺寸、外形、重量及允许偏差》的规定，热轧钢板按厚度偏差可分为 N、A、B、C 四个类别，其中 N 类的正偏差和负偏差相等，A 类按公称厚度规定负偏差，B 类规定负偏差为 0.30mm，C 类规定负偏差为 0、按公称厚度规定正偏差。GB 713《锅炉和压力容器用钢板》、GB 3531《低温压力容器用低合金钢板》、GB 19189《压力容器用调质高强度钢板》的厚度允许偏差按 B 类要求，即钢板负偏差为 0.30mm。GB 24511《承压设备用不锈钢钢板和钢带》中对于热轧不锈钢厚钢板（公称厚度≥5mm）的负偏差也规定为 0.30mm。

(2) 钢管厚度负偏差

GB/T 8163《输送流体用无缝钢管》中对热轧钢管的负偏差规定如下：当钢管公称外径 $D\leqslant102$mm 时，负偏差为 12.5%S（S 为钢管壁厚）或 0.40mm 的较大值；当 $D\geqslant102$mm 时，若 $S/D\leqslant0.05$，负偏差为 15%S 或 0.40mm 的较大值，$S/D>0.05\sim0.10$，负偏差为 12.5%S 或 0.40mm 的较大值，$S/D>0.10$，负偏差为 10%S。GB 9948《石油裂化用无缝钢管》、GB 6479《化肥用高压无缝钢管》中热轧钢管的负偏差规定为 10% S。GB/T 14976《输送流体用不锈钢无缝钢管》中对热轧钢管的负偏差规定如下：当壁厚 $S<15$mm 时，负偏差为 12.5%S，当壁厚 $S\geqslant15$mm 时，负偏差为 15%S（普通级）或 12.5%S（高级）。

10.3.4.2　腐蚀裕量

为防止容器受压元件由于腐蚀、机械磨损而导致厚度削弱减薄，应考虑腐蚀裕量。对有均匀腐蚀或磨损的元件，应根据预期的容器设计使用年限和介质对金属材料的腐蚀速率（或磨蚀速率）确定腐蚀裕量；容器各元件受到的腐蚀程度不同时，可采用不同的腐蚀裕量；介质为压缩空气、水蒸气或水的碳素钢或低合金钢制容器，腐蚀裕量不小于 1mm。

10.3.5　许用应力和安全系数

许用应力是压力容器筒体、封头等受压元件的材料许用强度，是取材料的极限应力与材料安全系数之比而得到。材料的极限应力有屈服强度 R_{eL}（或 $R_{p0.2}$）、抗拉强度 R_m、蠕变极限 R_n 和持久强度 R_D 等。安全系数是考虑到材料性能、载荷条件、设计方法、加工制造和操作方面中的不确定因素而确定的质量保证系数。安全系数与许多因素有关，各国规范中所规定的安全系数与该规范所采用的计算方法、选材、制造和检验方面的规定是相适应的。《固定式压力容器安全技术监察规程》给出了确定压力容器材料许用应力的最小安全系数。为方便设计和取值统一，GB 150 直接给出了压力容器用钢板、钢管、锻件和螺栓在不同温度下的许用应力值。附录 B 列出了 GB 150 中部分钢板和钢管许用应力值。

10.3.6　最小厚度

当容器压力很低或处于常压时，按壁厚计算公式计算得到的壁厚很小，往往不能满足制造、运输和安装时的刚度要求。因此，对壳体元件规定了加工成形后不包括腐蚀裕量的最小厚度。GB 150 对压力容器壳体的最小厚度规定为：碳素钢、低合金钢制容器，不小于 3mm；高合金钢容器，一般应不小于 2mm。

10.4 压力试验

压力试验包括耐压试验和泄漏试验。耐压试验是在超设计压力下进行的试验，目的是检查容器在超压下的宏观强度，包括检查材料的缺陷、容器各部分的变形、焊接接管的强度和法兰连接的泄漏检查等，是对材料、设计、制造及检修等各环节的综合性检查。除新制造的容器需要进行压力试验以外，根据需要，以下容器也应进行压力试验：改变使用条件，且超过原设计参数并经强度校核合格的容器；停止使用两年后重新启用的容器；使用单位从外单位拆来新安装的或本单位内部移装的容器；用焊接方法修理改造、更换主要受压元件的容器；需要更换衬里（重新更换衬里前）的容器；使用单位对安全性能有怀疑的容器。

耐压试验包括液压试验、气压试验和气液组合试验。一般采用液压试验，对不适宜进行液压试验的容器，例如不允许残留微量液体或由于结构原因不能充满液体的容器，采用气压试验或气液组合试验。

液压试验用液体一般为水，试验合格后应立即将水排净吹干，无法完全排净吹干时，对奥氏体不锈钢容器，应控制水的氯离子含量不超过 25mg/L；需要时，也可采用不会导致发生危险的其他试验液体，但试验液体的温度应低于其闪点或沸点，并有可靠的安全措施。Q345R、Q370R、07MnMoVR 制容器液压试验时，液体温度不得低于 5℃；其他碳钢和低合金钢制容器进行液压试验时，液体温度不得低于 15℃；低温容器液压试验的液体温度应不低于壳体材料和焊接接头的冲击试验温度加 20℃；如果由于板厚等因素造成材料无塑性转变温度升高，则需相应提高试验温度。

气压试验和气液组合压力试验所用气体应为干燥洁净的空气、氮气或其他惰性气体，试验液体同液压试验。

液压试验和气压试验的试验压力分别按式（10-11）、式（10-12）确定。

$$p_T=1.25p\frac{[\sigma]}{[\sigma]^t} \tag{10-11}$$

$$p_T=1.1p\frac{[\sigma]}{[\sigma]^t} \tag{10-12}$$

式中 p_T——试验压力，MPa；

p——设计压力，MPa；

$[\sigma]$——容器元件材料在耐压试验温度下的许用应力，MPa；

$[\sigma]^t$——容器元件材料在设计温度下的许用应力，MPa。

确定试验压力时，还应考虑如下几点。

ⅰ. 对于立式容器采用卧置进行液压试验时，试验压力应计入立置试验时的液柱静压力；工作条件下内装介质的液柱静压力大于液压试验的液柱静压力时，应适当考虑增加试验压力。

ⅱ. 容器铭牌上规定有最高允许工作压力时，应以最高允许工作压力代替设计压力。

ⅲ. 容器各主要受压元件，如圆筒、封头、接管、设备法兰（或人手孔法兰）及其紧固件等使用材料不同时，应取各元件材料的 $[\sigma]$ / $[\sigma]^t$ 比值中最小值。

ⅳ. $[\sigma]^t$ 应不低于材料受抗拉强度和屈服强度控制的许用应力最小值。

如果采用大于按式（10-11）、式（10-12）计算出的试验压力进行试验时，在试验前应校核各受压元件在试验条件下的应力水平，例如对壳体元件应校核最大总体薄膜应力 σ_T。液压试验时满足式（10-13），气压试验或气液组合试验时满足式（10-14）。

$$\sigma_T \leqslant 0.9R_{eL}\varphi \tag{10-13}$$

$$\sigma_T \leqslant 0.8R_{eL}\varphi \tag{10-14}$$

式中　σ_T——试验时受压元件的应力值，$\sigma_T=\dfrac{p_T\ (D_i+\delta_e)}{2\delta_e}$，MPa；

R_{eL}——壳体材料在试验温度下的屈服强度（或0.2%非比例延伸强度），MPa；

φ——焊接接头系数。

泄漏试验是对密封性要求高的重要容器进行的泄漏检查。泄漏试验包括气密性试验以及氨检漏试验、卤素检漏试验和氦检漏试验等。介质毒性程度为极度、高度危害或者不允许有微量泄漏的容器，应在耐压试验合格后进行泄漏试验。气密性试验压力等于设计压力。

10.5　凸形封头的强度计算

压力容器封头按其几何形状可分为凸形封头、锥形封头和平板封头。凸形封头又分为半球形封头、椭圆形封头、碟形封头和球冠形封头。

对承受均匀内压的封头，由于封头和圆筒相连，所以在确定封头厚度时，不仅要考虑封头本身因内压引起的薄膜应力，还要考虑封头与圆筒连接处的边缘应力。连接处的总应力大小与封头的几何形状、尺寸及封头与圆筒厚度的比值大小有关。但在推导封头厚度计算公式时，主要以内压引起的薄膜应力为依据；对于边缘应力的影响，则以形状系数或应力增强系数的形式引入厚度计算式中。

设计封头时，一般应优先选用封头标准中推荐的形式与参数，然后根据受压情况进行强度计算，确定封头的厚度。GB/T 25198《压力容器封头》中列出了六种封头：半球形封头（HHA）；椭圆形封头（以内径为基准EHA，以外径为基准EHB）；碟形封头（以内径为基准THA，以外径为基准THB）；球冠形封头（SDH）；平底封头（FHA）、锥形封头［30°半锥角CHA（30），45°半锥角CHA（45），60°半锥角CHA（60）］。

10.5.1　半球形封头

半球形封头即半个球壳。厚度计算公式与球壳相同，即

$$\delta_h=\frac{p_c D_i}{4\ [\sigma]^t\varphi-p_c} \tag{10-15}$$

式中　δ_h——封头计算厚度。

与其他封头相比，在相同的直径和压力下，半球形封头所需的厚度最薄，节省材料。由于半球形封头深度大，整体冲压较为困难，对大直径的半球形封头可用数块钢板先在液压机上用模具将每块冲压成形，然后再在现场拼焊而成，但尺寸的对准性较差，制造难度大。半球形封头多用于大型高压容器和压力较高的储罐上。对中、小直径的容器很少采用半球形封头。虽然球形封头壁厚可较相同直径与压力的圆筒壳减薄一半，但在实际工作中，为了焊接方便以及降低边界处的边缘压力，通常将半球形封头和圆筒体的厚度取为相同。此时，封头具有较大的强度储备。

10.5.2　椭圆形封头

椭圆形封头由半个椭球壳和一个短圆筒（直边段）组成，如图 10-1 所示。直边段的作用是使封头和筒体连接的环焊缝避开封头边缘应力的影响。

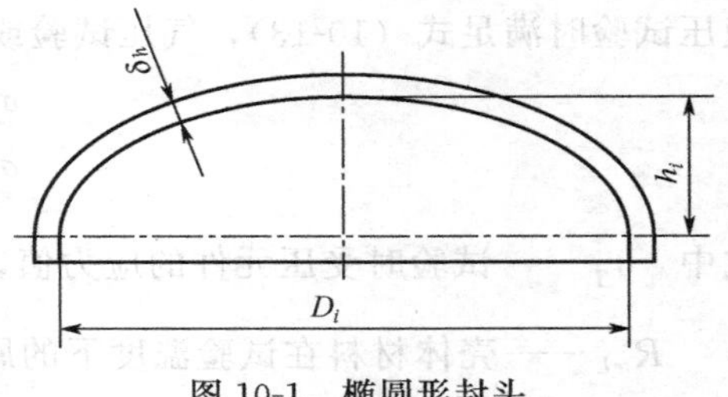

图 10-1　椭圆形封头

由椭球形壳体的应力分析可知，椭球壳上的应力分布是变化的，应力的大小随点的位置不同而不同。当 $a/b \leqslant 2$ 时，最大应力在椭球壳的顶点，即

$$\sigma_\theta = \sigma_\varphi = \frac{p_c a}{2\delta_h}\left(\frac{a}{b}\right)$$

令 $m = a/b$，由图 10-1，$a = (D_i + \delta_h)/2$，$b = h_i + \delta_h/2$，则 $m \approx D_i/2h_i$。由第一强度理论并引入焊接接头系数，得

$$\frac{m p_c (D_i + \delta_h)}{4\delta_h} \leqslant [\sigma]^t \varphi$$

解得 $$\delta_h = \frac{p_c D_i}{2[\sigma]^t \varphi - 0.5 m p_c} \frac{m}{2} \approx \frac{p_c D_i}{2[\sigma]^t \varphi - 0.5 p_c} \frac{D_i}{4h_i}$$

上式中，由于 $m \leqslant 2$，$2[\sigma]^t \varphi \gg 0.5 m p_c$，为简化计算，取 $0.5 m p_c \approx 0.5 p_c$。该式仅是从薄膜理论在 $m \leqslant 2$ 时得到的结果，没有考虑椭球壳与圆筒壳连接处的边缘效应，与实际情况不符，应进行修正，GB 150 是引入形状系数 K。则以内径为基准的椭圆形封头计算厚度公式为

$$\delta_h = \frac{K p_c D_i}{2[\sigma]^t \varphi - 0.5 p_c} \tag{10-16}$$

形状系数与结构尺寸有关，用式（10-17）计算。标准椭圆形封头，$K=1$。

$$K = \frac{1}{6}\left[2 + \left(\frac{D_i}{2h_i}\right)^2\right] \tag{10-17}$$

由于承受内压的椭球壳在赤道圆处可能出现压应力，为防止出现失稳，GB 150 规定：$D_i/2h_i \leqslant 2$ 的椭球形封头，其有效厚度应不小于封头内直径的 0.15%，$D_i/2h_i > 2$ 时，有效厚度应不小于封头内直径的 0.30%。当确定封头厚度时已考虑了内压下的弹性失稳，可不受此限制。

椭圆形封头的最大允许工作压力按式（10-18）计算。

$$[p_w] = \frac{2[\sigma]^t \varphi \delta_{eh}}{K D_i + 0.5\delta_{eh}} \tag{10-18}$$

式中　δ_{eh}——封头的有效厚度。

10.5.3　碟形封头

碟形封头又称带折边的球形封头，如图 10-2 所示。是由半径为 R_i 的部分球面、半径为 r 的过渡环壳和短圆筒所组成。

从几何形状看，碟形封头是一不连续曲面，在两个经线曲率突变处，存在较大边缘弯曲

应力。边缘弯曲应力与薄膜应力叠加，使该部位的应力远远高于其他部位，故受力状况不佳。但过渡环壳的存在降低了封头深度，方便成形。由于存在较大的边缘应力，在相同条件下碟形封头的厚度比椭圆形封头大。根据球壳薄膜应力公式，考虑封头边缘应力的影响，在设计中引入形状系数 M，得出厚度计算式为

$$\delta_h=\frac{Mp_cD_i}{2[\sigma]^t\varphi-0.5p_c} \tag{10-19}$$

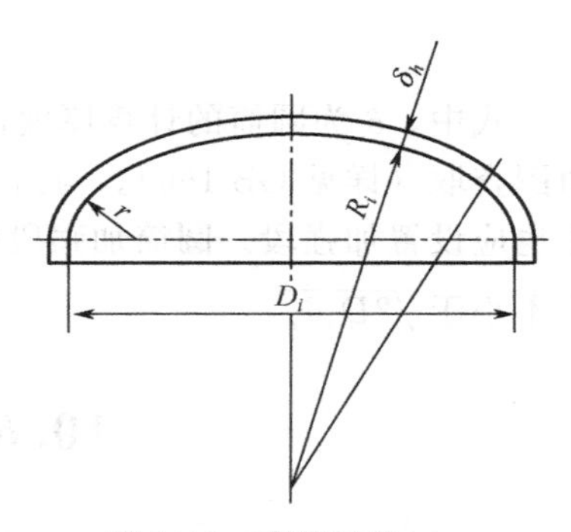

图 10-2　碟形封头

形状系数与结构尺寸有关，用式 (10-20) 计算。

$$M=\frac{1}{4}\left(3+\sqrt{\frac{R_i}{r}}\right) \tag{10-20}$$

由于承受内压的碟形封头在连接边缘处也可能出现压应力，为防止出现失稳，GB 150 规定：$R_i/r\leqslant5.5$ 的碟球形封头，其有效厚度应不小于封头内直径的 0.15%，其他封头有效厚度应不小于封头内直径的 0.30%。当确定封头厚度时已考虑了内压下的弹性失稳，可不受此限制。

碟形封头的最大允许工作压力按式 (10-21) 计算。

$$[p_w]=\frac{2[\sigma]^t\varphi\delta_{eh}}{KR_i+0.5\delta_{eh}} \tag{10-21}$$

10.5.4　球冠形封头

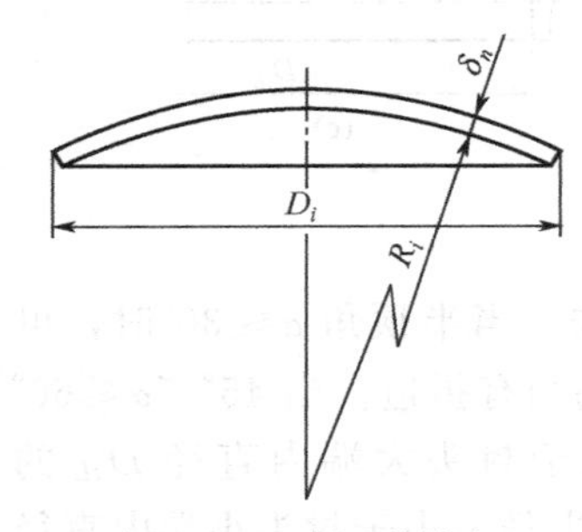

图 10-3　球冠形封头

为了进一步降低凸形封头的高度，将碟形封头的直边及过渡圆弧部分去掉，只留下球面部分。并把它直接焊在筒体上，这就构成了球冠形封头，见图 10-3。这种封头也称为无折边球形封头。球冠形封头可用作端封头，也可用作容器中两独立受压室的中间封头。

球冠形封头与筒体的连接，由于曲率的突变会产生较大的边缘应力，因此应对连接处的筒体和封头设置加强段，如图 10-4 所示。图中封头与筒体连接的 T 形接头采用全焊透结构。

受内压（凹面受压）封头计算厚度 δ_h 按内压球壳计算；受外压（凸面受压）封头计算厚度 δ_h 按外压球壳计算（见第 11 章）；对于中间封头，应考虑封头两侧最苛刻的压力组合工况。

封头加强段的厚度 δ_r 按式 (10-22) 计算。

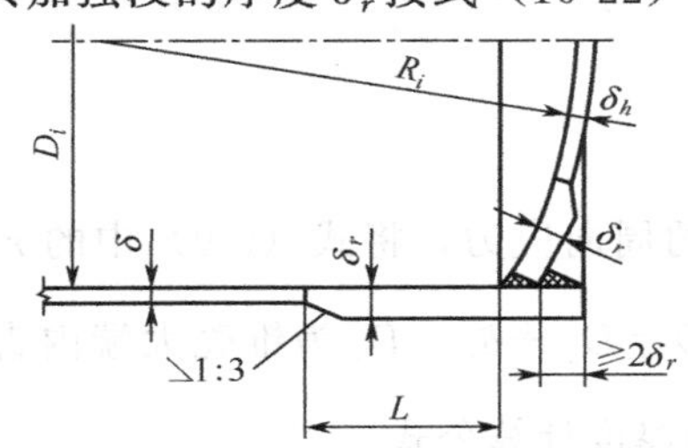

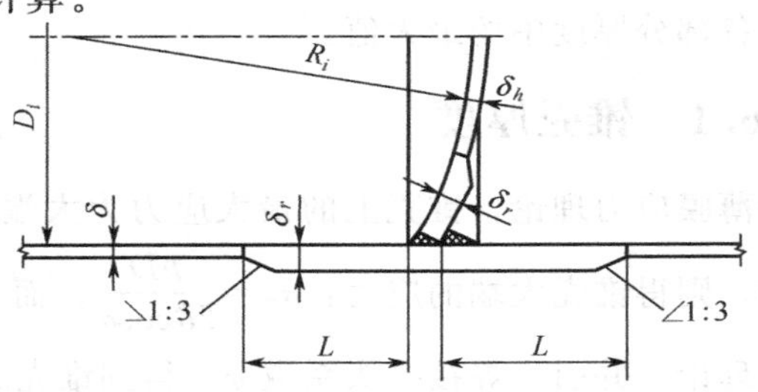

图 10-4　球冠形封头与筒体的连接

$$\delta_r = Q\delta \tag{10-22}$$

式中，δ 为圆筒的计算厚度，按第 10.1 节公式计算，Q 为系数，根据不同的受力情况由图查取（详见 GB 150）。与封头相连接的圆筒厚度不得小于封头加强段厚度，否则在圆筒上也应设置加强段。圆筒加强段厚度一般和封头加强段厚度一致。封头和筒体加强段长度均应不小于$\sqrt{2D_i\delta_r}$。

10.6 锥形封头的强度计算

锥形封头也称锥壳，在同等条件下，其受力状况比半球形封头、椭圆形封头和碟形封头都差；在与圆筒的连接处转折更为明显，曲率半径突变，产生较大的边缘应力。锥形封头主要用于不同直径圆筒的过渡连接和介质中含有固体颗粒或介质黏度较大时容器下部的出料口等，在中、低压容器中应用较为普遍。

图 10-5 为锥壳的结构形式。图（a）为有无折边锥壳，图（b）为大端折边锥壳，图（c）为折边锥壳。折边锥壳的受力状况优于无折边锥壳，但制造困难。

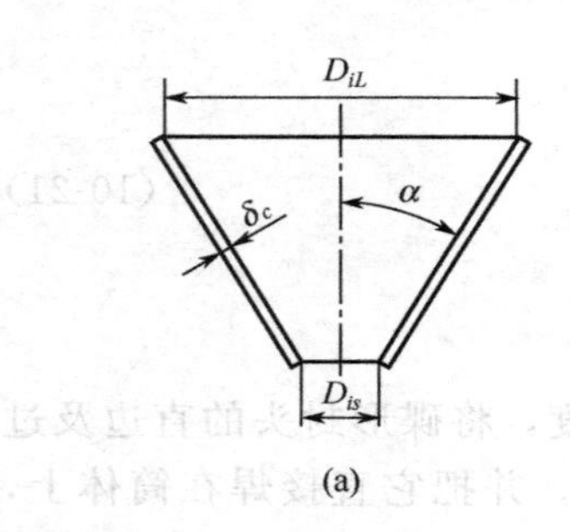

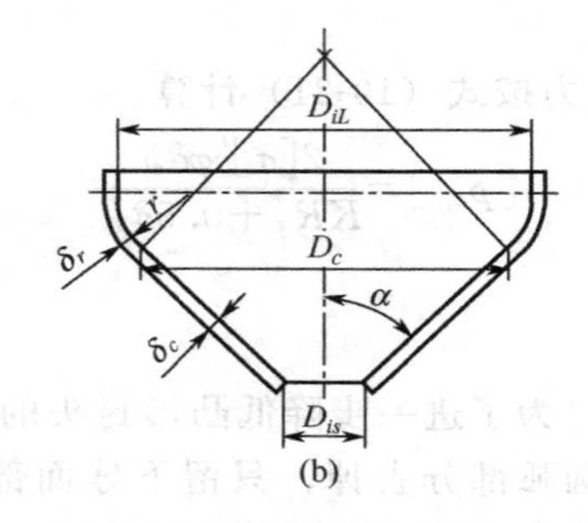

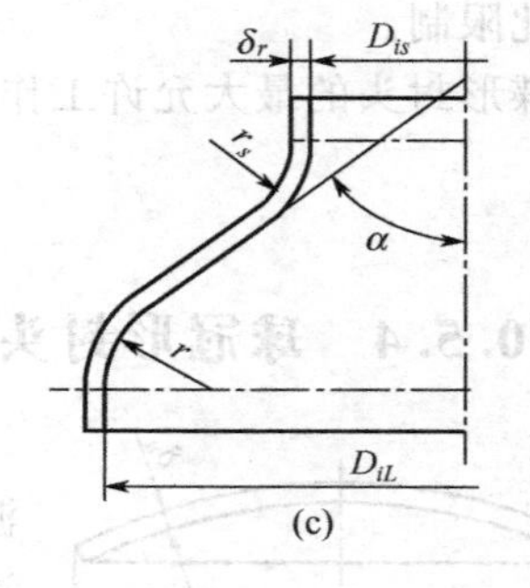

图 10-5 锥壳的结构形式

工程设计中根据锥壳半顶角 α 的不同，采用不同的结构形式。当半顶角 $\alpha \leqslant 30°$时，可采用无折边结构。当半顶角 $30° < \alpha \leqslant 45°$时，小端可无折边，大端须有折边。当 $45° < \alpha \leqslant 60°$ 时，大、小端均须有折边。大端折边锥壳过渡段转角半径不小于封头大端内直径 D_{iL} 的 10%，且不小于该过渡段厚度的 3 倍，小端折边锥壳过渡段转角半径不小于封头小端内直径 D_{iS} 的 5%，且不小于该过渡段厚度的 3 倍。当半顶角 $\alpha > 60°$时，按平板考虑或用应力分析方法确定。

锥壳的强度由锥壳部分内压引起的薄膜应力和锥壳两端与圆筒连接处的边缘应力决定。锥壳设计时，应分别计算锥壳厚度、锥壳大端和小端加强段厚度。若考虑只有一种厚度时，则取上述各部分厚度中的最大值。

10.6.1 锥壳厚度

根据薄膜应力理论，锥壳上的最大应力为大端的周向应力，将式（9-9）中的 r 用大端中径代替，则得锥壳大端的应力：$\sigma_\theta = \dfrac{pD}{2\delta\cos\alpha}$。而 $D = D_c + \delta_c$，D_c 为锥壳大端内直径，由第一强度理论，并引入焊接接头系数 φ，得到锥壳的厚度计算公式

$$\delta_c = \frac{p_c D_c}{2[\sigma]_c^t\varphi - p_c}\,\frac{1}{\cos\alpha} \tag{10-23}$$

式中，$[\sigma]_c^t$ 为设计温度下锥壳所用材料的许用应力。当锥壳由同一半顶角的几个不同厚度的锥壳段组成时，D_c 分别为各锥壳段大端内直径。

10.6.2　受内压无折边锥壳

10.6.2.1　锥壳大端

无折边锥壳与圆筒连接处，经线发生突然转折，两经线之间无公切线，所以在连接处相邻壳体上既存在由于自由变形不一致而引起的边缘应力，同时还存在着由横推力引起的局部弯曲应力。设计时应考虑对此处的锥壳和筒体进行加强。锥壳大端壁厚按以下步骤进行计算：

ⅰ. 按图 10-6 判断壳体是否需要加强，无需加强时，锥壳大端厚度按式（10-23）计算；

ⅱ. 需要加强时，应在锥壳和圆筒之间设置加强段，锥壳加强段和圆筒加强段具有相同的厚度 δ_r，按式（10-24）计算。

$$\delta_r = Q_1 \delta \tag{10-24}$$

式中，δ 用圆筒计算厚度公式计算，D_i 取锥壳大端内直径 D_{iL}，Q_1 为大端应力增值系数，由图 10-7 查取。

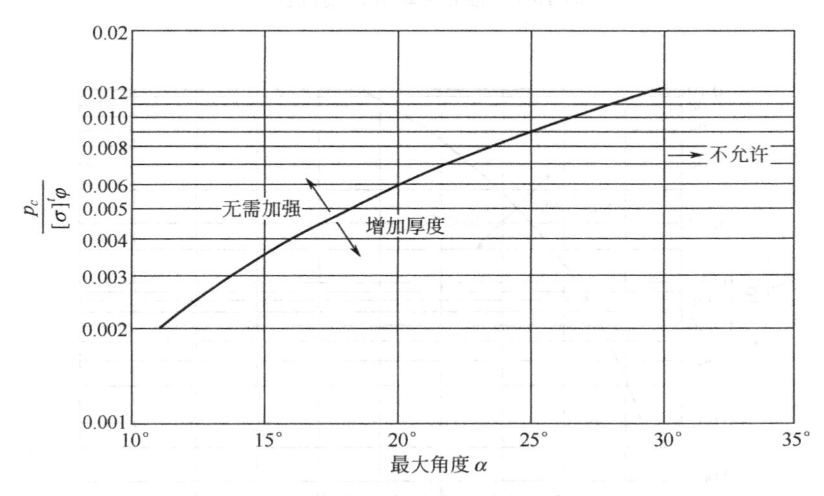

图 10-6　确定锥壳大端连接处的加强图

当 $\delta/R_L < 0.002$（R_L 为锥壳大端直边段中面半径）时，δ_r 按式（10-25）计算，Q_1 由图 10-7 按 $p_c/[\sigma]^t\varphi = 0.002$ 查取。

$$\delta_r = 0.001 Q_1 D_{iL} \tag{10-25}$$

在任何情况下，加强段的厚度不得小于相连接的锥壳厚度。锥壳加强段的长度 L_1 应不小于 $\sqrt{2D_{iL}\delta_r/\cos\alpha}$；圆筒加强段长度 L 应不小于 $\sqrt{2D_{iL}\delta_r}$。

10.6.2.2　锥壳小端

无折边锥壳小端与圆筒连接时，与大端处一样，在连接处亦存在边缘效应。壁厚的确定按以下步骤进行。

ⅰ. 按图 10-8 判断壳体是否需要加强，无需加强时，锥壳大端厚度按式（10-23）计算。

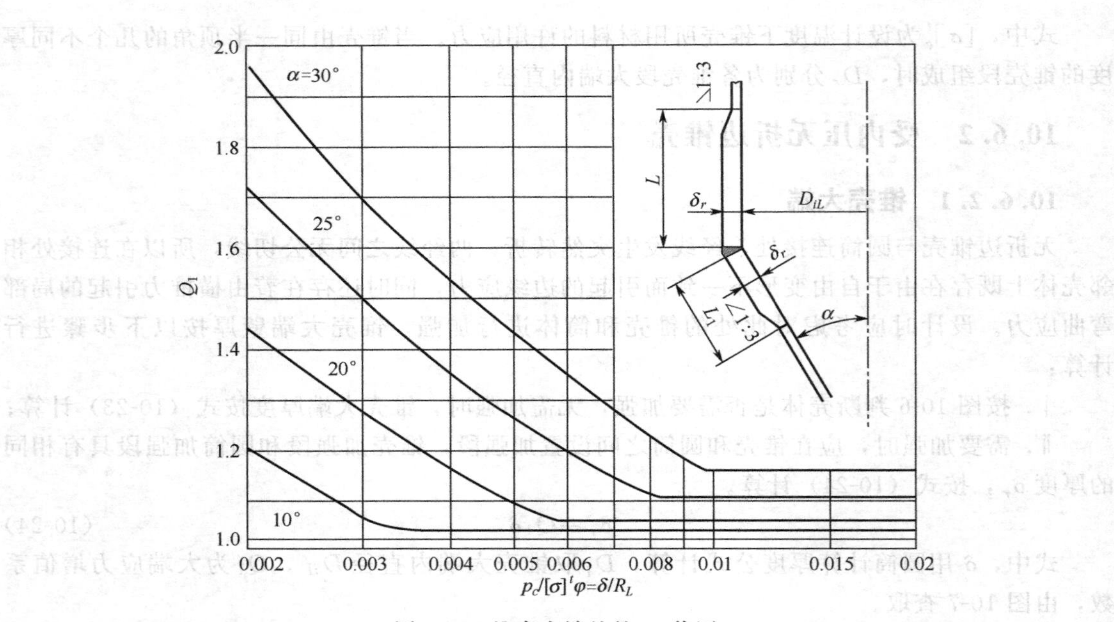

图 10-7　锥壳大端处的 Q_1 值图

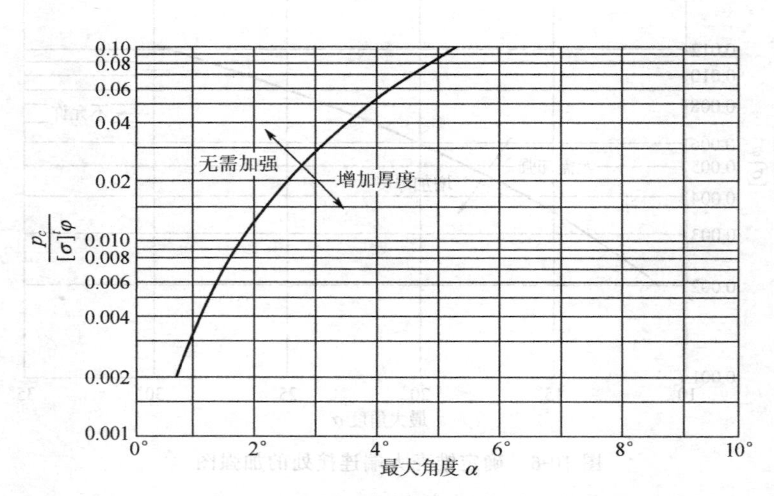

图 10-8　确定锥壳小端连接处的加强图

ⅱ. 需要加强时，应在锥壳和圆筒之间设置加强段，锥壳加强段和圆筒加强段具有相同的厚度 δ_r，按式（10-26）计算。其中 δ 用圆筒计算厚度公式计算，D_i 取锥壳小端内直径 D_{iS}，Q_2 为小端应力增值系数，由图 10-9 查取。

$$\delta_r = Q_2\delta \tag{10-26}$$

当 $\delta/R_S < 0.002$（R_S 为锥壳小端直边段中面半径）时，δ_r 按式（10-27）计算，Q_2 由图 10-9 按 $p_c/[\sigma]^t\varphi = 0.002$ 查取。

$$\delta_r = 0.001Q_2D_{iS} \tag{10-27}$$

在任何情况下，加强段的厚度不得小于相连接的锥壳厚度。锥壳加强段的长度 L_1 应不小于 $\sqrt{2D_{iS}\delta_r/\cos\alpha}$；圆筒加强段长度 L 应不小于 $\sqrt{2D_{iS}\delta_r}$。

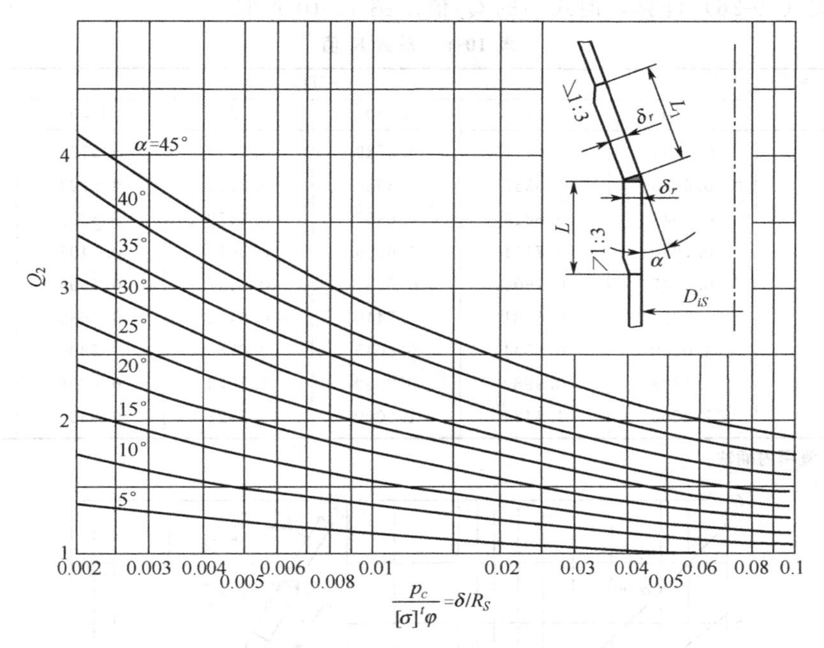

图 10-9　锥壳小端处的 Q_2 值图

10.6.3　受内压折边锥壳

为了减小锥壳与圆筒连接处的局部应力，常采用带折边锥壳，以缓解连接处几何不连续引起的边缘应力。

10.6.3.1　锥壳大端

① 与过渡段连接的锥壳厚度　如图 10-5（b）所示，锥壳部分的壁厚仍用式（10-23）计算。工程设计时，通常给出的是大端内直径 D_{iL}，为计算方便，需将 D_c 用 D_{iL} 代替。由图 10-5（b）得 $D_c = D_{iL} - 2r(1-\cos\alpha)$，代入式（10-23），整理后得

$$\delta_r = \frac{f p_c D_{iL}}{[\sigma]_c^t \varphi - 0.5 p_c} \tag{10-28}$$

$$f = \frac{1-2r(1-\cos\alpha)/D_{iL}}{2\cos\alpha} \tag{10-29}$$

② 过渡段厚度　过渡段类似于碟形封头的过渡段，但它与锥壳相连，与碟形封头和球壳相连相比，应力大小有所差别，但仍采用类似的计算公式，即式（10-30）。

$$\delta_r = \frac{K p_c D_{iL}}{2[\sigma]_c^t \varphi - 0.5 p_c} \tag{10-30}$$

式中　K——系数，见表 10-1。

10.6.3.2　封头小端

当锥壳半顶角 $\alpha \leqslant 45°$时，若小端无折边，按上述无折边锥壳小端的计算方法。如需折边，其小端过渡段按式（10-26）计算，Q_2值由图 10-9 查取。当锥壳半顶角 $\alpha > 45°$时，小端

过渡段仍按式（10-26）计算，但式中的 Q_2 值由图 10-10 查取。

表 10-1　系数 K 值

	r/D_{iL}					
	0.10	0.15	0.20	0.30	0.40	0.50
10°	0.6644	0.6111	0.5789	0.5403	0.5168	
20°	0.6956	0.6357	0.5986	0.5522	0.5223	
30°	0.7544	0.6819	0.6357	0.5479	0.5329	
35°	0.7980	0.7161	0.6629	0.5914	0.5407	
40°	0.8547	0.7604	0.6981	0.6127	0.5506	0.5000
45°	0.9253	0.8181	0.7440	0.6402	0.5635	
50°	1.0270	0.8944	0.8045	0.6765	0.5804	
55°	1.1608	0.9980	0.8859	0.7249	0.6208	
60°	1.3500	1.1433	1.0000	0.7923	0.6337	

注：中间值用内插法。

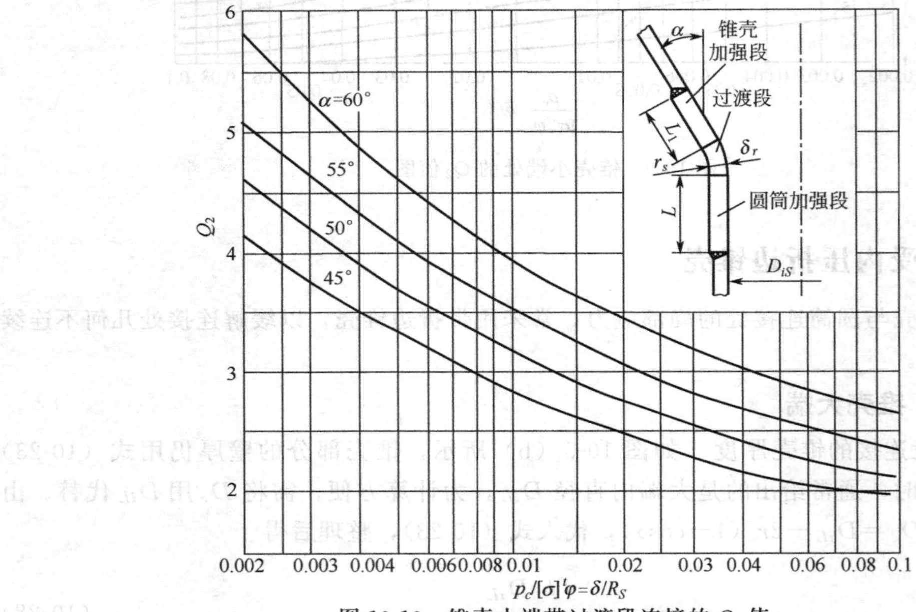

图 10-10　锥壳小端带过渡段连接的 Q_2 值

与过渡段相连接的锥壳和圆筒的加强段厚度应与过渡段厚度相同。锥壳加强段的长度 L_1 应不小于 $\sqrt{2D_{iS}\delta_r/\cos\alpha}$；圆筒加强段长度 L 应不小于 $\sqrt{2D_{iS}\delta_r}$。

10.7　平板封头的强度计算

平板封头（又称平盖），也是化工设备常用的一种封头。平板封头的几何形状有圆形、椭圆形、长圆形、矩形和方形等，其中以圆形使用最多。圆平板封头在压力的作用下将发生弯曲。根据平板理论，受均布载荷的圆平板，板内将产生两个方向的弯曲正应力，即圆周截面上的径向弯曲应力 σ_r 和径向截面上的周向弯曲应力 σ_θ。在同一半径上，σ_θ 处处相等，而 σ_r 则随半径的变化而变化。与梁的弯曲一样，截面上一点应力的大小与该点到中性层的距离成正比，板面上应力最大。平板上的应力分布还与平板的支承方式有关。

（1）周边简支（相当于简支梁）

$$\sigma_r=\pm\frac{3p_c}{8\delta_p^2}(3+\mu)(R^2-r^2)$$

$$\sigma_\theta=\pm\frac{3p_c}{8\delta_p^2}[(3+\mu)R^2-(1+3\mu)r^2] \tag{10-31}$$

式中，R 为圆平板半径，μ 为材料泊松比，δ_p 为平板厚度。在平板中心（$r=0$），板上的应力最大，且两个方向的应力相等，即

$$\sigma_{r\max}=\sigma_{\theta\max}=\pm\frac{3(3+\mu)}{8\delta_p^2}p_cR^2 \tag{10-32}$$

（2）周边固定（相当于固定端）

$$\sigma_r=\pm\frac{3p_c}{8\delta_p^2}[(1+\mu)R^2-(3+\mu)r^2]$$

$$\sigma_\theta=\pm\frac{3p_c}{8\delta_p^2}[(1+\mu)R^2-(1+3\mu)r^2] \tag{10-33}$$

当 $r=R$ 时，板上的径向应力达到最大

$$\sigma_{r\max}=\pm\frac{3p_cR^2}{4\delta_p^2} \tag{10-34}$$

当 $r=0$ 时，板上的周向应力达到最大，且和该点径向应力相等

$$\sigma_{\theta\max}=\pm\frac{3(1+\mu)p_cR^2}{8\delta_p^2}=\sigma_r \tag{10-35}$$

比较式（10-34）和式（10-35）知，周边固定平板的最大应力为 $r=R$ 处的径向应力。

从式（10-32）和式（10-34）可以看出，平板上的最大弯曲应力与 $(R/\delta_p)^2$ 成正比。由第 9 章的内容知道，旋转薄壳的最大应力与 R/δ 成正比。所以说，当平板的直径和筒体直径相同、板厚和筒体壁厚相等、承受同样大小的压力时，在板内产生的应力要比薄壳中的大得多。也就是说，在承受相同压力下，平板封头要比凸形封头厚得多。

但是，由于平板封头结构简单，制造方便，故而在压力不高，直径较小的容器中，采用平板封头比较经济简便。对于压力容器的人孔、手孔等在操作时需要用盲板封闭的地方，也广泛采用平板封头。在高压容器中封头很厚，直径又相对较小，凸形封头的制造较为困难，于是宁可多消耗材料采用平板封头以换得制造的方便。

由于实际平板封头与筒体相连接，支承既不是固支，也不是简支，而是介于二者之间。在承受内压时最大应力可能出现在封头的中心部位，也可能出现在封头与筒体的连接部位，这取决于具体的连接结构形式和筒体的尺寸参数。为此引入结构特征系数 K，将平盖上的最大应力统一表示为：

$$\sigma_{\max}=K\frac{p_cD_c^2}{\delta_p^2} \tag{10-36}$$

式中　D_c——平盖的计算直径，见表 10-2；

　　K——结构特征系数，见表 10-2，其他结构的 K 值可查阅 GB 150。

根据第一强度理论并考虑焊接接头系数，得出圆平板封头厚度计算公式

$$\delta_p = D_c \sqrt{\frac{K p_c}{[\sigma]^t \varphi}} \tag{10-37}$$

表 10-2　封头结构特征系数

固定方法	序号	简图	结构特征系数 K	备注
与圆筒一体或对焊	1	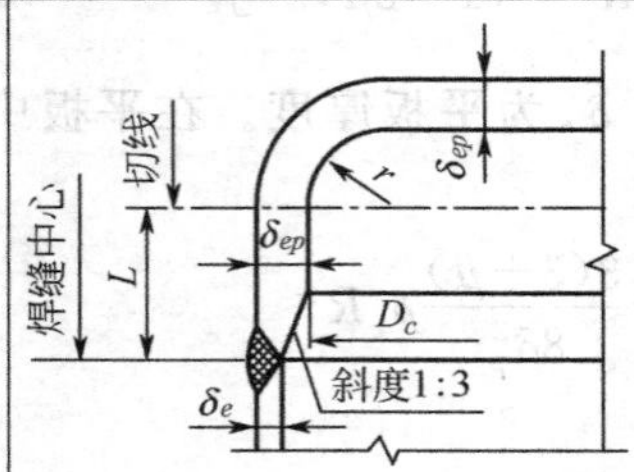	0.145	仅适用于圆形平盖 $p_c \leqslant 0.6\text{MPa}$ $L \geqslant 1.1\sqrt{D_i \delta_e}$ $r \geqslant 3\delta_{ep}$
角焊缝或组合焊缝连接	2	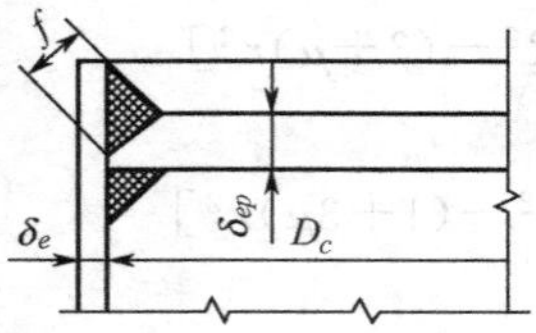	圆形平盖：$0.44m$ （$m=\delta/\delta_e$），且不小于 0.3；非圆形平盖：0.44。	$f \geqslant 1.4\delta_e$
	3	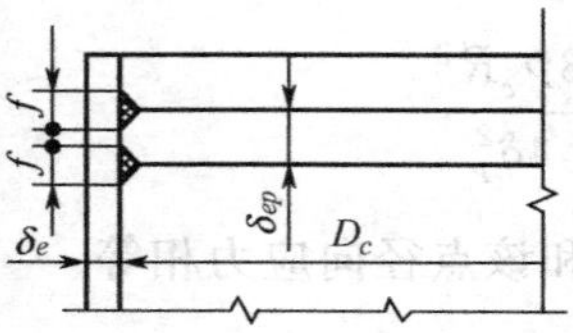	圆形平盖：$0.44m$ （$m=\delta/\delta_e$），且不小于 0.3；非圆形平盖：0.44。	$f \geqslant \delta_e$
螺栓连接	4	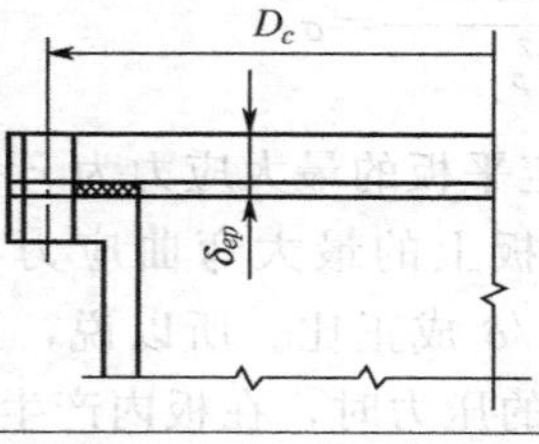	圆形平盖或非圆形平盖：0.25	
	5	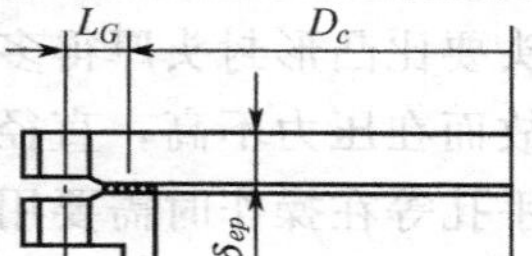	圆形平盖：操作时 $0.3+\dfrac{1.78WL_G}{p_c D_c^3}$ 预紧时 $\dfrac{1.78WL_G}{p_c D_c^3}$	
	6	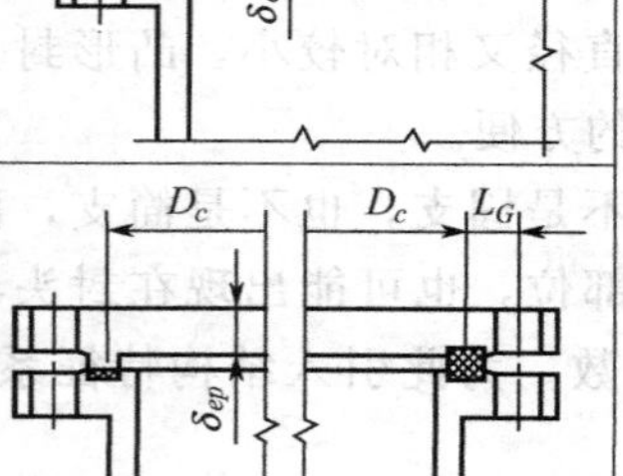	非圆形平盖：操作时 $0.3Z+\dfrac{6WL_G}{p_c La^2}$ 预紧时 $\dfrac{6WL_G}{p_c La^2}$	

习题

10-1　说明设计压力和计算压力的区别与联系。

10-2　简述计算厚度、设计厚度、名义厚度、有效厚度之间的关系。

10-3　焊接接头系数的意义是什么？它由哪些因素确定？

10-4　哪些壳体规定了最小厚度？确定最小厚度原因是一样的吗？

10-5　压力试验的目的是什么？为什么要尽可能采用液压试验？

10-6　椭圆形封头、碟形封头为何均设置直边段？

10-7　从受力和制造两方面比较半球形封头、椭圆形封头、碟形封头、锥壳和平盖的特点，并说明其主要应用场合。

10-8　某化工厂反应釜，筒体内直径 1400mm，两端为标准椭圆形封头，工作温度 5～150℃、工作压力 1.5MPa，釜体上装有安全阀。釜体材料为 S30408 钢板，双面对接焊、全部无损检测。试确定反应釜筒体和封头的厚度。

10-9　某立式罐盛装密度 1160kg/m³ 的液体。罐体材料 Q245R，正常工作时罐内液面不超过 3200mm，罐顶内表面离罐底的深度为 5000mm，罐体内径 2000mm。设计压力 0.12MPa，设计温度为 60℃，腐蚀裕量 2mm，焊接接头系数 0.85，罐体实测厚度为 6mm，试校核该罐体的强度。

10-10　有一库存圆筒形容器，实测壁厚为 10mm，内径 1000mm，焊缝为双面对接焊，启用前经 100%射线探伤合格，筒体材料为 Q245R，现欲利用该容器承受操作压力 1MPa 的内压，工作温度为 225℃，取厚度附加量为 2mm，容器上装有安全阀。问该容器能否安全使用？

10-11　试确定一液氨储罐的筒体及封头壁厚。容器材料为 Q345R，储罐内径 1200mm，设计温度 50℃。该温度下氨的饱和蒸气压为 2.03MPa。封头分别按半球形、标准椭圆形、碟形（$R_i=0.9D_i$，$r=0.15D_i$）和球冠形（$R_i=0.9D_i$）四种型式计算，并进行比较。腐蚀裕量为 1.5mm。

10-12　某化工厂有一反应釜，釜体内径为 800mm，圆筒部分高 1000mm，工作温度 300℃，工作压力 1.2MPa，材料 S30408，介质无腐蚀。反应釜顶部为平板封头，下部为一半锥角 45°的锥形底，釜底接管公称直径 100mm。试确定该釜的釜体、封头及接管壁厚。平板封头的型式采用表 10-2 中序号 5 的结构形式。

10-13　一内径为 D_i 的圆柱形容器，一端封头为标准椭圆形，一端为碟形（$R_i=0.9D_i$，$r=0.15D_i$），筒体和两封头的壁厚均为 δ。试写出该容器许用压力的计算式。

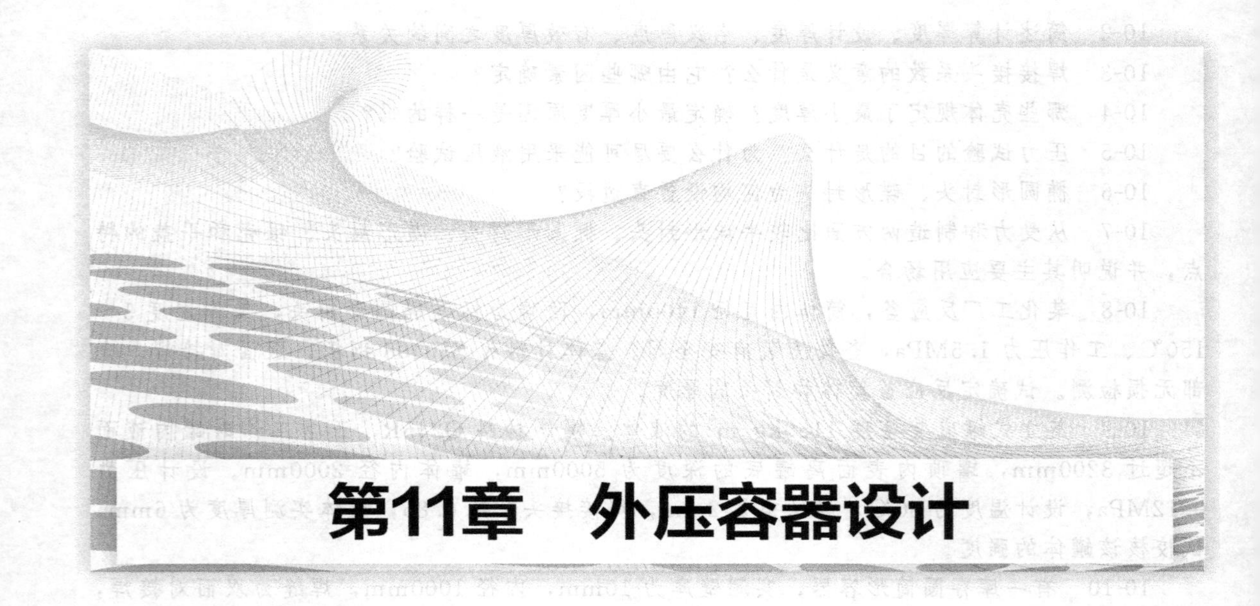

第11章 外压容器设计

11.1 外压容器的稳定性

外压容器是指容器的外部压力大于内部压力的容器。在石油、化工生产中，处于外压操作的设备很多，例如石油分馏中的减压蒸馏塔、多效蒸发中的真空冷凝器、带有蒸汽加热夹套的反应釜以及真空干燥、真空结晶设备等。

11.1.1 外压圆筒的失稳

当圆筒承受外压时，与受内压作用一样，也将在筒壁上产生经向和周向压缩应力，可以用薄膜应力理论计算。如果压缩应力超过材料的屈服极限或强度极限时，和内压圆筒一样，也将发生强度破坏。然而，这种情况极少发生，往往是圆筒的强度足够却突然失去了原有的形状，筒壁被压瘪或发生褶皱，筒壁的圆环截面一瞬间变成了波形，如图 11-1 所示。在外压作用下，壳壁内的压应力远小于筒体材料的屈服极限时，筒体突然失去原有形状的现象称为弹性失稳。图 11-2 是外压薄壁圆筒失稳时在圆筒的横截面上可能出现的几何形状。筒体发生弹性失稳将使其不能维持正常操作，造成容器失效。失稳是外压容器失效的主要形式，因此保证筒体的稳定是维持外压容器正常工作的必要条件。

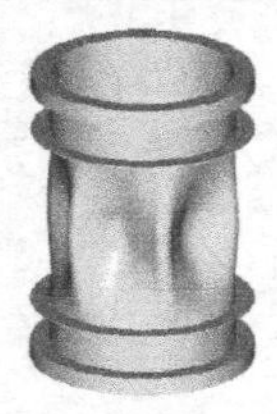

图 11-1 外压圆筒的压瘪现象图

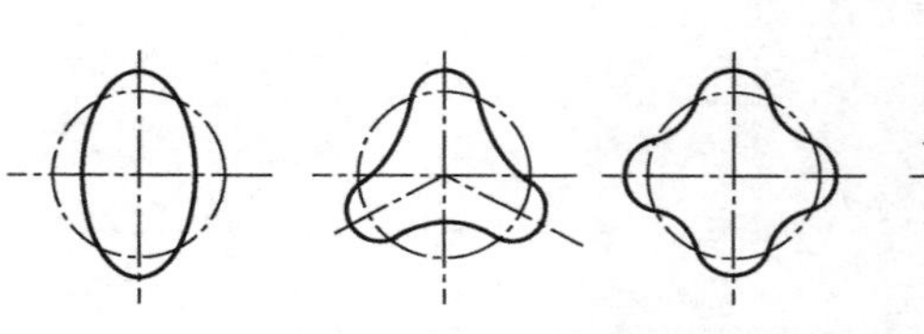

图 11-2 圆筒的横截面受压失稳后的几何形状变化

失稳前，筒壁内的周向应力为均匀分布的薄膜应力。在失稳后伴随着突然的变形，在筒壁内产生以弯曲应力为主的、复杂的附加应力。由于发生弯曲变形，使得轴对称问题变成非轴对称问题，并随弯曲变形的增加，弯矩增大，两者相互促进，迅速发展到筒体被压瘪为止。

外压圆筒通常发生弹性失稳。当筒体厚度增大时，筒壁中的压应力超过材料屈服极限才发生失稳，这种失稳称为弹塑性失稳或非弹性失稳。本章仅介绍外压容器的弹性失稳。

外压容器的失稳分为整体失稳和局部失稳。整体失稳按其受力方式又分为周向失稳和轴向失稳。圆筒由于受均匀径向外压引起的失稳叫做周向失稳，周向失稳时壳体横断面由原来的圆形被压瘪成波形，其波数可为 2，3，4，…，如图 11-2 所示。如果薄壁容器承受轴向外压，当载荷达到某一数值时，也能丧失稳定性，但在失去稳定时，圆筒仍然具有圆形的环截面，但母线产生了波形，即圆筒发生了褶皱，这种失稳形式称为轴向失稳，如图 11-3 所示。

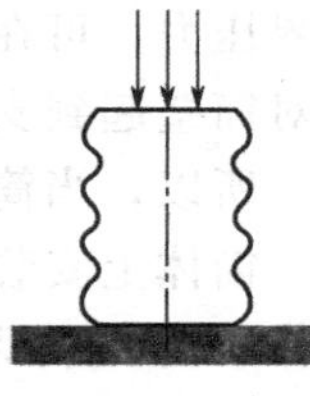
图 11-3　外压圆筒的周向失稳

局部失稳一般发生在容器支座或其他支承处，在安装运输过程中由于过大的局部外压也可能引起局部失稳；另外，某些内压容器若存在较大的局部压应力也可能发生局部失稳，如椭圆形封头的过渡区。

11.1.2　临界压力

外压圆筒失稳时所承受的外压称为该圆筒的临界压力，以 p_{cr} 表示，临界压力是表征外压圆筒抵抗失稳能力的重要参数。筒体在临界压力作用下，筒壁内的周向压缩应力称为临界应力，以 σ_{cr} 表示。容器所受外压力低于 p_{cr} 时，产生的变形在压力卸除后能恢复其原来的形状，即发生弹性变形。容器所受外压力高于 p_{cr} 时，容器将发生失稳。临界压力的大小与筒体几何尺寸、材料性能及筒体椭圆度等因素有关。

11.1.2.1　临界压力与筒体尺寸的关系

为了寻求临界压力与筒体尺寸的关系，可从分析圆筒抽空实验结果得到。试件用四个赛璐珞塑料圆筒，筒内抽空。实验结果列于表 11-1。

表 11-1　抽空实验结果

实验序号	筒径 D /mm	筒长 L /mm	有无加强圈	壁厚 δ /mm	失稳时的真空度 /mmHg①	失稳时的波形数
①	90	175	无	0.51	500	4
②	90	175	无	0.30	300	4
③	90	350	无	0.30	120～150	3
④	90	350	有一个	0.30	300	4

①1mmHg＝133.322Pa

由表 11-1 的数据可见：比较①、②号实验，当 L/D 相同时，δ/D 大者临界压力高；比较②、③号实验，当 δ/D 相同，L/D 小者临界压力高；比较③、④号实验，当 δ/D、L/D 都相同时，有加强圈者临界压力高。

对以上实验结果可做如下定性分析。

ⅰ. 圆筒失稳时，筒壁变成了波形，筒壁各点的曲率发生了突变，这说明筒壁在周向受到弯曲。筒壁的 δ/D 越大，其抗弯能力越强。所以，δ/D 大者，圆筒的临界压力高。

ⅱ. 封头的刚性比筒体高，圆筒承受外压时，封头对筒壁起着一定的支撑作用。这种支撑作用的效果将随着圆筒几何长度的增长而减弱。因此，当圆筒的 δ/D 相同时，筒体短者，临界压力高。

ⅲ. 当圆筒长度超过某一限度后，封头对筒体中部的支撑作用将消失。这种得不到封头支撑作用的圆筒叫长圆筒，反之叫短圆筒。显然，当两圆筒的 δ/D 相同时，长圆筒的临界压力低于短圆筒。为了在不变动圆筒几何长度的条件下，将长圆筒变为短圆筒，以便提高其临界压力，可在筒体外壁或内壁焊上若干个加强圈。只要加强圈有足够大的刚性，它同样可以对筒壁起到支撑作用，从而使原来得不到封头支撑作用的筒壁，得到了加强圈的支撑作用。所以，当筒体的 δ/D、L/D 值均相同时，有加强圈者临界压力高。

筒体上安装加强圈以后，筒体的几何长度，对于计算临界压力就没有直接意义了。这时起作用的是所谓计算长度，这一长度是指两相邻加强圈的间距。计算长度的确定详见11.3.3节。

11.1.2.2 临界压力与材料性能的关系

圆筒失稳时筒壁的强度，在绝大多数情况下是足够的。这说明筒体几何形状的突变，并不是由于材料强度不够引起的，即和筒体材料的屈服无关。与压杆失稳情况一样，筒体失稳主要是弯曲变形引起的。因此抵抗变形能力强的材料，失稳时临界压力就高。表示材料抵抗变形能力的指标是弹性模量 E 和泊松比 μ。一般钢材的 E 和 μ 相差不大，因此外压容器采用高强度钢没有意义。

11.1.3 外压圆筒设计准则

长圆筒与短圆筒临界压力的计算公式，都是在认为圆筒截面是规则圆形及材料均匀的情况下得到的。而实际使用的筒体不可能是绝对圆的，都存在一定的椭圆度，所以实际筒体的临界压力值将低于由公式计算得到的理论值。另外，实际的圆筒在经历成形、焊接或焊后热处理后存在各种原始缺陷，如几何形状和尺寸的偏差、材料性能不均匀等，都会直接影响临界压力计算值的准确性。由于这些不确定因素的存在，工程上的处理方法是类似于强度计算中的安全系数，取一稳定系数 m。因此圆筒许用外压力为

$$[p]\leqslant\frac{p_{cr}}{m} \tag{11-1}$$

式中 $[p]$ ——许用外压力，MPa；

p_{cr} ——临界压力，MPa；

m ——稳定系数，GB 150 规定 $m=3$（由于临界压力与圆筒的形状偏差有很大关系，稳定系数 $m=3$ 是以达到一定的制造要求为前提的）。

11.2 外压圆筒的公式设计法

11.2.1 临界压力

11.2.1.1 长圆筒的临界压力

从实验结果分析得到，外压圆筒受到封头或加强圈的支撑，与不受封头或加强圈的支撑，其失稳时的临界压力相差很大。理论分析也证明了这一点。对于长圆筒，早在1866年Bresse首先导出了理想圆筒周向受均匀外压失稳的临界压力计算公式

$$p_{cr}=\frac{2E}{1-\mu^2}\left(\frac{\delta_e}{D}\right)^3 \tag{11-2}$$

式中 μ——泊松比；

δ_e——圆筒有效厚度，mm；

E——操作温度下的材料弹性模量，MPa；

D——圆筒的中面直径，可近似地取圆筒外径，$D \approx D_o$，mm。

从式中可以看出，长圆筒的临界压力与圆筒的长度无关。对于碳钢，$\mu = 0.3$，则式(11-2) 变为

$$p_{cr} = 2.2E(\delta_e / D_o)^3 \tag{11-3}$$

临界压力在筒壁中引起的周向压缩临界应力为

$$\sigma_{cr} = \frac{p_{cr} D_o}{2\delta_e} = 1.1E\left(\frac{\delta_e}{D_o}\right)^2 \tag{11-4}$$

式 (11-3) 只有在临界应力 σ_{cr} 小于材料的屈服极限 R_{eL} 时才适用。

11.2.1.2 短圆筒的临界压力

短圆筒的变形比较复杂，由于两端的约束或刚性构件对筒体变形的支撑作用较为显著，在失稳时会出现两个以上的波纹，其临界压力由 Mises 在 1914 年首先导出，即

$$p_{cr} = \frac{E\delta_e}{R(1-\mu^2)}\left\{\frac{1-\mu^2}{(n^2-1)\left[1+\left(\frac{nL}{\pi R}\right)^2\right]^2} + \frac{\delta_e^2}{12R^2}\left[(n^2-1) + \frac{2n^2-1-\mu}{1+\left(\frac{nL}{\pi R}\right)^2}\right]\right\} \tag{11-5}$$

式中，n 为波数，L 为筒体计算长度。

式 (11-5) 比较复杂，而且计算时需要已知失稳时出现的波数。工程上采用近似的方法将其简化为

$$p_{cr} = \frac{2.6ED_o}{L}\left(\frac{\delta_e}{D_o}\right)^{2.5} \tag{11-6}$$

式 (11-6) 称为拉姆 (B. M. Pamm) 公式，仅适合于弹性失稳，即 $\sigma_{cr} < R_{eL}$。

临界压力在筒壁中引起的周向压缩临界应力为

$$\sigma_{cr} = \frac{p_{cr} D_o}{2\delta_e} = \frac{1.3E}{L/D_o}\left(\frac{\delta_e}{D_o}\right)^{1.5} \tag{11-7}$$

11.2.2 临界长度

长圆筒与短圆筒的区别在于是否承受端部约束。实际的外压圆筒是长圆筒还是短圆筒，可根据临界长度 L_{cr} 来判定，临界长度即为长、短圆筒的分界线。当圆筒的计算长度 $L_{cr} > L$ 时为长圆筒，其临界压力按长圆筒公式 (11-3) 计算；当圆筒的计算长度 $L_{cr} < L$ 时为短圆筒，临界压力按短圆筒公式 (11-6) 计算。当圆筒处于临界长度，即 $L_{cr} = L$ 时，既可看成长圆筒，又可看成短圆筒，则用长圆筒公式计算所得的临界压力值和用短圆筒公式计算的临界压力值应相等，即

$$2.2E\left(\frac{\delta_e}{D}\right)^3 = \frac{2.6ED_o}{L}\left(\frac{\delta_e}{D_o}\right)^{2.5}$$

由上式得出临界长度计算公式

$$L_{cr}=1.17D_o\sqrt{D_o/\delta_e} \tag{11-8}$$

11.2.3 外压圆筒的公式设计法

利用长圆筒和短圆筒的临界压力计算公式，根据外压圆筒的设计准则，就可进行外压圆筒的设计，步骤如下。

ⅰ. 假设筒体的名义厚度 δ_n；

ⅱ. 计算筒体的有效厚度 δ_e，$\delta_e=\delta_n-C$；

ⅲ. 按式（11-8）求出临界长度 L_{cr}，将圆筒的计算长度 L 与临界长度 L_{cr} 进行比较，判断圆筒属于长圆筒还是短圆筒；

ⅳ. 根据圆筒类型，选用相应公式计算临界压力 p_{cr}；

ⅴ. 利用式（11-1）计算许用外压 $[p]$；

ⅵ. 比较计算外压 p_c 和许用外压 $[p]$ 的大小，若 $p_c\leqslant[p]$，且较为接近，则假设的名义厚度 δ_n 符合要求；否则应重新假设 δ_n，重复以上步骤，直到满足要求为止。

解析法求取外压容器的许用外压比较繁琐，需要反复试算。另外，材料应力在比例极限范围，弹性模量才是常数。为便于工程设计，设计规范均推荐采用图算法。

11.3 外压圆筒和球壳的图算设计法

11.3.1 算图的绘制原理

图算法的基础是解析法，将解析法的相关公式经过分析整理，绘制成两张图。一张图反映圆筒受外压力后，变形与几何尺寸之间的关系，称为几何参数计算图；另一张图反映不同材质的圆筒在不同温度下，所受外压力与变形之间的关系，称为厚度计算图，不同的材料有不同的图。

11.3.1.1 几何参数计算图

在求解外压圆筒的临界压力时，无论是长圆筒还是短圆筒，其临界压力计算公式都可归纳成以下形式

$$p_{cr}=KE(\delta_e/D_o)^3 \tag{11-9}$$

式中，K 为外压圆筒的几何特征系数，长圆筒的 $K=2.2$，短圆筒的 K 值与 L/D_o、D_o/δ_e 有关。

外压圆筒在临界压力作用下，壳壁内产生的周向压缩应力称为临界应力，即

$$\sigma_{cr}=\frac{p_{cr}D_o}{2\delta_e}=\frac{KE}{2}\left(\frac{\delta_e}{D_o}\right)^2 \tag{11-10}$$

因为在塑性状态时弹性模量 E 为变量，为避开 E，采用应变表征失稳时的特征。在此临界应力作用下产生周向应变 ε_{cr}，外压圆筒设计中以 A 代替 ε_{cr}，即

$$A=\varepsilon_{cr}=\frac{\sigma_{cr}}{E}=\frac{K}{2}\left(\frac{\delta_e}{D_o}\right)^2=f\left(\frac{L}{D_o},\frac{D_o}{\delta_e}\right) \tag{11-11}$$

将 A 与圆筒几何参数 L/D_o、D_o/δ_e 的关系绘成曲线，即为外压圆筒的几何参数计算图，见图 11-4。该图中的上部为垂直线簇，这是长圆筒情况，表明失稳时应变量与圆筒的 L/D_o 值无关；图的下部是倾斜线簇，属短圆筒情况，表明失稳时的应变与 L/D_o、D_o/δ_e

都有关。图中垂直线与倾斜线交接点处所对应的 L/D_o 是临界长度与外径的比。此算图与材料的弹性模量 E 无关，因此，对各种材料的外压圆筒都能适用。

11.3.1.2　厚度计算图

对于不同材料的外压圆筒，还需找到 A 与 p_{cr} 的关系，才能求得圆筒的许用外压。由前述可知

$$[p]=\frac{p_{cr}}{m}=\frac{KE}{3}\left(\frac{\delta_e}{D_o}\right)^3 \tag{11-12}$$

利用式（11-10）及式（11-11），对式（11-12）进行整理。得

$$\frac{[p]D_o}{\delta_e}=\frac{KE}{3}\left(\frac{\delta_e}{D_o}\right)^2=\frac{2}{3}\frac{KE}{2}\left(\frac{\delta_e}{D_o}\right)^2=\frac{2}{3}\sigma_{cr}=\frac{2}{3}AE$$

令　$B=\frac{[p]D_o}{\delta_e}$，则

$$B=\frac{2}{3}\sigma_{cr}=\frac{2}{3}AE \tag{11-13}$$

从式（11-13）可知，A 与 B 的关系就是 A 与 $2\sigma_{cr}/3$ 的关系，A 即 ε_{cr}，所以上式也就是 σ-ε 关系，可以用材料拉伸曲线在纵坐标上按 2/3 取值得到。由于同类钢材的 E 值大致相同，而不同类别的钢材 E 值差别较大，因此，将屈服极限相近钢种的 A-B 关系曲线画在同一张图上（即数种钢材合用一张图），如图 11-5～图 11-8 是 GB 150 中给出的部分 A-B 关系图。

由于材料的 E 值及拉伸曲线随温度不同而不同，所以每张图中都有一组与温度对应的曲线，表示该材料在不同温度下的 A-B 关系，称为材料的温度线。每一条 A-B 曲线的形状都与对应温度的 ε-σ 曲线相似，其直线部分表示应力 σ 与应变 ε 成正比，材料处于弹性阶段；曲线部分对应于非弹性范围，故该图对弹性、非弹性失稳都适用。

根据材料类别选择适合的厚度计算图，由 A 查得 B，再按式（11-14）计算许用外压，即

$$[p]=\frac{B}{D_o/\delta_e} \tag{11-14}$$

11.3.2　外压圆筒设计

工程上，根据 D_o/δ_e 值的大小，将外压圆筒划分为薄壁圆筒和厚壁圆筒。GB 150 以 $D_o/\delta_e=20$ 为界限划分，即当 $D_o/\delta_e \geqslant 20$ 时为薄壁圆筒，外压计算仅考虑失稳问题，$D_o/\delta_e<20$ 时为厚壁圆筒，既要满足稳定性要求，又要满足强度要求。以下是外压圆筒的设计步骤。

11.3.2.1　$D_o/\delta_e \geqslant 20$ 的圆筒

ⅰ. 假设圆筒的名义厚度 δ_n，计算 $\delta_e=\delta_n-C$，定出 L/D_o，D_o/δ_e 值。

ⅱ. 在图 11-4 的左方找到 L/D_o 值的所在点，由此点向右引水平线与 D_o/δ_e 线相交（遇中间值，则用内插法）。若 $L/D_o>50$，则用 $L/D_o=50$ 查图；若 $L/D_o<0.05$，则用 $L/D_o=0.05$ 查图。

ⅲ. 由此交点引垂直线向下，在图的下方得到系数 A。

ⅳ. 根据所用材料，从 A-B 关系图中选出适用的一张，在该图下方找到 A 所在点。若 A 值落在该设计温度下材料温度曲线的右方，则由此点向上引垂线与设计温度下的材料线

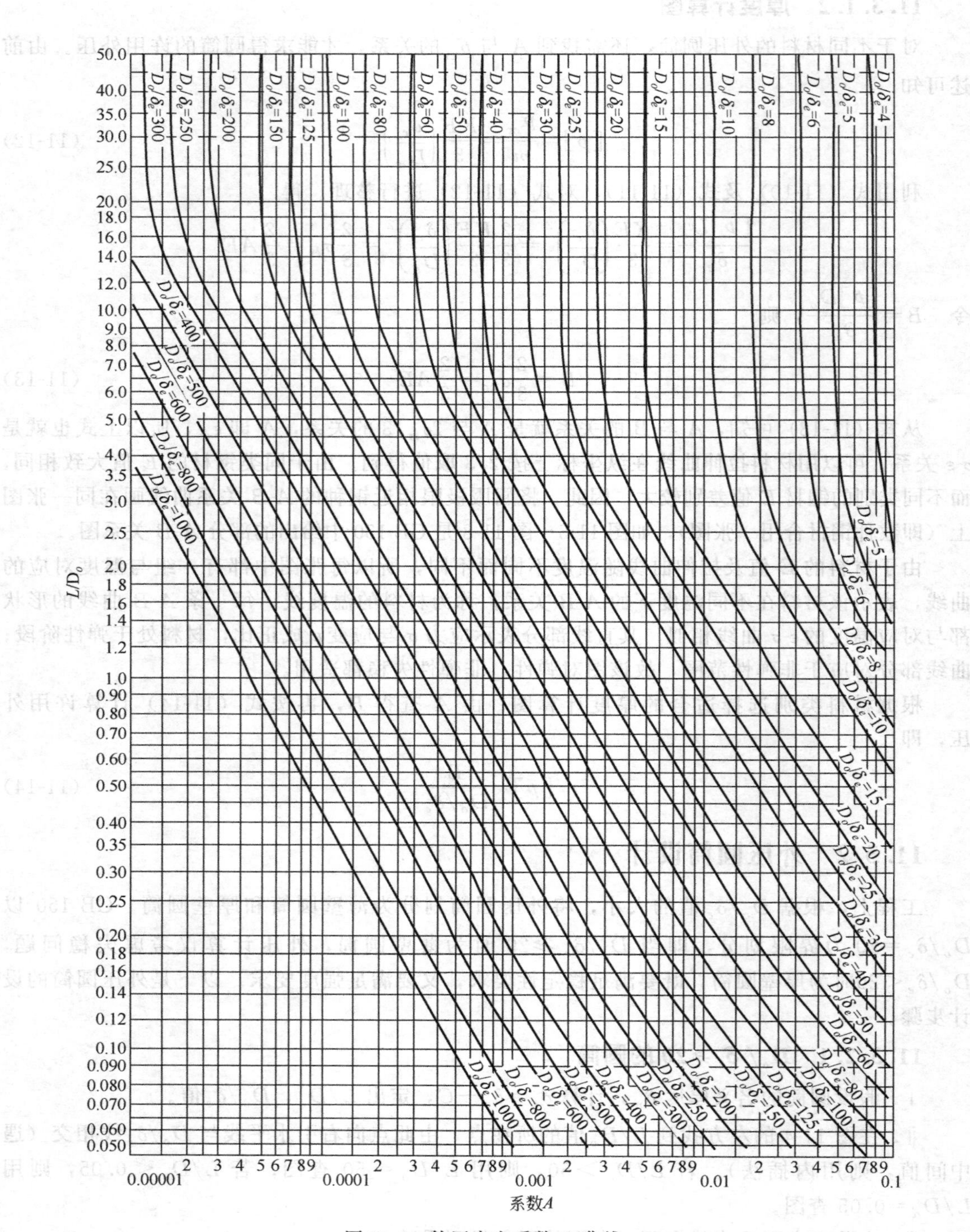

图 11-4　外压应变系数 A 曲线

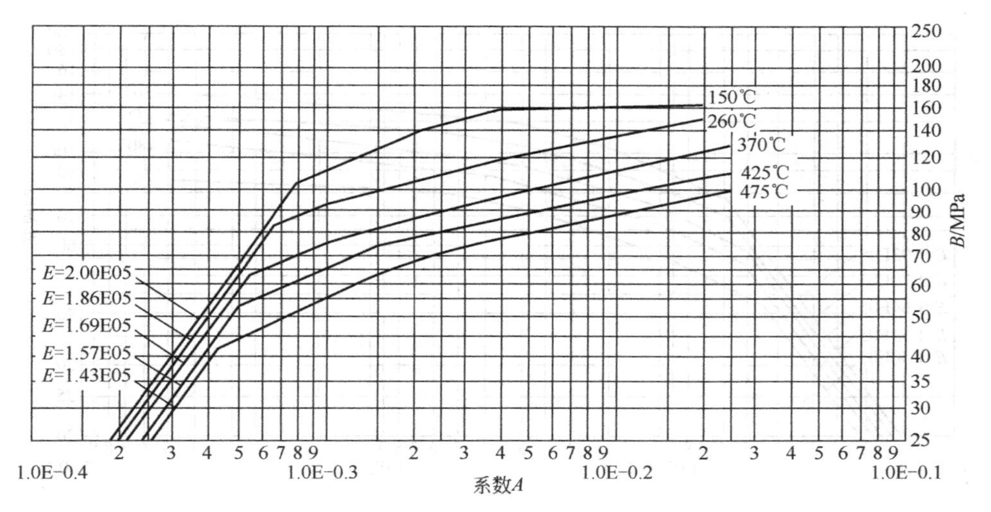

图 11-5　外压应力系数 B 曲线（除 Q345R 以外，屈服强度 $R_{eL}>207$MPa 的碳钢、低合金钢和 S11306 钢等）

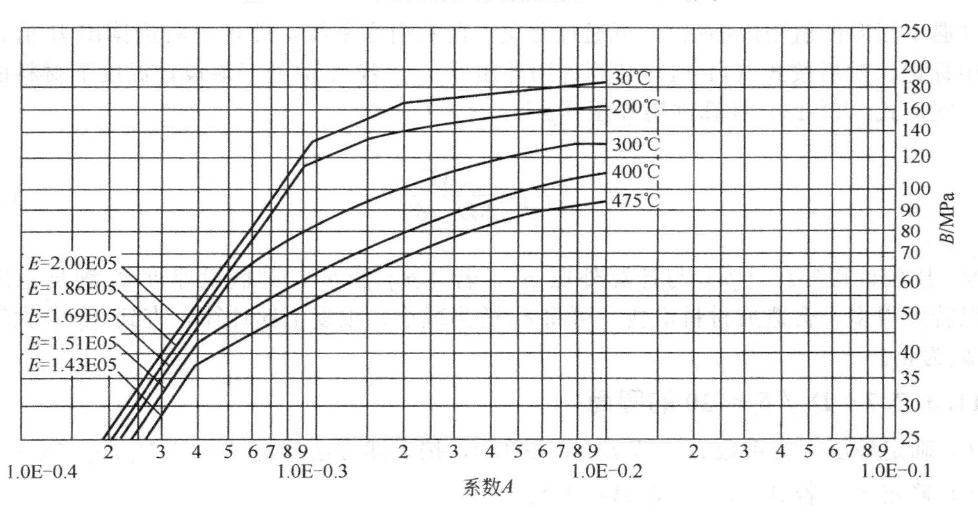

图 11-6　外压应力系数 B 曲线（Q345R）

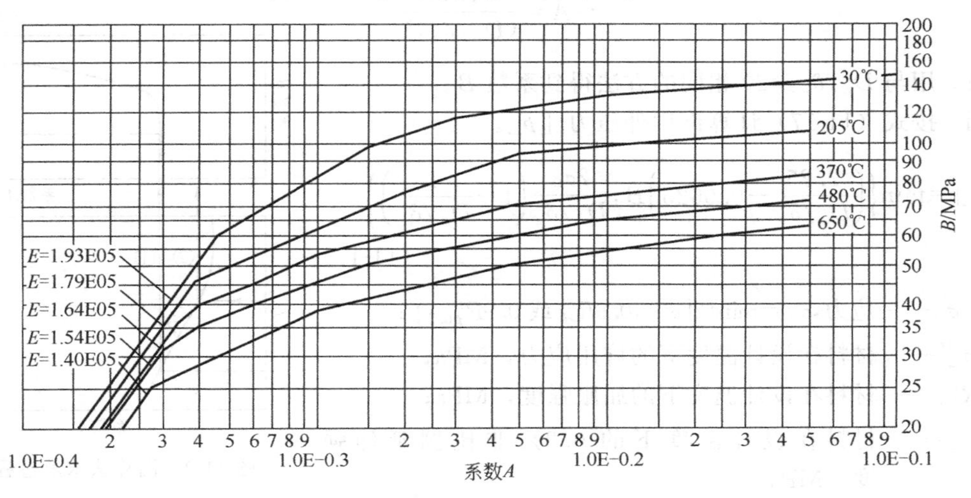

图 11-7　外压应力系数 B 曲线（S30408）

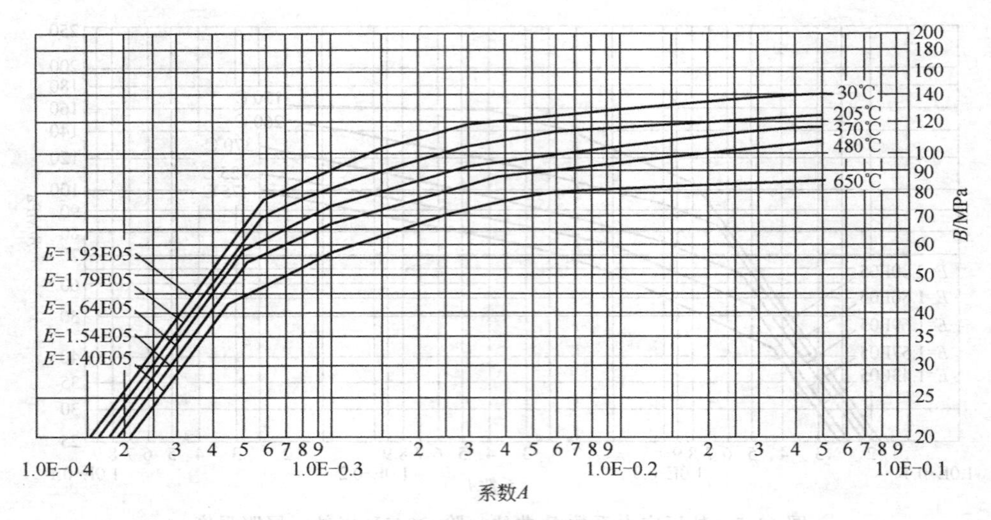

图 11-8 外压应力系数 B 曲线（S31608）

相交（遇中间温度值用内插法），再通过此交点向右引水平线，即可由右边读出 B 值，见图 11-9 中标记。然后按式（11-14）计算许用外压［p］。若 A 值处于该设计温度下材料曲线的左方，则用式（11-15）计算许用外压［p］。

$$[p]=\frac{2AE}{3D_o/\delta_e} \tag{11-15}$$

ⅴ. 比较许用外压［p］与计算外压 p_c，若［p］$\geqslant p_c$，则假设厚度 δ_n 满足稳定性要求；但若大得多，会造成材料浪费，可将 δ_n 适当减小，重复上述计算，直到［p］大于且接近于 p_c 为止。

11.3.2.2 $D_o/\delta_e<20$ 的圆筒

ⅰ. 确定外压应变系数 A。若 $D_o/\delta_e\geqslant4.0$，按上述方法确定 A；若 $D_o/\delta_e<4.0$，按式（11-16）确定 A。若 $A>0.1$，取 $A=0.1$。

$$A=\frac{1.1}{(D_o/\delta_e)^2} \tag{11-16}$$

ⅱ. 用与 $D_o/\delta_e\geqslant20$ 相同的方法得到系数 B。

ⅲ. 按式（11-17）计算许用外压力［p］。

$$[p]=\min\left\{\left(\frac{2.25}{D_o/\delta_e}-0.0625\right)B,\frac{2\sigma_0}{D_o/\delta_e}\left(1-\frac{1}{D_o/\delta_e}\right)\right\} \tag{11-17}$$

式中 σ_0——应力，$\sigma_0=\min\{2[\sigma]^t,0.9R_{eL}^t$ 或 $0.9R_{p0.2}^t\}$；

$[\sigma]^t$——材料在设计温度下的许用应力，MPa；

R_{eL}^t——材料在设计温度下的屈服强度，MPa；

$R_{p0.2}^t$——材料在设计温度下的 0.2% 非比例延伸强度，MPa。

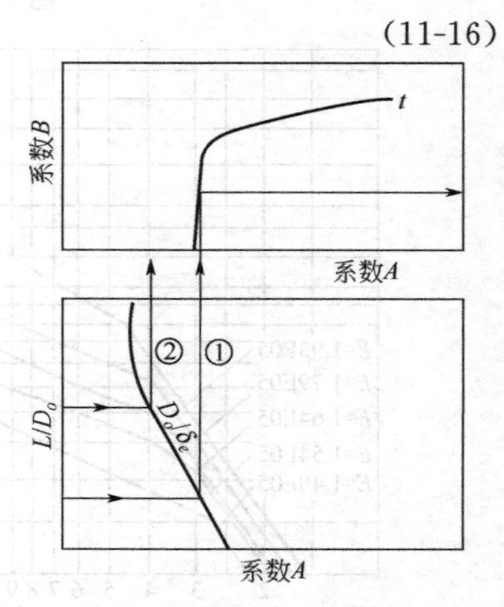

图 11-9 图算法求解过程

11.3.3　外压容器设计参数的确定

11.3.3.1　设计压力

确定外压容器设计压力 p 时，应考虑在正常工作情况下可能出现的最大内外压力差；真空容器的设计压力：当装有安全控制装置（如真空泄放阀）时，取 1.25 倍最大内外压力差或 0.1MPa 两者中的低值，当无安全控制装置时，取 0.1MPa。

外压容器的计算压力 p_c 不得小于设计压力 p。

11.3.3.2　计算长度

外压圆筒的计算长度 L 指圆筒外部或内部两个刚性构件之间的最大距离。封头、法兰、加强圈均可视为刚性构件。不同形式外压圆筒计算长度的取法如图 11-10 所示。

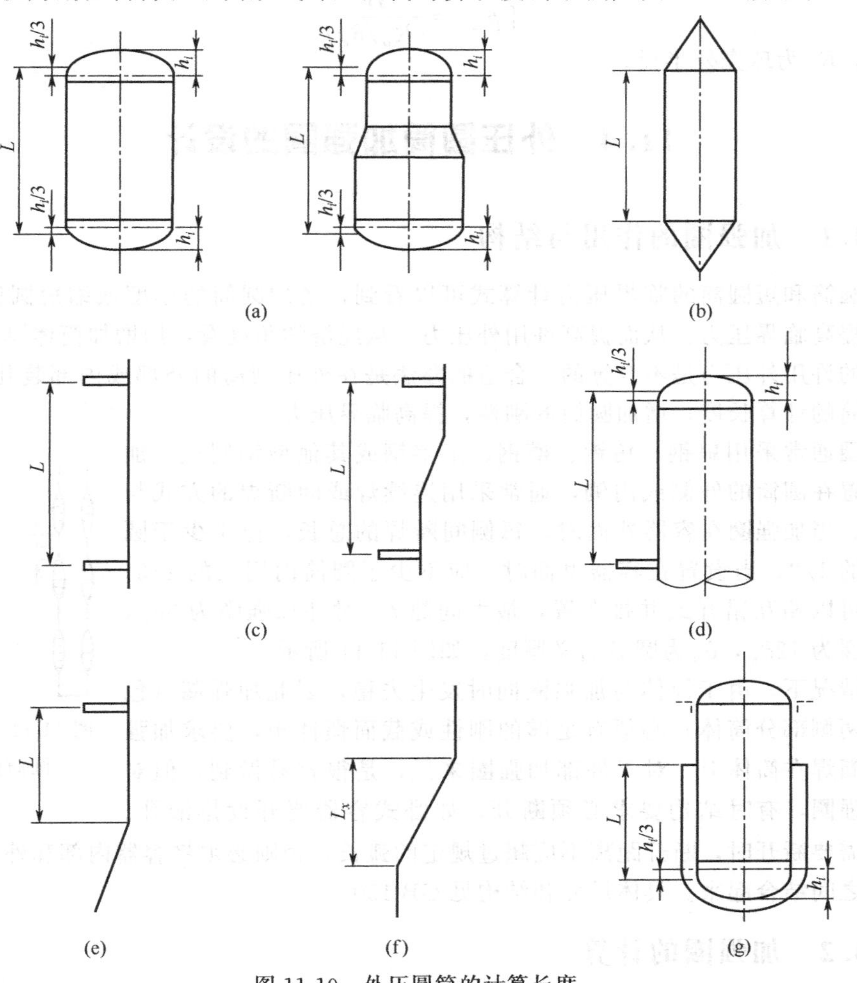

图 11-10　外压圆筒的计算长度

11.3.4　压力试验

外压容器和真空容器按内压容器进行压力试验。液压试验、气压试验或气液组合试验的试验压力分别按式（11-18）、式（11-19）确定。压力试验前的应力校核按（10-13）或式（10-14）进行。

$$p_T=1.25p \tag{11-18}$$

$$p_T=1.1p \tag{11-19}$$

式中　p_T——试验压力，MPa；

　　　p——设计压力，MPa。

11.3.5　外压球壳设计

外压球壳的图算设计步骤与 $D_o/\delta_e \geqslant 20$ 的外压圆筒基本相同，只是系数 A 采用式（11-20）计算，许用外压力的计算采用式（11-21）。

$$A=\frac{0.125}{(R_o/\delta_e)} \tag{11-20}$$

$$[p]=\frac{B}{(R_o/\delta_e)} \tag{11-21}$$

式中，R_o为球壳外半径。

11.4　外压圆筒加强圈的设计

11.4.1　加强圈的作用与结构

从长圆筒和短圆筒的临界压力计算式可以看到，增加圆筒的厚度或缩短圆筒的计算长度，均可提高临界压力，从而提高许用外压力。从经济学角度看，用增加筒体厚度的办法来提高圆筒的许用外压力是不合算的。合适的办法是在外压圆筒的外部或内部装几道加强圈，以缩短圆筒的计算长度，增加圆筒的刚性，提高临界压力。

加强圈通常采用扁钢、角钢、槽钢、工字钢或其他型钢制成。加强圈可设置在圆筒的外侧或内侧，通常采用连续焊或间断焊的方式与筒体连接。当加强圈在容器外面时，每侧间断焊的总长，应不少于圆筒外周长的1/2，当设置在容器里面时，应不少于圆筒内周长的1/3。间断焊缝可以相互错开或并排布置，最大间隙 t，对外加强圈为 $8\delta_n$，对内加强圈为 $12\delta_n$，δ_n为圆筒名义厚度，如图11-11所示。

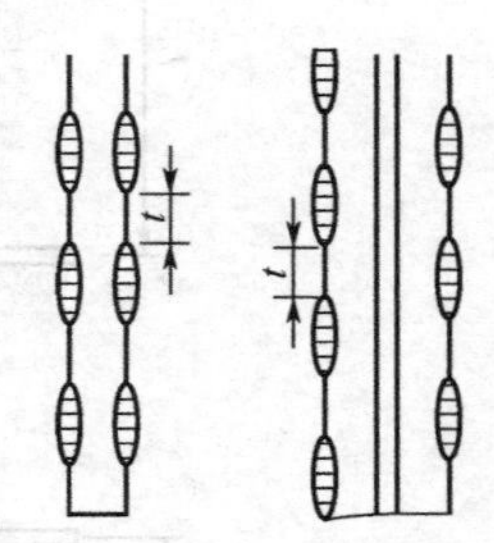

图11-11　加强圈与圆筒的连接

通常情况下，由于筒体与加强圈同时发生失稳，因此加强圈（包括加强圈两侧部分筒体）必须有足够的刚性或截面惯性矩，要求加强圈必须整圈焊在筒体上。对于外部加强圈来说，是很容易做到，但对于内部加强圈，有时结构要求必须断开，如卧式容器要开设排液孔。当加强圈需要断开时，断开距离不应超过规定的弧长，否则必须将容器内部和外部的加强圈相邻部分之间结合起来。具体尺寸和结构见GB 150。

11.4.2　加强圈的计算

11.4.2.1　加强圈间距

从分析影响临界压力的因素及短圆筒临界压力计算公式（11-6）都可以看出，外压圆筒的临界压力随着筒体计算长度 L 的缩短而增大。这里的 L 就是指加强圈或可以起到加强作用的刚性构件之间的距离。对于给定 D_o、δ_e的圆筒，承受外压 p_c时，用式（11-6）解出的筒体长度就是加强圈的最大间距。当 $m=3$ 时，有

$$L_{max}=\frac{0.87ED_o}{p_c}\left(\frac{\delta_e}{D_o}\right)^{2.5} \quad (11\text{-}22)$$

当加强圈是均匀分布时，筒体所需设置的加强圈数 $n=L/L_{max}-1$。将 n 圆整为整数值后，相邻加强圈间的距离为 $L_s=L/(n+1)$。

11.4.2.2　加强圈的尺寸

加强圈焊在筒体上与筒体共同承受外压的作用。在设计加强圈时，认为加强圈及其附近的一段筒体，组成组合圆环，起支承外压的作用，如图 11-12 所示。这段圆筒在 GB 150 中规定其宽度为

$$2b=1.1\sqrt{D_o\delta_e} \quad (11\text{-}23)$$

并设加强圈上下各 $L_s/2$ 范围内筒体上作用的全部外压都由这组合圆环承担，如图 11-13 所示。若组合圆环的惯性矩为 I_s，不失稳所需最小惯性矩为 I，则加强圈的稳定条件为

$$I_s \geqslant I \quad (11\text{-}24)$$

(1) 加强圈与筒体有效段组合圆环不失稳所需的惯性矩

因加强圈上下各 $L_s/2$ 范围内筒体上作用的全部外压由组合圆环承担，所以每个圆环单位弧长上所承受的载荷为

$$\overline{p}=p_cL_s \quad (11\text{-}25)$$

式中　$\overline{p}$——组合圆环单位弧长上的载荷，N/mm；

p_c——筒体所受的外压，MPa；

L_s——加强圈间距，mm。

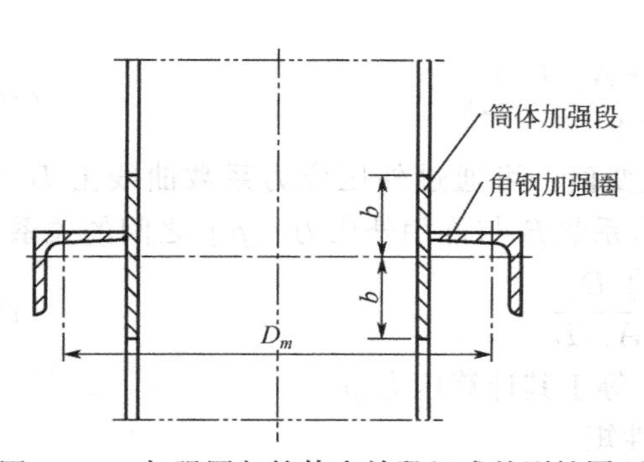

图 11-12　加强圈与筒体有效段组成的刚性圆环

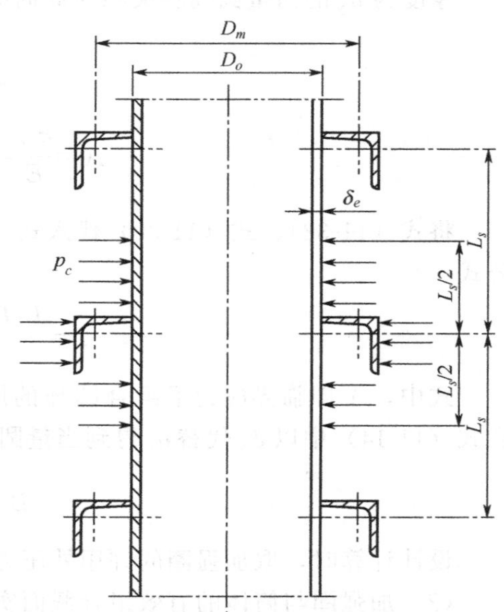

图 11-13　每个刚性圆环承受的载荷

当加强圈和筒体在临界压力 p_{cr} 作用下失稳时，组合圆环的临界载荷 $\overline{p}_{cr}$ 为

$$\overline{p}_{cr}=p_{cr}L_s \quad (11\text{-}26)$$

经理论分析圆环失稳时的临界载荷可用下式计算

$$\overline{p}_{cr}=\frac{24EI}{D_m^3} \quad (11\text{-}27)$$

式中　D_m——组合圆环截面形心圆直径，设计中常以筒体外径 D_o 代替，mm；

I——组合圆环截面对与其筒体轴线平行的形心轴的惯性矩，mm^4；

E——设计温度下加强圈材料的弹性模量，MPa。

将式（11-26）代入式（11-27）解得

$$I=\frac{p_{cr}L_sD_o^3}{24E} \tag{11-28}$$

将 $p_{cr}=m\,[p]$ 代入式（11-28），并计入载荷不均匀系数 1.1，则

$$I=\frac{1.1m[p]L_sD_o^3}{24E}=\frac{1.1L_sD_o^2\delta_y}{12}\frac{m[p]D_o}{2E\delta_y} \tag{11-29}$$

应该指出，按式（11-29）计算出的 I，是不考虑筒体有效段以外部分的加强作用，认为作用在加强圈两侧各 $L_s/2$ 范围内筒体上的外压 p_c，全部由加强圈和筒体有效段组成的组合圆环承受时，组合圆环稳定所必须具有的最小惯性矩。式中 E 值在组合圆环内的临界应力低于比例极限时才是常数。因此直接应用此式计算 I 值还有一定困难。

为了使式（11-29）的应用避免因材料 E 值不是常数时所造成的困难，可以应用算图来解决，不过式（11-29）在形式上需作以下变换，以便与算图相适应。

铁木辛柯在加强圈计算时推荐：加强圈和筒体在承受周向压缩时，可将其看作一个比原来圆筒壁厚较厚的圆筒，此当量圆筒的厚度为

$$\delta_y=\delta_e+A_s/L_s \tag{11-30}$$

式中，A_s 为加强圈的横截面面积。

厚度为 δ_y 的当量圆筒在失稳时周向应力和应变分别为

$$\sigma_{cr}\approx\frac{p_{cr}D_o}{2\delta_y} \tag{11-31}$$

$$A=\frac{\sigma_{cr}}{E}=\frac{p_{cr}D_o}{2E\delta_y}=\frac{m[p]D_o}{2E\delta_y} \tag{11-32}$$

将式（11-32）、式（11-30）代入式（11-29）并整理，得到加强圈应具有惯性矩的计算公式：

$$I=\frac{L_sD_o^2(\delta_e+A_s/L_s)}{10.9}A \tag{11-33}$$

式中，A 即临界应力下组合圆环的周向应变值，可通过外压应力系数曲线由 B 查出。在式（11-14）中以 δ_y 代替 δ_e 得到当量圆筒应力系数 B 与许用外压力［p］之间的关系，即

$$B=\frac{[p]\ D_o}{\delta_e+A_s/L_s} \tag{11-34}$$

设计计算时，取加强圈的许用外压力［p］等于其计算压力 p_c。

（2）加强圈与筒体的有效组合截面实际惯性矩

在加强圈设计时，认为加强圈及其附近的一段筒体组成的组合圆环起承受外压的作用，如图 11-12 中的 $2b$ 范围。如加强圈中心线两侧筒体有效宽度与相邻加强圈的筒体有效宽度相重叠，则该筒体的有效宽度中相重叠部分每侧按一半计算。构件截面惯性矩的概念和计算在第 3 章中已经讲述，为便于加强圈设计，只把组合圆环的组合惯性矩的计算步骤归纳如下。

ⅰ. 求组合圆环中加强圈和筒体有效段的截面面积 A_s 和 A_2。当加强圈采用型钢制造时，A_s 可由相关机械设计手册查出。筒体有效段面积 $A_2=2b\delta_e=1.1\sqrt{D_o\delta_e}\ \delta_e$。

ⅱ. 按第 3 章中的方法求加强圈和筒体有效段截面对各自形心轴的惯性矩 I_{x0} 和 I_{x1}。

ⅲ. 确定组合截面形心轴 x-x 的位置 a，如图 11-14 所示。

$$a=\frac{A_s c}{A_s+A_2}$$

式中，c 为加强圈形心位置至圆筒壁厚中心线的距离。

ⅳ. 计算组合截面惯性矩 I_s。

$$I_s=I_{x0}+A_s d^2+I_{x1}+A_2 a^2$$

式中，d 为组合截面形心轴 x-x 与加强圈截面形心轴 x_0-x_0 之间的距离，$d=c-a$。

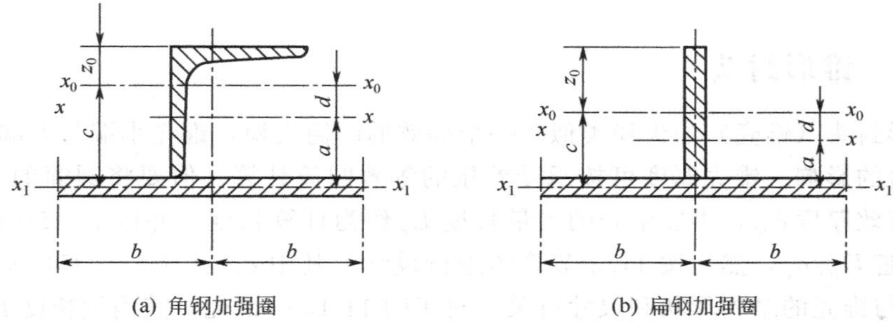

(a) 角钢加强圈　(b) 扁钢加强圈

图 11-14　组合截面形心轴位置

(3) 加强圈图算法设计步骤

ⅰ. 根据圆筒的外压计算，D_o、L_s 和 δ_e 均为已知，选定加强圈材料与截面尺寸，并计算其截面面积 A_s、A_2 和组合截面惯性矩 I_s。

ⅱ. 用式（11-34）计算出 B 值。

ⅲ. 根据 B 值由应力系数曲线（图 11-5～图 11-8）查出 A，若图中无交点，则用式（11-35）计算。

$$A=\frac{1.5B}{E} \tag{11-35}$$

ⅳ. 用式（11-33）计算出 I。

ⅴ. 比较 I 和 I_s。若满足式（11-24），则选定的加强圈满足稳定性要求，否则必须另选一具有较大截面惯性矩的加强圈，重复上述步骤，直至满足式（11-24）。

11.5　外压封头设计

11.5.1　凸形封头

11.5.1.1　半球形封头

受外压的半球形封头厚度计算步骤与外压球壳相同。

11.5.1.2　椭圆形封头

受外压的椭圆形封头厚度计算步骤与外压球壳相同，只是公式中的 R_o 意义不同。对于椭圆形封头，R_o 为封头的当量球壳外半径，$R_o=K_1 D_o$。K_1 为由椭圆形封头长、短轴比值决定的系数，见表 11-2。标准椭圆形封头，$K_1=0.90$。

表 11-2　系数 K_1 值

$D_o/2h_o$	2.6	2.4	2.2	2.0	1.8	1.6	1.4	1.2	1.0
K_1	1.18	1.08	0.99	0.90	0.81	0.73	0.65	0.57	0.50

注：1. 中间值用内插法求得；

2. $h_o=h_i+\delta_{nh}$

11.5.1.3　碟形封头

受外压的碟形封头厚度计算步骤与外压球壳相同，只是公式中的 R_o 为碟形封头的球面部分外半径。

11.5.2　锥形封头

外压锥形封头（锥壳）的失稳类似于一个等效的圆筒失稳，锥壳小端与大端直径之比对其失稳有显著的影响。锥壳厚度可按承受外压的等效圆筒计算，但要将圆筒的有效厚度 δ_e 换成锥壳的有效厚度 δ_{ec}，再以锥壳的当量长度 L_e 作为计算长度，并以 L_e/D_L 代替 L/D_o，以 D_L/δ_{ec} 代替 D_o/δ_e，然后按 11.3 节算图进行设计。其中 $\delta_{ec}=(\delta_{nc}-C)\cos\alpha$。当量长度 L_e 的计算与锥壳的结构形状和尺寸有关，对于图 11-15 的锥壳，其当量长度 L_e 分别按式（11-36）～式（11-39）计算。

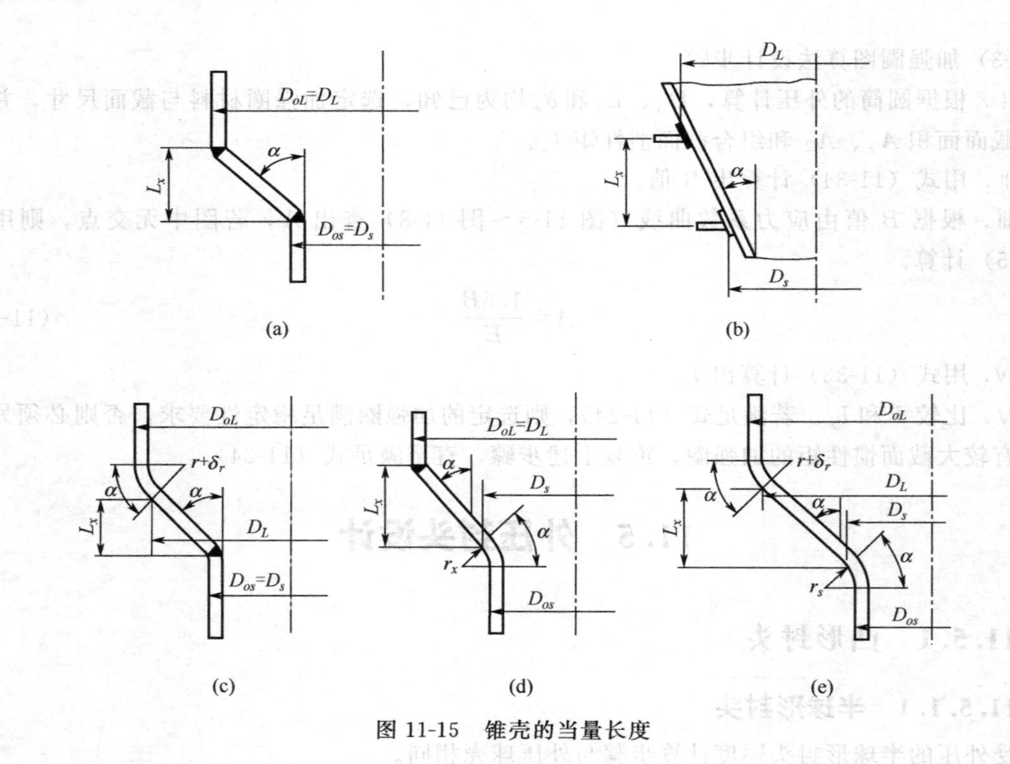

图 11-15　锥壳的当量长度

无折边锥壳或锥壳上相邻两加强圈之间锥壳段［见图 11-15（a）、(b)］

$$L_e=\frac{L_x}{2}\left(1+\frac{D_s}{D_L}\right) \tag{11-36}$$

大端折边锥壳［见图 11-15（c）］

$$L_e = (r+\delta_r)\sin\alpha + \frac{L_x}{2}\left(1+\frac{D_s}{D_L}\right) \tag{11-37}$$

小端折边锥壳［见图11-15（d）］

$$L_e = r_s\frac{D_s}{D_L}\sin\alpha + \frac{L_x}{2}\left(1+\frac{D_s}{D_L}\right) \tag{11-38}$$

折边锥壳［见图11-15（e）］

$$L_e = (r+\delta_r)\sin\alpha + r_s\frac{D_s}{D_L}\sin\alpha + \frac{L_x}{2}\left(1+\frac{D_s}{D_L}\right) \tag{11-39}$$

式中各参数如图11-15所示。

习题

11-1 何为外压容器？外压容器的失效形式是什么？

11-2 何为临界压力？其影响因素有哪些？

11-3 外压圆筒的失稳主要是由于壳体不圆或材料不均匀所致，对否？为什么？

11-4 有一外压长圆筒设置两个加强圈后仍属长圆筒，问此设计是否合理？

11-5 承受周向外压的圆筒，只要设置加强圈均可提高其临界压力，对否？为什么？且采用的加强圈愈多，壳壁所需厚度就愈薄，故经济上愈合理，对否？为什么？

11-6 如图11-16所示A、B、C点表示三个受外压的钢制圆筒，材质为碳素钢，$R_{eL}=216$MPa，$E=206$GPa。试回答：①A、B、C三个圆筒各属于哪一类圆筒？它们失稳时的波数n等于（或大于）几？②如果将圆筒改为铝合金制造（$R_{eL}=108$MPa，$E=68.7$GPa），它们的许用外压力有何变化？变化的幅度大概是多少？

11-7 由同一种材料制造的四个短圆筒，其尺寸如图11-17所示，在相同操作温度下，承受均匀外压，试以最简捷的方法按临界压力的大小予以排序。

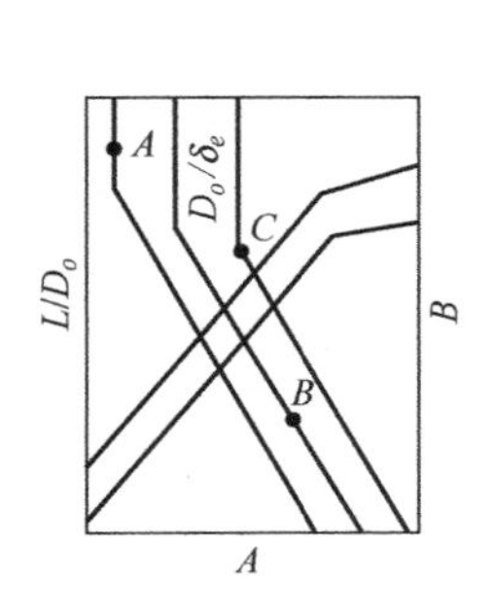

图11-16 题11-6图

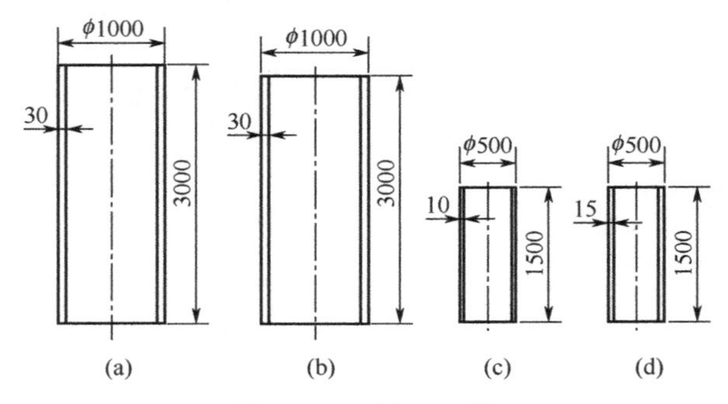

图11-17 题11-7图

11-8 有一台聚乙烯聚合釜，其外径1580mm，高7000mm（两封头切线间长度），有效厚度11mm，材质为S30408，试确定釜体的最大允许外压力。（设计温度为200℃）

11-9 有一台液氮罐，内径800mm，两封头切线间长度1500mm，名义厚度6mm，材质为Q345R，由于其密封性能要求较高，故须进行真空试漏，试验条件为绝对压力10～3mmHg（1mmHg=133.322Pa），问不设置加强圈能否被抽瘪？如果需要加强圈，则需要几个？

11-10 试设计一台缩聚釜，釜体内径1000mm，釜身两封头切线间高度为1500mm，用S30408钢板制造。釜体夹套内径为1200mm，夹套长度1000mm，用Q245R钢板制造。

该釜开始是常压操作，然后抽低真空，继之抽高真空，最后通 0.3MPa 的氮气。釜内物料温度小于 275℃，夹套内载热体最大压力为 0.2MPa。整个釜体与夹套均采用带垫板的单面手工对接焊缝，局部探伤，介质无腐蚀性，试确定釜体和夹套壁厚。

11-11　有一减压分馏塔，处理介质为油、汽，最高操作温度为 420℃，塔体内直径为 3400mm，壁厚为 14mm，采用 Q245R 钢板制造，塔外装有 125mm×125mm×10mm 等边角钢（Q235B）制作的加强圈，加强圈间距为 2000mm，试验算塔体周向稳定性是否足够？

11-12　一圆筒容器，材料为 Q245R，内径 2800mm，筒长 6000mm（含封头直边段），两端为标准椭圆形封头，封头及壳体名义厚度均为 12mm，其中厚度附加量 $C=2$mm，容器负压操作，最高操作温度为 50℃。试确定容器最大许用外压力为多少？

11-13　有一减压分馏塔，筒体内径 3800mm，筒体长度 12800mm，筒体两端采用半球形封头，厚度附加量为 4mm，操作温度为 420℃，真空操作，筒体和封头材料均为 Q345R。试计算：①筒体无加强圈时的厚度；②筒体上有五个均布加强圈时的厚度；③封头厚度；④加强圈尺寸。

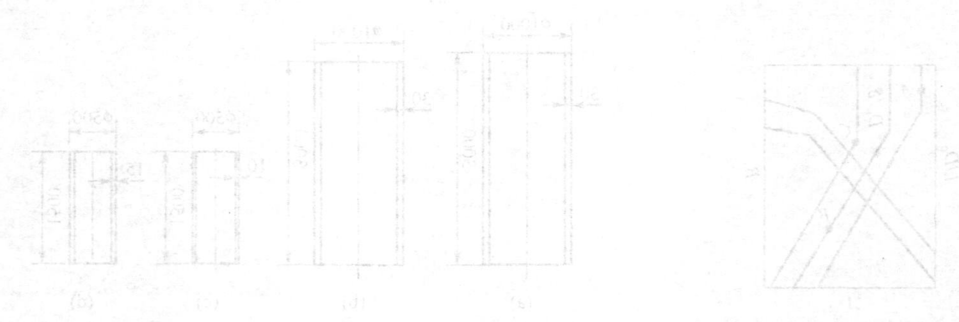

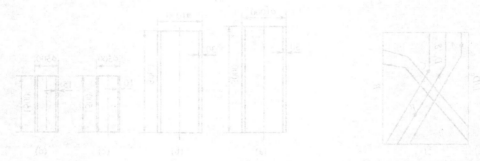

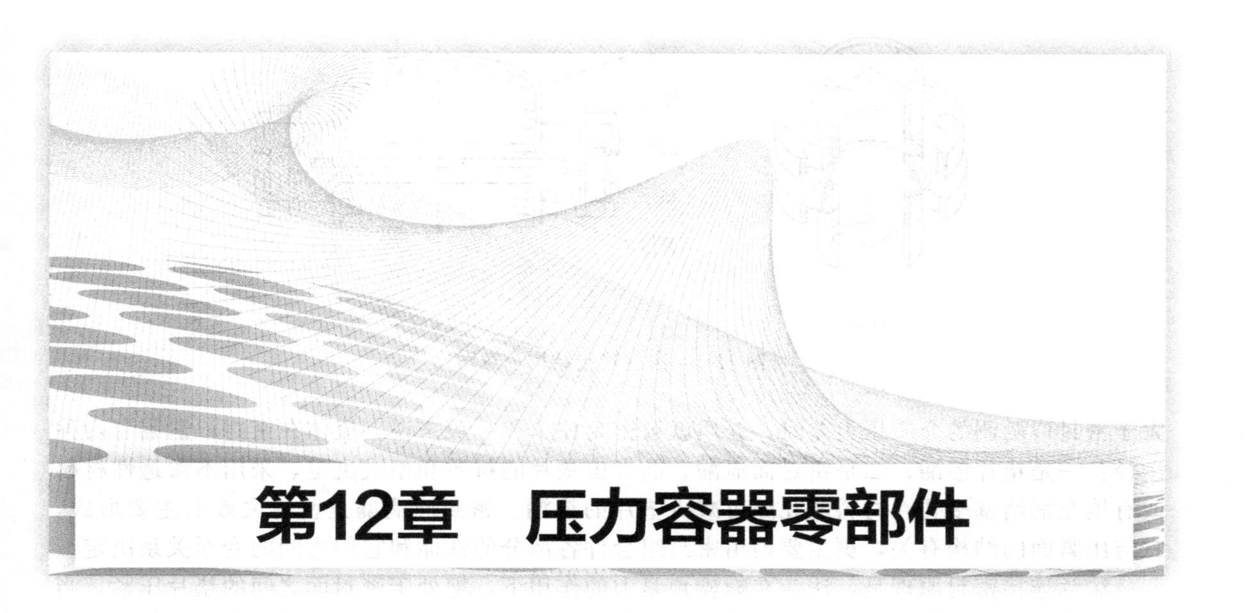

第12章　压力容器零部件

压力容器除主要构成部分壳体外，还有其他组成部分，如法兰、接管、支座、人（手）孔、安全装置等零部件。这些零部件的力学分析比较复杂，计算麻烦，给工程设计带来一定的困难。但是，这些构件用量较大，考虑到使用的安全可靠、设计优化以及降低制造成本，对一定设计压力和尺寸范围内的这些零部件都已制定了标准。在设计时，可根据需要，按相应标准中规定的选用方法直接选用。只有少数超出标准范围的才进行设计计算。

12.1　法　兰

考虑到生产工艺的需要以及制造、运输、安装和检修的方便，压力容器的筒体与筒体、筒体与封头、管道与管道、管道与阀门之间常采用可拆的连接结构。对于可拆连接，保证连接处的密封成为决定化工装置能否正常运行的重要条件。尤其是在操作压力及温度有波动、操作介质有腐蚀的场合，仍能保证连接有良好的密封性能。压力容器中可拆的密封结构有多种类型。由于法兰连接具有密封可靠、强度足够和适用尺寸范围宽等优点，在压力容器和管道上都适用，所以应用最为普遍。但法兰连接制造成本较高，装配与拆卸较麻烦。

法兰连接结构是一个组合件，由一对法兰、若干螺栓、螺母和一个垫片所组成，如图12-1所示，图（a）是管法兰，图（b）是容器法兰。在实际应用中，压力容器由于连接件或被连接件的强度破坏所引起法兰密封失效是很少见的，较多的是因为密封不好而泄漏，故法兰连接的设计中主要解决的问题是防止介质泄漏。法兰密封分为强制密封和自紧密封。自紧密封是依靠容器内的操作压力压紧密封元件，以达到密封的目的，主要用于高压容器的密封；中、低压容器和管道多采用强制密封。图12-1所示的法兰密封就是强制密封的典型结构型式。

12.1.1　密封原理和影响密封的因素

12.1.1.1　密封原理

防止流体泄漏的基本原理是在连接口增加流体流动阻力。当压力介质通过密封口的阻力

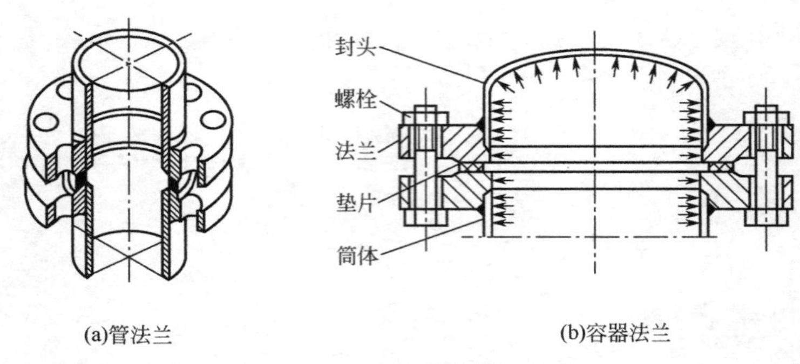

(a)管法兰　　(b)容器法兰

图 12-1　法兰连接结构示意图

大于密封口两侧的介质压力差时，介质就被密封住了。一般来说，流体在密封口泄漏有两种途径：一是垫片渗漏；二是密封面泄漏。前者由垫片的材质和型式决定，采用不渗透性材料或有填充剂堵塞多孔性材料的孔隙可减少垫片的渗漏。密封面泄漏是密封失效的主要形式，它与压紧面的结构有关，更主要地由密封组合件各部分的性能和它们之间的变形关系决定。

法兰连接密封原理是：法兰在螺栓预紧力的作用下，把处于密封面之间的垫片压紧。当施加于单位面积上的压力达到一定的数值时使垫片变形而被压实，密封面上由机械加工形成的微隙被填满，形成初始密封条件。形成初始密封条件时所需的单位面积上的压力叫预紧密封比压。当容器或管道在工作状态时，介质内压形成的轴向力使螺栓被拉伸，法兰密封面趋于分离，降低了密封面与垫片之间的压紧应力。垫片具有足够的回弹能力，压缩变形的回复能补偿螺栓和密封面的变形，密封比压值降到至少不小于某一值，使法兰密封面之间能够保持良好的密封状态。为达到密封不漏的效果，垫片上必须维持的单位面积上的压力称为工作密封比压。若垫片的回弹力不足，垫片上的压紧力下降到工作密封比压以下，则密封处出现泄漏，此密封失效。因此，为了实现法兰连接处的密封，必须使密封组合件各部分的变形与操作条件下的密封条件相适应，即使密封元件在操作压力作用下，仍然保持一定的残余压紧力。为此，螺栓和法兰都必须具有足够大的强度和刚度，使螺栓在容器内压形成的轴向力作用下不发生过大的变形。

12.1.1.2　影响密封的主要因素

① 螺栓预紧力　螺栓预紧力是影响密封的一个重要因素。预紧力的大小应当合适，分布应当均匀。预紧力的提高，可增加预紧密封比压，而且在操作条件下还可残留较大的密封比压。但预紧力过大则会把垫片压坏或挤出，从而破坏密封。使预紧力分布均匀的方法是在满足紧固和拆卸螺栓所需空间的情况下，增加螺栓个数。均匀分布的预紧力可使预紧密封比压和工作密封比压均匀，达到良好的密封。

② 垫片性能　垫片是构成密封的重要元件。垫片的性能主要是其变形能力和回弹能力。根据组成材料的不同，垫片的变形多数包括弹性和塑性两部分，而只有弹性变形具有回弹能力。垫片的塑性变形可以很好地填充密封面的凹凸不平，而弹性变形则能适应在操作压力和温度变化情况下密封面的分离。回弹能力的好坏，是衡量密封性能好坏的重要指标。

③ 密封面的型式和表面性能　密封面直接与垫片接触，是传递螺栓力使垫片变形的表面约束。实践证明，密封面的平直度、表面粗糙度精度高，密封面与法兰中心轴线垂直同心，是保证垫片均匀压紧和良好接触的前提。减少密封面与垫片的接触面积，可有效地降低预紧力，但减得过小，则易压坏垫片。密封面粗糙度要求精度高，不允许有径向刀痕或划痕，否则垫片无法填充这些凹凸不平。

④ 法兰刚度　法兰刚度不足会产生过大翘曲变形，导致密封失效。这也是常见的密封失效原因之一。影响法兰刚度的原因很多，其中增加法兰厚度，减少螺栓力作用的力臂，增大法兰盘外径等方法都可提高法兰刚度，减少变形，使螺栓力均匀传递给垫片，获得均匀和足够的密封比压，可提高密封性能。但增加法兰刚度会使法兰造价提高。

⑤ 操作条件的影响　操作条件即压力、温度及介质的物理化学性质。单纯的压力或介质因素并不是主要的，只有和温度联合作用时，问题才显得严重。高温介质黏度小，渗透性大，易渗漏。介质在高温下对垫片和法兰的溶解与腐蚀作用加剧，增加了产生泄漏的可能性。高温下，法兰、螺栓、垫片可能发生蠕变和应力松弛，使密封比压下降。一些非金属垫片在高温下，会加速老化变质而破坏。在温度和压力联合作用下，密封组合件各部分温度不同，变形不同，更加剧了泄漏的可能性。尤其当温度和压力发生反复变化时，更易产生密封失效。

12.1.2　法兰类型

根据法兰与设备或管道连接的整体性程度可分为以下几种。

12.1.2.1　整体法兰

整体法兰分为平焊法兰和对焊法兰，如图 12-2 所示。

① 平焊法兰　图 12-2（a）、（b）所示为平焊法兰，又称为任意式法兰。法兰盘焊接在设备筒体或管道上，结构简单、制造容易、应用广泛，但法兰整体程度比较差，刚性也较差。所以，适用于压力不太高的场合。

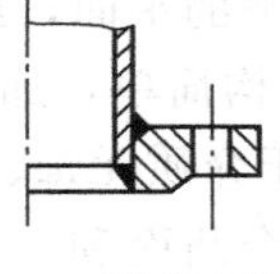

(a)平焊管法兰

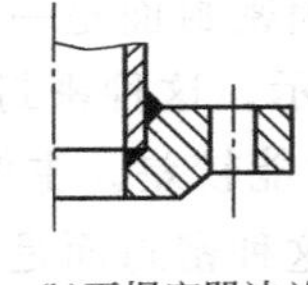

(b)平焊容器法兰

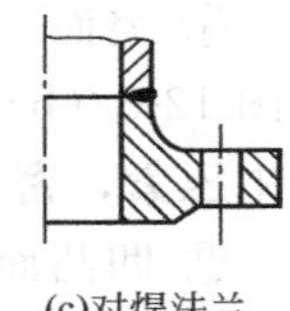

(c)对焊法兰

图 12-2　整体法兰

② 对焊法兰　图 12-2（c）为对焊法兰，又称高颈法兰或长颈法兰。这种法兰的法兰环、锥颈和壳体有效地连成一个整体，壳体与法兰能同时受力，法兰的强度和刚度较高。此外，法兰与筒体（或管壁）的连接是对接焊缝，比平焊法兰的角焊缝强度好，故对焊法兰适用于压力、温度较高及有毒、易燃易爆的重要场合。但法兰受力会在壳体上产生较大的附加应力，造价也较高。

12.1.2.2　松式法兰

松式法兰的特点是法兰未能有效地与容器或管道连接成一个整体，如图 12-3 所示。因此，不具有整体式连接的同等强度，一般只适用于压力较低的场合。由于法兰盘可以采用与容器或管道不同的材料制造，因此这种法兰适用于有色金属、非金属材料的容器或管道上。另外，这种法兰受力后不会对筒体或管道产生附加的弯曲应力。

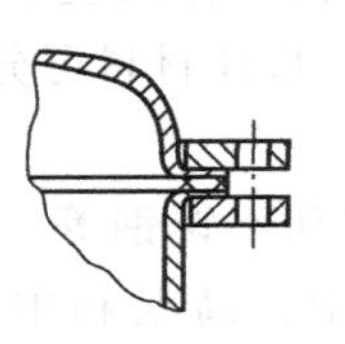

(a)法兰套在翻边上

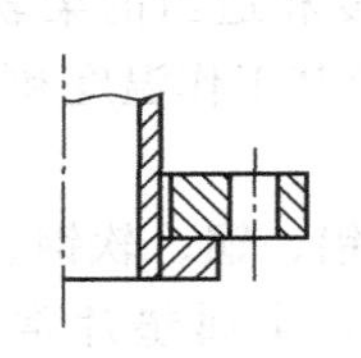

(b)法兰套在焊环上

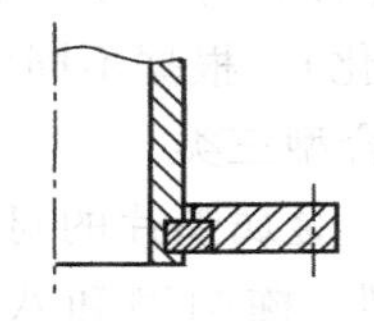

(c)法兰套在带环上

图 12-3　松式法兰

12.1.2.3 螺纹法兰

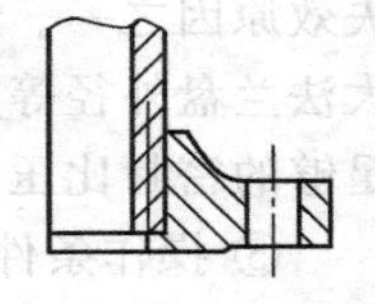
图 12-4 螺纹法兰

螺纹法兰如图 12-4 所示，这种法兰多用于管道连接上。法兰与管壁通过螺纹连接，两者之间有连接又不形成刚性整体，法兰对管壁产生的附加应力小。因此高压管道常用螺纹连接。

12.1.3 法兰密封面

法兰连接的密封性能与密封面形式有直接关系，所以要合理选择密封面的形状。法兰密封面形式的选择，主要考虑工艺条件（压力、温度、介质）、法兰的几何尺寸以及选用的垫片等因素。压力容器和管道中常用的法兰密封面形式如图 12-5 所示，主要有五种型式，即全平面、突面、环连接面、凹凸面和榫槽面。其中以突面、凹凸面和榫槽面应用较多。

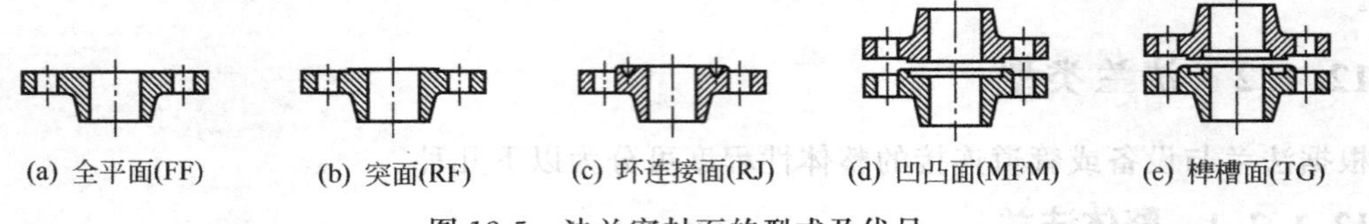

图 12-5 法兰密封面的型式及代号

① 突面　突面密封面是一个光滑的平面，或在光滑平面上车出几条同心圆的环形沟槽，如图 12-5（b）所示。这种密封面结构简单，加工方便，且便于进行防腐衬里。但垫片不易对中压紧，密封性能较差。主要用于介质无毒、压力较低、尺寸较小的场合。

② 凹凸面　这种密封面是由一个凸面和一个凹面相配合组成的，如图 12-5（d）所示。在凹面上放置垫片，压紧时能够防止垫片被挤出，密封效果好。但加工比较困难，一般适用于压力稍高或介质易燃、易爆和有毒的场合。

③ 榫槽面　这种密封面是由榫面和槽面配对组成，如图 12-5（e）所示。垫片置于槽中，对中性好，压紧时垫片不会被挤出，密封可靠。垫片宽度较小，因而压紧垫片所需的螺栓力也就相应较小，即使用于压力较高之时，螺栓尺寸也不致过大。当压力不大时，即使直径较大，也能很好地密封。榫槽型密封面的缺点是结构与制造比较复杂，更换挤在槽中的垫片比较困难。此外，榫面部分容易损坏，在拆装或运输过程中应加以注意。榫槽型密封面适于易燃、易爆、有毒的介质以及较高压力的场合。

12.1.4 法兰垫片

12.1.4.1 垫片材料

用于制作垫片的材料，要求能耐介质腐蚀，不与介质发生化学反应，不污染产品和环境，具有良好的弹性，有一定的机械强度和适当的柔软性，在工作温度和压力下不易变质（硬化、软化、老化）。根据不同的介质及其工作温度和压力，垫片材料可分为金属、非金属和金属-非金属组合型三类。

① 金属垫片　金属垫片的材料有软铝、铜、软钢、铬钢和不锈钢等，断面形状有矩形型、波纹型、齿型、椭圆型和八角型等。金属垫片常用在中、高温和中、高压的法兰连接中。

② 非金属垫片　常用材料有橡胶、石棉橡胶、聚四氟乙烯等，断面形状一般为矩形或O形，柔软、耐腐蚀，但使用压力较低，耐温度和压力的性能较金属垫片差，一般只用在

中压、中温及其以下的法兰连接中。普通橡胶垫仅用于低压和温度低于 100℃的水、蒸汽等无腐蚀性介质。石棉橡胶主要用于温度低于 350℃的水、油、蒸汽等场合。聚四氟乙烯则用于腐蚀性介质的设备上。

③ 金属-非金属组合垫片　组合垫片增加了金属的回弹性，提高了耐蚀、耐热、密封性能，适用于较高压力和温度。常用的组合垫片有金属包垫片和缠绕垫片。金属包垫片以石棉、石棉橡胶作为芯材，外包镀锌铁皮或不锈钢薄板。缠绕垫片是由金属薄带和非金属填充物石棉、石墨等相间缠绕而成。

12.1.4.2　垫片尺寸

垫片的几何尺寸主要表现在其厚度和宽度。垫片越厚，变形量就越大，所需的密封比压较小，弹性较大，适应性较强。一般内压较高的场合宜采用较厚的垫片。但是，若垫片过厚，其比压分布就可能不均匀，垫片容易压坏。中低压容器或管道适用垫片厚度通常为 1～3mm。垫片的宽度也不是越宽越好。宽度越大，需要预紧力越大，从而使螺栓数量增多或直径变大。对于给定的法兰，垫片宽度根据法兰密封面尺寸而定。

12.1.5　法兰标准

为了增加法兰的互换性、降低成本，法兰已标准化。法兰标准分为容器法兰标准和管法兰标准。容器法兰只用于容器或设备的壳体间的连接，如筒节与筒节、筒节与封头的连接，管法兰只用于管道间的连接，二者不能互换。实际使用时，应尽可能选用标准法兰。选择法兰的主要参数是公称直径和公称压力。

12.1.5.1　压力容器法兰

我国的压力容器法兰标准为：NB/T 47020《压力容器法兰分类与技术条件》，NB/T 47021《甲型平焊法兰》，NB/T 47022《乙型平焊法兰》，NB/T 47023《长颈对焊法兰》，NB/T 47024《非金属软垫片》，NB/T 47025《缠绕垫片》，NB/T 47026《金属包垫片》，NB/T 47027《压力容器法兰用紧固件》。

在上述标准中，将压力容器法兰分为平焊法兰和长颈对焊法兰两种，平焊法兰又分为甲、乙两种型式。乙型法兰配了一个壁厚较厚的筒节，增加了刚性，因此可用于压力较高、直径较大的场合。长颈对焊法兰由于采用对焊结构，其刚性更好，可用于压力更高的场合。法兰的密封面型式有平面（即上述的突面）、凹凸面和榫槽面，每种密封面又有一般和带衬环两种形式。各类法兰的使用范围和所用材料见表 12-1。

表 12-1　压力容器法兰的使用范围及所用材料

类型		平焊法兰		长颈法兰
		甲型	乙型	对焊
标准号		NB/T 47021	NB/T 47022	NB/T 47023
简图				
适用温度/℃		−20～300	−20～350	−70～450
所用材料	法兰	板材：Q235B、Q235C、Q245R、Q345R		—
		—	锻件：20、16Mn、20MnMo、15CrMo、14Cr1Mo、16MnD、09MnNiD、12Cr2Mo1、20MnMo	
	螺栓	20、35	40MnB、40Cr、40MnVB、35CrMoA、25Cr2MoVA	
	螺母	15、20、25	20、25、45、40Mn、30CrMoA、35CrMoA、25Cr2MoVA	

续表

类型	平焊法兰		长颈法兰
	甲型	乙型	对焊
标准号	NB/T 47021	NB/T 47022	NB/T 47023
公称压力/MPa	公称直径/mm		
0.25	700～2000	2600～3000	—
0.6	450～1200	1200～3000	1300～2600
1.00	300～900	900～1800	300～2600
1.60	300～650	650～1400	300～2600
2.50	—	300～800	300～2600
4.00	—	300～600	300～2000
6.40	—	—	300～1200

选用标准法兰时，法兰的公称直径就是与其相配筒体或封头的公称直径，法兰的公称压力则必须视法兰的材料与工作温度而定。因为 NB/T 47021～47023 中的法兰尺寸是根据 Q345R 材料在 200℃温度下的许用应力计算出来的，所以，工作温度升高，金属材料的许用应力值降低，对于给定法兰，其允许工作压力也就降低。材料不同，许用应力值也不同，允许工作压力也相应改变。只有温度条件和材料与设计条件一致时，法兰的公称压力等于最大允许工作压力。法兰公称压力与其实际能承受的最大允许工作压力的关系如表 12-2 所示。

表 12-2　甲型、乙型平焊法兰在最大允许工作压力　MPa

公称压力 PN/MPa	法兰材料		工作温度/℃ >-20～200	250	300	350	备注
0.25	板材	Q235B	0.16	0.15	0.14	0.13	工作温度下限 20℃ 工作温度下限 0℃
		Q235C	0.18	0.17	0.15	0.14	
		Q245R	0.19	0.17	0.15	0.14	
		Q345R	0.25	0.24	0.21	0.20	
	锻件	20	0.19	0.17	0.15	0.14	
		16Mn	0.26	0.24	0.22	0.21	
		20MnMo	0.27	0.27	0.26	0.25	
0.60	板材	Q235B	0.40	0.36	0.33	0.30	工作温度下限 20℃ 工作温度下限 0℃
		Q235C	0.44	0.40	0.37	0.33	
		Q245R	0.45	0.40	0.36	0.34	
		Q345R	0.60	0.57	0.51	0.49	
	锻件	20	0.45	0.40	0.36	0.34	
		16Mn	0.61	0.59	0.53	0.50	
		20MnMo	0.65	0.64	0.63	0.60	
1.00	板材	Q235B	0.66	0.61	0.55	0.50	工作温度下限 20℃ 工作温度下限 0℃
		Q235C	0.73	0.67	0.61	0.55	
		Q245R	0.74	0.67	0.60	0.56	
		Q345R	1.00	0.95	0.86	0.82	
	锻件	20	0.74	0.67	0.60	0.56	
		16Mn	1.02	0.98	0.88	0.83	
		20MnMo	1.09	1.07	1.05	1.00	

续表

公称压力 PN MPa	法兰材料		工作温度/℃				备注
			>-20～200	250	300	350	
1.60	板材	Q235B	1.06	0.97	0.89	0.80	工作温度下限20℃ 工作温度下限0℃
		Q235C	1.17	1.08	0.98	0.89	
		Q245R	1.19	1.08	0.96	0.90	
		Q345R	1.60	1.53	1.37	1.31	
	锻件	20	1.19	1.08	0.96	0.90	
		16Mn	1.64	1.56	1.41	1.33	
		20MnMo	1.74	1.72	1.68	1.60	
2.50	板材	Q235C	1.83	1.68	1.53	1.38	工作温度下限0℃
		Q245R	1.86	1.69	1.50	1.40	
		Q345R	2.50	2.39	2.14	2.05	
	锻件	20	1.86	1.69	1.50	1.40	
		16Mn	2.56	2.44	2.20	2.08	
		20MnMo	2.92	2.86	2.82	2.73	$DN<1400$
		20MnMo	2.67	2.83	2.59	2.50	$DN\geqslant1400$
4.00	板材	Q245R	2.97	2.70	2.39	2.24	工作温度下限0℃
		Q345R	4.00	3.82	3.42	3.27	
	锻件	20	2.97	2.70	2.39	2.24	
		16Mn	4.09	3.91	3.52	3.33	
		20MnMo	4.64	4.56	4.51	4.36	$DN<1500$
		20MnMo	4.27	4.20	4.14	4.00	$DN\geqslant1500$

压力容器法兰标记由7部分代号组成，具体型式为：①-② ③-④/⑤-⑥ ⑦。其中：①——法兰名称及代号，一般法兰为“法兰”，衬环法兰为“法兰C”；②——密封面型式代号，见表12-3；③——公称直径，mm，④——公称压力，MPa；⑤——法兰厚度。mm；⑥——法兰总高度，mm；⑦——标准号。当法兰厚度和法兰总高度均采用标准值时，⑤和⑥标记可省略。

表12-3 密封面型式代号

密封面型式		代号
平面密封面	平密封面	RF
凹面密封面	凹密封面	FM
	凸密封面	M
榫槽密封面	榫密封面	T
	槽密封面	G

例如公称压力为1.6MPa、公称直径1000mm、带衬环的平面乙型法兰，标记为：

法兰C-RF 1000-1.60 NB/T 47022—2012

① ② ③ ④ ⑦

12.1.5.2 管法兰

目前，在化工、炼油、冶金、电力、轻工、医药和化纤等领域使用最为广泛的管法兰标准为 HG/T 20592～HG/T 20635《钢制管法兰、垫片、紧固件》。其中 HG/T 20592～HG/T 20614 为欧洲体系（即 PN 系列），HG/T 20515～HG/T 20635 为美洲体系（即 Class 系列）。本章介绍欧洲体系管法兰标准。

法兰的类型共分为 10 种，每种结构类型的名称及其代号如图 12-6 所示。密封面型式有 5 种，其名称和代号如图 12-5 所示，适用范围见表 12-4。

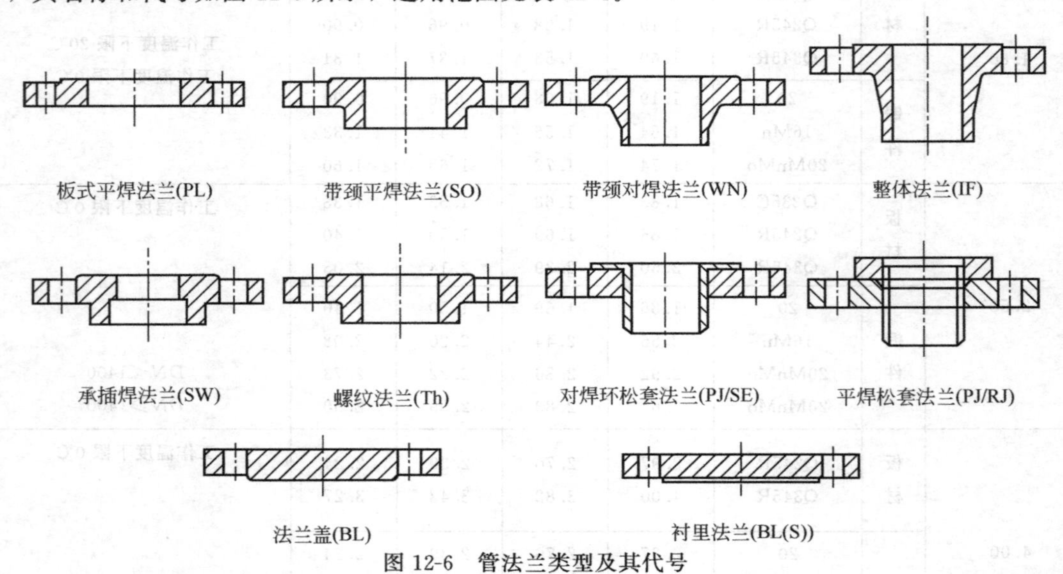

图 12-6　管法兰类型及其代号

表 12-4　各种类型法兰的密封面型式及其适用范围

<table>
<tr><th rowspan="2">法兰类型</th><th rowspan="2">密封面型式</th><th colspan="6">公称压力/bar[①]</th></tr>
<tr><th>2.5</th><th>6.0</th><th>10</th><th>16</th><th>25</th><th>40</th></tr>
<tr><td rowspan="2">板式平焊法兰
(PL)</td><td>突面（RF）</td><td>DN10～DN2000</td><td colspan="5">DN10～DN600</td></tr>
<tr><td>全平面（FF）</td><td>DN10～DN2000</td><td>DN10～DN600</td><td colspan="4">—</td></tr>
<tr><td rowspan="4">带颈平焊法兰
(SO)</td><td>突面（RF）</td><td>—</td><td>DN10～DN300</td><td colspan="4">DN10～DN600</td></tr>
<tr><td>凹面（FM）
凸面（M）</td><td colspan="2">—</td><td colspan="4">DN10～DN600</td></tr>
<tr><td>榫面（T）
槽面（G）</td><td colspan="2">—</td><td colspan="4">DN10～DN600</td></tr>
<tr><td>全平面（FF）</td><td>—</td><td>DN10～DN300</td><td colspan="2">DN10～DN300</td><td colspan="2">—</td></tr>
<tr><td rowspan="4">带颈对焊法兰
(WN)</td><td>突面（RF）</td><td colspan="2">—</td><td colspan="2">DN10～DN2000</td><td colspan="2">DN10～DN600</td></tr>
<tr><td>凹面（FM）
凸面（M）</td><td colspan="2">—</td><td colspan="4">DN10～DN600</td></tr>
<tr><td>榫面（T）
槽面（G）</td><td colspan="2">—</td><td colspan="4">DN10～DN600</td></tr>
<tr><td>全平面（FF）</td><td>—</td><td colspan="3">DN10～DN2000</td><td colspan="2">—</td></tr>
<tr><td rowspan="4">整体法兰
(IF)</td><td>突面（RF）</td><td>—</td><td colspan="3">DN10～DN2000</td><td>DN10～DN1200</td><td>DN10～DN600</td></tr>
<tr><td>凹面（FM）
凸面（M）</td><td colspan="2">—</td><td colspan="4">DN10～DN600</td></tr>
<tr><td>榫面（T）
槽面（G）</td><td colspan="2">—</td><td colspan="4">DN10～DN600</td></tr>
<tr><td>全平面（FF）</td><td>—</td><td colspan="3">DN10～DN2000</td><td colspan="2">—</td></tr>
</table>

续表

<table>
<tr><th rowspan="2">法兰类型</th><th rowspan="2">密封面型式</th><th colspan="6">公称压力/bar①</th></tr>
<tr><th>2.5</th><th>6.0</th><th>10</th><th>16</th><th>25</th><th>40</th></tr>
<tr><td rowspan="3">承插焊法兰
(SW)</td><td>突面 (RF)</td><td colspan="2">—</td><td colspan="4">DN10～DN50</td></tr>
<tr><td>凹面 (FM)
凸面 (M)</td><td colspan="2">—</td><td colspan="4">DN10～DN50</td></tr>
<tr><td>榫面 (T)
槽面 (G)</td><td colspan="2">—</td><td colspan="4">DN10～DN50</td></tr>
<tr><td rowspan="2">螺纹法兰
Th</td><td>突面 (RF)</td><td>—</td><td colspan="5">DN10～DN150</td></tr>
<tr><td>全平面 (FF)</td><td>—</td><td colspan="3">DN10～DN50</td><td>—</td><td>—</td></tr>
<tr><td>对焊环松套法兰
(PJ/SE)</td><td>突面 (RF)</td><td>—</td><td colspan="5">DN10～DN600</td></tr>
<tr><td rowspan="3">平焊环松套法兰
(PJ/RJ)</td><td>突面 (RF)</td><td>—</td><td colspan="3">DN10～DN600</td><td>—</td><td>—</td></tr>
<tr><td>凹面 (FM)
凸面 (M)</td><td colspan="2">—</td><td colspan="2">DN10～DN60</td><td colspan="2">—</td></tr>
<tr><td>榫面 (T)
槽面 (G)</td><td colspan="2">—</td><td colspan="2">DN10～DN600</td><td colspan="2">—</td></tr>
<tr><td rowspan="4">法兰盖
(BL)</td><td>突面 (RF)</td><td colspan="2">DN10～DN2000</td><td colspan="2">DN10～DN1200</td><td colspan="2">DN10～DN600</td></tr>
<tr><td>凹面 (FM)
凸面 (M)</td><td colspan="2">—</td><td colspan="4">DN10～DN600</td></tr>
<tr><td>榫面 (T)
槽面 (G)</td><td colspan="2">—</td><td colspan="4">DN10～DN600</td></tr>
<tr><td>全平面 (FF)</td><td colspan="2">DN10～DN2000</td><td colspan="2">DN10～DN1200</td><td colspan="2"></td></tr>
<tr><td rowspan="3">衬里法兰盖
[BL (S)]</td><td>突面 (RF)</td><td>—</td><td colspan="5">DN40～DN600</td></tr>
<tr><td>凸面 (M)</td><td colspan="2">—</td><td colspan="4">DN40～DN600</td></tr>
<tr><td>槽面 (G)</td><td colspan="2">—</td><td colspan="4">DN40～DN600</td></tr>
</table>

① $1bar=10^5Pa$

管法兰的标记方式为：HG/T 20592 法兰（或法兰盖）① ②-③ ④ ⑤ ⑥ ⑦。其中：①——法兰类型代号，如图 12-6 所示；②——法兰公称尺寸 *DN* 与适用钢管外径系列。整体法兰、法兰盖、衬里法兰盖、螺纹法兰适用钢管外径系列的标记可省略，适用于 A 系列（英制管）钢管外径的法兰，适用钢管外径系列的标记可省略，适用于 B 系列（公制管）钢管外径的法兰，标记为“*DN*××× (B)”；③——法兰公称压力等级 *PN*，④——密封面型式代号，如图 12-5 所示；⑤——钢管厚度 (mm)；⑥——材料牌号；⑦——其他。

例如公称尺寸为 100mm、公称压力为 *PN*6、配用公制管的突面板式平焊钢制管法兰，材料为 Q345R，标记为：

HG/T 20592 法兰　$\underset{①}{\underline{\text{PL}}}$　$\underset{②}{\underline{\text{100 (B)}}}$-$\underset{③}{\underline{\text{6}}}$　$\underset{④}{\underline{\text{RF}}}$　$\underset{⑥}{\underline{\text{Q345R}}}$

12.1.6　法兰连接的设计步骤

ⅰ. 根据设计任务要求，确定法兰型式；

ⅱ. 由法兰型式和设计温度，确定法兰材料；

ⅲ. 由法兰材料和设计温度，确定法兰公称压力；

ⅳ. 由法兰型式和公称压力，确定法兰各部分尺寸及螺栓直径、个数；

ⅴ. 由法兰型式和设计温度确定垫片种类、材料和螺栓、螺母材料，并由对应的标准中查出垫片的尺寸。

12.2 支　　座

容器的支座用来支承容器的重量、承受操作时设备的振动、地震力及风载荷等，并将其固定在需要的位置上。

支座的形式很多，按容器的自身结构形式分为卧式容器支座、立式容器支座。

12.2.1 卧式容器支座

卧式容器支座有三种：鞍式支座、圈座和腿式支座。图 12-7（a）所示为鞍式支座（简称鞍座），是应用最广泛的一种卧式容器支座，常见的卧式容器和卧式热交换器等多采用这种支座。为了增加筒体的刚度，某些大型薄壁容器及真空容器采用如图 12-7（b）所示的圈座。对于质量不大的小型卧式容器，则采用结构简单的支腿式支座，如图 12-7（c）所示。

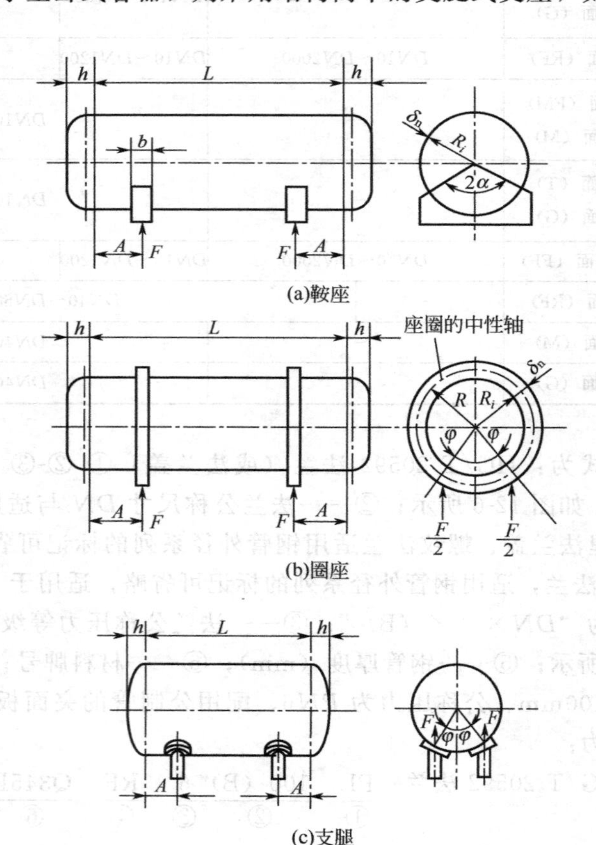

图 12-7　卧式容器支座

12.2.1.1　鞍式支座的结构

鞍式支座是由钢板焊制而成，结构如图 12-8 所示。它由腹板、筋板、垫板、底板组成，在与容器连接处，有带加强垫板和不带加强垫板两种结构。腹板与底板的连接有焊制和弯制两种形式。垫板的作用是改善容器壳体局部受力情况，通过垫板，鞍座承受容器的载荷；筋板的作用是将垫板、腹板和底板连接在一起，加大刚性，一起有效地传递载荷和抵抗弯矩。因此，腹板和筋板的厚度与鞍座的高度（即自筒体圆周最低点至基础表面的距离）直接决定着鞍座允许负荷的大小。

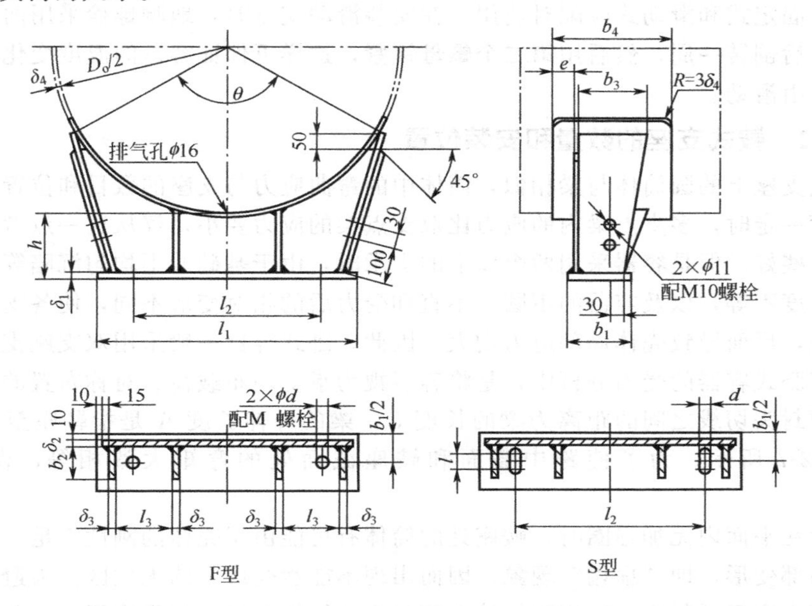

(a)焊制鞍座

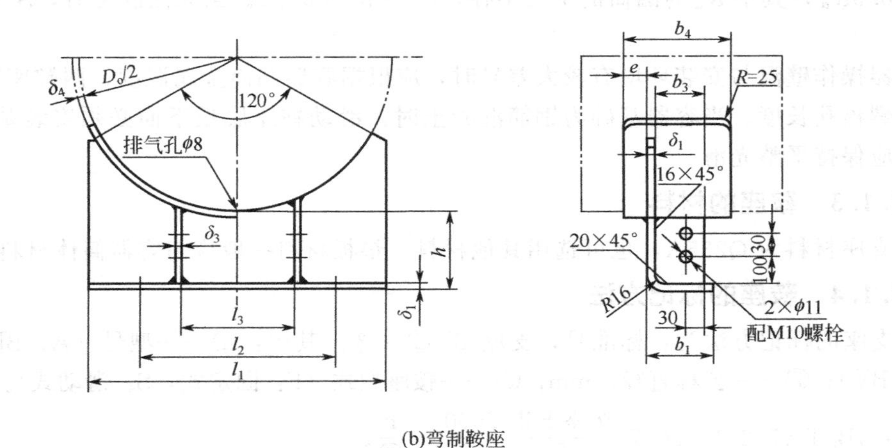

(b)弯制鞍座

图 12-8　鞍座结构示意图

鞍座包围圆筒部分弧长所对应的圆心角 θ 称为鞍座的包角。标准鞍座包角有 120°和 150°两种。采用较大包角时，有利于降低鞍座边角处筒壁内的应力，从而提高鞍座的承载能力，但也使鞍座显得笨重。标准支座的高度有 200mm 和 250mm 两种尺寸，但允许改变高度。

鞍座的标准为 JB/T 4712.1《容器支座第 1 部分：鞍式支座》，该标准规定了支座的结构型式、系列参数尺寸、允许载荷、材料及制造、检验、验收和安装技术要求。设计时可根据容器的公称直径和重量选用标准中的规格。

鞍座的公称直径为筒体公称直径，每一公称直径的支座都有轻型（A型）和重型（B型）两种。其中重型又根据鞍座制作方式、包角及附带垫板情况分为BⅠ～BⅤ五种型号。A型和B型的区别在于筋板和底板、垫板等尺寸不同或数量不同。

根据底板上螺栓孔形状的不同，每种型式的鞍座又分为固定式（代号F）和滑动式（代号S）两种安装型式。固定式鞍座底板上开圆形螺栓孔，滑动式鞍座开长圆形螺栓孔。在同一台容器上，固定式和滑动式应配对使用。在安装滑动支座时，地脚螺栓采用两个螺母，第一个螺母拧紧后倒转一周，然后用第二个螺母锁紧，这样可保证容器的温度变化时，鞍座能在基础面上自由滑动。

12.2.1.2 鞍式支座的数量和安装位置

置于鞍式支座上的圆筒体与梁相似，筒体中的弯曲应力与支座的数目和位置有关。当梁的长度和载荷一定时，多支点梁内的应力比双支点梁的应力要小，仅从这一点考虑，支座数目应该是多一些好。但是容器采用两个以上的支承时，由于基础的不均匀沉陷等因素引起的支承面水平高度不等，以及容器的不圆、不直和受力后的相对变形不同，使各支点的支反力不能均匀分配，反而导致壳体局部应力增大。因此，卧式容器一般采用双支座支承。

在双鞍座卧式容器的受力分析中，是将容器视为承受均布载荷、对称布置的双支座的外伸梁。容器两封头切线之间的距离为梁的长度 L，梁的外伸长度 A 是指鞍座至封头切线的距离，如图12-7所示。为了使跨中截面和鞍座截面处的弯矩大致相等，设计时通常取$A=0.2L$。

当鞍座所在平面内无加强圈时，鞍座处的筒体有可能由于壳体的刚性不足，使鞍座上部的筒壁产生局部变形，即“扁塌”现象，因而出现不能承受应力的无效区。为避免这种现象的发生，可使支座靠近封头，利用刚性较大的封头对筒体起局部加强作用。因此，设计时最好取$A\leqslant 0.5R_a$，其中R_a为圆筒的平均半径，$R_a=R_i+\delta_n/2$。当无法满足时，A值不宜大于$0.2L$。

当容器操作壁温与安装环境有较大差异时，应根据容器圆筒金属温度、两鞍座间距核算滑动支座螺栓孔长度。当容器基础为钢筋混凝土时，滑动鞍座底板下面必须安装基础垫板，基础垫板应保持平整光滑。

12.2.1.3 鞍座的材料

鞍式支座材料为Q235A，也可选用其他材料。垫板材料一般应与容器筒体材料相同。

12.2.1.4 鞍座的标记方法

鞍式支座的标记方法为：标准号，支座①②-③。其中：①——型号（A，BⅠ，BⅡ，BⅢ，BⅣ，BⅤ）；②——公称直径，mm；③——鞍座型式（F：固定式，S：滑动式）。

例如：JB/T 4712.1—2007 $\dfrac{\text{支座 BⅡ}}{①}\ \dfrac{2000}{②}-\dfrac{\text{F}}{③}$。

12.2.1.5 鞍座的选用步骤

（1）计算支座反力

$$F=0.5mg \tag{12-1}$$

式中 m——容器质量，包括容器自身质量、充满所容介质或水的质量、所有附件及保温层等的质量，kg；

g——重力加速度。

（2）按计算支座反力确定鞍座的允许载荷

标准中的允许载荷是按标准高度下计算出的承载能力，当鞍座高度增加时，鞍座允许载荷随之降低，实际高度下的允许载荷可在标准中查出。

（3）鞍座型式选择

按鞍座实际承载的大小，确定选用轻型或重型鞍座。按容器圆筒强度需要确定 120°包角或 150°包角的鞍座。

（4）当符合下列条件之一时，鞍座应设置垫板：容器圆筒有效厚度≤3mm；容器圆筒支座处的周向应力大于规定值；容器圆筒有热处理要求；容器圆筒与支座温差≥200℃；容器圆筒材料与鞍座材料不具有相同或相近化学成分或性能指标。

12.2.2　立式容器支座

立式容器支座有腿式、耳式、支承式和裙式。对于高大的直立设备广泛采用的裙式支座将在第 3 篇介绍，下面介绍中、小型直立容器常采用的腿式支座、耳式支座和支承式支座。

12.2.2.1　腿式支座

腿式支座结构简单、轻巧、安装方便，在容器下面有较大的操作维修空间。

腿式支座的标准为 JB/T 4712.2《容器支座第 2 部分：腿式支座》。该标准规定了支座的结构型式、系列参数尺寸、允许载荷、材料和制造技术要求，适用于安装在刚性基础上，且符合下列条件的容器：公称直径为 DN400～1600mm；圆筒长度 L 与公称直径 DN 之比 L/DN≤5；容器总高 H_1：角钢支柱与钢管支柱≤5000mm，H 型钢支柱≤8000mm。不适用于通过管线直接与产生脉动载荷的机器设备刚性连接的容器。

① 结构型式　腿式支座如图 12-9 所示，由支柱、垫板、盖板和底板组成，支柱可采用角钢、钢管或 H 型钢制作。根据支柱的截面形状不同及有无垫板，支座分为六种型式：即 A 型、AN 型、B 型、BN 型、C 型、CN 型，A 型为角钢支柱，B 型为钢管支柱，C 型为 H 型钢支柱，AN、BN、CN 为无垫板结构。不同的支腿用支座号来区别，A、AN 型的支座号为 1～7，B、BN 型的支座号为 1～5，C、CN 型的支座号为 1～10。当容器公称直径 DN400～700mm 时，采用三个支座，当公称直径 DN800～1600mm 时，采用四个支座。

② 腿式支座的尺寸和材料　腿式支座的尺寸从标准中可以查出。A 型支座角钢的材料为 Q235A，B 型支座钢管的材料为 20 号钢，C 型支座 H 型钢的材料为 Q235A。如果需要，可以改用其他材料，但其强度性能不得低于上述材料，且应具有良好的焊接性能。垫板材料一般应与容器壳体材料相同。

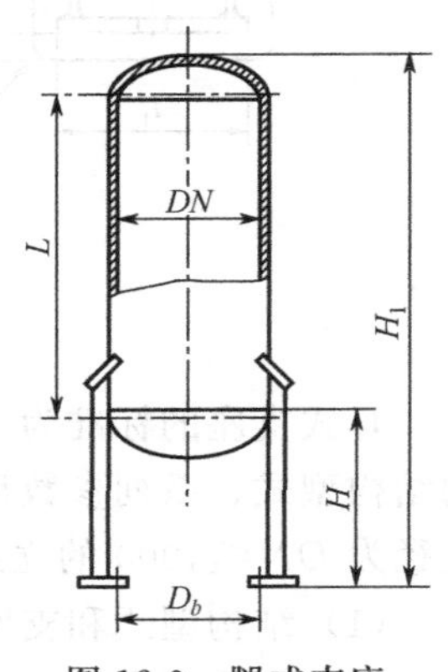

图 12-9　腿式支座

③ 腿式支座的选用方法　腿式支座的设计条件为：设计温度 200℃；基本风压值：800Pa，地面粗糙度为 A 类；地震设防烈度：8 度（Ⅱ类场地土），基本地震加速度 0.2g。

腿式支座的选用步骤为：首先计算容器的重力载荷（包括容器自身重量、充满所容介质或水的重量、所有附件及保温层等的重量），根据支腿个数求出每个支腿承受的重力载荷。然后由实际情况确定支腿的型式。符合下列情况之一，应设置垫板：用合金钢制的容器壳体；容器壳体有焊后热处理要求；与支腿连接处的有效厚度小于标准中规定的最小厚度。垫板厚度一般与筒体厚度相等，也可根据需要确定。最后根据每个支腿承受的载荷和类型、容器公称直径，查腿式支座的各有关尺寸。

④ 标记方法　腿式支座的标记方法为：标准号，支腿 ①②—③—④。其中：①——型号（A、AN、B、BN、C、CN）；②——支座号（1～10）；③——支承高度，mm；④——垫板厚度，mm（对于 A、B、C 型支腿，标注此项）。

例如：JB/T 4712.2—2007　$\underset{①}{\underline{支腿\ A}}\ \underset{②}{\underline{3}}-\underset{③}{\underline{1000}}-\underset{④}{\underline{6}}$

12.2.2.2　耳式支座

耳式支座简称耳座，如图 12-10 所示，广泛用于中、小型直立设备的支承。它由两块筋板、底板、垫板和盖板焊接而成。底板的作用是与基础接触及连接，筋板的作用是增加支座刚性，使作用在容器上的外力通过底板作用在支承梁。一般设备采用 2～4 个支座支承，设备通常是通过支座搁置在钢梁、混凝土基础或其他设备上。耳式支座的优点是结构简单、制造方便，但对器壁会产生较大的局部应力。因此，当设备较大或器壁较薄时，应在支座与器壁间加一块垫板。

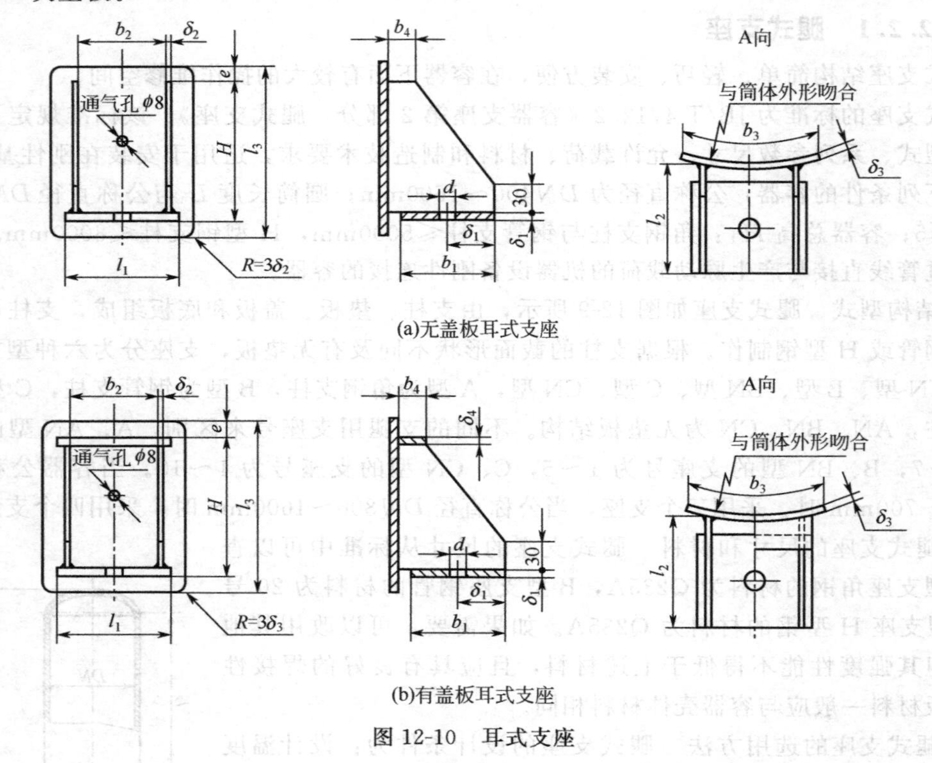

图 12-10　耳式支座

耳式支座的标准为 JB/T 4712.3《容器支座第 3 部分：耳式支座》。该标准规定了支座的结构型式、系列参数尺寸、允许载荷、材料和制造、检验要求以及选用方法。适用于公称直径为 $DN \leqslant 4000$ 的立式圆筒形容器。

(1) 结构型式和支座材料

标准中将耳座分为短臂（A 型）、长臂（B 型）和加长臂（C 型）三种。不同的支座用支座号来区别，每种类型的支座号均为 1～8。其中 A 型 1～5 号无盖板，适用公称直径 $DN300 \sim DN1600$；6～8 号有盖板，适用公称直径 $DN1500 \sim DN4000$。B 型 1～5 号无盖板，适用公称直径 $DN300 \sim DN1600$；6～8 号有盖板，适用公称直径 $DN1500 \sim DN4000$。C型1～3 号无盖板，适用公称直径 $DN300 \sim DN1400$；4～8 号有盖板，适用公称直径 $DN1000 \sim DN4000$。当设备外面有保温层或者将设备直接放在楼板上时，宜采用B型、C型耳式支座。

耳式支座筋板和底板的材料有四种，用代号Ⅰ、Ⅱ、Ⅲ和Ⅳ表示，它们分别代表Q235A、16MnR、0Cr18Ni9和15CrMoR。垫板材料一般与筒体相同，厚度与筒体厚度相等，但应满足标准中的基本要求。耳式支座通常应设置垫板，当 $DN \leqslant 900$mm 时，可不设置垫板但必须满足：容器壳体的有效厚度大于3mm；容器壳体材料与支座材料具有相同或相近的化学成分和力学性能。

(2) 标记方法

耳式支座的标记方法为：标准号，耳式支座 ① ②-③。其中：①——型号（A、B、C）；②——支座号（1～8）；③——材料（Ⅰ、Ⅱ、Ⅲ、Ⅳ）。

例如：JB/T 4712.3—2007，耳式支座 B3-Ⅱ，表示3号加长臂、材料为16MnR的耳式支座。

(3) 耳式支座的选用

根据容器的公称直径 DN 和按标准中规定的方法计算出的耳式支座承受的实际载荷 Q 选取一标准支座，应满足 $Q \leqslant [Q]$。$[Q]$ 为支座的允许载荷，可由标准中查出。一般情况下，应校核耳式支座处圆筒所受的支座弯矩 M_L，使其满足 $M_L \leqslant [M_L]$，对衬里设备 $M_L \leqslant [M_L]/1.5$，$[M_L]$ 为耳式支座圆筒的许用弯矩，可由标准中查出。

12.2.2.3 支承式支座

对于高度不大、安装位置距基础面较近且具有凸形封头的立式容器，可采用支承式支座。它是在容器封头底部焊上数根支柱，直接支承在基础地面上，如图12-11所示。

支承式支座的优点是简单轻便，但它和耳式支座一样，对壳壁会产生较大的局部应力，因此当容器壳体直径较大或壳体较薄时，在支座和容器封头之间应设置垫板，以改善封头局部受力情况。

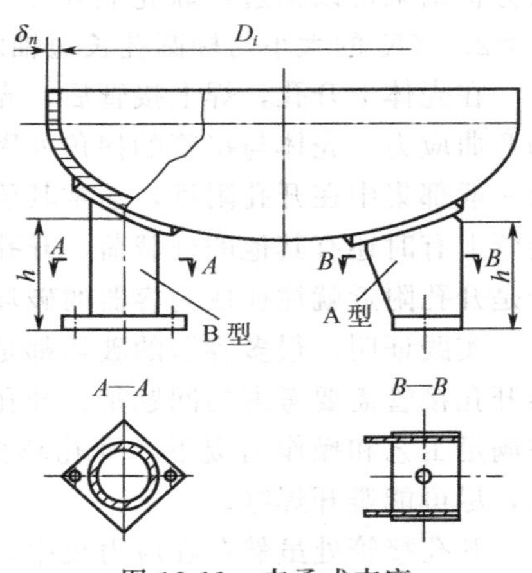

图12-11　支承式支座

支承式支座的标准为JB/T 4712.4《容器支座第4部分：支承式支座》。该标准规定了支座的结构型式、系列参数尺寸、允许载荷、材料和制造、检验要求以及选用方法。适用范围为：公称直径为 $DN800 \sim 4000$mm；圆筒长度 L 与公称直径 DN 之比 $L/DN \leqslant 5$；容器总高度 $H_0 \leqslant 10$mm。

(1) 结构型式和支座材料

标准中将支承式支座分为A型和B型两种，A型支座由钢板焊制，B型支座由钢管制作。不同的支座用支座号来区别，A型的支座号为1～6。其中1～4适用公称直径 $DN800 \sim DN2200$；5～6适用公称直径 $DN2400 \sim DN3000$。B型支座号为1～8，适用公称直径 $DN800 \sim DN4000$。

支承式支座底板的材料为Q235A，A型筋板材料为Q235A，B型钢管材料为10号钢，垫板材料一般应与容器封头材料相同。

(2) 标记方法

耳式支座的标记方法为：标准号，支座 ① ②。其中：①——型号（A、B）；②——支座号（1～8）。

例如：JB/T 4712.4—2007，支座A3，表示由钢板焊制的3号支承式支座。

(3) 耳式支座的选用

根据容器的公称直径 DN 和按标准中规定的方法计算出支座承受的实际载荷 Q，应满足 $Q<[Q]$，$[Q]$ 为支座的允许载荷，可由标准中查出。对于B型支座，应校核由容器封头限定的允许垂直载荷 $[F]$，即 $Q\leqslant[F]$，对于衬里容器，则要求 $Q\leqslant[F]/1.5$，$[F]$ 可由标准中查出。

12.3 开孔与接管

在压力容器上，由于各种工艺、结构以及操作、安装、维修等方面的要求，不可避免地需要在容器上开孔并安装接管，如人（手）孔、进（出）料口和仪表的接管口等。在容器上开孔，需要考虑孔的位置、大小对容器强度的削弱程度以及是否需要补强等问题。

12.3.1 开孔与开孔补强设计

压力容器开孔之后，必定使其壳壁的强度受到削弱，并使得在孔口附近的局部区域应力达到很大的数值。这种由于容器开孔在壳壁局部区域出现的应力增大现象称为应力集中，而最大应力与壳壁最大基本应力的比值称为应力集中系数，用 K 表示。根据平板开小圆孔应力分析结果可以知道：球壳上开圆孔，$K=2$；圆筒壳开圆孔，$K=2.5$；圆筒壳开椭圆孔，$K>2.5$（K 的大小与椭圆孔长短轴之比有关）。

在壳体上开孔，焊上接管后，壳体与接管形成结构曲率不连续变化，又会产生较大的附加弯曲应力。壳体与接管的拐角处因不等截面过渡（即小圆角）而引起局部高应力。这些应力一般都集中在开孔附近，通常其值达到容器壳壁中基本应力的数倍。这样的高应力，加上接管上有时还有其他的外载荷，开孔结构在制造过程中又不可避免地形成缺陷和残余应力，于是开孔附近就往往成为容器的破坏源，主要是疲劳破坏和脆性裂口。

实践证明，很多容器的破坏都是从接管附近区域开始的。所以容器上开孔必须小心。容器开孔接管需要考虑的问题是：开孔的位置及大小；连接结构和开孔削弱及补强问题。一般在满足工艺和操作前提下，开孔越少越好；开孔尺寸越小越好；开孔位置要避开应力集中区，尽可能避开焊缝。

开孔接管处虽然存在应力集中，但通过在接管区附近增加壳体或接管壁厚可以降低应力集中，为此而做的有关计算和结构设计称为开孔补强设计。

12.3.1.1 补强结构

容器开孔补强有局部补强和整体补强两种结构形式。局部补强又分为补强圈补强、加强管补强和整锻件补强。局部补强结构如图12-12所示。

(1) 补强圈补强

补强圈补强是中低压容器应用最多的补强结构，补强圈贴焊在壳体与接管连接处，如图12-12 (a) ～ (c) 所示。它结构简单，制造方便，使用经验丰富。但补强面积分散，补强效率不高；补强圈与壳体金属之间不能完全贴合，在补强局部区域产生较大的热应力；另外，补强圈与壳体采用搭接连接，难以与壳体形成整体，抗疲劳性能差。所以这种补强结构一般适用于静载、温度不高、中低压的容器。在GB 150中指出，采用补强圈结构补强时，应遵循下列规定：

ⅰ. 低合金钢的标准抗拉强度下限值 $R_m<540$MPa；

ⅱ. 补强圈厚度$\leqslant 1.5\delta_n$；

ⅲ. 壳体名义厚度 $\delta_n \leqslant 38$mm。

补强圈标准为：JB/T 4736《补强圈》。设计时可根据需要的补强面积从标准中选用补强圈。补强圈材料一般与壳体相同。为了获得良好的补强效果，补强圈与壳体之间应很好贴合，并以全熔透或非全熔透焊缝将内部或外部补强件与接管、壳体相焊接。为了便于检验焊接情况，在补强圈上开有小螺孔，以便焊后通压缩空气检查焊缝质量。

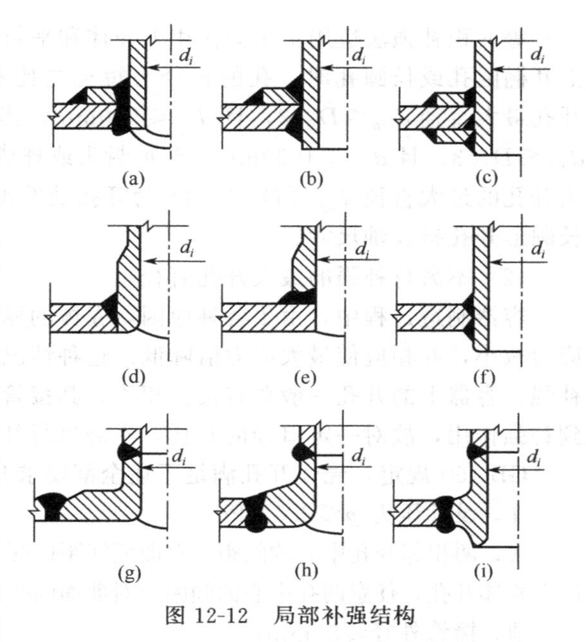

图 12-12　局部补强结构

(2) 加强管补强

加强管补强是在开孔处焊上一段厚壁管，如图 12-12 (d) ～ (f) 所示。由于接管的加厚部分正处于最大应力区内，故比补强圈的补强面积集中，能有效降低应力集中系数。加强管补强结构简单，焊接接头少，补强效果较好，尤其适用于低合金高强度钢制容器的开孔补强。

(3) 整锻件补强

该补强结构是将接管和部分壳体连同补强部分做成整体锻件，再与壳体和接管焊接，如图 12-12 (g) ～ (i) 所示。其优点是：补强金属集中于开孔应力最大部位，能最有效地降低应力集中系数；可采用对接焊缝，质量容易保证，并使焊缝及其热影响区离开最大应力点，抗疲劳性能好。缺点是制造麻烦，成本较高，所以，一般只在重要压力容器中应用，如承受低温、高温、疲劳载荷的大直径开孔容器、高压容器和核容器等。

整体补强是通过用增加壳体厚度的方法来降低开孔附近的应力。这种补强方法非常不经济，只有在特定场合（如容器上开排孔、封头上开孔较多等）才使用。

12.3.1.2　等面积补强计算方法

压力容器开孔接管补强的目的是降低开孔接管处的应力峰值。对这个应力峰值限制在什么范围内，就出现了各种补强准则。GB 150 中给出的方法是等面积补强法和分析法。本章介绍等面积补强法。

等面积补强法的原则是在临近开孔处所加补强材料的截面积应等于或大于开孔失去的截面积，即

$$A_e \geqslant A \tag{12-2}$$

式中　A——开孔削弱所需要的补强截面积，mm²；

A_e——有效补强范围内可作为补强的截面积，mm²。

这是基于维持容器整体屈服强度概念的方法。其含义在于补强壳壁的平均强度，用开孔等截面的外加金属来补强被削弱的壳壁强度。补强后对不同接管会得到不同的应力集中系数，实际上即对不同接管补强后将有不同的安全系数。

(1) 等面积补强法适用范围

等面积补强法适用于压力作用下壳体和平封头上的圆形、椭圆形或长圆形开孔。当壳体上开椭圆孔或长圆孔时，孔的长径与短径之比不大于2.0。当圆筒内径 $D_i \leqslant 1500\text{mm}$ 时，开孔最大直径 $d_{op} \leqslant D_i/2$，且 $d_{op} \leqslant 520\text{mm}$，当圆筒内径 $D_i > 1500\text{mm}$ 时，开孔最大直径 $d_{op} \leqslant D_i/3$，且 $d_{op} \leqslant 1000\text{mm}$；凸形封头或球壳开孔的最大允许直径 $d_{op} \leqslant D_i/2$；锥形封头开孔的最大直径 $d_{op} \leqslant D_i/3$（D_i 为开孔处的锥壳内直径）。开孔最大直径 d_{op} 对椭圆形或长圆形开孔指长轴尺寸。

(2) 不另行补强的最大开孔直径

容器制造过程中，由于各种原因，壳体的厚度往往超过强度的要求。厚度增加，则薄膜应力减小，并相应使最大应力值降低。这种情况可视为容器已进行整体补强，因而不需另行补强。容器上的开孔一般总有接管相连，其接管厚度也往往多于实际需要，多余的金属已起到补强作用，故对一定口径的开孔，不需另行补强。

GB 150 规定，壳体开孔满足下述全部要求时，可不另行补强。

ⅰ. 设计压力 $p \leqslant 2.5\text{MPa}$；

ⅱ. 两相邻开孔中心的间距（对曲面间距以弧长计算）应不小于两孔直径之和，对于3个或以上相邻开孔，任意两孔中心的间距（对曲面间距以弧长计算）应不小于该两孔之和的2.5倍；

ⅲ. 接管外径≤89mm；

ⅳ. 接管壁厚满足表12-5要求（表中接管壁厚的腐蚀裕量为1mm，需要加大腐蚀裕量时，应相应增加壁厚）；

ⅴ. 开孔不得位于A、B类焊接接头上；

ⅵ. 钢材的标准抗拉强度下限值 $R_m \geqslant 540\text{MPa}$ 时，接管与壳体的连接宜采用全焊透的结构型式。

表 12-5　接管最小厚度要求　　mm

接管外径	25	32	38	45	48	57	65	76	89
接管壁厚	≥3.5			≥4.0		≥5.0		≥6.0	

(3) 单个开孔的等面积补强计算

满足下列条件的多个开孔均按单个开孔分别设计：壳体上两个开孔中心间距（对曲面间距以弧长计算）不小于该两孔直径之和；平封头（平板）上有多个开孔，任意两开孔直径之和不超过封头直径的0.5倍，任意两相邻开孔中心的间距不小于两孔直径之和。

① 开孔削弱所需最小补强面积 A 的计算　对于受内压的圆筒、球壳和椭圆形、碟形、锥形等封头，开孔削弱所需补强面积 A 按式(12-3)计算

$$A = d_{op}\delta + 2\delta\delta_{et}(1 - f_r) \tag{12-3}$$

式中　A——开孔削弱所需最小补强面积 A，mm^2；

d_{op}——开孔直径，对于圆形开孔，取接管内直径加2倍厚度附加量，对于椭圆形或长圆形，取所考虑截面上的尺寸（弦长）加2倍厚度附加量，mm；

f_r——强度削弱系数，$f_r = [\sigma]_t^t / [\sigma]^t$，$[\sigma]_t^t$、$[\sigma]^t$ 分别为设计温度下接管材料和壳体材料的许用应力，对于安放式接管［图12-12(e)］$f_r = 1.0$，当 $f_r > 1.0$ 时，取 $f_r = 1.0$；

δ_{et}——接管的有效厚度，$\delta_{et} = \delta_{nt} - C_t$，mm，$C_t$ 为接管厚度附加量；

δ——壳体开孔处的计算厚度，mm。对于圆筒或球壳开孔，为开孔处的壳体计算厚

度，对于锥壳（或锥形封头）开孔，由式（10-23）计算，D_c取开孔中心处锥壳内直径；若开孔位于椭圆形封头中心80%直径范围内，按式（12-4）计算，式中K_1为椭圆长短轴比值决定的系数，由表11-2查取。若开孔位于碟形封头球面部分内，按式（12-5）计算，位于其他部位，按式（10-19）计算。

$$\delta=\frac{p_c K_1 D_i}{2[\sigma]^t\varphi-0.5p_c} \tag{12-4}$$

$$\delta=\frac{p_c R_i}{2[\sigma]^t\varphi-0.5p_c} \tag{12-5}$$

外压容器开孔所需补强面积A按式（12-6）计算

$$A=0.5[d_{op}\delta+2\delta\delta_{et}(1-f_r)] \tag{12-6}$$

式中　δ——按外压计算确定的开孔处壳体计算厚度，mm。

容器存在内压与外压两种设计工况时，开孔所需补强面积应同时满足上述内压和外压的要求。

平盖开单个孔，且开孔直径$d_{op}\leqslant 0.5D_o$（D_o取平盖计算直径，对非圆形平盖取短轴长度）时，所需最小补强面积按式（12-7）计算

$$A=0.5d_{op}\delta_p \tag{12-7}$$

式中　δ_p——平盖计算厚度，mm，按第10章计算。

② 有效补强范围　壳体进行开孔补强时，其补强区的有效范围按图12-13中的矩形WXYZ范围确定。

ⅰ. 有效宽度B按式（12-8）计算，取二者中较大值

$$B=\begin{cases}2d_{op}\\ d_{op}+2\delta_n+2\delta_{nt}\end{cases} \tag{12-8}$$

式中　δ_n——壳体开孔处的名义厚度，mm；

δ_{nt}——接管的名义厚度，mm。

ⅱ. 有效高度按式（12-9）和式（12-10）计算，分别取式中小值

外伸接管有效补强高度　$$h_1=\begin{cases}\sqrt{d_{op}\delta_{nt}}\\ \text{接管实际外伸高度}\end{cases} \tag{12-9}$$

内伸接管有效补强高度　$$h_2=\begin{cases}\sqrt{d_{op}\delta_{nt}}\\ \text{接管实际内伸高度}\end{cases} \tag{12-10}$$

③ 补强面积计算　在有效补强范围内，可作为补强的截面积A_e按式（12-11）计算

$$A_e=A_1+A_2+A_3 \tag{12-11}$$

式中　A_1——壳体有效厚度减去计算厚度之外的多余截面积，mm²，按式（12-12）计算

$$A_1=(B-d_{op})(\delta_e-\delta)-2\delta_{et}(\delta_e-\delta)(1-f_r) \tag{12-12}$$

A_2——接管有效厚度减去计算厚度之外的多余截面积，mm²，按式（12-13）计算

$$A_2=2h_1(\delta_{et}-\delta_t)f_r+2h_2(\delta_{et}-C_{2t})f_r \tag{12-13}$$

A_3——焊缝金属截面积，见图12-13，mm²；

δ——壳体开孔处的计算厚度，mm；

δ_e——壳体开孔处的有效厚度，mm；

δ_{et}——接管有效厚度，mm；

δ_t——接管计算厚度，mm；

C_{2t}——接管腐蚀裕量，mm。

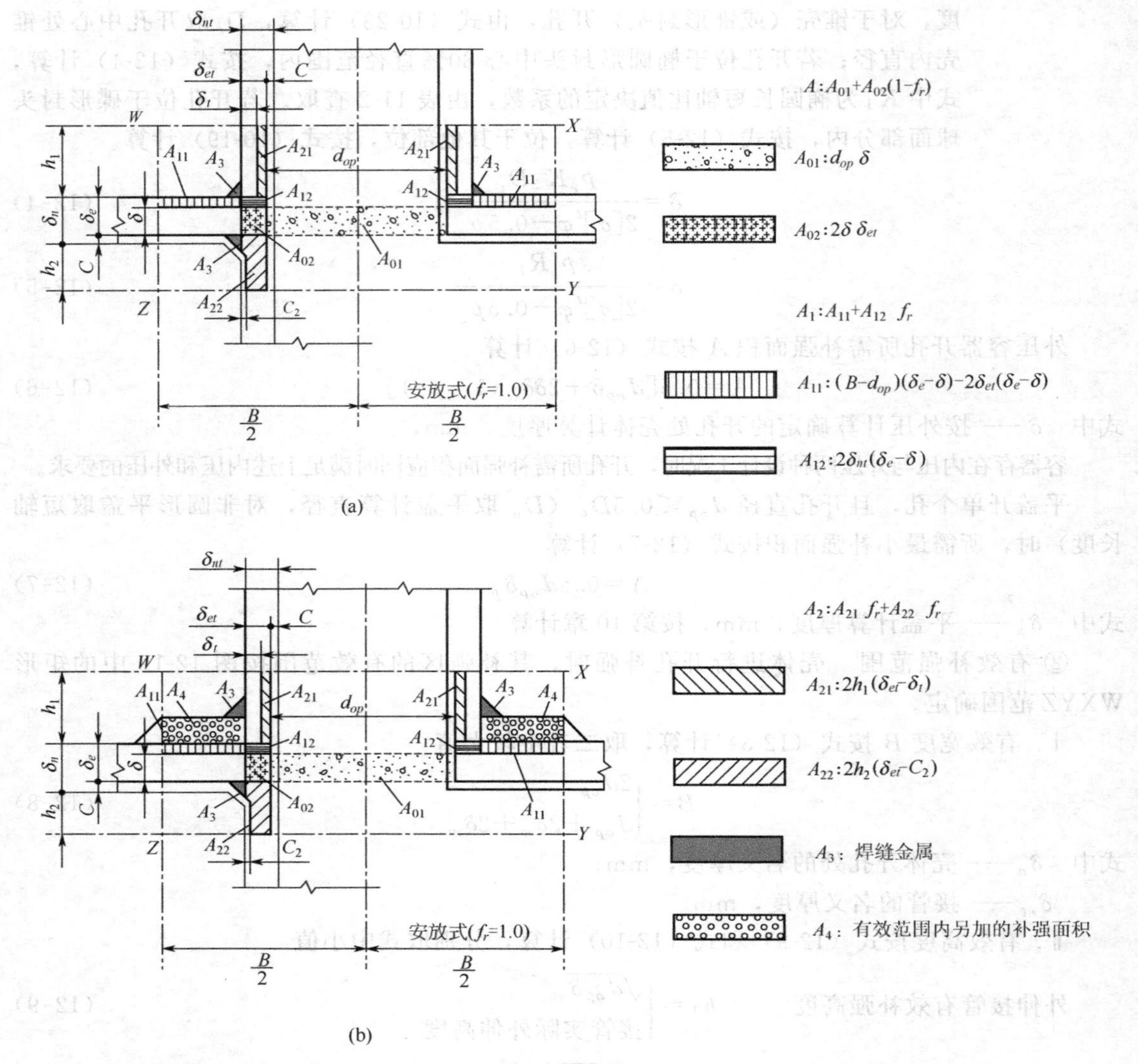

图 12-13　有效补强范围

若 $A_e \geqslant A$，则开孔不需另加补强；若 $A_e < A$，则开孔需另加补强，另加补强截面积按式（12-14）计算

$$A_4 \geqslant A - A_e \tag{12-14}$$

式中，A_4为有效补强范围内另加的补强截面积，mm^2，见图 12-13。

补强材料宜与壳体材料相同。若补强材料许用应力小于壳体材料许用应力，则补强面积应按壳体材料与补强材料许用应力之比而增加。若补强材料许用应力大于壳体材料许用应力，则所需补强面积不得减少。

12.3.2　接管与凸缘

接管与凸缘，既可用来连接设备与介质的输送管道，又可装置测量、控制仪表。

12.3.2.1　接管

由于化工容器大多数都是焊接制造的，所以接管与容器开孔的连接也是焊接的。焊接容器接管有法兰接管和螺纹接管，如图 12-14 所示。

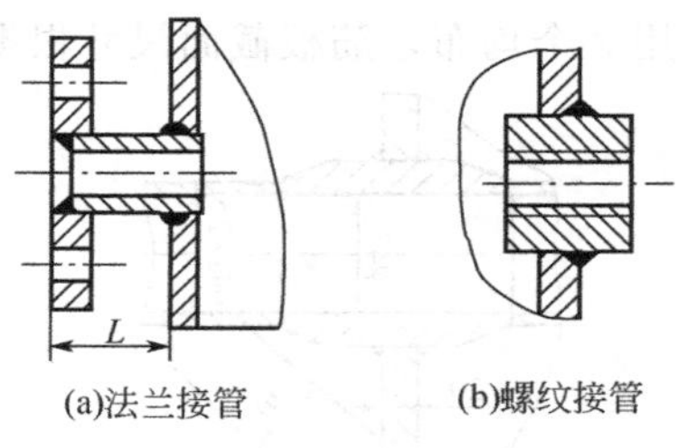

图 12-14　焊接接管

(1) 接管及其连接法兰的伸出长度

接管轴线垂直于壳体经线时，接管及其连接法兰的密封面到经线外表面的长度 L 可按表 12-6 选取。

接管与带颈对焊法兰连接时，L 值确定还应满足接管上的焊缝与壳体上焊缝之间距离不小于 50mm，如图 12-15 所示。接管轴线不垂直于壳体经线时，接管及其连接法兰的外缘与保温层之间的直线距离应不小于 25mm，如图 12-16 所示。

表 12-6　接管及其连接法兰的伸出长度　　mm

保温层厚度	接管公称直径 DN	最小伸出长度 L	保温层厚度	接管公称直径 DN	最小伸出长度 L
50～75	10～100	150	126～150	10～50	200
	125～300	200		70～300	250
	350～600	250		350～600	300
76～100	10～50	150	151～175	10～150	250
	70～300	200		200～600	300
	350～600	250	176～200	10～50	250
101～125	10～150	200		70～300	300
	200～600	250		350～600	350
				600～900	500

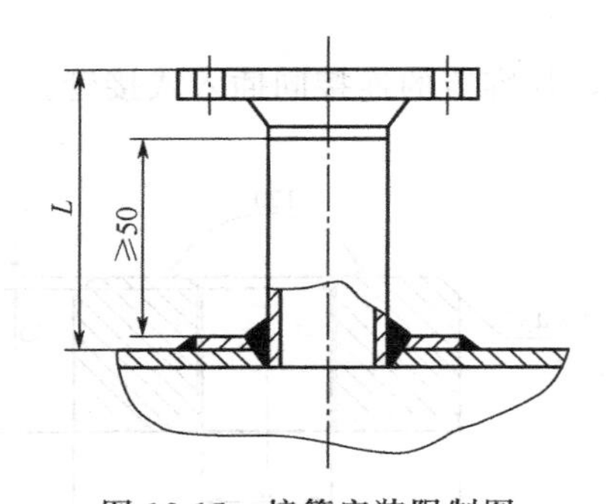

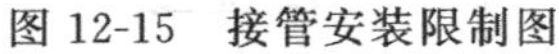

图 12-15　接管安装限制图

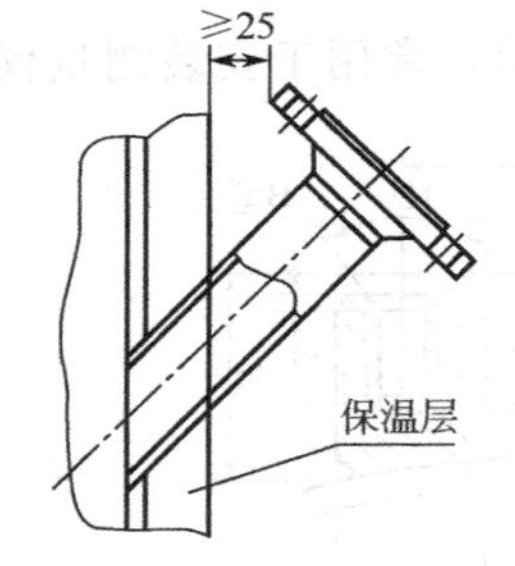

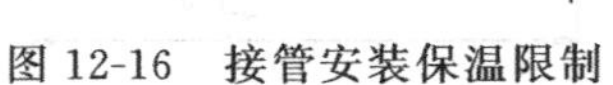

图 12-16　接管安装保温限制

接管与壳体连接的内壁形式可采用内伸式，亦可采用平齐式。采用内伸式结构，插入深度应不小于 1.5 倍壳体名义厚度，且不小于 6mm。用于排气和排液的排净口接管应采用内壁平齐式结构。

(2) 细长管的加强结构

容器上的小直径接管为避免弯曲应予以加强。当接管直径 $DN \leqslant 25$mm，伸出长度 $L \geqslant 150$mm 或 $DN \leqslant 45$mm，伸出长度 $L \geqslant 200$mm 时，可采用变径管方式加强（图 12-17）或者设置筋板予以支撑，筋板支撑布置按图 12-18 要求，水平接管筋板一般为 2 个，垂直接管可采用 3 个均布，筋板截面尺寸根据筋板长度按表 12-7 选取。

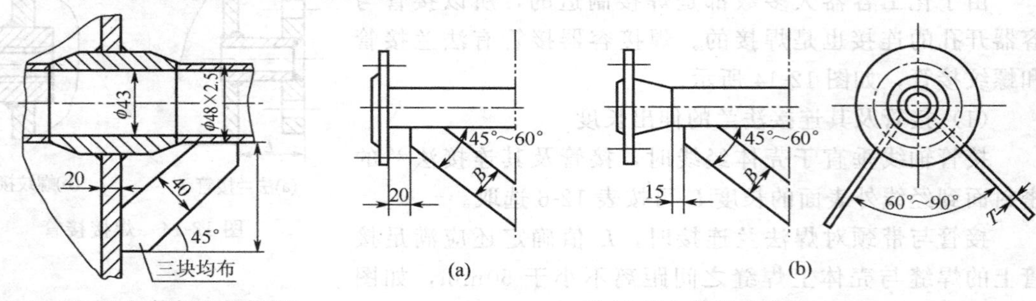

图 12-17　细长管加强结构图　　　　图 12-18　筋板支撑图

表 12-7　筋板支撑尺寸　　mm

筋板长度	200～300	301～400
筋板宽度 B × 筋板厚度 T	30×3	40×4

12.3.2.2　凸缘

凸缘又称凸出接口，当接管长度必须很短时，可用凸缘来代替接管。设备上的凸缘按其与外部零件连接方式来区分，有通过法兰连接的法兰凸缘和利用螺纹连接的管螺纹凸缘。

(1) 法兰凸缘

法兰凸缘的结构如图 12-19 所示。其外形似法兰，但没有管子和它焊接，它的厚度比法兰厚度要大，由于没有接管，可使物料流经的通道缩短，可以认为法兰凸缘将法兰、接管和补强圈三个零件的作用兼容了。但是当螺栓折断在螺孔中后，取出比较困难。法兰凸缘与容器的连接方式有两种，如图 12-19 中的 A 型和 B 型。A 型连接时，凸缘与容器孔的间隙不宜大于 3mm；B 型连接时，应使凸缘与容器表面紧密贴合。法兰凸缘与管法兰配用，所以其密封面的形式和尺寸要与管法兰一致。

(2) 管螺纹凸缘

管螺纹凸缘如图 12-20 所示，常用于安装测量仪表，与容器的连接同插入式接管。

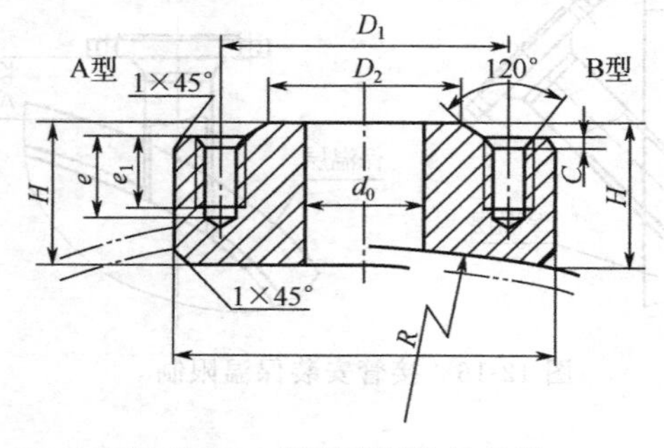

图 12-19　平面密封法兰凸缘

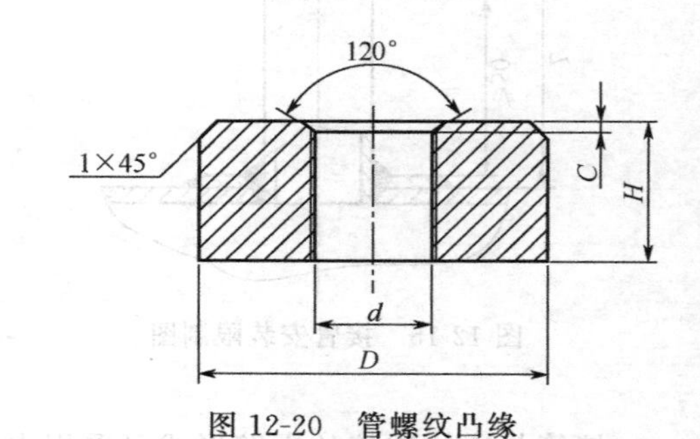

图 12-20　管螺纹凸缘

12.3.3　人孔和手孔

为了方便检修和检查设备内部空间以及安装和拆卸设备内部装置，常在设备上设置检查孔，检查孔的位置、数量和尺寸等应能满足进行内部检验的需要。人孔和手孔就是设备上最常用的检查孔。人孔和手孔两者结构相似，只是大小不同而已。

设备直径大于900mm时可开设人孔。人孔的形状有圆形和椭圆形两种。圆形人孔制造方便，应用广泛。椭圆形人孔制造加工较困难，但对设备的削弱较小，椭圆形人孔的短轴应与容器的筒体轴线平行。圆形人孔的直径一般为400～600mm，椭圆形人孔的最小尺寸为400mm×300mm。人孔结构有多种形式，图12-21所示为垂直吊盖板式平焊法兰人孔，主要由人孔接管、法兰、人孔盖和手柄等组成。当设备直径在900mm以下时，一般只考虑开设手孔。手孔的直径一般为150～250mm。图12-22所示为带颈对焊法兰手孔。

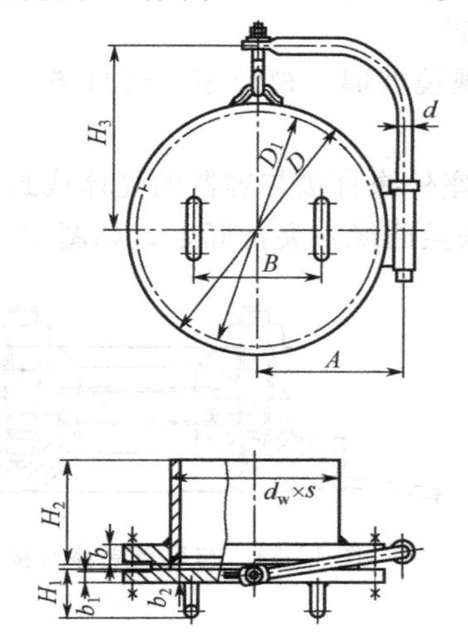

图12-21　垂直吊盖板式平焊法兰人孔

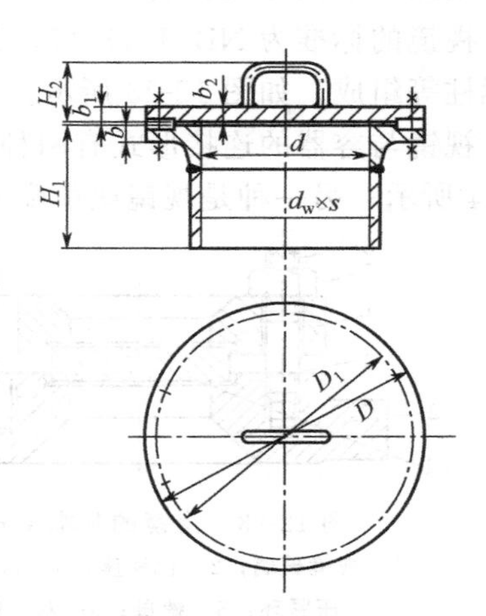

图12-22　带颈对焊法兰手孔

人孔和手孔已有标准，标准号分别为HG/T 21515～21527和HG/T 21528～21535。设计时可根据设备的公称压力、工作温度以及所用材料等按标准直接选用。HG/T 21514《钢制人孔和手孔的类型与技术条件》中给出了人孔和手孔的标记方法。标记共由10部分构成

①②③④（⑤）⑥⑦-⑧⑨⑩

其中，①——名称，“人孔”或“手孔”；②——密封面代号，同管法兰标记方法，一个标准中仅有一种密封面者，本项不填写；③——材料类别代号，见表12-8，每个标准中的材料数量、种类不尽相同，当仅有一种材料时，本项不填写；④——紧固螺栓（柱）代号；⑤——垫片（圈）代号；⑥——非快开回转盖人孔和手孔盖轴耳型式代号；⑦——公称直径，mm；⑧——公称压力，MPa；⑨——非标准高度 H_1，mm；⑩——标准号。

表12-8　人孔和手孔材料代号

代号	Ⅰ	Ⅱ	Ⅲ	Ⅳ	Ⅴ	Ⅵ
材料	Q235B	Q245R	Q345	15CrMoR	16MnDR	09MnNiDR
代号	Ⅶ	Ⅷ	Ⅸ	Ⅹ	Ⅺ	
材料	S30403	S30403	S32168	S31603	S31608	

例如，公称压力 $PN4.0$，公称直径450，$H_1=270$，A型盖轴耳，RF型密封面，Ⅳ材料，其中等长双头螺柱采用35CrMoA，垫片材料采用内外环和金属带为0Cr18Ni9、非金属带为柔性石墨、D型缠绕垫的回转盖带颈对焊法兰人孔，其标记为

人孔	RF	Ⅳ	S－35CM	（W・D－2222）	A	450	－	4.0	HG/T 21518
①	②	③	④	⑤	⑥	⑦		⑧	⑩

$H_1=300$（非标准尺寸）的上例人孔，其标记为

人孔 RF Ⅳ S—35CM（W·D—2222）A 450—4.0 H_1=300 HG/T 21518
① ② ③ ④ ⑤ ⑥ ⑦ ⑧ ⑨ ⑩

12.3.4 视镜

视镜的主要作用是用来观察设备内部的操作情况，也可用作物料液面指示镜。为了便于观察设备内物料的情况，视镜应成对使用，一个视镜作照明用，另一个作观察用。视镜若因介质结晶、水汽冷凝影响观察时，应设置冲洗装置。

视镜的标准为 NB/T 47017。其结构型式由视镜玻璃、视镜座、密封垫、压紧环、螺母和螺柱等组成，如图 12-23 所示。

视镜与容器的连接形式有两种：一种是视镜座外缘直接与容器的壳体或封头焊接，如图 12-24 所示；另一种是视镜座由配对管法兰（或法兰凸缘）夹持固定，如图 12-25 所示。

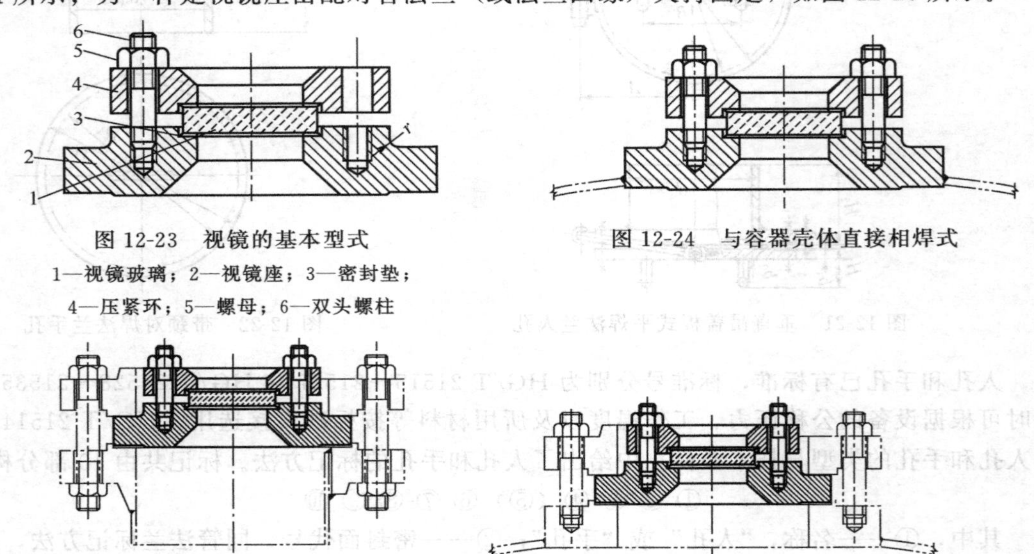

图 12-23 视镜的基本型式

1—视镜玻璃；2—视镜座；3—密封垫；4—压紧环；5—螺母；6—双头螺柱

图 12-24 与容器壳体直接相焊式

图 12-25 由配对管法兰（或凸缘法兰）夹持固定式

视镜的标记方法为

视镜 PN① DN② ③-④-⑤

其中，①——视镜公称压力，MPa；②——视镜公称直径，mm；③——视镜材料代号（Ⅰ为碳钢或低合金钢，Ⅱ为不锈钢）；④——射灯代号［SB 为非防爆型，SF1 为防爆型（EExdⅡCT3），SF2 为防爆型（EExdⅡCT4）］；⑤——冲洗代号（W 为带冲洗装置）。

例如，公称压力 2.5MPa，公称直径 50mm，材料为不锈钢 S30408，不带射灯、带冲洗装置的视镜可表示为

视镜 PN2.5 DN50 Ⅱ-W
① ② ③ ⑤

12.4 超压泄放装置

压力容器和管道设计的中心问题是安全可靠地保证其正常运行，因此安全装置是压力容器和化工管道上不可缺少的附件。压力容器和化工管道用的安全装置包括安全阀。爆破片、压力表、液面计和测温仪表。这里只介绍安全阀和爆破片（压力表、液面计和测温仪表在其

他课程已经讲述)。安全阀和爆破片是常用的超压泄放装置。

为了满足压力容器安全使用要求，设计和制造压力容器时必须从技术上保证受压元件在设计条件下有足够的强度，操作过程中则要求采取措施严格控制在不高于容器设计压力和设计温度下工作。但是，在压力容器实际运行时由于种种原因可能发生工艺过程失控或受外界因素干扰，造成超压或超温，容器会因强度不足发生破裂，甚至引起爆炸、燃烧、有毒有害物质大量泄漏的严重事故。所以在容器上应根据需要设置安全泄放装置。

超压泄放装置的作用是：一旦容器内介质压力超过容器最大设计承载能力时，会立即动作并自动泄放介质压力，使容器实际承受的压力被限制在安全许可范围内，从而防止压力容器过渡超压并保护容器免于发生破坏事故。对超压泄放装置的基本要求是：当容器介质压力达到最大设计承载能力时，能立即动作并泄放介质压力，其动作压力在设定值及其允差范围内；具有足够的泄放能力；在动作后能达到额定泄放量，而且大于或等于容器的安全泄放量；设置后不影响容器的正常运行，在工作压力条件下能保证密封；在规定的使用期限内可靠地工作，不会失灵也不至于因腐蚀、疲劳、蠕变等原因造成在较低压力下频繁动作或提前泄放。

12.4.1 安全阀

安全阀主要由密封结构（阀座和阀瓣）以及加载机构组成，如图 12-26 所示。它是一种由进口侧流体介质压力作用推动阀瓣开启、泄压后依靠加载机构自动关闭的特种阀门，属于重闭式泄压装置。优点是只泄放超压部分的介质，在泄放后容器能很快恢复正常运行。主要缺点是：密封性较差，由于阀瓣为机械动作元件，与阀座一起因受频繁启闭、腐蚀、介质中固体颗粒磨损的影响易发生泄漏；由于弹簧惯性及结构上的原因，阀瓣的开启有滞后现象，不能满足快速泄压的要求；对于黏性介质或有结晶物析出的物料，阀瓣与阀座容易被黏住；结构较复杂，成本较高。

12.4.2 爆破片

爆破片装置主要由爆破片（控制爆破压力的敏感元件）和夹持器（夹持固定爆破片，用以保证密封及爆破压力稳定）组成。如图 12-27 所示，是一种由进出口介质压差作用驱使膜

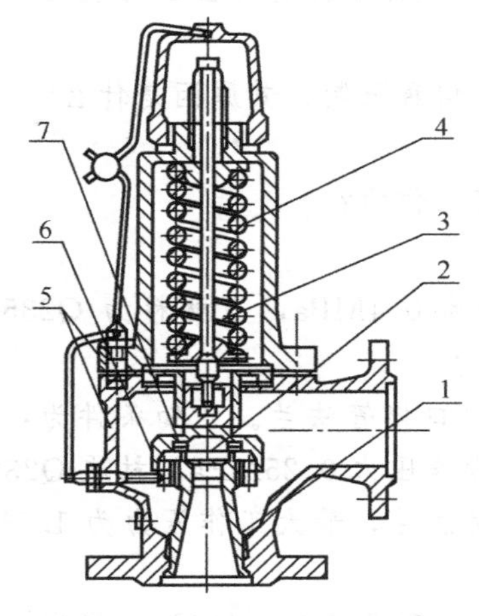

图 12-26 安全阀结构示意图

1—阀座；2—阀瓣；3—阀杆；4—弹簧；5—阀体；6—调节器；7—反冲盘

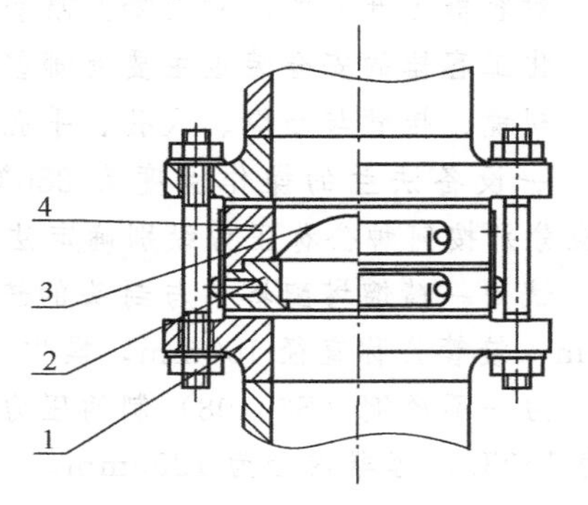

图 12-27 爆破片装置结构及安装示意图

1—法兰；2—下夹持器；3—爆破片；4—上夹持器

片破裂而自动泄压的装置，属于非重闭式泄压装置。爆破片装置的主要优点是：动作迅速，爆破压力精度高；无机械动作元件，密封可靠；结构简单，产品规格及爆破压力范围广，泄放口径从几毫米到2米，爆破压力从几百毫米汞柱到几百兆帕，可采用多种特殊的耐腐蚀材料制造等。爆破片装置的最大缺点是破裂后不能复原，需停车更换爆破片后才能继续运行，而且在动作后泄放出绝大部分介质，造成的经济损失较大，对于易燃、有毒介质因大量泄放所造成的危害性也较大。

12.4.3 安全阀和爆破片装置的适用条件

对于洁净的或允许少量泄漏的物料，压力、温度波动较大，比较容易超压的场合，通常可优先考虑采用安全阀。但对于下列情况，安全阀不能可靠工作或现有产品范围无法满足要求时，应采用爆破片装置或爆破片装置与安全阀的组合结构。

ⅰ. 压力上升速度快，使用安全阀来不及迅速泄压。

ⅱ. 容易造成阀瓣和阀座黏结、磨损或腐蚀的介质。

ⅲ. 密封要求高、不允许有微量泄漏介质。

ⅳ. 排放面积过小或过大、泄放压力过高或过低的场合，有特殊防腐要求并采用贵金属制造的设备。

习题

12-1 影响法兰密封性能的因素有哪些？

12-2 法兰密封面有哪几种形式？各有何特点？各适用哪些场合？

12-3 法兰标准化有何意义？选择标准法兰时，应按哪些因素确定法兰的公称压力？

12-4 选取鞍式支座要考虑哪些问题？

12-5 立式容器的四种支座各用于什么场合？

12-6 不锈钢设备采用碳钢的法兰和耳式支座，应采取什么措施？

12-7 在容器上开孔以后，对容器的安全使用有什么影响？

12-8 为什么压力容器的开孔有时可允许不另行补强？允许不另行补强的开孔应具备什么条件？

12-9 采用补强圈补强时，GB 150对其使用范围作了何种限制，其原因是什么？

12-10 对容器上开孔的尺寸有哪些限制？

12-11 化工容器的安全装置主要有哪些？它们是如何工作的？

12-12 视镜、接管与凸缘、人孔、手孔各有何用途？

12-13 一设备法兰的操作温度为280℃，工作压力为0.4MPa，当材料为Q235A和Q345R时应分别按何种公称压力级别确定法兰的几何尺寸？

12-14 试为一精馏塔配塔节与封头的连接法兰及出料口接管法兰。已知条件为：塔体内径800mm，接管公称直径100mm，操作温度300℃，操作压力0.25MPa，材质Q235A。

12-15 为一不锈钢（S30408）制的压力容器配制一对法兰，最大工作压力为1.6MPa，工作温度为150℃，容器内径为1200mm。

12-16 某厂用以分离甲烷、乙烯、乙烷等的甲烷塔，塔顶温度为−100℃，塔底温度为15℃，最高工作压力为3.53MPa，塔体内径为300mm，塔高20m。由于温度不同，塔体用不锈钢（S30408）和Q345R分两段制成，中间用法兰连接。试确定法兰型式、材质及尺寸（连结处温度为−20℃）。

12-17　有一卧式圆筒形容器，DN3000mm，最大质量为1000t，材质为Q345R。试为该容器选择一对鞍式支座。

12-18　有一立式圆筒形容器，D_i=1400mm，其包括保温层的总质量为5000kg，容器外需设100mm厚的保温层。试为该容器选择耳式支座。

第3篇　典型化工设备

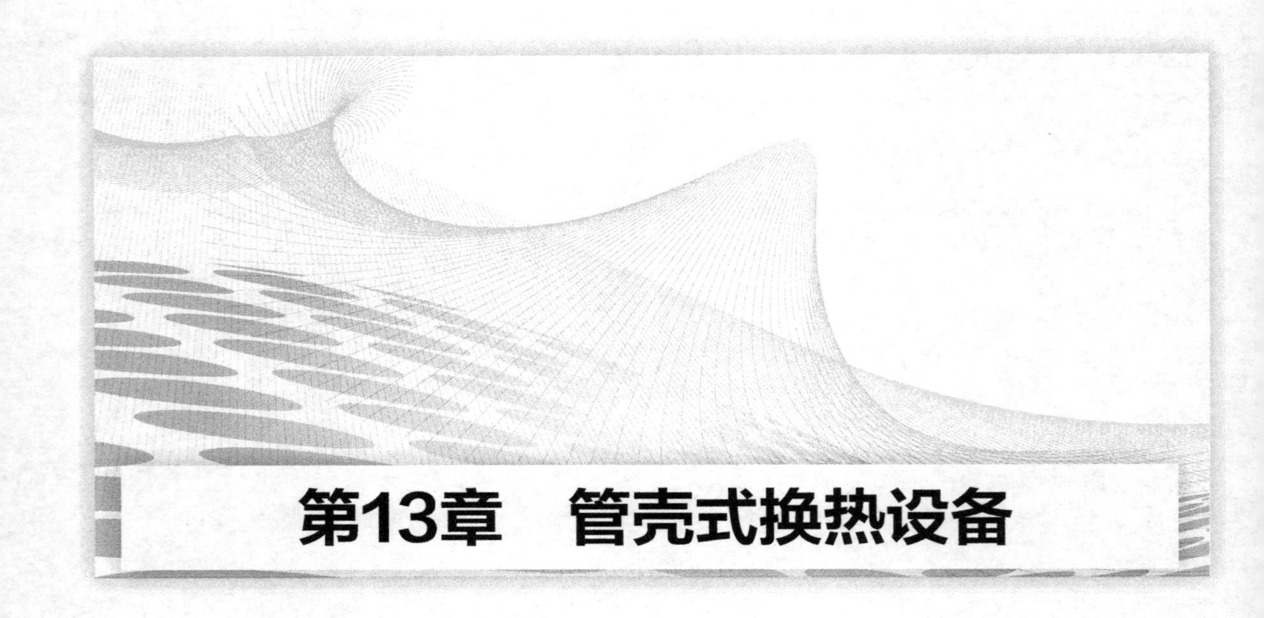

第13章　管壳式换热设备

13.1　概　　述

换热设备是实现热量交换（热量传递）的设备，也叫换热器或热交换器。在石油、化工、轻工、制药、能源等工业生产中，换热器具有重要的地位、是一种广泛使用的通用设备。在炼油厂中，换热设备投资约占总投资的35%～40%，在化工厂中约占总投资的10%～20%。换热设备可以按照不同的分类方式进行分类，见表13-1。由于管壳式换热器使用范围广、使用经验多，所以本章主要介绍管壳式换热器。

表13-1　换热器的分类

分类方式	分类	典型结构形式	主要特点
按使用用途	加热器、冷却器、蒸发器、冷凝器、再沸器、干燥器等		
按热量传递方式	直接式换热器	直接接触式，蓄热式	两种介质直接接触传热或通过第三方介质传热，传热效率高
	间接式换热器	管式、板式	两种或多种介质被固体壁面隔开而不直接接触，主要通过对流和热传导传热
按传热面的形状	管式换热器	蛇管式、螺旋管式、套管式、热管式、管壳式	传热面是管子，主要通过对流和热传导传热
	板式换热器	螺旋板式、板壳式、板翅式等	传热面是板，主要通过对流和热传导传热
按材料	金属材料换热器		强度高，适用范围广，壁面传热阻力小
	非金属材料换热器		耐腐蚀，耐压能力低

管壳式换热器主要由壳体、管板、管束、管箱等零部件组成，是目前应用最为广泛的一种换热器。管壳式换热器种类很多，按其结构型式可分为浮头式、固定管板式、填函式和U形管式等，如图13-1所示。

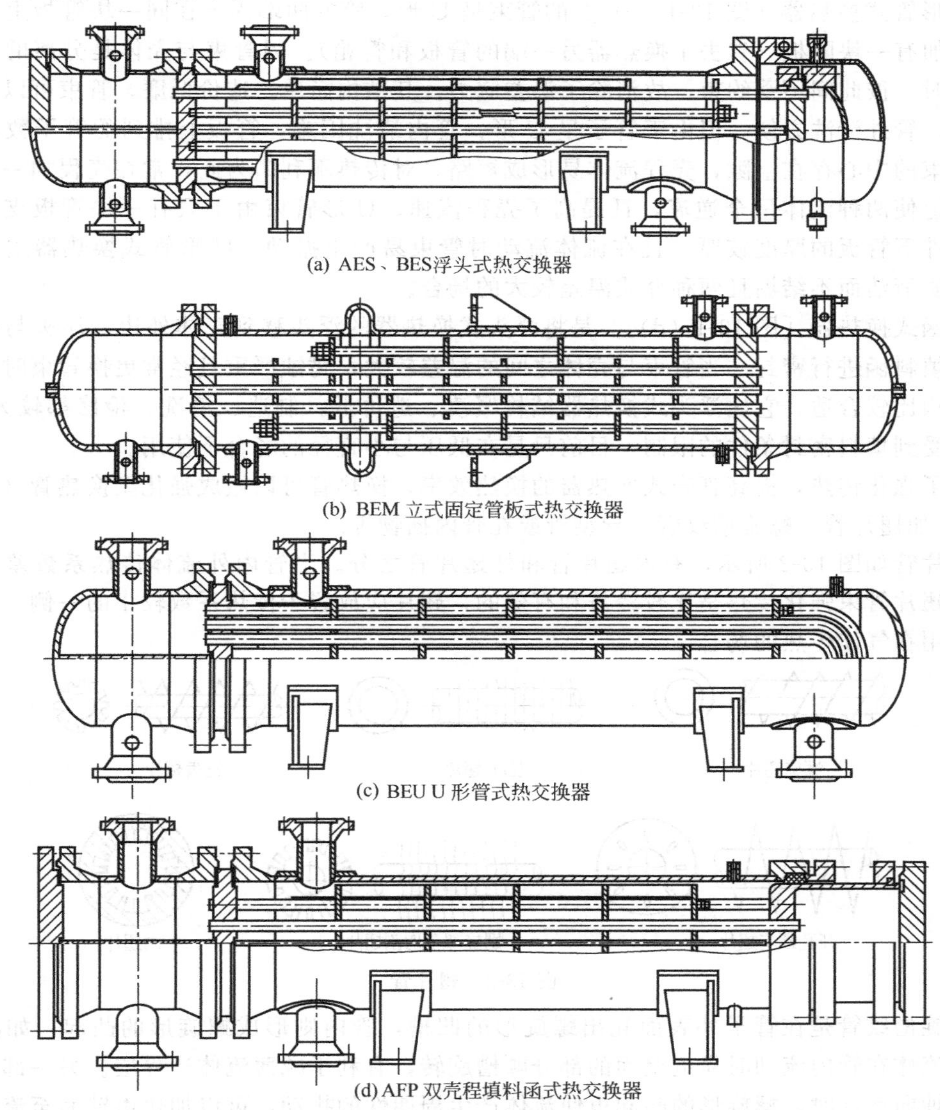

(a) AES、BES浮头式热交换器

(b) BEM立式固定管板式热交换器

(c) BEU U形管式热交换器

(d) AFP双壳程填料函式热交换器

图13-1　常见管壳式换热器结构

（符号AES、BES、BEM、BEU、AFP见表13-14）

浮头式换热器［图13-1（a）］的一块管板与壳体刚性固定，另一块管板可以在壳体内自由移动。当管束和壳体受热伸长时，两者互不牵制，因而不会产生温差应力，可用于温差较大的两种介质的换热。管束可从壳体一端抽出，故壳程和管程的维修、清洗都很方便。但由于该换热器管束与壳体之间存在较大的环隙，设备的紧凑型和传热效率低。浮头管板与浮头盖之间的固定结构较为复杂，材料消耗多，造价较高。

固定管板式换热器［图13-1（b）］的壳体和内部的管束通过两端的管板刚性的焊在一起，具有结构简单、适应性强、造价低等优点，其缺点是管外清洗困难，管束和壳体间存在温差应力，通常使用在管束和壳体间温差应力较小、壳程流体不易结垢的场合。当管束与壳体间的温差应力较大时，可在壳体上设置膨胀节，利用膨胀节在外力作用下产生较大变形的能力来降低管束与壳体中的温差应力。

U形管式换热器［图13-1（c）］的管束呈U形，管的两端固定在同一块管板上，并在管箱中加有一块隔板（省去了换热器另一端的管板和管箱）。因管束与壳体是分离的，在受热膨胀时，彼此间不受约束，故消除了温差应力。其结构简单，造价低廉，管束可以从壳体中抽出，管外清洗方便。但由于管子呈U形，管内清洗困难，管板上排列的管子数相对较少，管束的中心存在空隙，壳程流体易形成短路，对传热不利。为此，常在壳程加一块纵向挡板，迫使两种流体呈全逆流，且提高了壳程流速。U形管束由于只有一块管板支撑，在相同条件下管板的厚度较厚，且在流体流动时管束易产生振动。U形管式换热器主要用于管内介质清洁而不结垢且两种介质温差较大的场合。

填函式换热器［图13-1（d）］是将浮头式换热器的浮头移到壳体外边，浮头与壳体之间采用填料函进行密封。当管束与壳体之间的温差较大，腐蚀严重且经常更换管束时，采用这种结构比较合适。它比浮头式换热器结构紧凑、造价低，制造、清洗、检修都较为方便，但由于受到填料密封条件的限制，目前只是在低压与小直径的场合下使用。

为了强化传热，提高管壳式换热器的换热效率，换热管可以做成强化型换热管（强化传热管），如翅片管、螺旋槽纹管、异型管或在管内插物等。

翅片管如图13-2所示，有内翅片管和外翅片管之分。当管内外流体传热系数差别较大时采用翅片管束强化传热是比较经济和有效的，翅片应放置于传热系数较小的一侧。翅片管一般应用在气体传热的场合。

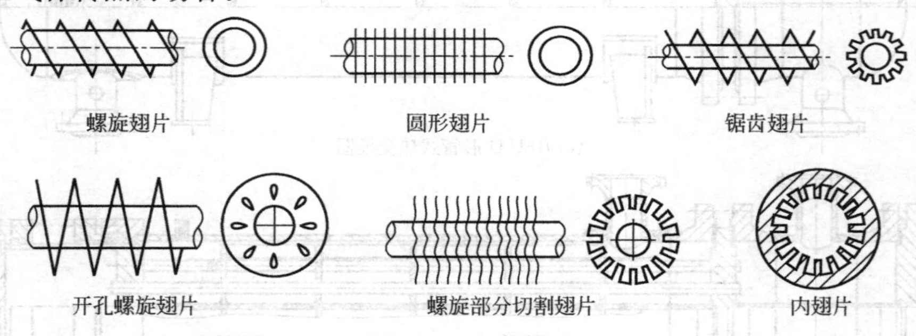

图13-2　翅片管

螺旋槽纹管是在管子外表面轧出螺旋形的凹槽，管内则形成螺旋形的凸起，如图13-3所示。流体在管内流动时靠近壁面的部分顺槽旋转，有利于减薄流体边界层。另一部分流体顺壁面轴向运动时，螺旋形的凸起也使流体产生周期性的扰动，可以加快由壁面至流体主体的热量传递。它与普通光管相比，传热系数约提高43%，传热面积约节约30%。

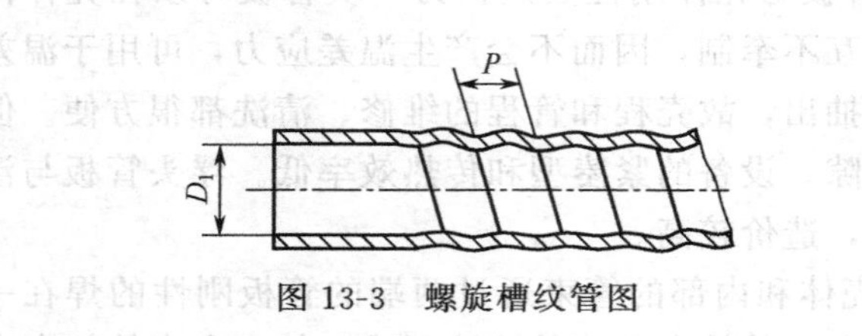

图13-3　螺旋槽纹管图

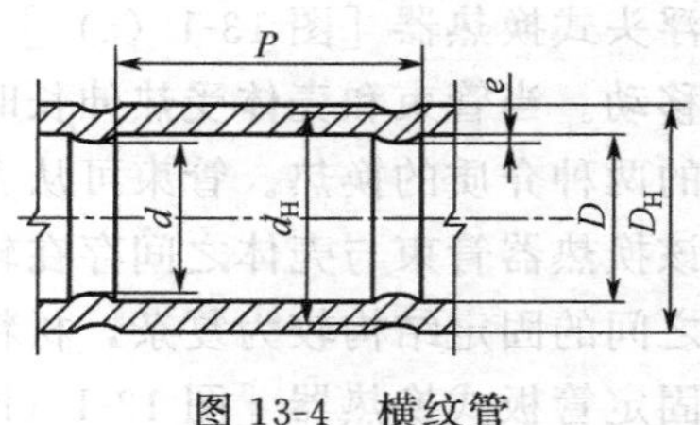

图13-4　横纹管

若在管子上滚轧出与轴线成90°的槽纹，使管壁内形成一圈圈凸起的圆环，则称为横纹管，如图13-4所示。流体经过圆环时在管壁上形成轴向的漩涡，可以增强流体边界层的扰动，有利于边界层内热量的传递。由于突出的圆环对流体整体增加的扰动很小，故不会产生很多无谓的能耗，流体阻力小于相同节距与槽深的螺旋槽纹管。

此外，将换热管制成扁平管、椭圆管、凹凸管等异型管，由于管子的尺寸变化，流体在管内不断改变流动状态，有利于减小边界层的厚度，降低热阻，强化传热。

在管内插入“麻花铁”或静态混合元件，以强化管内传热，效果也十分显著。这种方法和管外翅片联合使用，对强化气-气或其他低传热系数流体的传热能收到十分满意的效果。

13.2　固定管板式换热器的结构设计

管壳式换热器以其高度的可靠性和广泛的适应性，在长期使用过程中积累了丰富的经验。尽管近年来受到不断涌现的新型换热器的挑战，但反过来也不断促进了自身的发展，故迄今为止在各种换热器中仍占主导地位。

本章主要以固定管板式换热器为例介绍管壳式换热器的机械设计。固定管板式换热器主要由筒体、管板、管束、管箱、连接法兰、折流板、分程隔板、膨胀节、接管和支座等组成，其总体结构如图13-1（b）所示。管壳式换热器机械设计的内容包括结构设计和强度计算。结构设计的内容包括：换热管与管板的连接，管板结构，以及管箱、接管、折流元件等。

13.2.1　换热管与管板的连接

13.2.1.1　换热管

管子构成管壳式换热器的传热面，管子尺寸和形状对传热有很大影响。采用小直径的管子时，换热器单位体积的换热面积大一些，设备紧凑，单位传热面积的金属消耗量少，传热系数也较高。但制造麻烦，管子易结垢，不易清洗。大直径管子用于黏性大或污浊的流体，小直径管子用于较清洁的流体。

管壳式换热器换热管的常用规格，对于碳素钢和低合金钢管为$\phi19\times2$、$\phi25\times2.5$、$\phi32\times3$、$\phi38\times3$、$\phi57\times3.5$等，对于高合金钢管为$\phi19\times2$、$\phi25\times2$、$\phi32\times2$、$\phi38\times2.5$、$\phi57\times2.5$等。换热管长度为1.0m、1.5m、2.0m、2.5m、3.0m、4.5m、6.0m、7.5m、9.0m、12.0m等。换热器的换热管长度与公称直径之比一般在4～25，常用的为6～10，立式换热器多为4～6。

换热管一般采用光管。光管结构简单，制造容易。但当流体的传热系数较低时可以采用强化换热管。

换热管材料应根据介质的压力、温度和腐蚀性来确定，但设计时换热管不考虑腐蚀裕量。

13.2.1.2　管热管与管板的连接

换热管与管板的连接是管壳式换热器设计中的主要问题之一，是制造中的关键。管板与管子的连接不但耗工费时，更重要的是接头处工作条件十分苛刻，连接质量要求很高，既要密封可靠，又要有足够的结合力。常用的连接方法有胀接、焊接和胀焊并用等。

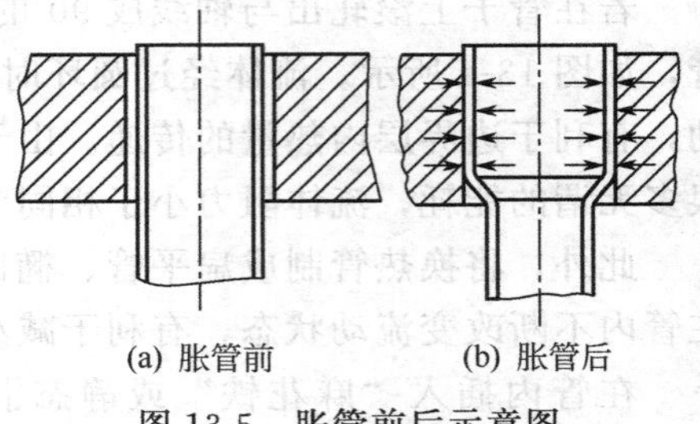

图 13-5　胀管前后示意图

① 胀接　胀接是利用胀管器挤压深入管板孔中的管子端部，使管端直径变大产生塑性变形，同时使管孔产生弹性变形。这时管端直径增大，紧贴于管板孔，当取出胀管器后，管板孔弹性收缩，使管子与管板间产生一定的挤压力而紧紧贴合在一起，从而达到管子与管板连接的目的。图 13-5 表示胀管前后管径增大和受力情况。

随着温度的升高，管子或管板材料会产生高温蠕变，使胀接应力松弛或逐渐消失而使连接失效。故对胀接结构，设计温度一般不超过 300℃、设计压力一般在 4MPa 以下。一般用在换热管为碳素钢及管板为碳素钢或低合金钢、操作中无剧烈振动、无过大温度变化和无严重应力腐蚀的场合。

采用胀接时管板材料的硬度要高于管子材料的硬度。若选用同样的材料可采用管端退火降低硬度的方法来实现，但有应力腐蚀时禁用该法。

胀接时最小胀接长度应取管板名义厚度减去 3mm 或 50mm 两者的最小值。

管板孔的结构有孔壁开槽和不开槽两种。孔壁开环状槽（1～2 道），当胀管后管子发生塑性变形，管壁被嵌入槽中可增加连接强度和密封。胀接时孔壁开槽结构如图 13-6 所示，其尺寸详见 GB/T 151—2014。

② 焊接　此法目前用得最广泛。它加工简单，连接强度高，可使用较薄的管板，在高压高温时也能保证连接的密封性和抗拉脱能力。管子焊接处如有渗透可以补焊或更换。但在焊接处易产生裂纹，容易在接头处产生应力腐蚀。由于管子与管板孔间存在间隙，间隙中的介质会形成死区，造成间隙腐蚀。故焊接结构不适用于较大振动、有间隙腐蚀的场合。其结构型式之一如图 13-7 所示。

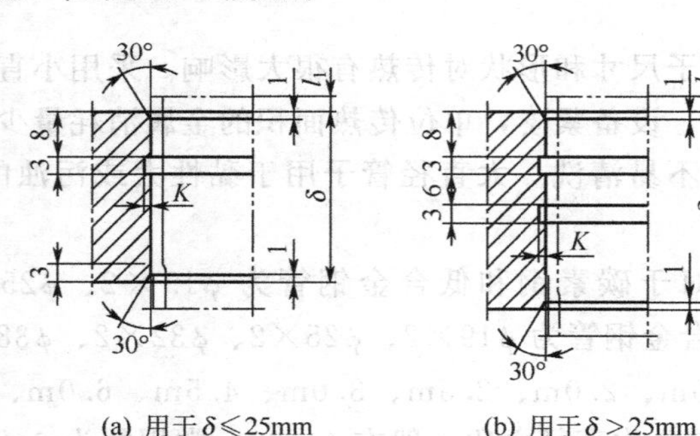

图 13-6　换热管胀接结构形式

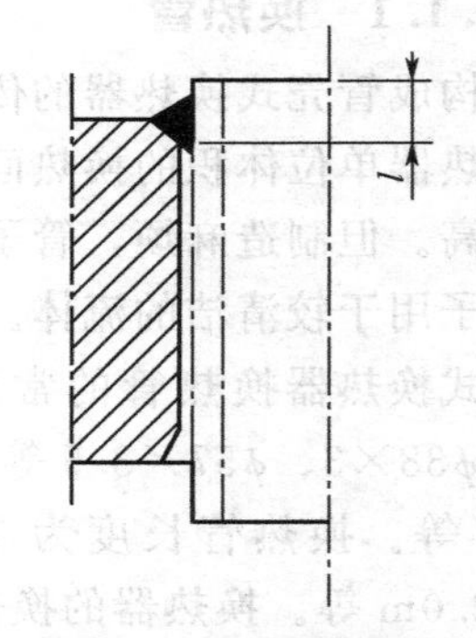

图 13-7　焊接结构形式

③ 胀焊并用　单独采用胀接或焊接均有一定的局限性，为了弥补不足，出现了胀接加焊接的结构型式。其结构有两种型式，一是强度胀加密封焊，二是强度焊加密封胀。采用这种结构可以消除间隙，增加抗疲劳的能力，提高使用寿命。适用于密封性能要求较高、承受疲劳或振动载荷、有间隙腐的场合。目前这种方法已得到广泛的应用。

13.2.2　管板的结构

13.2.2.1　管子在管板上的布置

（1）换热管在管板上的排列

管壳式换热器的管子在管板上的排列不仅考虑设备的紧凑性，还要考虑流体的性质、结构设计以及加工制造方面的情况。管子在管板上的排列有四种形式，如图13-8所示。

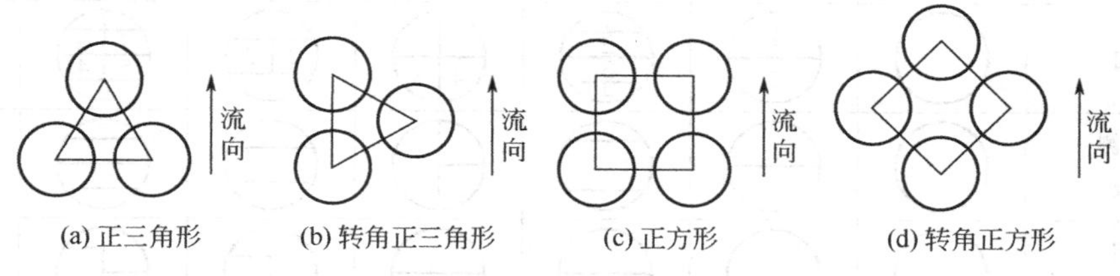

图13-8　换热管在管板上的排列形式（流向垂直于折流板缺口）

正三角形和转角正三角形排列适用于壳程介质清洁、且不考虑进行机械清洗的场合。正方形和转角正方形排列能够使管间小桥形成一条直线通道，便于机械清洗，一般用于管束可抽出清洗管间的场合。

对于多管程换热器常采用组合排列方法，其每一程中一般采用三角形排列，而各程间则常采用正方形排列，这样便于安排隔板位置。

当换热器直径较大、管子较多时，都必须在管束周围的弓形区域内尽量布置换热管。这不但可有效地增大换热面积，也可以防止壳程流体在弓形区内短路而给传热带来不利影响。

（2）换热管中心距

管板上换热管中心距的选择既要考虑结构的紧凑性、传热效果，又要考虑管板的强度和清洗管子外表面所需要的空间。除此之外，还要考虑管子在管板上的固定方法。换热管间距小，整体结构紧凑、传热效果也好，但流体的流动阻力大，管子与管板采用焊接时相邻两根管的焊缝太近，焊缝质量受热影响不易得到保证，采用胀接时挤压力可能造成管板发生过大变形，失去管子与管板间的结合力。为此国家标准规定，一般换热管中心距不小于管子外径d_0的1.25倍，常用的换热管中心距见表13-2。

表13-2　常用的换热管中心距　mm

换热管外径d_0	10	12	14	16	19	20	22	25	30	32	35	38	45	50	55	57
换热管中心距S	13～14	16	19	22	25	26	28	32	38	40	44	48	57	64	70	72
分程隔板槽两侧相邻管中心距S_n	28	30	32	35	38	40	42	44	50	52	56	60	68	76	78	80

管板上排列的最外层管子的外壁与壳体内壁的最短距离为$0.25d_0$且不宜小于8mm。

13.2.2.2　管程分程和壳程分程

① 管程分程　当换热器所需的面积很大，而管子又不能做得太长时就得增大壳体直径，以排列较多的换热管。此时为了提高管程流速，增加传热效果，须将管束分程，使流体依次流过各管束。为了把换热器做成多管程，可在一端或两端的管箱中分别安置一定数量的隔板（即分程隔板）。管程数一般有1、2、4、6、8、10、12七种，表13-3为前四种管程数的分程方法。在分程时应注意：各管程换热管数应大致相等，分程隔板槽形状应简单，密封面长度要短。分程隔板的最小厚度不得小于表13-4的规定。大直径换热器隔板可设计成如图13-9所示的双层结构。卧式换热器的水平放置的分程隔板上可开设排净孔，孔径一般为4～8mm。分程隔板端部厚度应比隔板槽宽度小2mm，隔板端部可按图13-10削薄。

表 13-3 部分管程的分程方法

管程数	1	2	4			6	
流动方向		1 2	1 2 3 4	1 2 4 3	1 2 3 4	2 3 5 4 6	2 1 3 4 6 5
介质进口侧管箱隔板							
介质返回侧隔板							

表 13-4 部分分程隔板的最小厚度 mm

公称直径 DN	隔板最小厚度	
	碳素钢及低合金钢	高合金钢
≤600	10	6
>600～≤1200	12	10
>1200～≤1800	14	11

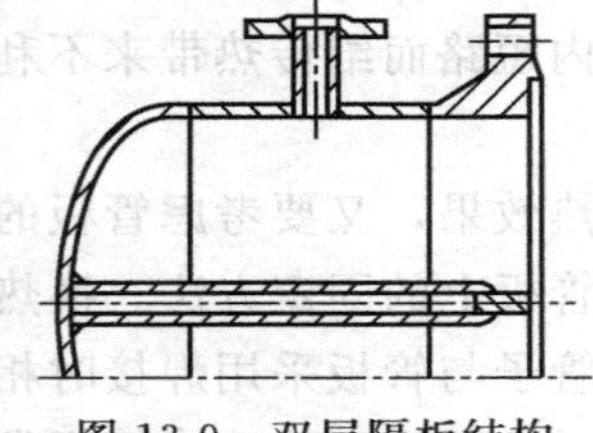
图 13-9 双层隔板结构

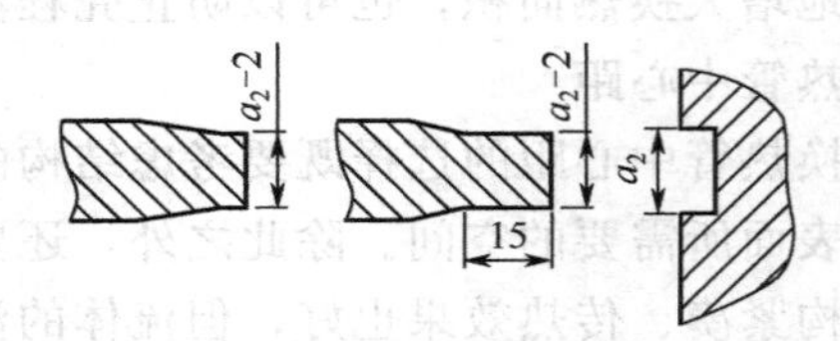

图 13-10 分程隔板削边结构

② 壳程分程 当壳体直径较大、流体流速较低时，壳程同样也可以做成多程结构，分程隔板将壳体分成多个空间，流体依次通过各程。由于壳程分程制造困难，一般壳程不分程或分程数很少超过 2，如有必要，可通过多台换热器串联的办法来解决。

13.2.2.3 管板与壳体的连接

管壳式换热器管板与壳体（圆筒）的连接结构分为可拆式和不可拆式两种。浮头式、U 形管式和填函式换热器的管板与圆筒间采用可拆式连接结构（详见 GB/T 151)，固定管板式换热器的管板和圆筒间采用不可拆的焊接结构，其又分管板兼作法兰和不兼作法兰两种情况。

当管板兼作法兰时，图 13-11 是管板与壳体的连接结构形式之一。

当管板不兼作法兰时，图 13-12 是管板与壳体的连接结构形式之一（p 为设计压力)。由于没有法兰力矩作用在管板上，故改善了管板的受力情况。

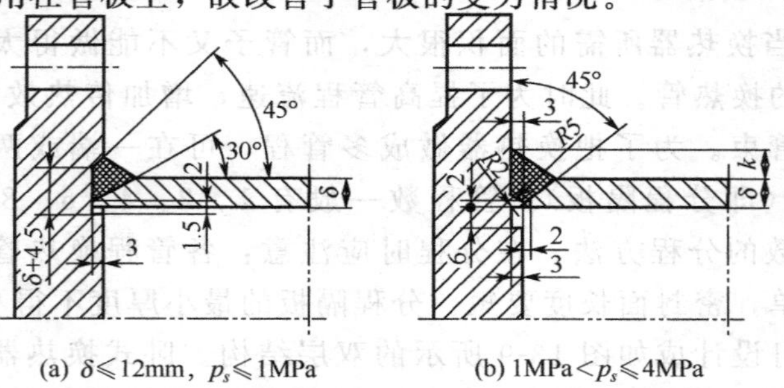

(a) $\delta \leqslant 12$mm，$p_s \leqslant 1$MPa (b) 1MPa$<p_s \leqslant 4$MPa

不宜用于易爆、易挥发及有毒介质的场合 $\delta \leqslant 12$，$k=\delta$；$\delta>12$，$k=0.7\delta$

图 13-11 兼作法兰的管板与圆筒的常用连接结构

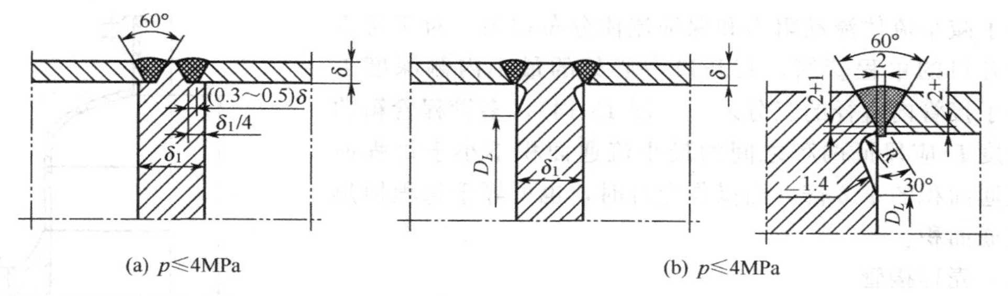

图 13-12　不兼作法兰的管板与圆筒的常用连接结构

13.2.2.4　管板上管孔直径

钢制管束的管板上管孔直径及允许偏差见表 13-5。

表 13-5　钢制管束的管板上管孔直径及允许偏差　mm

换热管外径		14	19	25	32	38	45	57
管孔直径	Ⅰ级管束	14.25	19.25	25.25	32.40	38.45	45.50	57.65
	Ⅱ级管束	14.30	19.30	25.30	32.45	38.50	45.55	57.70
管孔直径允许偏差		+0.05 −0.10	+0.10 −0.10		+0.10 −0.15	+0.10 −0.20		+0.15 −0.25

13.2.3　其他零部件的结构

13.2.3.1　管箱和壳程接管

(1) 管箱

管箱位于管壳式换热器的两端，它的作用是把管道输送来的流体均匀地分布到各换热管中，或把换热管内的流体汇集一起输送出去。其结构主要以换热器是否需要清洗或管束是否需要分程等因素来决定。常用的结构如图 13-13 所示。图 (a) 所示结构在清洗、检修时必须拆下外部接管并吊离才能将管箱吊起。若改用图 (b) 结构，则吊起管箱比较方便。图 (c) 是将管箱上盖做成可拆结构，清洗时只要拆下上盖即可，但需要增加一对法兰。图 (d) 的结构省去了管板与壳体的法兰连接，使结构简化，但更换管子不太方便。

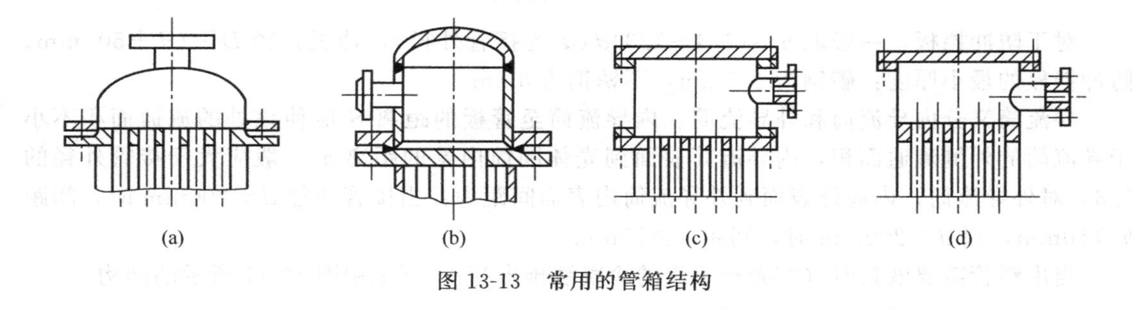

图 13-13　常用的管箱结构

管箱和管板的连接密封形式取决于管箱是否有隔板和管箱法兰的密封形式（平面、凹凸面和隼槽面）有关。

为了减小流体流动阻力和保证流体分布均匀，对于接管为轴向开口的单程管箱，其开口中心处的最小内侧深度 L 不得小于接管内直径的三分之一（图 13-14），多管程管箱的内侧深度 L 应保证两程之间的最小流通面积不小于每程换热管流通面积的 1.3 倍，当操作允许时，也可等于每程换热管的流通面积。

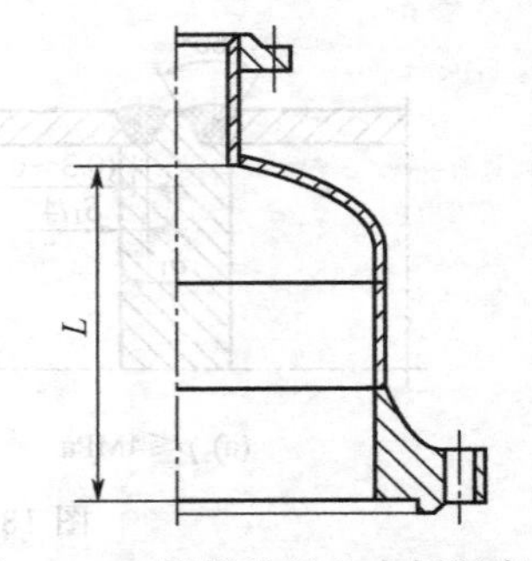

图 13-14　管箱的最小内侧深度

（2）壳程接管

为了方便装拆换热管，壳程接管采用平齐结构。壳程接管的结构设计直接影响换热器的传热效率和寿命。当蒸汽或高速流体进入壳程时，入口处的换热管将受到很大的冲击，磨损严重。为了保护管束，常在入口处设立进口防冲挡板（图 13-15）或导流筒（图 13-16）。导流筒除起防冲刷作用外，还可使流体从靠近管板处进入管束，充分利用传热面积。

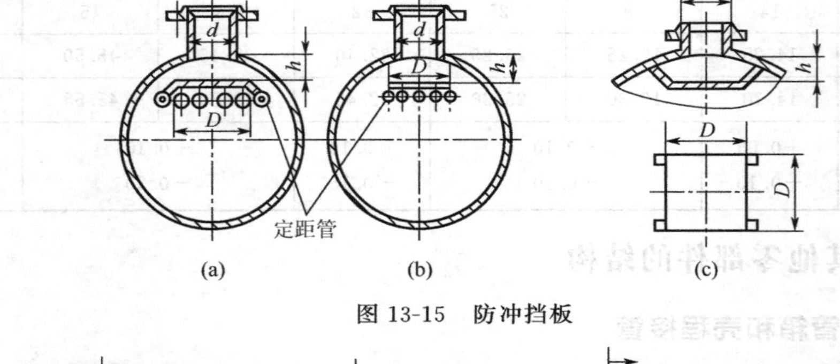

图 13-15　防冲挡板

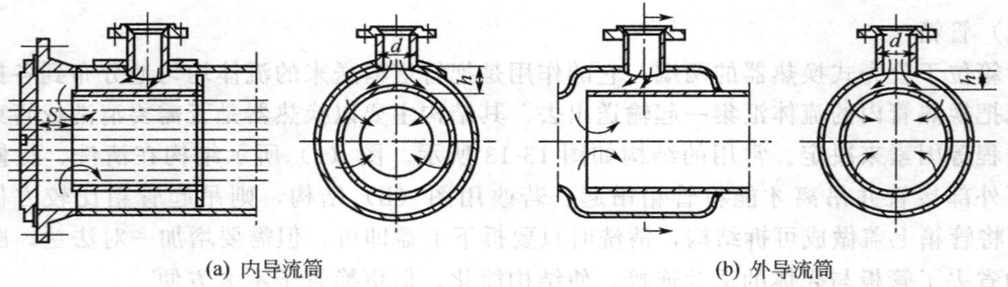

图 13-16　导流筒

对于防冲挡板，一般取 $h=(1/4\sim1/3)d$（d 为接管外径），挡板直径 $D\geqslant(d+50)$mm。防冲挡板的最小厚度：碳钢为 4.5mm，不锈钢为 3mm。

导流筒又分内导流筒和外导流筒。内导流筒至管板的距离 S 应使该处的流通面积不小于导流筒的外侧流通面积，内导流筒表面到壳体圆筒内壁的距离 h 一般应大于接管外径的 1/3。对外导流筒，内筒外表面到外导流筒内表面间距为：当接管外径 $d\leqslant200$mm 时，间距 $h\geqslant50$mm，当 $d>200$mm 时，间距 $h\geqslant75$mm。

当出料管需要液封时（如壳程蒸汽的冷凝液排出管），可采用图 13-17 所示的结构。

13.2.3.2　折流板和支持板

为了提高壳程流体的流速以增加湍动程度、提高传热效果，在壳程内一般要设置带有缺口的横向挡板即折流板，折流板还起到支持换热管的作用。但对于沸腾或冷凝等不需要强化传热的场合，不需要设置折流板，但考虑到管子的支撑作用，也需要设置一定数量这样的板，此时称为支持板。下文中对折流板的规定同样适合于支持板。

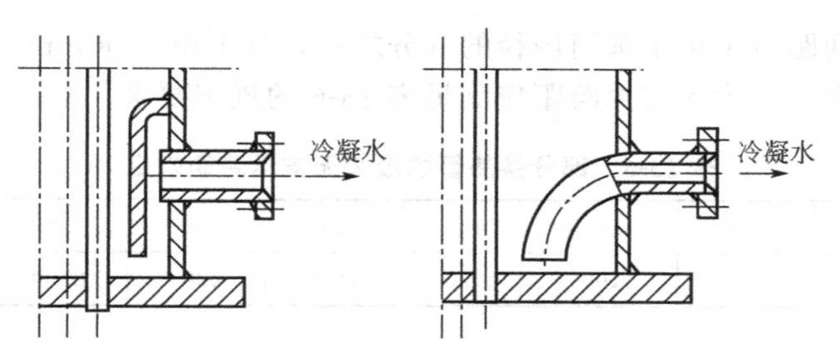

图 13-17　带液封的出口管

折流板常用的结构有弓形（单弓形、双弓形、三弓形）、圆盘-圆环形等形式，如图 13-18 所示。

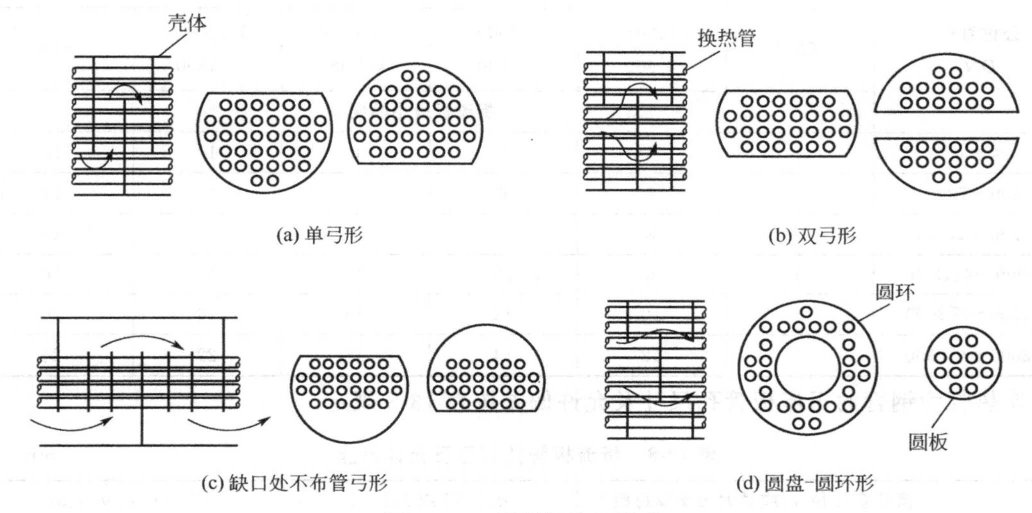

图 13-18　折流板结构形式

其中单弓形折流板用得最多。弓形缺口高度应使流体通过缺口时与横过管束时的流速相近，一般取缺口高度 h 等于壳体公称直径的 0.20～0.45 倍［图 13-19（a）］，同时应保证缺口位于两排管孔的小桥之间或管排中心线以下［图 13-19（d）］。当卧式换热器的壳程介质为单相清洁流体时，折流板应水平上下布置，如气体中含有少量液体时，则应在缺口朝上的折流板的最低处开通液口［图 13-19（a）］，若液体中含有少量气体时，则应在缺口朝下的折流板的最高处开通气口［图 13-19（b）］；当壳程为气、液相共存或液体中含有固体物料时，折流板缺口应垂直左右布置，并在折流板最低处开通液口［图 13-19（c）］。

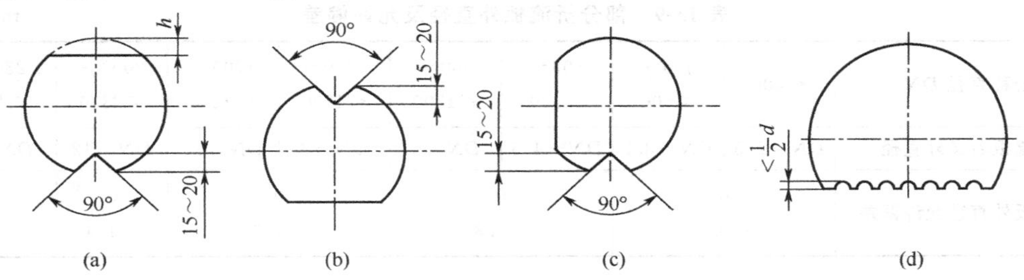

图 13-19　折流板缺口几何尺寸

折流板的最小间距应不小于圆筒内径的五分之一，且不小于50mm。对碳素钢，低合金钢和高合金钢换热管，最大无支撑跨距应满足表13-6的规定要求。

表 13-6　部分换热管的最大无支承跨距规定　　mm

换热管外径 d_o	10	14	19	25	32	38	45	57
最大无支撑跨距	900	1100	1500	1850	2200	2500	2750	3150

由于折流板是非受压元件，不考虑强度问题，只考虑刚度。折流板的最小厚度按表13-7规定。

表 13-7　部分折流板的最小厚度　　mm

公称直径 DN	换热管无支撑跨距 l					
	≤300	>300～≤600	>600～≤900	>900～≤1200	>1200～≤1500	>1500
	折流板最小厚度					
<400	3	4	5	8	10	10
400～700	4	5	6	10	10	12
>700～≤900	5	6	8	10	12	16
>900～≤1500	6	8	10	12	16	16
>1500～≤2000	—	10	12	16	20	20
>2000～≤2600		12	14	18	22	24

换热管为钢管的折流板管孔尺寸及允许偏差按表13-8规定。

表 13-8　折流板管孔直径及允许偏差　　mm

	换热管外径 d_o 或最大无支撑跨距 l	$d_o>32$ 或 $l\leqslant 900$	$l>900$ 且 $d_o\leqslant 32$
Ⅰ级管束	折流板管孔直径	$d_o+0.70$	$d_o+0.40$
	管孔直径允许偏差	上偏差+0.3，下偏差0	
Ⅱ级管束	折流板管孔直径	$d_o+0.70$	$d_o+0.50$
	管孔直径允许偏差	上偏差0.40，下偏差0	

注：Ⅰ级管束：一般用于较重要的场合，如无相变传热、易产生振动的场合；Ⅱ级管束：一般用在重沸、冷凝传热、无振动的一般场合。Ⅰ级管束与Ⅱ级管束相比，其换热管外径的允许偏差小，详见GB/T 151—2014表6-6和表6-7。

折流板外直径按表13-9规定，用DN≤426mm无缝钢管作筒体时，折流板名义外直径为无缝钢管实际内径减2mm。对传热影响不大时，折流板外直径的允许偏差可比表中值大一倍。

表 13-9　部分折流板外直径及允许偏差　　mm

公称直径 DN	<400	400～<500	500～<900	900～<1300	1300～<1700	1700～<2100	2000～<2300	2300～≤2600
折流板名义外直径	DN−2.5	DN−3.5	DN−4.5	DN−6	DN−8	DN−10	DN−12	DN−14
折流板外直径允许偏差	0 −0.5		0 −0.8		0 −1.0		0 −1.4	0 −1.6

折流板（支持板）的固定时通过拉杆和定距管组合来实现的。拉杆和定距管的连接如图

13-20 所示。拉杆是一根两端皆带有螺纹的长杆，一端拧入管板，折流板穿在拉杆上，各折流板之间则用套在拉杆上的定距管来保持间距，最后一块折流板可用螺母拧在拉杆上予以固定，如图 13-20 (a) 所示。(d_n 为拉杆两端螺纹公称直径)。对于换热管外径 $d_o \leqslant 14$mm 的管束，拉杆和折流板或支持板之间的连接一般采用点焊连接结构，如图 13-20 (b) 所示。

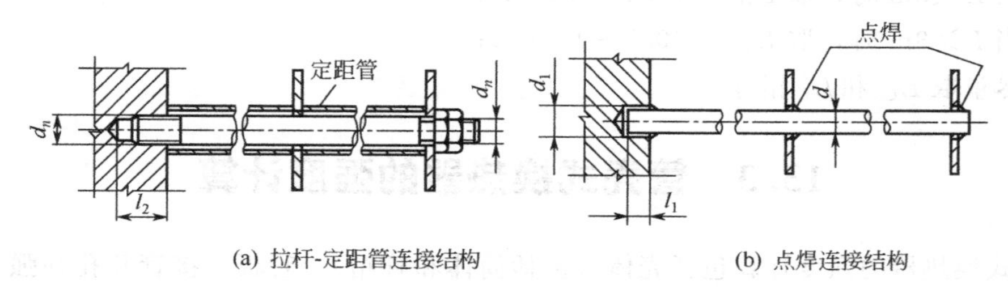

(a) 拉杆-定距管连接结构　　(b) 点焊连接结构

图 13-20　折流板固定连接结构

拉杆直径和部分规格换热器的拉杆数量分别按表 13-10 和表 13-11 规定。在保证大于或等于表 13-11 所给定的拉杆总截面积的前提下，拉杆直径和数量可以变动，但其直径不得小于 10mm、数量不少于 4 根。为了使折流板的稳定性更好，拉杆应尽量在折流板的周边均匀布置。

表 13-10　拉杆直径　　mm

换热管外径	$10 \leqslant d_o \leqslant 14$	$14 < d_o < 25$	$25 \leqslant d_o \leqslant 57$
拉杆直径	10	12	16

表 13-11　拉杆数量

公称直径 DN/mm 拉杆直径/mm	<400	≥400～<700	≥700～<900	≥900～<1300	≥1300～<1500	≥1500～<1800	≥1800～<2000	≥2000～<2300
10	4	6	10	12	16	18	24	32
12	4	4	8	10	12	14	18	24
16	4	4	6	6	8	10	12	14

13.2.3.3　旁路挡板

当壳体与管束之间存在较大间隙时，如浮头式、U 形管式和填函式换热器，可增设旁路挡板，以阻止流体短路，迫使壳程流体通过管束时进行热交换，如图 13-21 所示。增设的旁路挡板一般为 1～3 对，厚度一般与折流板或支持板相同，采用对称布置。挡板加工成规则的长条状，长度等于折流板或支持板的板间距，两端嵌入折流板或支持板槽内并与之焊接。必要时也可设置挡管或中间挡板。

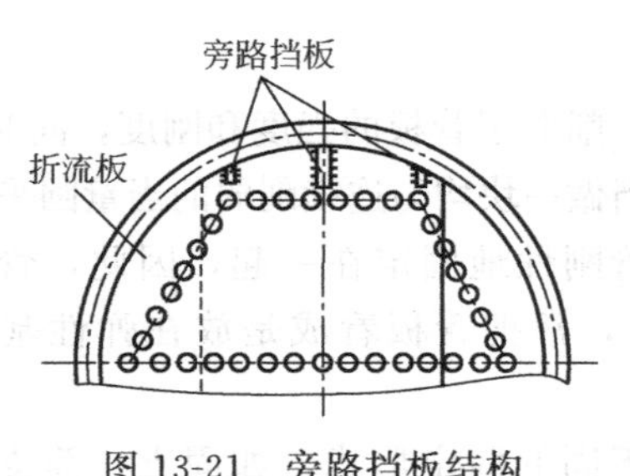

图 13-21　旁路挡板结构

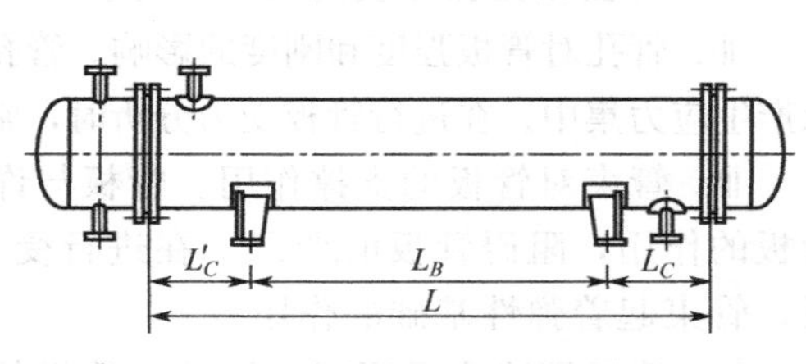

图 13-22　卧式换热器鞍座位置

13.2.3.4 支座

立式换热器可采用耳式支座，大型换热器一般采用裙座；卧式换热器多采用鞍座，如图13-22所示。当选用鞍座支承时，鞍座在换热器上的布置按下列原则确定：

ⅰ. 当 $L \leqslant 3$m 时，取 $L_B=(0.4\sim0.6)L$；

ⅱ. 当 $L>3$m 时，取 $L_B=(0.5\sim0.7)L$；

ⅲ. 尽量取 L_C 和 L_C' 相等。

13.3 管壳式换热器的强度计算

管壳式换热器的强度计算包括壳体（包括筒体和管箱）、管板、接管开孔补强、膨胀节等主要受压元件。接管开孔补强的计算详见第12章。

13.3.1 筒体和管箱壁厚计算

管壳式换热器的筒体直径以400mm为基数，并按国家标准规定的压力容器公称直径值来选取。当公称直径小于等于400mm时，可用钢管制作。筒体和管箱上的筒体（管箱短节）的壁厚应满足强度和稳定性要求（分别见第10章和第11章），但最小壁厚不得小于表13-12和表13-13的规定。封头的壁厚应该满足强度和稳定性的要求。

表 13-12 碳素钢或低合金钢部分卷制圆筒的最小壁厚 mm

公称直径	≥400～700	>700～1000	>1000～1500	>1500～2000	>2000～2600
可抽管束	8	10	12	14	16
不可抽管束	6	8	10	12	14

注：表中数据包括厚度附加量（C_2 按 1mm 考虑）。

表 13-13 高合金钢部分卷制圆筒的最小壁厚 mm

公称直径	≥400～500	>700～1000	>1000～1500	>1500～2000	>2000～2600
最小厚度	5	7	8	10	12

13.3.2 管板受力及其设计方法简介

管壳式换热器的管板一般采用圆平板，在其上开孔装设管束。管板所受载荷除管程和壳程介质压力外，还承受着管壁与壳壁间温差引起的变形不一致作用。固定式管板受力情况较复杂，其影响因素如下。

ⅰ. 管程和壳程介质的工作压力。

ⅱ. 管孔对管板强度和刚度的影响。管孔的存在，削弱了管板的强度和刚度，同时在管孔边缘产生应力集中。在进行管板受力分析时，常把管板当做一块均匀连续削弱的当量圆平板。

ⅲ. 管束对管板的支撑作用。管板与许多换热管刚性地固定在一起，因此，管束起支撑管板的作用，阻碍管板的变形。在进行受力分析时，常把管板看成是放在弹性基础上的平板，管束起着弹性基础的作用。

ⅳ. 管板周边支承形式的影响。管板外边缘有不同的固定形式，如固支、简支、半固支等，通常以介于简支和固支之间为多。不同的固定形式对管板应力产生不同程度的影响。

ⅴ. 温差对管板的影响。由于介质温度的不同，管壁和壳壁常常存在温差，而换热管和壳体常常又是刚性连接，这不仅影响换热管和壳体中的应力大小，也影响到管板应力的大小。同时由于管板上下表面接触不同温度的介质，使上下表面温度不同，因此也会在管板内产生温差应力。

ⅵ. 其他影响。当管板兼作法兰时，会在管板上产生附加弯矩。折流板间距、最大压力作用位置、管子与管板的连接形式、换热器的结构形式等都对管板应力有影响。

管板是管壳式换热器的主要部件之一，许多国家的有关标准和规范中都列入了管板的计算公式，这些设计公式因对各影响因素考虑不同而有较大差别。我国标准 GB/T 151—2014《热交换器》是基于以下设计方法推导出来的：将管束看做弹性支承，而管板则作为放置于这一弹性基础上的多孔圆平板，然后根据载荷大小、管束的刚度及周边支承来确定管板的弯曲应力。由于该法考虑的因素比较全面，因而计算比较精确。但计算公式较多，计算过程也较复杂。在电子计算技术高速发展的今天，该方法不失为一种有效的设计方法，如 SW-6 计算软件的出现，大大减少了管板的手工计算工作量，提高了效率。

作管板强度分析和计算时，如果不能保证壳程压力和管程压力在任何情况下都能同时作用，则不允许以壳程压力和管程压力之差进行管板设计。应考虑设计压力和温差联合作用下的下列危险工况组合。

ⅰ. 只有壳程设计压力 p_s，而管程设计压力 $p_t=0$，不计筒体与管束的热膨胀变形差；

ⅱ. 只有壳程设计压力 p_s，而管程设计压力 $p_t=0$，计入筒体与管束的热膨胀变形差；

ⅲ. 只有管程设计压力 p_t，而壳程设计压力 $p_s=0$，不计筒体与管束的热膨胀变形差；

ⅳ. 只有管程设计压力 p_t，而壳程设计压力 $p_s=0$，计入筒体与管束的热膨胀变形差；

ⅴ. 如果 p_s 和 p_t 之一为负压时，则应考虑压力差的危险组合。

管板厚度除满足强度要求外，GB/T 151 标准规定了管板的最小厚度为：

ⅰ. 管板与换热管采用胀接时，管板的最小厚度 δ_{min}（不包括腐蚀裕量）见表 13-14；

表 13-14 管板与换热管胀接时管板最小厚度 δ_{min} mm

换热管外径 d_o		≥25	>25～<50	≥50
δ_{min}	用于易爆及极度或高度危害介质场合	$\geq d_o$	$\geq d_o$	$\geq d_o$
	用于无害介质的一般场合	$\geq 0.75d_o$	$\geq 0.70d_o$	$\geq 0.65d_o$

ⅱ. 管板与换热管采用焊接连接时，管板的最小厚度应满足结构设计和制造的要求，且不小于 12mm；

ⅲ. 与换热管采用焊接连接的复合管板，其覆层的厚度不应小于 3mm，对有耐腐蚀要求的覆层，还应保证离覆层表面深度不小于 2mm 的覆层的化学成分和金相组织符合覆层材料标准的要求；

ⅳ. 与换热管强度胀接连接的复合管板，其覆层最小厚度不应小于 10mm；对有耐腐蚀要求的覆层，还应保证离覆层表面深度不小于 8mm 的覆层化学成分和金相组织符合覆层材料标准要求。

管板厚度应不小于下列三者之和：

ⅰ. 管板的计算厚度或上述规定的最小厚度，取大者；

ⅱ. 壳程腐蚀裕量或结构开槽深度，取大者；

ⅲ. 管程腐蚀裕量或结构开槽深度，取大者。

管板的计算厚度按 GB/T 151—2014《热交换器》的有关公式和图表进行计算。

13.3.3 温差应力及其补偿

13.3.3.1 温差应力产生的原因及其降低措施

固定管板式换热器的管束与管板、管板与壳体均为刚性连接，在工作时若管束壁温与壳体壁温存在较大温差，由于热胀冷缩的原因则会在管板、壳体和管束中产生一定的温差应力。再与介质压力产生的应力叠加起来，可能会引起换热管的拉伸、弯曲或使管子与管板连接处发生泄漏，甚至会使壳体或管子上的应力超过许用应力，或造成管子从管板上拉脱。为了改善这种应力状态，必须采取适当的措施予以防止。

温差应力产生的主要原因就是工作时管束壁温与壳体壁温存在较大温差、造成管束和壳体变形不一致，二者之间产生较大的约束。因此消除（或降低）温差应力的主要方法就是要解决换热器壳体与管束膨胀的不一致性；或是消除（或降低）壳体与管束之间的刚性约束，使壳体和管束都能自由膨胀和收缩。在工程实际中常采用如下措施来补偿温差应力。

① 降低壳体与管束间的温差　可考虑让传热系数 α 大的流体走壳程，因为换热管壁的温度接近于 α 大的流体温度，这样可降低管束与壳体间的温差。另外，壳体壁温低于管束壁温时，可对壳体进行保温，以提高壳壁的温度，降低壳壁与管壁的温度差。

② 使壳体和管束自由变形　这种结构有填函式、浮头式和U形管式换热器等。它们的管束能自由伸缩，这样就解除了壳体与管束之间的刚性约束。

③ 装设挠性构件　用得最多的是固定管板换热器的壳体上装上U形等形状的膨胀节，利用膨胀节的弹性变形来补偿壳体和管束轴向变形的不一致性，从而大大地减少温差应力。

13.3.3.2 膨胀节的结构及设置

（1）膨胀节设置的条件

在进行管板计算时，要校核在介质压力和温差联合作用下管子中的应力、壳程圆筒的轴向应力和管子拉脱应力，若其中有一个不满足强度或稳定性要求，就应该考虑设置膨胀节。在换热器国家标准中，上述的应力计算是结合管板计算同时进行的。

（2）膨胀节的结构型式

膨胀节是装在固定管板式换热器上的挠性元件，它对管子和壳体的轴向变形差进行补偿，以此来消除或减小温差应力。膨胀节的结构形式较多，一般有U形、Ω形和平板焊接式膨胀节等，如图13-23所示。最常用的是U形膨胀节，它采用单层或多层板构成，多层膨胀节有较大的补偿量。当要求更大的补偿量时，可采用多波膨胀节，当用于较高压力的场合，可使用夹壳式（带加强装置的）U形膨胀节。Ω形膨胀节可用在压力更高的场合，而平板焊接式膨胀节一般用在压力较低的场合。

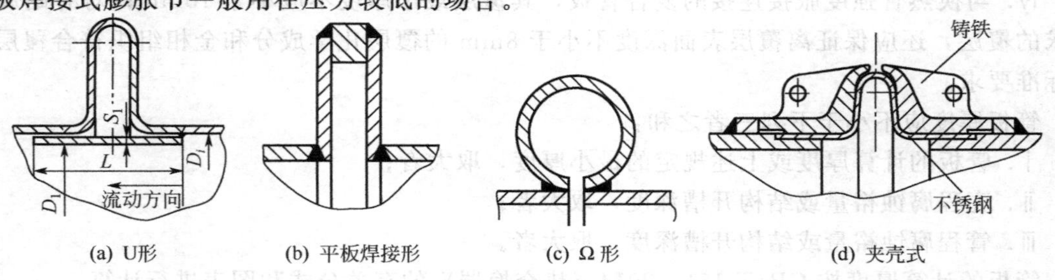

图 13-23　膨胀节结构型式

（3）膨胀节的选用与设置

U形膨胀节的结构形式、计算和选型可按GB 16749《压力容器波形膨胀节》执行。

U形膨胀节与换热器筒体的连接一般采用对接，二者间的环焊缝均采用全熔透的焊接结构，并按与壳体相同的要求进行无损探伤。

对于卧式换热器用的U形膨胀节，必须在其安装位置的最低点设置排液孔，以便排净壳体内的残液。

当壳体的厚度与膨胀节的厚度之差大于3mm时，应在壳体一侧按1∶3的斜度削薄过渡。

为了减小介质对膨胀节的磨损，防止振动及降低流体阻力，必要时可以在膨胀节的内侧增设一衬筒，如图13-23（a）所示。设计内筒时应注意下列事项：

ⅰ.内衬筒的厚度不小于2mm，且不大于膨胀节厚度，其长度应超过膨胀节的波长。

ⅱ.内衬筒在迎着流体流动方向一端与壳体焊接。

ⅲ.立式换热器的壳程介质为蒸汽或液体、且流动方向朝上时，应在内衬筒下端设置排液孔道。

ⅳ.带有内衬筒的膨胀节与管束装配时可能会有妨碍，在换热器结构设计和制造时应加以考虑。

13.4 管壳式换热器设计内容与选型

13.4.1 管壳式换热器设计内容与选型步骤

13.4.1.1 工艺计算

工艺计算的步骤如下。

ⅰ.按流体种类、冷热流体的流量、进出口温度、工作压力等计算出需要传递的热量。

ⅱ.根据流体介质腐蚀性及其他特性选择管子和壳体的材料。并根据材料加工特性，流体的流量、压力、温度，换热管与壳体的温差，需要传递热量的多少，造价的高低及检修清洗方便等因素，决定采用哪一类型的管壳式换热器。

ⅲ.确定流体的流动空间，即确定管程与壳程内分别通过什么介质。

ⅳ.确定参与换热的两种流体的流向是并流、逆流还是错流，并计算出流体的有效平均温差。

ⅴ.根据经验初选换热器的传热系数K，并估算所需传热面积A。

ⅵ.根据计算出的传热面积A，参照我国管壳式换热器标准系列，初步确定换热器的基本参数（管径、管程数、管子根数、管长、管子排列方式、折流元件等的型式及布置、壳体直径等结构参数）。

ⅶ.根据确定的系列参数和尺寸，进行传热系数的校核和压力降的计算。最后按标准选用换热器或进行机械设计。

13.4.1.2 机械设计计算

机械设计计算包括以下内容：

壳体和管箱壁厚计算；

管子与管板连接结构设计；

壳体与管板连接结构设计；

管板厚度计算（包括是否设置膨胀节的判断与选型）；

开孔补强计算与结构设计；

折流板（支持版）、拉杆-定距管等零部件的结构设计；

接管、容器与接管法兰、支座等构件的选择及校核等。

13.4.2 热交换器标准

13.4.2.1 GB/T 151—2014《热交换器》

本标准为非直接受火金属制热交换器的设计、制造、检验与验收必须遵循的规定。管壳式换热器适用的参数范围为：公称直径 $DN \leqslant 4000$mm、公称压力 $PN \leqslant 35$MPa、$DN \times PN \leqslant 2.7 \times 10^4$mm·MPa。

管壳式换热器型号的表示方法如下：

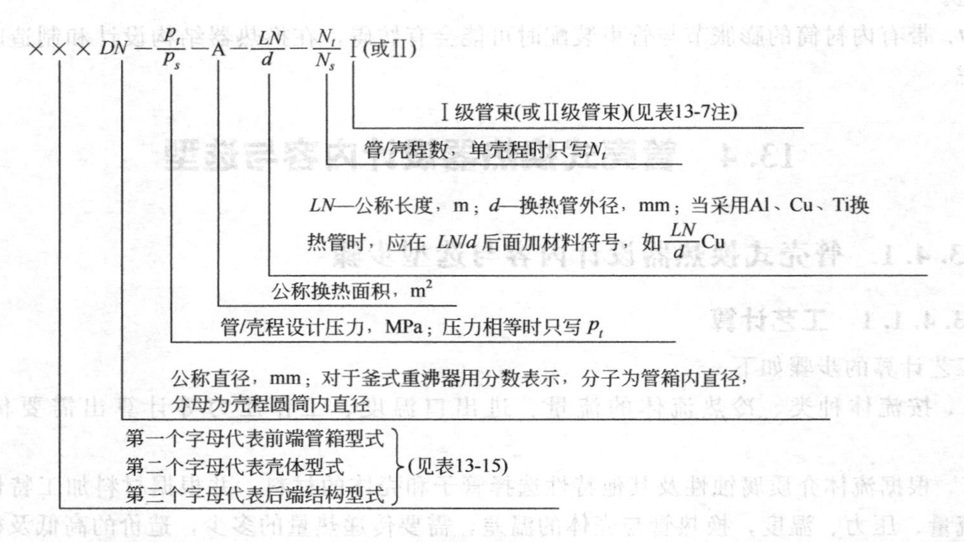

例如，一台固定管板式换热器，壳体和管箱公称直径 700mm，管程、壳程设计压力分别为 2.5MPa 和 1.6MPa，公称换热面积 200m²，换热管为较高级冷拔管，换热管外径 25mm、长度 9m，4 管程，单壳程，其型号为

$$\text{BEM700}-\frac{2.5}{1.6}-200-\frac{9}{25}-4\quad \text{I}$$

13.4.2.2 关于常用管壳式换热器的型式与基本参数

我国制定了《浮头式换热器和冷凝器型式与基本参数》（JB/T 4714—1992）、《固定管板式换热器型式与基本参数》（JB/T 4715—1992）、《立式热虹吸重沸器型式与基本参数》（JB/T 4716—1992）和《U 形管式换热器型式与基本参数》（JB/T 4717—1992）等技术标准，标准中规定了不同壳体公称直径、不同管程数、采用换热管不同长度时换热器的换热管数量和换热面积等相关参数信息，设计时可参考。

表 13-16 给出了换热管为 ϕ25mm 的固定管板式换热器的基本参数，供选型时参考。

表 13-15　管壳式换热器壳体和前、后管箱的结构型式和代号

代号	前端管箱型式
A	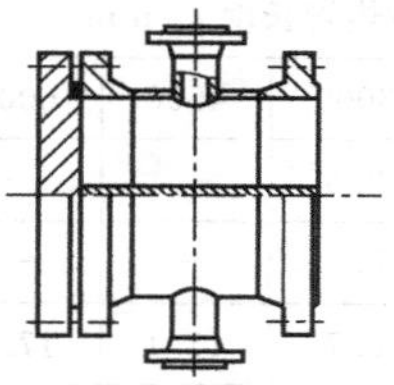 平盖管箱
B	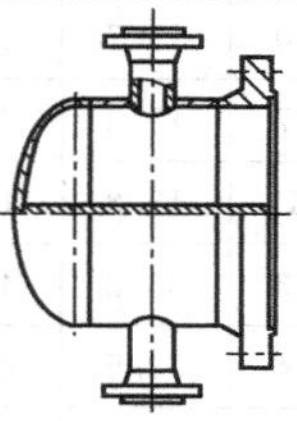 封头管箱
C	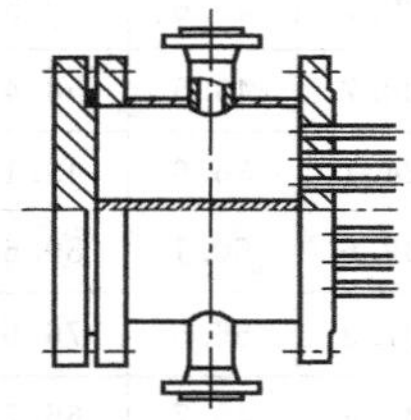 可拆管束与管板制成一体的管箱
N	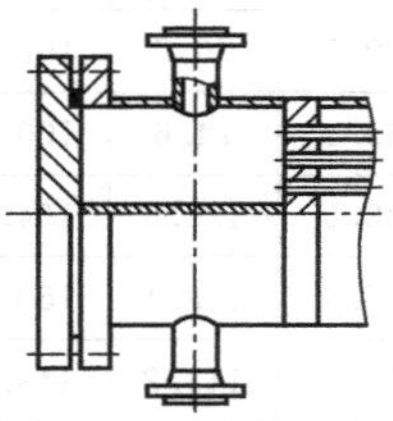 与固定管板制成一体的管箱
D	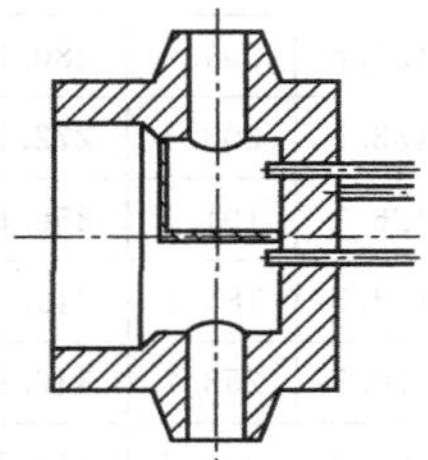 特殊高压管箱

代号	壳体型式
E	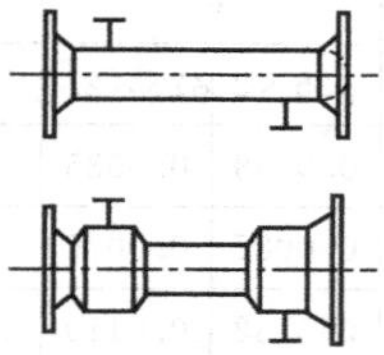 单程壳体
F	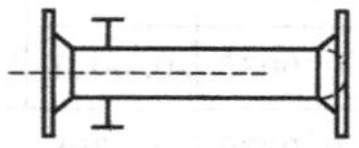 带有纵向隔板的双程壳体
G	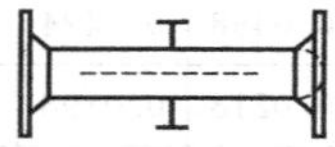 分流壳体
H	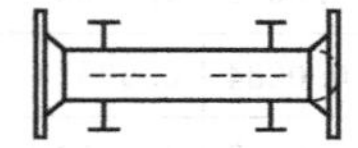 双分流壳体
J	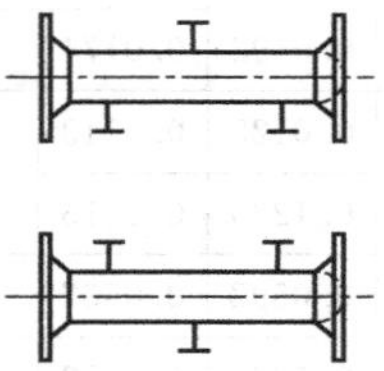 无隔板分流壳体
K	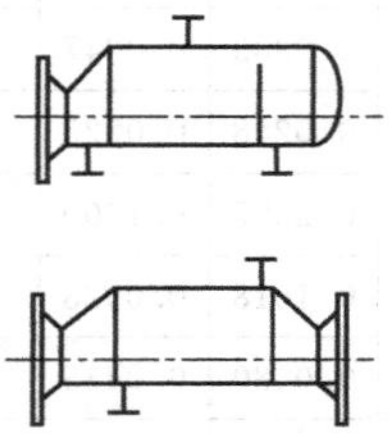 釜式重沸器壳体
X	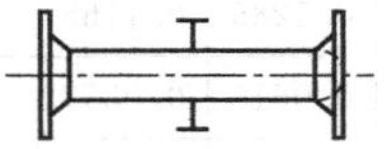 穿流壳体

代号	后端管箱型式
L	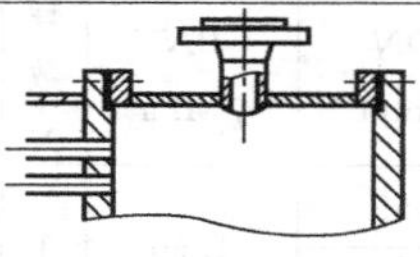 固定管板，与 A 相似的结构
M	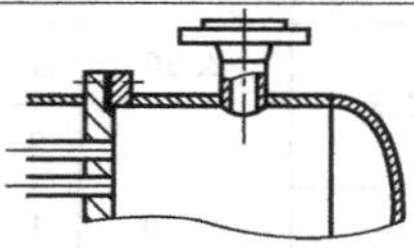 固定管板，与 B 相似的结构
N	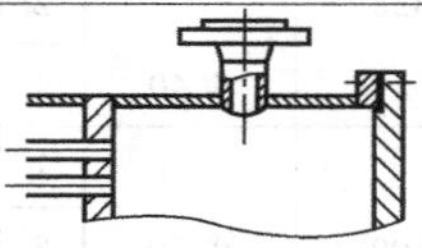 固定管板，与 N 相似的结构
P	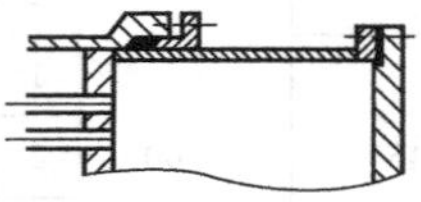 外填料函式浮头
S	 钩圈式浮头
T	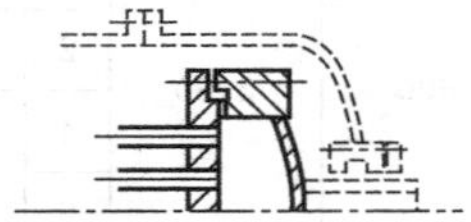 可抽式浮头
U	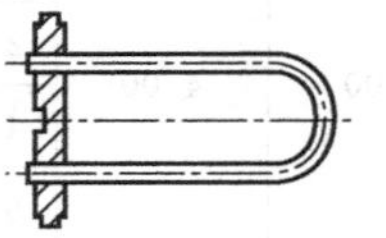 U 形管束
W	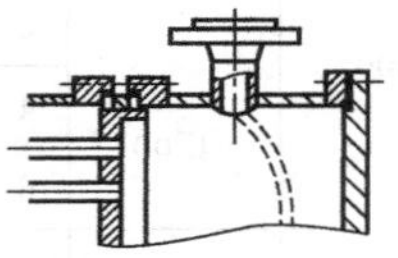 带套环填料函式浮头

表 13-16 换热管为 ϕ25mm 的固定管板式换热器的基本参数

公称直径 DN /mm	公称压力 PN /MPa	管程数 N	管子根数 n	中心排管数	管程流通面积/m²		计算换热面积/m²					
							换热管长度 L/mm					
					ϕ25×2	ϕ25×2.5	1500	2000	3000	4500	6000	9000
159	1.60	1	11	3	0.0038	0.0035	1.2	1.6	2.5	—	—	—
219			25	5	0.0087	0.0079	2.7	3.7	5.7	—	—	—
273	2.50	1	38	6	0.0132	0.0119	4.2	5.7	8.7	13.1	17.6	—
		2	32	7	0.0055	0.0050	3.5	4.8	7.3	11.1	14.8	—
325	4.00	1	57	9	0.0197	0.0179	6.3	8.5	13.0	19.7	26.4	—
		2	56	9	0.0097	0.0088	6.2	8.4	12.7	19.3	25.9	—
	6.40	4	40	9	0.0035	0.0031	4.4	6.0	9.1	13.8	18.5	—
400	0.60	1	98	12	0.0339	0.0308	10.8	14.6	22.3	33.8	45.4	—
		2	94	11	0.0163	0.0148	10.3	14.0	21.4	32.5	43.5	—
		4	76	11	0.0066	0.0060	8.4	11.3	17.3	26.3	35.2	—
450	1.00	1	135	13	0.0468	0.0424	14.8	20.1	30.7	46.6	62.5	—
		2	126	12	0.0218	0.0198	13.9	18.8	28.7	43.5	58.4	—
		4	106	13	0.0092	0.0083	11.7	15.8	24.1	36.6	49.1	—
500	1.60	1	174	14	0.0603	0.0546	—	26.0	39.6	60.1	80.6	—
		2	164	15	0.0284	0.0257	—	24.5	37.3	56.6	76.0	—
		4	144	15	0.0125	0.0113	—	21.4	32.8	49.7	66.7	—
600	2.50	1	245	17	0.0849	0.0769	—	36.5	55.8	84.6	113.5	—
		2	232	16	0.0402	0.0364	—	34.6	52.8	80.1	107.5	—
		4	222	17	0.0192	0.0174	—	33.1	50.5	76.7	102.8	—
		6	216	16	0.0125	0.0113	—	32.2	49.2	74.6	100.0	—
700	4.00	1	355	21	0.1230	0.1115	—	—	80.0	122.6	164.4	—
		2	342	21	0.0592	0.0537	—	—	77.9	118.1	158.4	—
		4	322	21	0.0279	0.0253	—	—	73.3	111.2	149.1	—
		6	304	20	0.0175	0.0159	—	—	69.2	105.0	140.8	—
800	0.60	2	450	23	0.0779	0.0707	—	—	102.4	155.4	208.5	—
	1.60	4	442	23	0.0383	0.0347	—	—	100.6	152.7	204.7	—
		6	430	24	0.0248	0.0225	—	—	97.9	148.5	119.2	—
900	2.50	1	605	27	0.2095	0.1900	—	—	137.8	209.0	280.2	422.7
		2	588	27	0.1018	0.0923	—	—	133.9	203.1	272.3	410.8
	4.00	4	554	27	0.0480	0.0435	—	—	126.1	191.4	256.6	387.1
		6	538	26	0.0311	0.0282	—	—	122.5	185.8	249.2	375.9
1000	0.60	1	749	30	0.2594	0.2352	—	—	170.5	258.7	346.9	523.3
		2	742	29	0.1285	0.1165	—	—	168.9	256.3	343.7	518.4
		4	710	29	0.0615	0.0557	—	—	161.6	245.2	328.8	496.0
		6	698	30	0.0403	0.0365	—	—	158.9	241.1	323.3	487.7

续表

公称直径 DN /mm	公称压力 PN /MPa	管程数 N	管子根数 n	中心排管数	管程流通面积/m²		计算换热面积/m²					
							换热管长度 L/mm					
					ϕ25×2	ϕ25×2.5	1500	2000	3000	4500	6000	9000
(1100)	1.60	1	931	33	0.3225	0.2923	—	—	—	321.6	431.2	650.4
		2	894	33	0.1548	0.1404	—	—	—	308.8	414.1	624.6
	2.50	4	848	33	0.0734	0.0666	—	—	—	292.9	392.8	592.5
		6	830	32	0.0479	0.0434	—	—	—	286.7	384.4	579.9
1200	4.00	1	1115	37	0.3862	0.3501	—	—	—	385.1	516.4	779.0
		2	1102	37	0.1908	0.1730	—	—	—	380.6	510.4	769.9
		4	1052	37	0.0911	0.0826	—	—	—	363.4	487.2	735.0
		6	1026	36	0.0592	0.0537	—	—	—	354.4	475.2	716.8
(1300)	0.60 1.00 1.60 2.50	2	1274	40	0.2206	0.2000	—	—	—	440.0	590.1	890.1
		4	1214	39	0.1051	0.0953	—	—	—	419.3	562.3	848.2
		6	1192	38	0.0688	0.0624	—	—	—	411.7	552.1	832.8
1400	0.25	1	1547	43	0.5358	0.4858	—	—	—	—	716.5	1080.8
		2	1510	43	0.2615	0.2371	—	—	—	—	699.4	1055.0
		4	1454	43	0.1259	0.1141	—	—	—	—	673.4	1015.8
		6	1424	42	0.0822	0.0745	—	—	—	—	659.5	994.9
(1500)	0.60	1	1753	45	0.6072	0.5504	—	—	—	—	811.9	1224.7
		2	1700	45	0.2944	0.2669	—	—	—	—	787.4	1187.7
		4	1688	45	0.1462	0.1325	—	—	—	—	781.8	1179.3
		6	1590	44	0.0918	0.0832	—	—	—	—	736.4	1110.9
1600	1.00	1	2023	47	0.7007	0.6352	—	—	—	—	937.0	1413.4
		2	1982	48	0.3432	0.3112	—	—	—	—	918.0	1384.7
		4	1900	48	0.1645	0.1492	—	—	—	—	880.0	1327.4
		6	1844	47	0.1088	0.0986	—	—	—	—	872.6	1316.3
(1700)	1.60	1	2245	51	0.7776	0.7049	—	—	—	—	1039.8	1568.5
		2	2216	52	0.3838	0.3479	—	—	—	—	1026.3	1548.2
		4	2180	50	0.1888	0.1711	—	—	—	—	1009.7	1523.1
		6	2156	53	0.1245	0.1128	—	—	—	—	998.6	1506.3
1800	2.50	1	2559	55	0.8863	0.8035	—	—	—	—	1185.3	1787.7
		2	2512	55	0.4350	0.3944	—	—	—	—	1163.4	1755.1
		4	2424	54	0.2099	0.1903	—	—	—	—	1122.7	1693.2
		6	2404	53	0.1388	0.1258	—	—	—	—	1113.4	1679.6

表3-16中数据适用条件如下：

ⅰ. 换热面积按 $A=\pi d_o n\ (L-2\delta-0.006)$ 计算确定（其中：n 为换热管根数，d_o 为换热管外径，L 为换热管长度，δ 为管板厚度并假定为0.05m）；

ⅱ. 管子按正三角形排列，管间距为1.25倍的换热管外径；

ⅲ. 设计温度条件为200℃，当操作温度升高时，允许的最高工作压力见表13-17。

表13-17 固定管板式换热器不同温度下的允许最高工作压力

公称压力/MPa	水压试验压力/MPa（用5℃≤t<100℃的水为介质）	设计温度/℃				
		200	250	300	350	400
		允许的最高工作压力/MPa				
1.0	1.32	0.98	0.98	0.81	0.74	0.68
1.6	2.12	1.57	1.42	1.3	1.18	1.09
2.5	3.06	2.45	2.23	2.03	1.86	1.74
4.0	4.90	3.92	3.57	3.25	2.98	2.78
6.4	7.85	6.28	5.71	5.21	4.77	4.46

习题

13-1 固定管板式换热器主要由哪些部件组成？简述其结构特点和使用范围。

13-2 换热管与管板有几种连接方式？各有什么特点？适用范围如何？

13-3 换热管在管板上的排列方式有哪些？各有何优缺点？

13-4 影响固定管板式换热器管板应力的因素有哪些？

13-5 换热器管束为什么要分程？管束分程应满足什么条件？

13-6 折流板的作用是什么？常用结构有哪些？折流板是如何固定的？

13-7 固定管板式换热器中温差应力是如何产生的？减小温差应力有哪些措施？温差应力能完全被消除吗？

13-8 固定板式换热器的膨胀节有哪些结构形式？设置膨胀节时应注意什么问题？

13-9 管壳式换热器常用的管箱结构有哪些？各有何优缺点？

13-10 管壳式换热器的型号表示方法是什么？

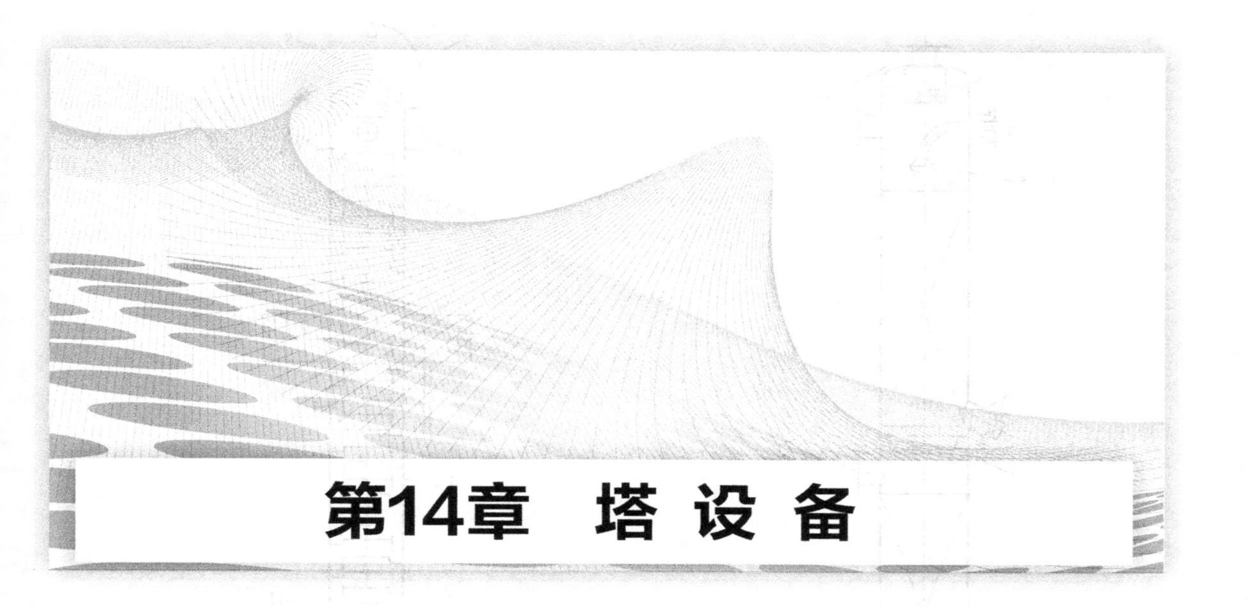

第14章 塔设备

14.1 概　　述

塔设备是一种在炼油、化工、轻工等工业生产中重要的单元操作设备。据统计，塔设备无论其投资费用还是所消耗的钢材重量，在整个过程装备中所占的比例都是相当高的，如塔设备在化工及石油化工中的投资占总投资的25%左右，在炼油及煤化工中占35%左右，足以说明其在国民经济中的地位。

塔设备的作用是实现气（汽）-液相或液-液相之间的充分接触，从而达到相际间传质传热的目的。塔设备广泛用于蒸馏、吸收、解吸、萃取、气体的洗涤、增湿及冷却等单元操作中。

14.1.1 塔设备的分类及基本结构

目前，塔设备的种类很多，不同的分类方法，有不同的种类，常见的分类方法有：

ⅰ. 按操作压力分有加压塔、常压塔和减压塔；

ⅱ. 按单元操作分有精馏塔、吸收塔、解析塔、萃取塔、干燥塔等；

ⅲ. 按内件结构分有填料塔（图14-1）和板式塔（图14-2），目前工业生产中应用最广泛的还是这两种塔。

在填料塔中，塔内装有一定高度的填料作为气液接触和传质的基本构件。液体自塔顶沿填料表面向下流动，作为连续相的气体自塔底向上流动，与液体逆流接触传质，两相的组分浓度和温度沿塔高呈连续变化。

在板式塔中，塔内装有一定数量的塔盘作为气液接触和传质的基本构件。气体自塔底向上以鼓泡喷射的形式穿过塔盘上的液层，使两相密切接触，进行传质。两相的组分沿塔高呈阶梯式变化。

不论是填料塔还是板式塔，从设备设计角度看，其基本结构可以概括如下。

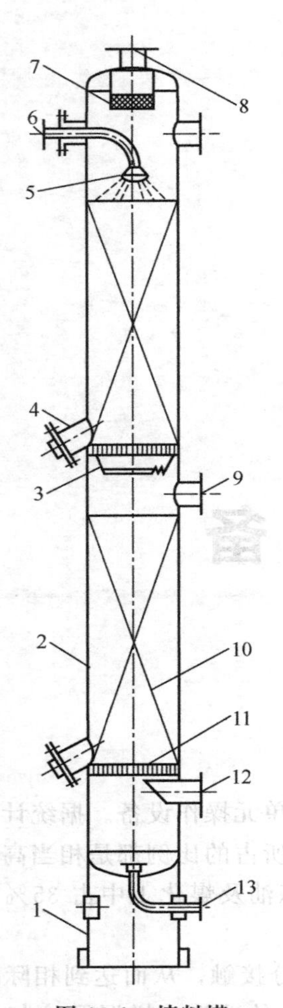

图 14-1 填料塔

1—裙座；2—塔体；3—液体再分布器；4—卸填料口；
5—液体分布器；6—液体进口管；7—除沫器；
8—气体出口管；9—人孔；10—填料；11—栅板；
12—气体进口管；13—液体出口管

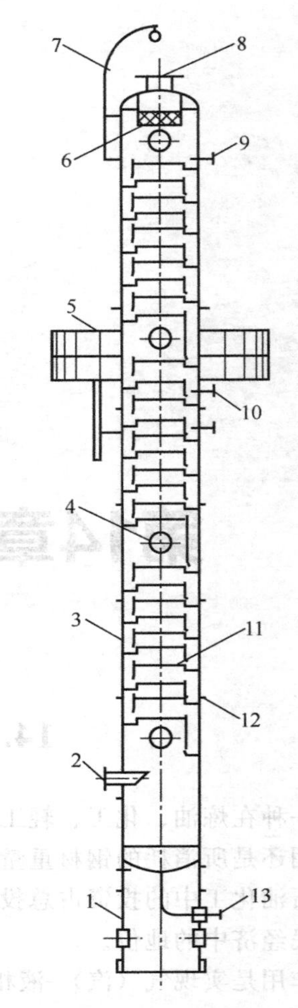

图 14-2 板式塔

1—裙座；2—气体入口管；3—塔体；4—人孔；
5—扶梯平台；6—除沫器；7—吊柱；
8—气体出口管；9—回流管；10—进料管；
11—塔盘；12—支承圈；13—出料管

① 塔体 是塔设备的外壳，包括圆筒、封头和连接法兰等。常见的塔体由等直径的圆筒及上、下标准椭圆形封头组成。为了节省材料筒体可以由不等厚钢板卷制而成。塔体除应满足工艺条件下的强度、刚度和稳定性要求外，还应校核风载荷、地震载荷和偏心载荷等作用下的强度和刚度，以及水压试验、吊装、运输、开停车情况下的强度和刚度。

② 内件 指塔盘或填料及其支承装置、液体和气体的分配装置等。

③ 支座 一般为裙式支座。它承受各种情况下的全塔重量、风载荷和地震载荷等。

④ 附件 包括检查孔（人孔或手孔）、进出料接管、各类仪表接管、除沫器、塔平台、扶梯、塔顶吊柱等。

14.1.2 化工生产对塔设备的基本要求

为了塔设备有效、经济地运行，除应首先满足工艺要求外，还应满足以下基本要求：

ⅰ. 生产能力大（即气、液处理量大），气、液接触充分，效率高，流体流动阻力小；

ⅱ．操作弹性大，即当塔的负荷变化大时，塔的操作仍然稳定，效率变化不大，且塔设备能长期稳定运行；

ⅲ．塔阻小，即流体的压降小，降低能耗，从而减少设备的操作费用；

ⅳ．结构简单可靠，制造安装容易，成本低；

ⅴ．不易阻塞，易于操作、调节和检修。

14.1.3　塔设备的选型

在工艺设计时到底是选择填料塔还是板式塔，必须考虑多方面的因素，如被处理的物料性质、操作条件、设备加工和维修等。填料塔和板式塔的主要区别见表14-1。

表14-1　填料塔和板式塔的比较

项目＼塔型	填料塔	板式塔
压降	小尺寸填料，压降较大，而大尺寸填料及规整填料，则压降较小	较大
空塔气速	小尺寸填料气速较小，而大尺寸填料及规整填料则气速可较大	较大
塔效率	传统的填料，效率较低，而新型乱堆及规整填料则塔效率较高	较稳定、效率较高
液一气比	对液体量有一定要求	适用范围较大
持液量	较小	较大
安装、检修	较难	较容易
材质	金属及非金属材料均可	一般用金属材料
造价	新型填料，投资较大	大直径时造价较低

在进行塔设备选型时，下列情况可考虑优先选用填料塔：

ⅰ．在分离程度要求高的情况下，因某些新型填料具有很高的传质效率，故可采用新型填料以降低塔的高度；

ⅱ．对于热敏性物料的蒸馏分离，因新型填料的持液量较小，压降小，故可优先选择真空操作下的填料塔；

ⅲ．具有腐蚀性的物料，可选用填料塔，因为填料可采用非金属材料，如塑料、陶瓷等；

ⅳ．容易发泡的物料，宜选用填料塔，因为在填料塔内，气相不以气泡形式通过液相，可减少发泡的危险，此外，填料还有破泡的作用。

下列情况可考虑优先选用板式塔：

ⅰ．塔内液体持液量较大，要求塔的操作负荷变化范围较宽，对进料浓度变化要求不敏感，要求操作易于稳定；

ⅱ．液相负荷较小，因为这种情况下，填料塔会由于填料表面湿润不充分而降低其分离效率；

ⅲ．含固体颗粒，容易结垢，有结晶的物料，因为板式塔可选用较大的液流通道，堵塞的危险较小；

ⅳ．操作时需要多个进料口或多个侧线出料口，因为板式塔的结构上容易实现。

14.2 填 料 塔

填料塔具有结构简单，造价低廉，制造方便，便于处理腐蚀性物料，压降小等优点。其缺点是体积大，传质效率差，不适用于处理污浊液体和含尘气体，操作稳定性较差等。但是随着近年来新型填料和高效规整填料的出现，填料塔已在越来越多的场合下使用，甚至代替了传统的板式塔。

填料塔除了和板式塔相同的塔体、裙座、除沫器、接管、检查孔和塔顶吊柱外，还有液体分配器、填料及其支承、液体再分布器等结构。

14.2.1 液体分布器

填料塔操作时，在任一横截面上保证气液的均匀分布十分重要。气速的均匀分布，主要取决于液体分布的均匀程度。因此，液体在塔顶的初始均匀分布，是保证填料塔达到预期效果的重要条件。为此，一般在填料塔的塔顶有液体分布装置（也叫喷淋装置）。

14.2.1.1 液体分布器设计原则

为了使液体初始分布均匀，原则上应增加塔横截面单位面积上的喷淋点数。但由于结构的限制，不可能将喷淋点数设计得很多，同时，如果喷淋点数过多，势必造成每股液流的流量过小，也难以保证均匀分配。此外，不同填料对液体均匀分布的要求也有差别，如高效填料因流体不均匀分布对效率的影响十分敏感，故应有较为严格的要求。

常用的喷淋点数可参照下列指标：$DN \approx 400$mm 时，每 30cm^2 塔截面设一个喷淋点；$DN \approx 750$mm 时，每 60cm^2 塔截面设一个喷淋点；$DN \approx 1200$mm 时，每 240cm^2 塔截面设一个喷淋点。

波纹填料效率较高，对液体均布要求也较高。依据波纹填料的效率高低及液量大小，按每 20～50cm^2 塔截面设一个喷淋点。

任何程度的壁流都会降低效率，因此在靠近塔壁的 10%塔径区域内，所分布的流量不应超过总流量的 10%。

液体分布器的安装位置，通常须高于填料层顶面 150～300mm，以提供足够的自由空间，让上升气流不受约束地穿过液体分布器。

一个理想的液体分布器应该是液体分布均匀，自由面积大，操作弹性宽，不易堵塞，装置的部件可通过人孔进行安装或拆卸。

14.2.1.2 液体分布器典型结构

目前常用的液体分布器主要有喷洒式、管式、槽式和盘式等几种。

(1) 喷洒式液体分布器

喷洒式液体分布器结构形式很多，主要结构有莲蓬头式和多孔直管式分布器等。

莲蓬头式喷洒器是喷洒式液体分布器的一种简单结构形式，主要用于小直径（$DN \leqslant$ 600mm）塔的液体初始分布，如图 14-3 所示。液体在一定压力下流入喷头，然后通过小孔喷洒到填料上。喷头直径 $d=(1/3 \sim 1/4)DN$，出水孔直径 $\phi 3 \sim 10$mm，喷洒角$\leqslant 80°$，喷洒外圈距塔壁距离 $x=70 \sim 100$mm，喷头高度 $H=(0.5 \sim 1)DN$。其优点是价格低廉，易于安装；缺点是易产生雾沫夹带，往往有大量液体喷到塔壁，喷洒不均匀等。

多孔直管式喷洒器的结构如图 14-4 所示，可用于 $DN \leqslant 300$mm 的场合。管底钻有 2～5

排 ϕ3～8mm 的出水小孔，孔的总面积大致等于进液管的横截面积。它结构简单，造价低，安装方便，但喷洒不均匀，要求液体清洁，否则小孔易堵塞。

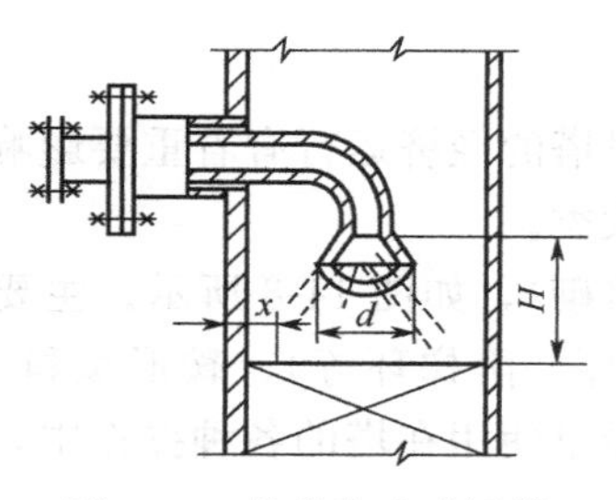

图 14-3　莲蓬头式喷洒器

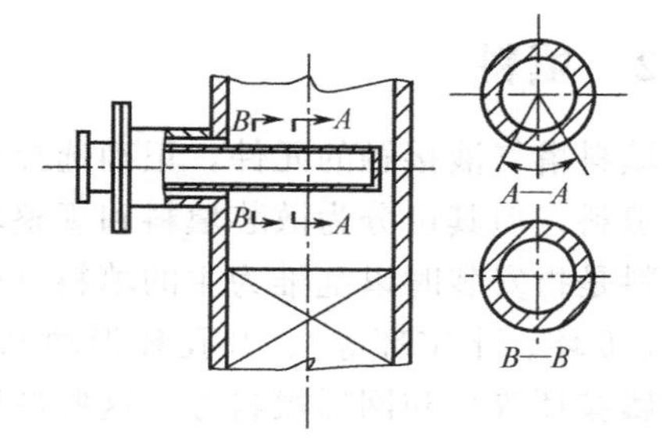

图 14-4　多孔直管式喷洒器

(2) 管式液体分布器

排管式液体分布器是目前应用比较广泛的管式分布器之一，其结构如图 14-5 所示。液体由主管从一侧（或两侧）引入，通过支管上的小孔向填料层喷洒。支管上小孔的数量、孔径视液体负荷而定，一般孔径为 ϕ3～5mm，且不得小于 2mm，否则易于堵塞。每根支管可开 1～3 排小孔，小孔中心线与垂线的夹角可取 15°、22.5°、30°或 45°，以满足各股液流达到填料表面时尽量均匀为准。排管式分布器一般用于塔径 DN＞1000mm 的大塔，设计成可拆式，便于通过人孔进行装配。这种分布器液体分布均匀，但制造安装复杂，要求液体清洁。

(3) 槽式液体分布器

它由若干个喷淋槽及置于其上的分配槽组成，如图 14-6 所示。喷淋槽两侧具有三角形或矩形的堰口，各堰口下沿应在同一水平面上，堰口总数应满足喷淋点数的要求。分配槽常开有三角形缺口，以将液体分配到喷淋槽内，分配槽数量随塔径及液体负荷而异，在 1～3 之间选用。适用于塔径 DN＞1000mm 的大塔，槽式分配器结构简单，液体没有喷溅，但对水平度要求较高，否则会导致分布不均。

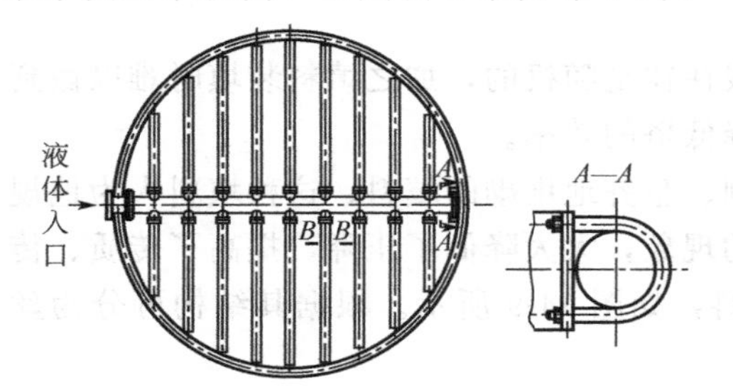

图 14-5　排管式液体分布器

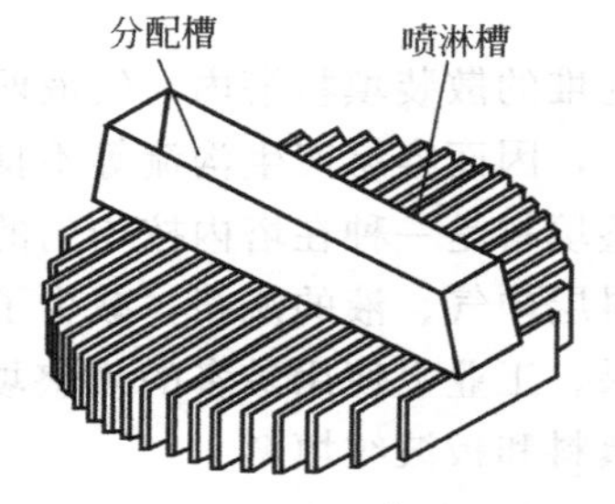

图 14-6　槽式液体分布器

(4) 盘式液体分布器

盘式液体分布器分为孔流型和溢流型两种。

盘式孔流型液体分布器是在底盘上开有液体喷洒孔并装有升气管，升气管高度一般在 200mm 以下。气体从升气管上升，液体在盘底上保持一定的液位，并从喷淋孔流下。当塔径 DN＜1200mm 时可制成具有边圈的结构，如图 14-7 所示。分布器边圈与塔壁间的空间可作为气体通道。

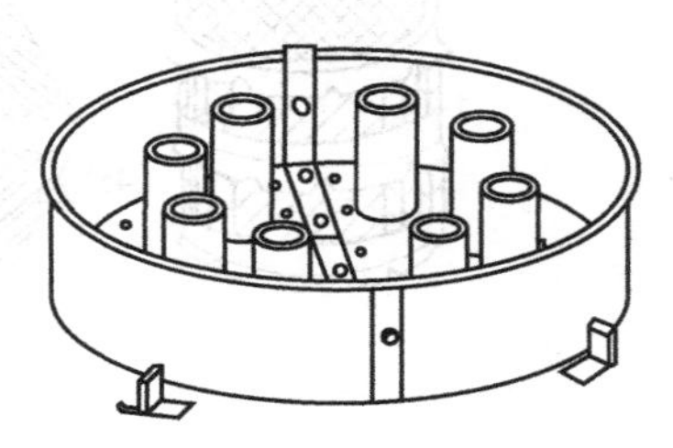
图 14-7　小直径塔用盘式孔流型液体分布器

盘式溢流型分布器是将盘式孔流型分布器的布液孔改成溢流管。溢流管的布管密度可达到每平方米塔截面100个以上，适用于规整填料及散装填料塔，特别是中小流量的操作。

14.2.2 填料

填料是填料塔气液接触的元件，正确选择填料，对塔的经济运行有着重要影响。生产中虽有几百种填料，但其可分为散装填料和规整填料两大类。

散装填料是指安装时以乱堆为主的填料（也可以整砌），如图14-8所示。主要有环形填料（拉西环、θ环、十字环等）、开孔环形填料（鲍尔环、阶梯环等）、鞍形填料（弧鞍形、矩鞍形、金属鞍环等）和网形填料等，这些散装填料最早使用在塔的各种操作中，积累了丰富的使用经验。

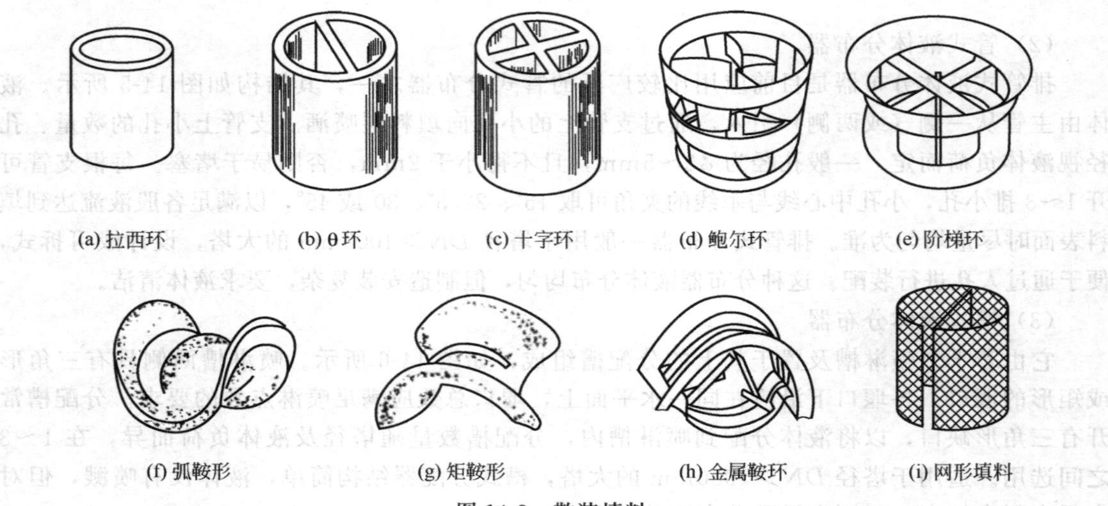

图 14-8 散装填料

在乱堆的散装填料塔内，气液两相的流动路线往往是随机的，加之填料装填时难以做到各处均一，因而容易产生沟流等不良现象，从而降低塔的效率。

规整填料是一种在塔内按均匀的几何图形规则、整齐地堆砌的填料，这种填料人为地规定了填料层中气、液的流路，减少了沟流和壁流的现象，大大降低了压降，提高了传质、传热的效果。工业上使用最多的规整填料是波纹填料，如图14-9所示。根据其结构可分为丝网波纹填料和板波纹填料。

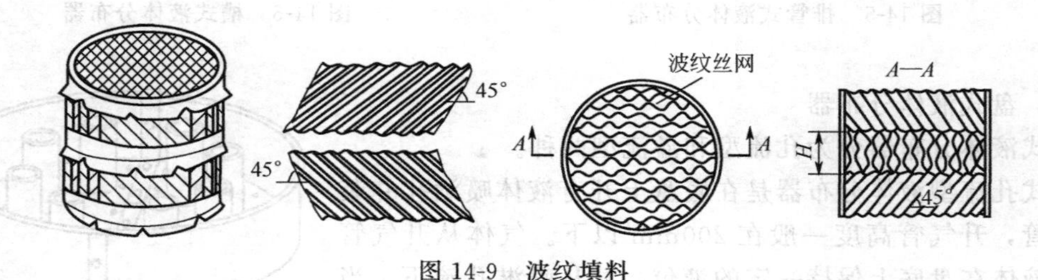

图 14-9 波纹填料

波纹填料系由若干平行直立放置的波纹网（板）片组成，网（板）片的波纹方向与塔轴线成一定的倾斜角（一般为30°或50°），相邻网（板）片的波纹倾斜方向相反，于是就构成了一个相互交叉又相互贯通的三角形截面的通道。组装在一起的网（板）片周围用带状圈箍住，构成一个圆柱形的填料盘。上下两盘填料的网片方向互成 90°。

对于大直径的塔，为了从人孔方便装入和取出填料，规整填料可做成分块型。

14.2.3　填料支承

填料的支承结构不但要有足够的强度和刚度，而且还要有足够的自由截面，使支承处不首先发生液泛。

（1）栅板

在工业填料塔中，最常用的填料支承是栅板，如图 14-10 所示。栅板用竖扁钢制造，其结构简单、制造方便。然而，栅板用于支承乱堆填料时，相邻扁钢条之间的矩形通道常有部分被横卧着的第一层填料堵塞，使得支承板附近的有效自由截面减小，形成一个缩小的喉区，影响塔的操作性能。为了改善这种情况，可采用大间距的栅条，然后整砌一、两层按正方形排列的瓷质十字环填料。

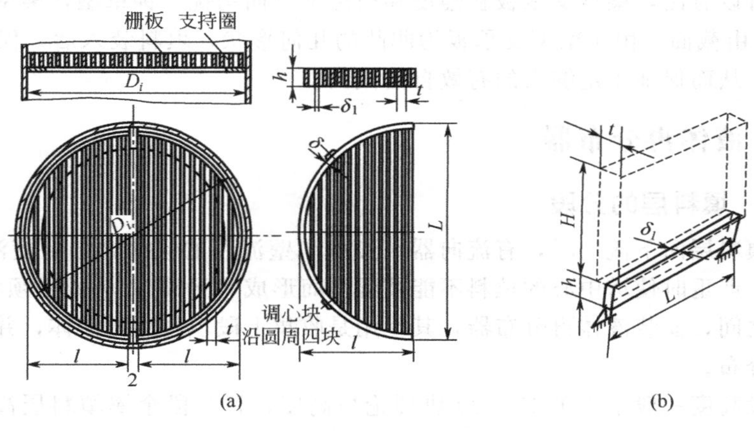

图 14-10　栅板结构及受载情况

当塔径 $DN<500$mm 时，可采用整块式栅板；当 $DN=600\sim800$mm 时可分为两块制造安装；当 $DN>900$mm 时可制成多块，每块宽度在 300～400mm 之间，便于通过人孔进行装拆。

为了防止填料的跌落，各栅条的间隙应不大于填料直径的 0.6～0.8 倍，栅板的流通面积要大于或等于所装填料的自由截面，以免在支承栅板处发生液泛。

对较长的栅板需做强度校核。计算方法是将栅条看作受均布载荷的简支梁［图 14-10（b）］，各栅条上的负荷等于该栅条所分担的填料重量和最大持液重量。

栅板支承虽然具有结构简单，强度高的优点，但自由截面积较小，可能小于 65%，气速大时易引起液泛。

（2）气体喷射式支承板

栅板的支承面为平面，气体和液体必须逆向通过同一个通道，常导致板上积累一定高度的液层，造成气液流动阻力很大，而且通道易被第一层卧置的填料堵塞，因而降低了实际的流通面积。随着新型填料的开发，要求性能优异的支承板与之适应。气体喷射式支承板作为较好的结构，现已普遍使用。

气体喷射式支承板的结构如图 14-11 所示。它对气体和液体提供了不同的通道，既避免了液体在板上的积累，又有利于液体的均匀再分配。

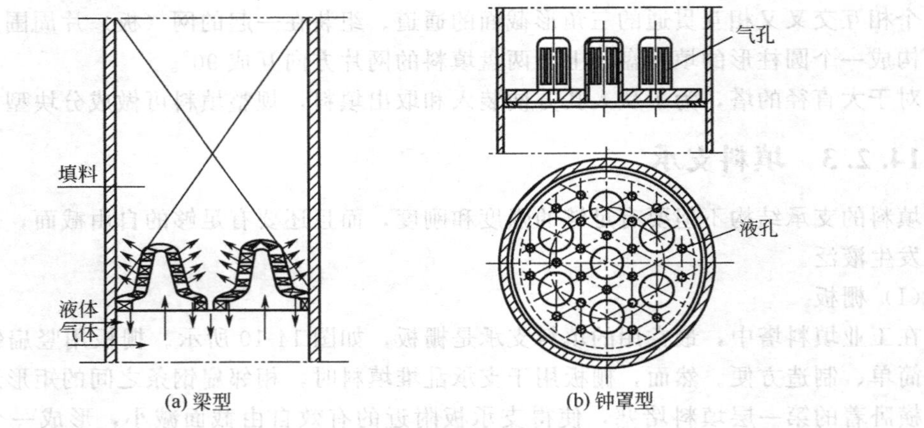

图 14-11　气体喷射式支承板

从结构上可以看出，梁型支承板在强度和空隙率方面均优于钟罩型，梁型支承板可提供超过 100%的自由截面。由于梁型支承板为凹凸的几何形状，填料装入后，仅有一小部分开孔被填料堵塞，从而保证了足够大的有效自由截面。

14.2.4　液体再分布器

14.2.4.1　填料层的分段

当液体沿填料层向下流动时，有流向器壁形成“壁流”的倾向，结果使液体分布不均，降低传质效率，严重时使塔中心的填料不能被湿润而形成“干锥”，为此必须将填料层分段，在各段填料层之间，安装液体再分布器，其作用是收集上段填料层的液体，并使其在下段填料层重新均匀分布。

填料层分段高度一般不小于 15～20 块理论板高度，且每段金属填料层高度不超过 6～7.5m、塑料填料层高度不超过 3～4.5m。另外填料层分段时，还要考虑填料支承板的负荷。

14.2.4.2　液体再分布器的典型结构

液体再分布器的结构设计与液体分布器相同，但需配有适当的液体收集装置。在设计时应尽量少占塔的有效高度，其自由截面不能过小（约等于填料的自由截面积），否则将会增加压降。同时要求结构简单，能承受气液流体的冲击，便于装拆。

(1) 壁流式液体收集再分布器

在壁流式液体再分布器中分配锥结构最简单，如图 14-12 所示，分配锥适用于塔径小于 600mm 的塔。

图 14-12 (a) 结构适用于 $DN<600$mm 的小塔，沿壁流下的液体被收集到塔中央，圆锥直径 D_1 约为塔径的 0.7～0.8 倍。这种分配锥仅能安装在填料层的分段之间，作为壁流收集器用。如果安装在填料层中，会造成气体流通截面积减小，扰乱气体流动，造成较大压降，同时也会妨碍填料的安装。

图 14-12 (b) 是具有通孔的分配锥，截面收缩率较小，但结构较为复杂。

图 14-12 (c) 是一种改进分配锥，具有通过能力大特点。它可装在填料层里，收集壁流并进行液体再分布，不影响填料装填和填料塔操作。

(2) 升气管式液体收集再分布器

升气管式液体收集再分布器如图 14-13 所示。气相由升气管齿缝（或升气管）上升，液

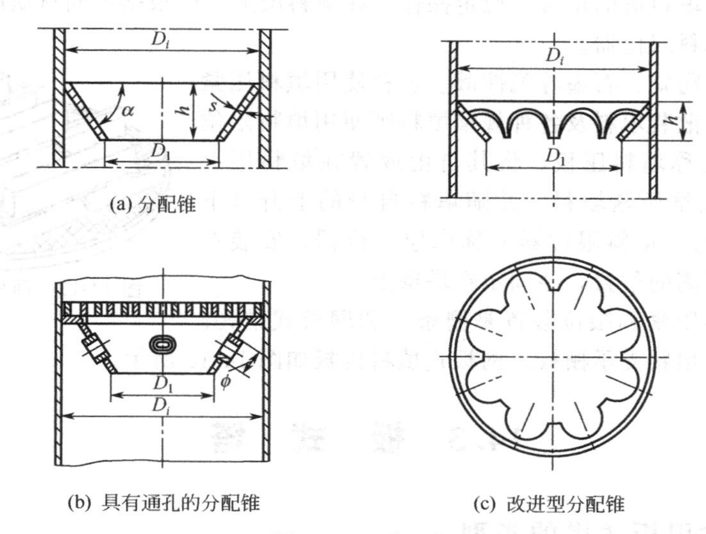

(a) 分配锥

(b) 具有通孔的分配锥　　(c) 改进型分配锥

图 14-12　分配锥

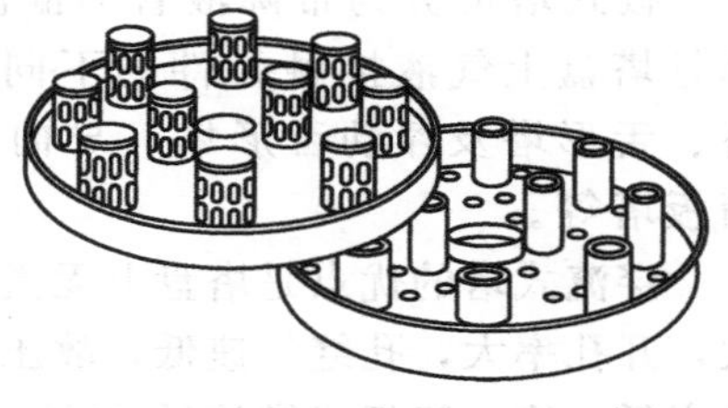

图 14-13　升气管式液体收集再分布器

相由小孔及齿缝的底部溢流下去。该结构适用于大中型塔，其气体通过截面积较大，可超过塔截面的 100%，气体分布均匀，其缺点是气体阻力较大，且填料容易挡住收集器的布液孔。

(3) 组合式液体再分布器

将液体收集器与液体再分布器组合起来即构成液体再分布器，而且可以组合成多种结构形式的再分布器。图 14-14 (a) 为斜板式收集器和液体再分布器的组合，可用于规整填料和散装填料塔。该结构高度较低，液体分布性能好，操作弹性大，适应性好，特别适用于液相负荷变化较大的场合。图 14-14 (b) 为气液分流式支承板与盘式液体分布器的组合。与前者相比，混合性能较差，且容易漏液，但它所占据的塔内空间较小。

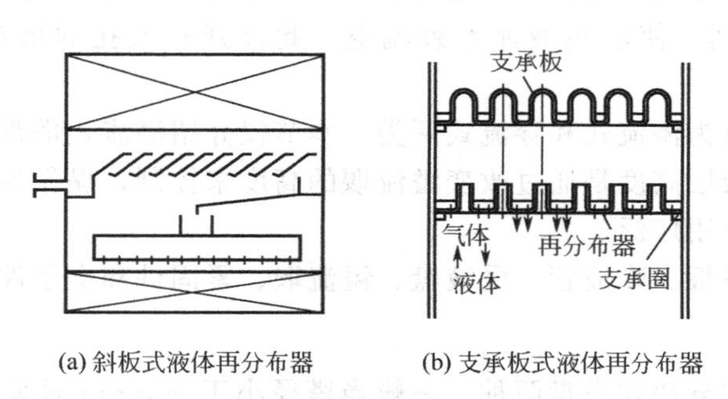

(a) 斜板式液体再分布器　　(b) 支承板式液体再分布器

图 14-14　组合式液体再分布器

14.2.5　填料的压紧和限位装置

当气速较高或压力波动较大时，会导致填料层的松动从而造成填料层内各处的装填密度产生差异，引起气、液相的不良分布，严重时会导致散装填料的流化，造成填料破碎、损坏和流失。为了保证填料塔的正常、稳定操作，在填料层上部应根据不同材质的填料安装不同的填料压紧器或填料限位器。

一般情况下，陶瓷、石墨等脆性散装填料使用填料压紧器，而金属、塑料散装填料及各种规整填料则使用填料限位器。填料压紧器又称填料压板，将其自由放置在填料层上部，靠其自身的重量压紧填料，并随填料自身的上升（下降）而上升（下降）。填料限位器又称床层定位器，安装在填料层顶部一定距离的位置，并固定在塔壁上。

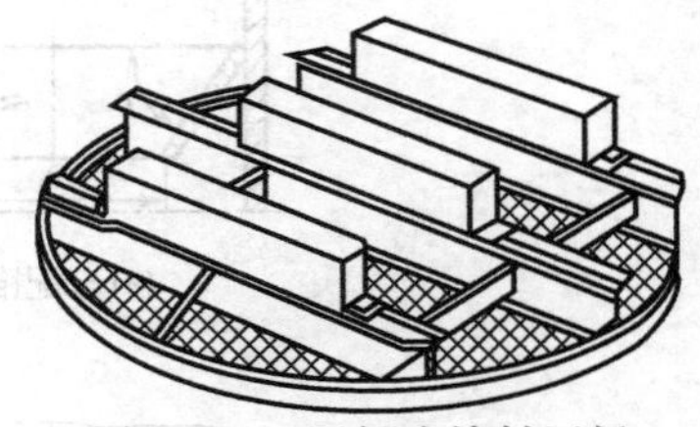

图 14-15　网板式填料压板

最常用的填料压紧和限位装置是栅条式和网板式结构。栅条式结构类似于填料支承栅板，网板式填料压板如图 14-15 所示。

14.3　板　式　塔

14.3.1　常用板式塔的类型

板式塔可分为带降液管的溢流型塔和无降液管的穿流型塔。常常根据其塔盘结构尤其是塔盘上气液接触元件的不同进行分类。属于溢流型的塔有泡罩塔、筛板塔、浮阀塔、舌形塔及浮动舌形塔、导向筛板塔等。属于穿流型的塔有穿流式栅板塔和穿流式筛板塔等。

穿流式塔的优点是塔盘上无溢流装置，结构简单，允许通过更多的气体流量，生产能力大，开孔率大，孔缝气速低，故压降小，适用于真空蒸馏操作。其缺点是操作弹性小，塔板效率低，比一般板式塔约低 30％～60％。

14.3.2　塔盘的结构

塔设备有多层塔盘，一般各层塔盘结构是相同的，只有最高一层、最低一层和进料层的结构和塔盘间距有所不同。最高一层塔盘和塔顶之间要有一定的距离，以便能良好的除沫和气液分离。最低一层塔盘到塔底的距离也高于塔盘间距离，因为塔底空间起着储槽作用，以保证液体有足够的空间，使塔底液体不致流空。此外开有人孔的塔盘间距也较大，一般为 700mm。

板式塔的塔盘可分为溢流式和穿流式两类。本节仅介绍溢流式塔盘的结构。溢流式塔盘有降液管，塔盘上的液层高度是通过改变溢流堰的高度来控制，操作弹性较大且能保证一定的效率，故在生产中应用广泛。

溢流式塔盘包括塔板、降液管、受液盘、溢流堰、紧固件和支承件等。

14.3.2.1　塔盘

塔盘分为整块式和分块式塔盘两种。一般当塔径小于 900mm 时采用整块式塔盘；当塔径大于 800mm 时，由于人能在塔内安装、拆卸，可采用分块式塔盘；当塔径为 800～900mm 时，可根据制造和安装的具体情况任意选用这两种结构。

（1）整块式塔盘

整块式塔盘的结构有两种，一种是角焊结构，一种是翻边结构。

角焊结构如图 14-16（a）、（b）所示，系将塔盘圈角焊在塔板上。这种塔盘制造方便，但应采取措施以减少因焊接变形而引起塔板的不平整。

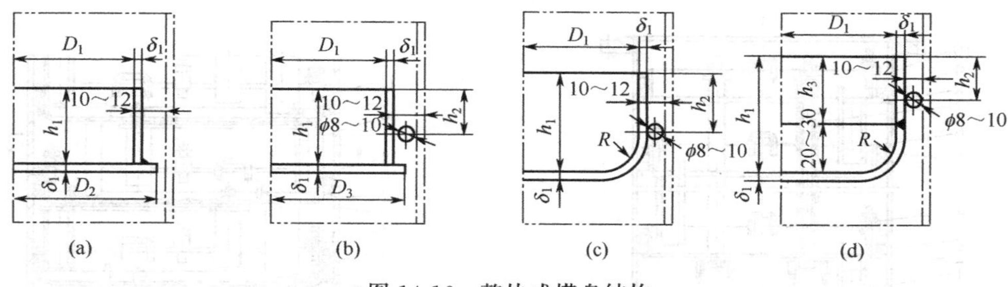

图 14-16　整块式塔盘结构

翻边结构如图 14-16（c）、(d）所示，系塔盘圈直接由塔板翻边而成，因此可避免焊接变形。当直边较短或制造条件许可时，可以整体冲压而成，如图 14-16（c）所示，其缺点是需要冲压模具。

一般取塔盘圈高度 $h_1=70$mm，但不得低于溢流堰高度。塔盘圈外缘与塔体内壁的间隙一般为 10～12mm，密封填料支承圈用 ϕ8～10mm 的圆钢弯成，其焊接位置 h_2随填料圈数而定，一般为 30～40mm。

整块式塔盘又分定距管式和重叠式两类。采用整块式塔盘的塔体系由若干塔节组成，每个塔节中安装若干层塔盘，塔盘与塔壁间的缝隙，以软填料密封后用压板及压圈压紧。塔节之间用法兰连接。

① 定距管式塔盘　定距管式塔盘结构如图 14-17 所示，用拉杆和定距管将塔盘紧固在塔节内的支座上，支座焊在塔体内壁上。定距管起着支承塔盘和保持塔板间距的作用。

塔节的长度取决于塔径。当塔径为 300～500mm 时，只能伸入手臂安装，塔节长度以 800～1000mm 为宜；塔径为 500～800mm 时，人可勉强进入塔内安装，塔节长度一般不宜超过 2000～2500；当塔径大于 800mm 时，由于受到拉杆长度的限制，并避免发生安装困难，每个塔节安装的塔盘数一般不超过 5～6 层，故塔节长度一般不超过2500～3000mm。

② 重叠式塔盘　重叠式塔盘的结构如图 14-18 所示。在每一塔节下面焊有一组支承，底层塔盘安置在支座上。然后依次装入上一层塔盘，塔盘间距由焊在塔盘下方的支柱保证，并用调节螺钉调整水平。

（2）分块式塔盘

① 分块式塔盘结构　在直径较大的板式塔中，如果仍用整块式塔盘，则由于刚度的要求，塔板的厚度势必增加。同时为便于安装、检修、清洗，常将塔板分成数块，通过人孔送入塔内，装在焊于塔体内壁的塔盘支承件上。此时，塔体为一焊制整体圆筒，不分塔节。图 14-19 为塔盘分块示意图。

分块式塔盘一般采用自身梁式塔板，见图 14-20（a），有时也采用槽式塔板，见图 14-20（b）。它们的特点是结构简单，制造方便，由于将塔板冲压折边，使其具有足够的刚性，这样不仅简化了塔盘结构，而且可以节省材料。

分块塔板的长度 L 随塔径大小而异，最长可达 2200mm。宽度 B 由塔体人孔尺寸、塔板的结构强度及升气孔的排列方式等决定，自身梁式的 B 有 310mm、415mm 两种。自身梁式的折边高度 h_1为 60～80mm，槽式的 h_1为 30mm。碳钢的塔板厚度为 3～4mm，不锈钢的为2～3mm。

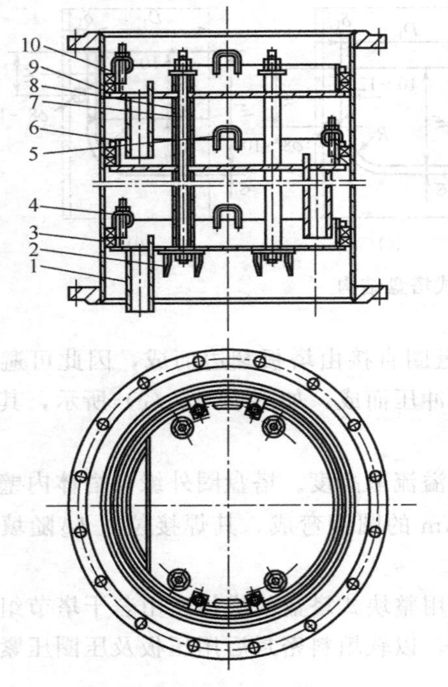

图 14-17　定距管式的塔盘结构

1—降液管；2—支座；3—密封填料；4—压紧装置；5—吊耳；6—塔盘圈；7—拉杆；8—定距管；9—塔板；10—压圈

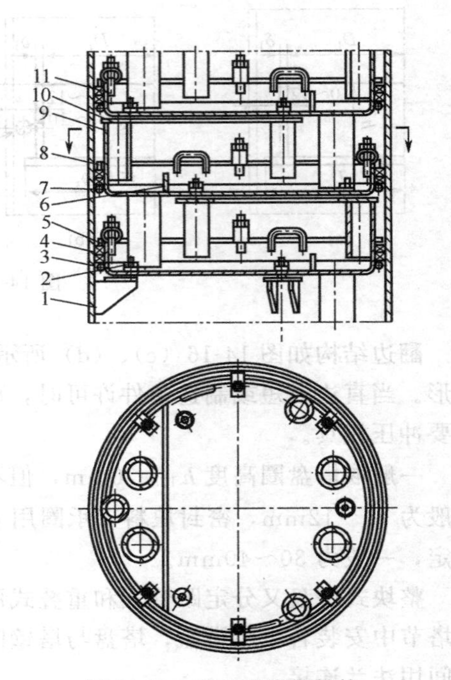

图 14-18　重叠式塔盘结构

1—支座；2—调节螺钉；3—圆钢圈；4—密封填料；5—塔盘圈；6—溢流堰；7—塔板；8—压圈；9—支柱；10—支承板；11—压紧装置

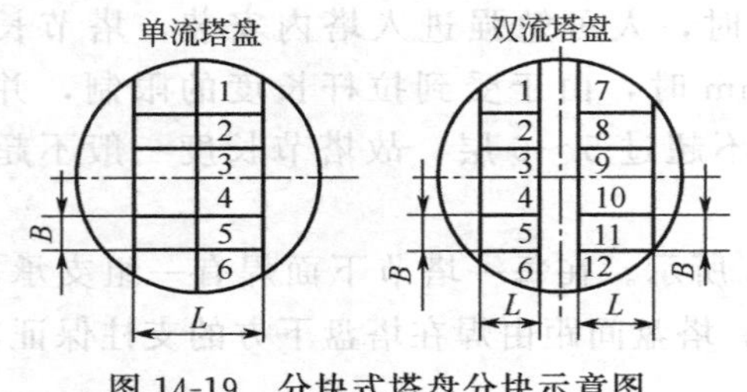

图 14-19　分块式塔盘分块示意图

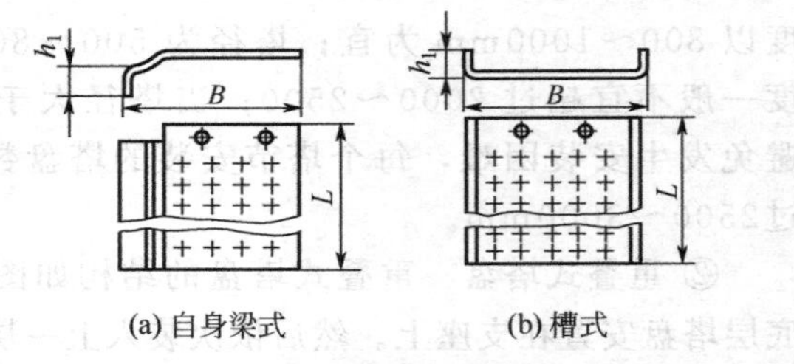

图 14-20　分块式塔盘结构

② 通道板结构　为进行塔内清洗和检修，使人能进入塔内各层塔盘，可在塔板接近中央处设置一块内部通道板。又因在一般情况下，塔体设有两个以上的人孔，人可以从上面或下面人孔进入，故通道板应该是上、下均可拆的。最简单的结构如图 14-21 所示。紧固螺栓从上面或下面均能转动 90°使通道板紧固或拆卸时松开。图 14-21（a）为拆卸通道板的情况，图 14-21（b）为安装好通道板的情况。

为了使人在塔内能移开通道板，其质量不应超过 30kg。最小通道板尺寸为 300mm×400mm，各层内部通道板最好开在同一垂直位置，以利于采光和拆卸。有时也可用其中一块塔板代替通道板。

③ 分块式塔盘间的连接　根据人孔位置及检修要求，分为上可拆连接和上、下均可拆连接两种。常用的紧固件是螺栓和椭圆垫板。上可拆连接结构如图 14-22 所示，上、下均可拆连接结构如图 14-23 所示。

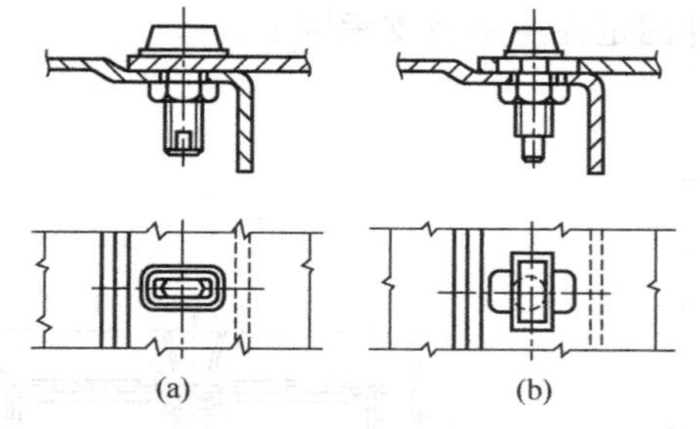

图 14-21 上、下均可拆的通道板

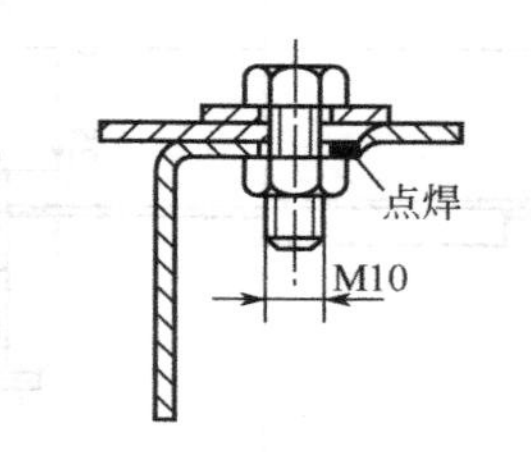

图 14-22 上可拆的连接结构

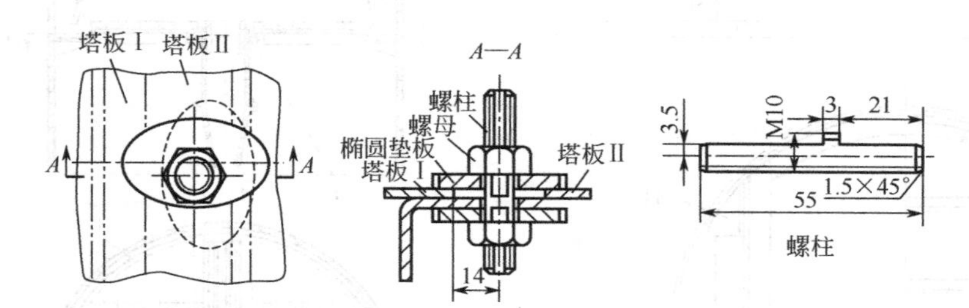

图 14-23 上、下均可拆的连接结构

在图 14-23 中从上或从下松开螺母，并将椭圆垫板转到虚线位置后，塔板Ⅰ即可自由取开，这种结构常用于通道板与塔板的连接。

塔板安放于焊在塔壁上的支承圈上。塔板与支承圈的连接一般用卡子。卡子由下卡（包括卡板及螺栓）、椭圆垫板及螺母等零件组成，其典型结构如图 14-24 所示，这两种结构都是上可拆的。

上述塔板连接的紧固方法，紧固件加工量大，装拆麻烦，且螺栓需用耐腐蚀材料（铬钢或铬镍不锈钢）。另一种紧固方法是用楔形紧固件，其特点是结构简单，装拆方便迅速，不用特殊材料，成本低。典型结构如图 14-25 所示。图中龙门板不用焊接结构，有时也可将龙门板直接焊在塔板上。

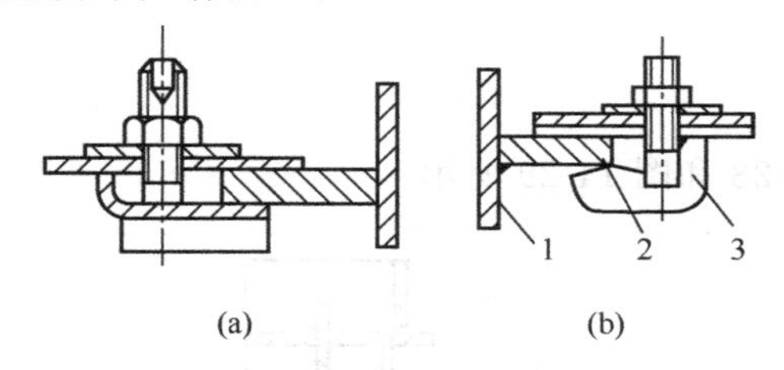

图 14-24 塔板与支承圈的连接

1—塔壁（或降液板）；2—支持圈；3—卡子

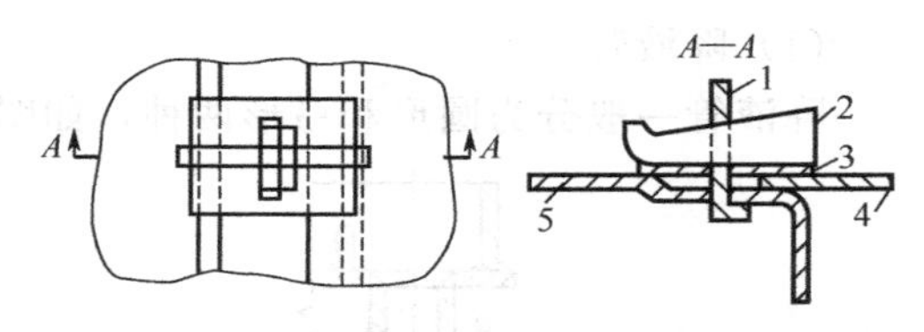

图 14-25 用楔形紧固件的塔板连接

1—龙门板；2—楔子；3—垫板；4，5—塔板

（3）大型塔盘的支承

对于直径不大的塔（直径 2000mm 以下），塔盘一般用焊在塔壁上的支持圈来支承，如图 14-26 所示。支持圈大多用扁钢煨制或将钢板切为圆弧焊成，有时也用角钢煨制而成。

对于直径较大的塔（直径 2000～3000mm 以上），如果只用支承圈来支承塔盘，则由于塔板的跨度过大造成刚度不够，使塔盘的挠度超过规定范围。因此必须缩短分块塔盘的跨度，这就需要采用支撑梁，将长度较小的分块塔板的一段放在支承圈上，另一端放在支撑梁上，如图 14-27 所示。主梁支承在焊于塔壁的支座上，主梁由两个槽钢焊成。每一块塔板在其边缘处用上、下卡子及螺母垫板或楔形连接件固定在主梁及支承圈上。

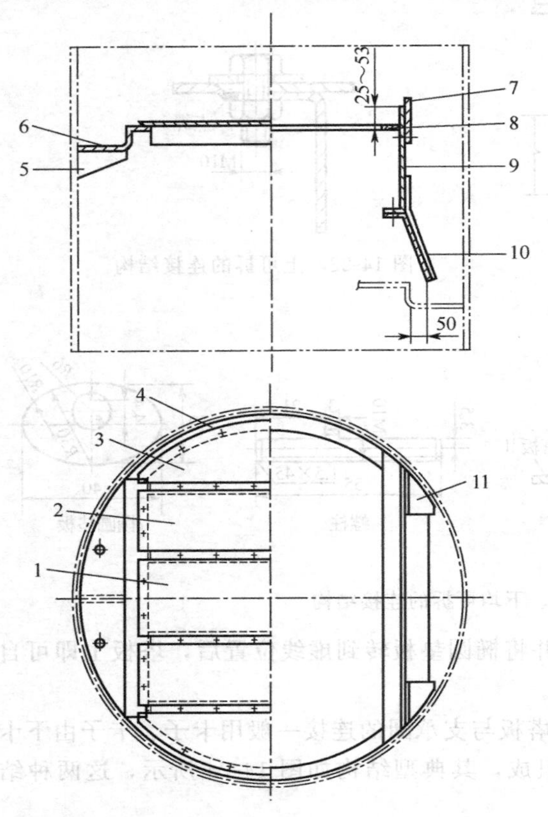

图 14-26　单溢流分块式塔盘支承结构

1—通道板；2—塔板；3—弓形板；4—支持圈；5—筋板；6—受液盘；7—可调堰板；8—支持板；9—固定降液板；10—可调降液板；11—连接板

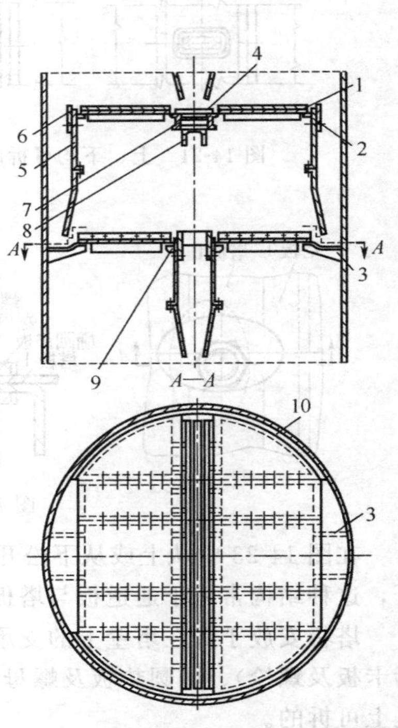

图 14-27　双溢流分块式塔盘支承结构

1—塔板；2—支持板；3—筋板；4—中心降液板；5—两侧降液板；6—可调节溢流堰板；7—主梁；8—支座；9—压板；10—支持圈

14.3.2.2　降液管及受液盘

(1) 降液管

降液管一般分为圆形和弓形两种，如图 14-28 和图 14-29 所示。

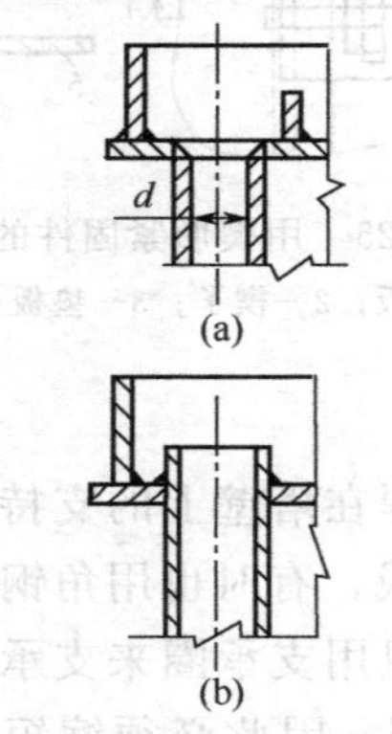

图 14-28　圆形降液管结构

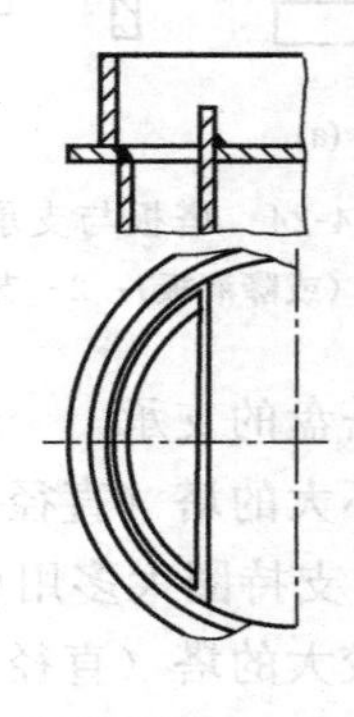

图 14-29　弓形降液管结构

圆形降液管通常在塔径较小或液体负荷小且物料不易起泡沫时使用，可采用一根或数根圆形或长圆形降液管。为了增加溢流周边，并提供足够的分离空间，可在降液管前方设置溢流堰，如图 14-28（a）所示；也可将圆形降液管伸出塔盘表面兼做溢流堰，如图 14-28（b）所示。

弓形降液管将堰板及塔壁之间的全部截面用作降液面积。弓形降液管适用于大液量及大直径的塔，塔板面积利用率高，降液能力大，气液分离效果好。

降液管的尺寸，应该使夹带气泡的液流进入降液管后，能分离出气泡，从而仅有清液流往下层塔盘。为此设计时应按下列原则：

ⅰ. 液体在降液管内的流速为 0.03～0.12m/s；

ⅱ. 液流通过降液管的最大压力降为 250Pa；

ⅲ. 液体在降液管内停留的时间为 3～5s；

ⅳ. 降液管内清液层的最大高度不超过塔板间距的一半；

ⅴ. 液体降落时的抛出距离不应射及塔壁；

ⅵ. 降液管截面积占塔板总面积 5%～25%。

(2) 受液盘

为保证降液管出口处的液封，在塔盘上设置受液盘，受液盘有平形和凹形两种。

对于易聚合的物料，为避免在塔盘上形成死角，应采用平形受液盘，如图 14-30 所示。

当液体通过降液管与受液盘的压力降大于 250Pa 时，应采用凹形受液盘，如图 14-31 所示。凹形受液盘对液体流向有缓冲作用，可降低塔盘入口的液封，使得液流平稳，有利于塔盘入口区更好地鼓泡。凹形受液盘的深度一般大于 50mm，但不能超过塔板间距的三分之一，否则须加大塔板间距。

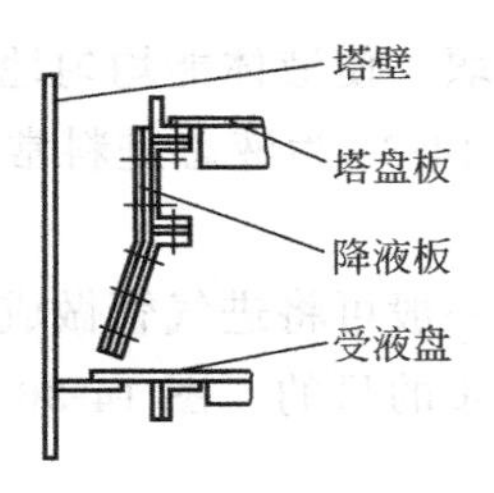

图 14-30　平形受液盘

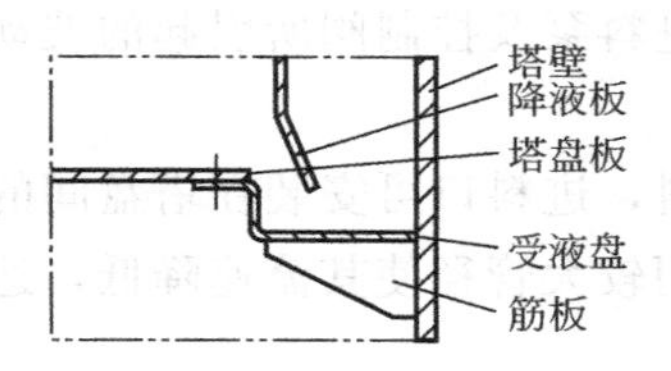

图 14-31　凹形受液盘

在塔或塔段最低一层塔盘的降液管末端应设液封盘，以保证降液管出口处的液封。用于弓形降液管的液封盘如图 14-32 所示，用于圆形降液管的液封盘如图 14-33 所示。液封盘上应开设 ϕ8～10mm 的泪孔，供停车时排液。

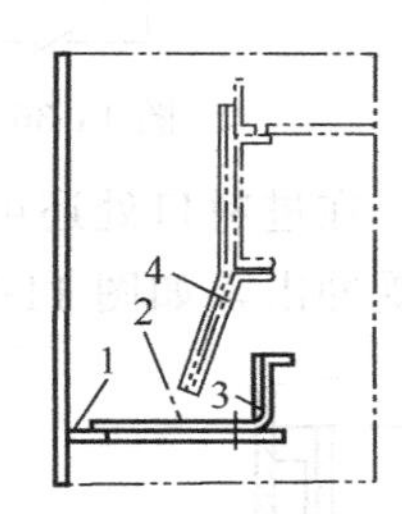

图 14-32　弓形降液管的液封盘

1—支持圈；2—液封盘；3—支撑筋；4—降液管

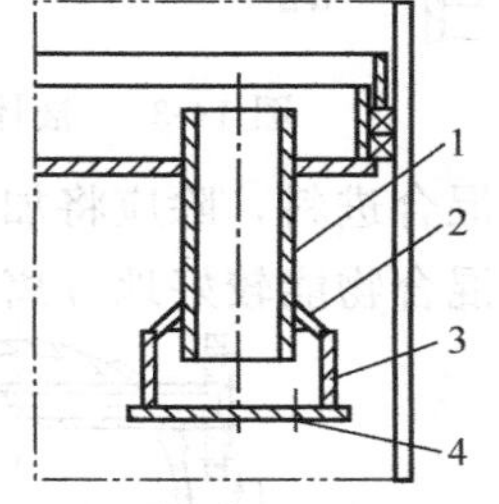

图 14-33　圆形降液管的液封盘

1—降液管；2—支撑筋；3—液封盘；4—泪孔

14.3.2.3　溢流堰和进口堰

溢流堰有保持塔盘上一定液层高度和促使液流均匀分布的作用，如图 14-34 所示。常见的溢流堰长度，单溢流型为 $L_w=(0.6\sim0.8)D_i$，双溢流型为 $L_w=(0.5\sim0.7)D_i$（D_i 为塔内径）。堰上液流强度不宜超过 $100\sim130m^3/(m\cdot h)$，国内推荐最好小于 $60\ m^3/(m\cdot h)$。溢流堰的高度 h_w 根据物性、塔型、液相流量和塔板压力降确定。

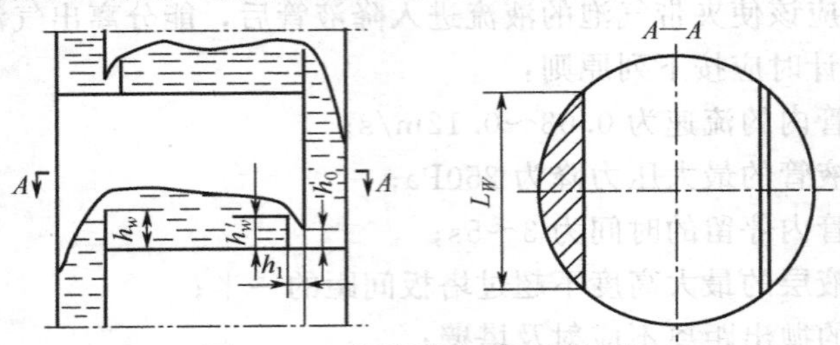

图 14-34　溢流堰和进口堰结构

当采用平形受液盘时，为使上层塔板流入的液体能在塔盘上均匀分布，并为了减小入口液流的冲力，常在液体进口处设置进口堰，如图 14-34 所示。进口堰的高度 h'_w 可按以下两种情况确定：当溢流堰高度 h_w 大于降液管底边至受液盘板面的间距 h_0 时，可取 6～8mm 或与 h_0 相等；当 $h_w<h_0$ 时，h'_w 应大于 h_0 以保证液封。进口堰与降液管的水平距离 h_1 应大于 h_0。

当无进口堰时，为防止气体从降液管底部窜入，降液管必须有一定的液封高度。h_0 应小于 h_w，通常 $(h_w-h_0)=6\sim12mm$，大型塔不小于 38mm。

14.3.2.4　进料口

对于液体进料，可直接引入加料板。板上最好有进口堰，使液体能均匀地通过塔板，并且可以避免由于进料泵及控制阀所引起的波动的影响。图 14-35 为液态进料常用的两种可拆式进料口结构。

对于气体进料，进料口可安装在塔盘间的气相空间。一般可将进气管做成斜切口，以改善气体分布或采用较大管径使其流速降低，达到使气体均布的目的。图 14-36 为最常用的气体进料口接管。

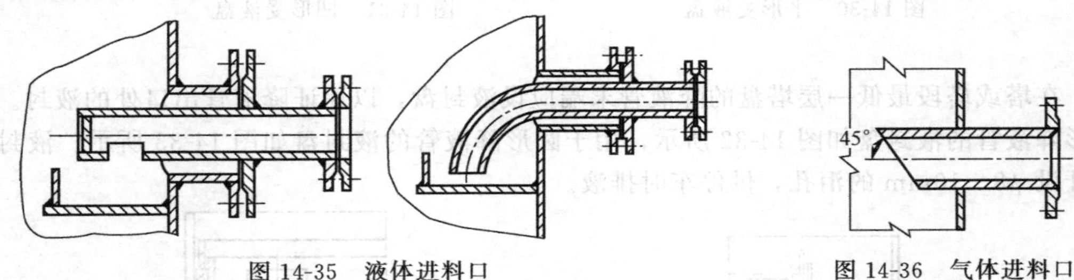

图 14-35　液体进料口　　　　图 14-36　气体进料口

如果是气液混合进料，除应将加料盘的间距适当加大外，在进料口处还可添加挡板，这样不仅可使气液混合物能较好地分离，同时也可保护塔壁不受冲击，如图 14-37 所示。

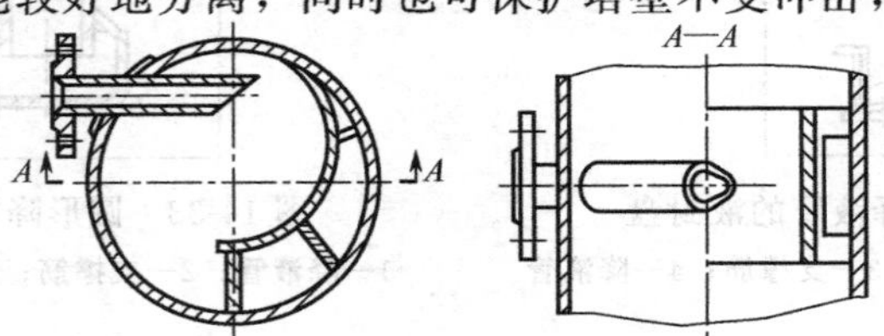

图 14-37　气液混合进料口

14.4　塔设备其他零部件

14.4.1　裙座

裙座为塔设备最常用的支承结构，如图14-38所示。座体为圆筒或圆锥形筒（半锥角不超过15°），裙座筒体上开有检查孔（人孔或手孔）、管线引出孔以及排气管等，裙座筒体下端与基础环和地脚螺栓座焊接，上端与塔体下封头或筒体焊接。

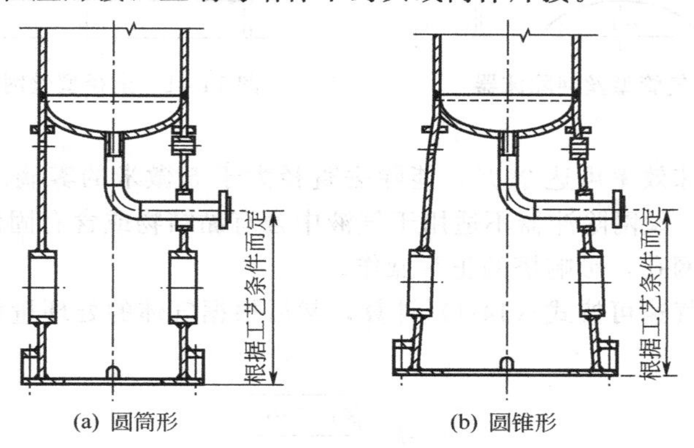

图14-38　裙式支座

裙座与塔体间的焊缝有对接［图14-39（a）］和搭接［图14-39（b）、（c）］两种结构形式。对接焊缝受拉或受压，可以承受较大的轴向载荷，但由于焊缝在封头的椭球面上，所以封头受力情况较差。搭接焊缝受剪，因而受力情况不佳，但对封头来说受力情况较好。

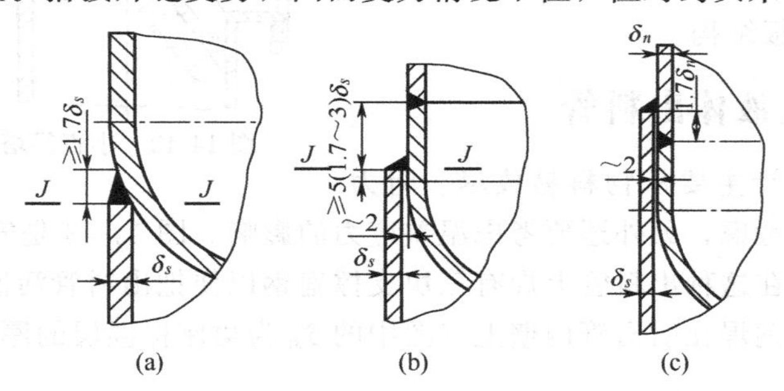

图14-39　裙座与塔体的焊接结构

裙座由于不直接与介质接触，可选用廉价的碳钢或低合金钢材料，但裙座筒体材料必须按受压元件选材。如果塔体材料为不锈钢，则裙座筒体上部与塔体连接的一段可采用不锈钢。

14.4.2　除沫器

当塔内上升气体以较高速度出塔时，会出现塔顶雾沫夹带，不但会造成物料的流失，同时也会降低出口气体的纯度和塔的效率。为了避免这种雾沫夹带，塔顶气体引出管的直径不宜过小，以减小压降，同时常常在塔顶出口位置设置除沫器。

常用的除沫器有丝网除沫器、折流板除沫器和旋流板除沫器等。由于丝网除沫器具有比表面积大、重量轻、空隙率大、除沫效率高和压降小等优点，所以应用最为广泛。

丝网除沫器有升气管型（图 14-40）和全径型（图 14-41）两种结构形式。

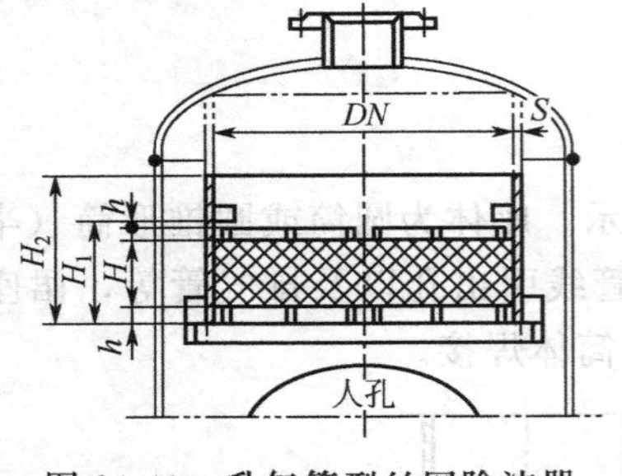

图 14-40 升气管型丝网除沫器

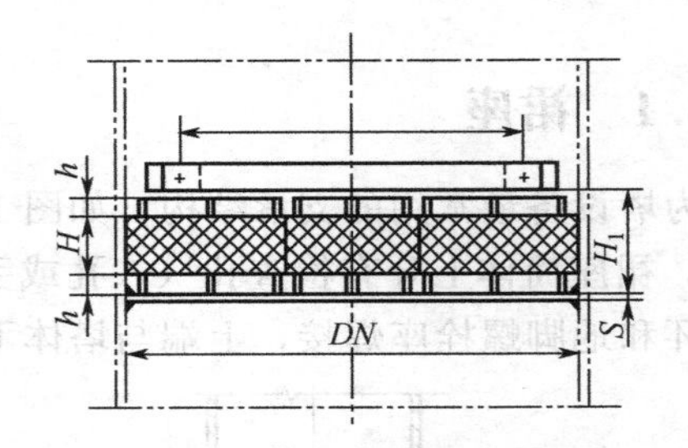

图 14-41 全径型丝网除沫器

丝网除沫器的除沫效率可达 99%，能除去直径大于 5 微米的雾滴。应用时一般丝网厚度 $H=100\sim150$mm。丝网除沫器不适用于气液中含有黏结物或含有固体物质的情况，因为这种情况容易堵塞丝网孔，影响塔的正常操作。

气体通过丝网的气速可按式（14-1）计算，然后根据气体的处理量就可以确定出除沫器的公称直径 DN。

$$u=k\sqrt{\frac{\rho_L-\rho_V}{\rho_V}} \tag{14-1}$$

式中 ρ_L，ρ_V——液体和气体的密度，kg/m³；

k——系数，其值为 0.085～0.1；

u——气体速度，m/s。

对于雾沫夹带不严重的小直径塔，也可采用如图 14-42 所示的挡板结构。

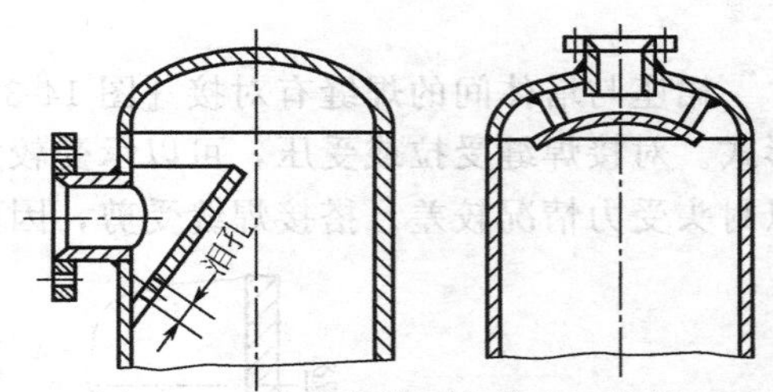

图 14-42 小直径塔顶气体出口结构

14.4.3 塔底液体出料管

出料管的结构设计主要从物料易放尽、阻力小和不易堵塞等方面考虑，另外还要考虑温差应力的影响。图 14-43 是安装在塔底部的液体出料管的典型结构，在这种出料管上焊有三块支撑扁钢以便把出料管活嵌在裙座的引出管通道里，也可把支撑扁钢焊在引出管内壁上（图中的 δ_{si} 为裙座保温层的厚度）。

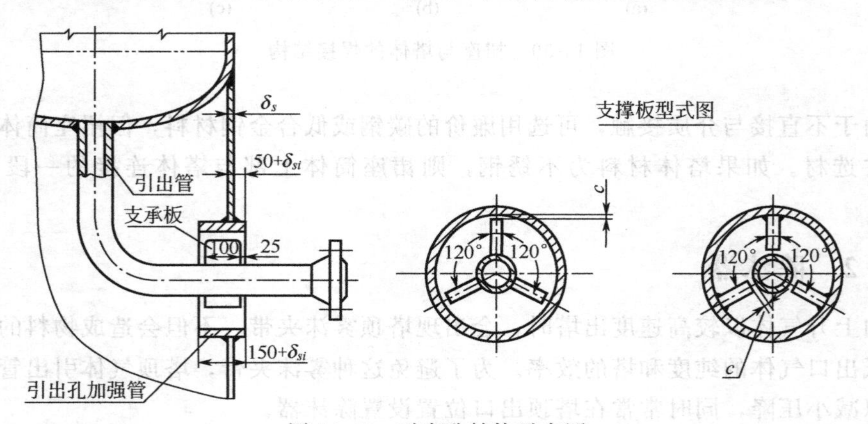

图 14-43 引出孔结构示意图

釜液从塔底出料管流出时，釜液会在出口管中心形成一个向下的漩涡流，使塔釜液面不稳定，且能带出气体。如果出口管路上有泵，气体进入泵内，会影响泵的正常运转，故在釜液出口处应设置防涡流挡板，如图14-44所示。

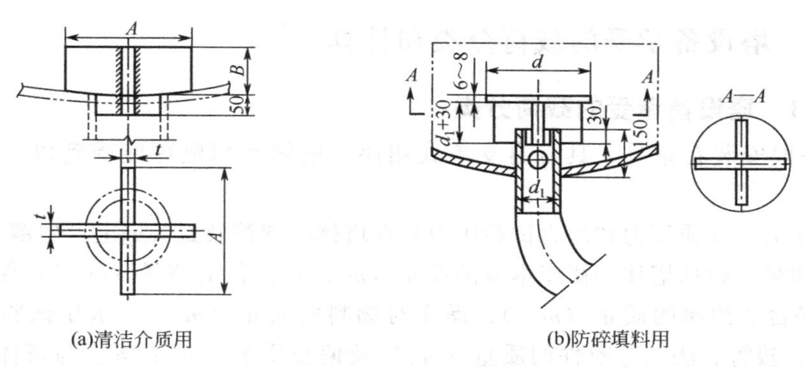

图14-44　防漩涡挡板结构

14.4.4　检查孔

检查孔包括人孔和手孔。塔径小于900mm的小直径塔一般采用整块式塔盘，必要时可在塔壁上开设手孔。分块式塔盘的塔体上一般开设人孔。通常可在每10～20块塔盘或塔高6m左右设一人孔。在进液口及内管线或挡板等预见到需要经常维修清理的部位应另设人孔，在塔顶和塔底一般都另设人孔。

人孔或手孔的布置应与避开内件，保证人员能顺利出入。人孔最好开在塔壁的同一经线面内，以便装拆或作业。

在塔体上宜采用垂直吊盖人孔，但在个别妨碍人员操作及有保温时可采用回转盖人孔。在操作平台处，人孔高度一般比操作平台高800～1000mm。人孔中心离塔内可站立内件的高度超过1m时，在塔壁内部应设置用ϕ18～22mm圆钢制成的把手或爬梯。

人孔或手孔已标准化，选型时可参考HG/T 21514～21535《钢制人孔和手孔》和HG 21594～21604《不锈钢人、手孔》。

14.4.5　塔顶吊柱

安装在室外、无框架的整体塔设备，为了安装及拆卸塔内件，更换或补充填料，往往在塔顶设置吊柱，如图14-45所示。吊柱的方位应使吊柱中心线与人孔中心线有合适的夹角，使人能站在操作平台上操纵手柄，使吊装的构件可以转到人孔附近，以便从人孔装入或取出内件。

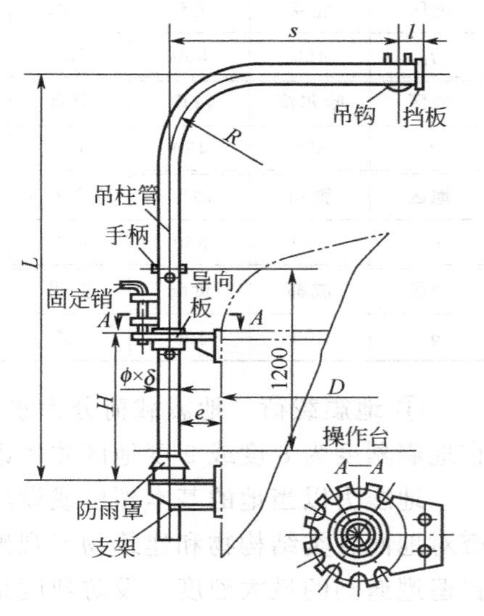

图14-45　塔顶吊柱

塔顶吊柱的结构参数、吊装质量等已标准化，设计选型时可参考HG/T 21639《塔顶吊柱》。

14.5 塔设备的强度和稳定性计算

14.5.1 塔设备承受的载荷分类和计算

14.5.1.1 塔设备承受的载荷分类

塔设备一般安装在室外，具有自支承式裙座。塔体和裙座可能受到以下几种载荷的作用。

① 操作压力　介质压力和压力试验压力只在塔体的圆筒及封头壁上产生薄膜应力。

② 塔的质量　包括塔体和裙座本身的质量（m_{01}）；内件的质量（m_{02}）；保温材料的质量（m_{03}）；平台及扶梯的质量（m_{04}）；操作时物料的质量（m_{05}）；水压试验时充水质量（m_w）；人孔、接管、法兰等附件的质量（m_a）及偏心质量（m_e）等。与塔体轴线同心的质量载荷在塔壁及裙座上引起轴向应力，而偏心质量（如在塔侧悬挂的再沸器等）则引起偏心弯矩，从而产生弯曲应力。

③ 风载荷　塔设备在风载荷作用下可把塔设备看成支承于地基上的悬臂梁，在塔壁及裙座上形成弯曲应力和切应力，切应力相对于弯曲应力较小，一般不考虑。

对于风载荷常用当地的基本风压来作为计算的基准。所谓基本风压就是采用该地区离地面 10m 处、50 年一遇，采用 10min 为时距所得到的平均风速所对应的风压力。国家标准 GB 50009—2001《建筑结构荷载规范》中规定了全国各地区基本风压 q_0 值。表 14-2 摘录了全国主要城市 50 年一遇的基本风压值。

表 14-2　全国主要城市 50 年一遇的基本风压值　Pa

地区	北京	天津	上海	重庆	石家庄	太原	呼和浩特	沈阳	长春
q_0	450	500	550	400	350	400	550	550	650
地区	哈尔滨	济南	南京	杭州	合肥	南昌	福州	西安	兰州
q_0	550	450	400	450	305	450	700	350	300
地区	银川	西宁	乌鲁木齐	郑州	武汉	长沙	广州	南宁	海口
q_0	650	350	600	450	350	350	500	350	750
地区	成都	贵阳	昆明	拉萨	台北	香港	澳门		
q_0	300	300	300	300	700	900	850		

④ 地震载荷　地震载荷分为水平地震力和垂直地震力，其中前者影响最大，后者只是在地震烈度为 8 度或 9 度地区才考虑。地震力在塔壁和裙座上引起弯曲应力和切应力。

地震力以当地的基本烈度或设防烈度为依据来进行计算。所谓地震烈度是指某一地区地震对地面各类结构物和建筑物宏观破坏的程度。基本烈度是指在一定时期内、一个地区可能普遍遭遇到的最大烈度。设防烈度是指按国家规定的权限批准作为一个地区抗震设防依据的地震烈度。国家相关标准已对各地区的地震基本烈度和设防烈度明确规定。

在风载荷和地震载荷（均为动载荷）作用下，塔设备各截面的变形及内力均与塔的固有自振周期和振型有关。

等直径、等厚度塔的前三种振型曲线见图 14-46，其对应的固有自振周期按式（14-2）计算（其中 T_1 又叫基本自振周期）。

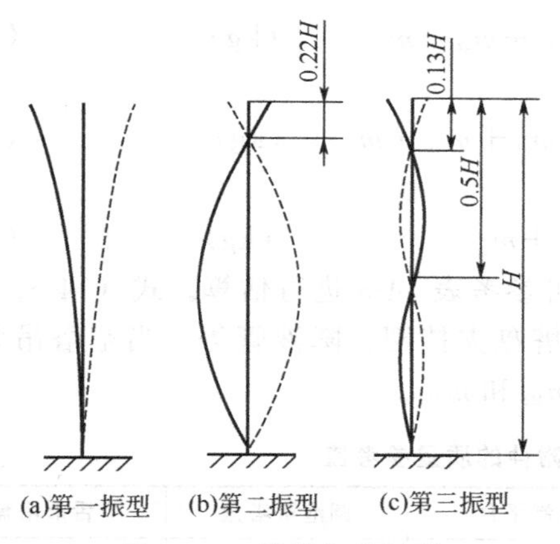

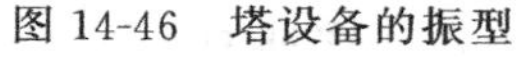

图 14-46　塔设备的振型

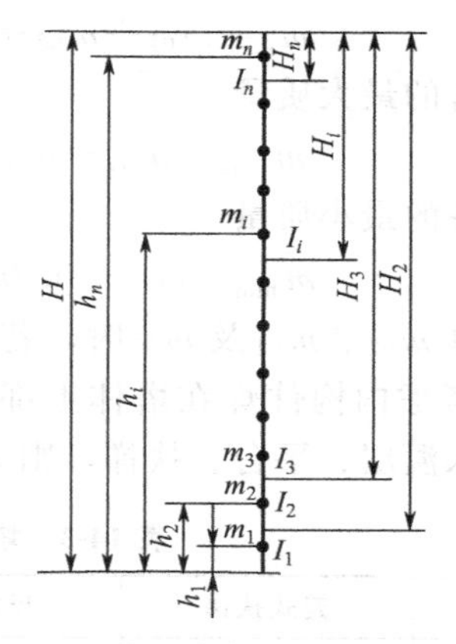

图 14-47　塔设备简化的多质点体系

$$T_1=90.33H\sqrt{\frac{m_0 H}{E\delta_e D_i^3}}\times 10^{-3}$$
$$T_2=T_1/6 \tag{14-2}$$
$$T_3=T_1/18$$

式中　T_1，T_2，T_3——塔设备的第一、第二和第三自振周期，s；
m_0——塔设备的操作总质量，kg；
H——塔设备的总高度，mm；
E——设计温度下塔体材料的弹性模量，MPa；
D_i——塔体圆筒的内径，mm；
δ_e——塔体圆筒的有效壁厚，mm。

工程上常将不等直径或不等厚度塔视为由多个塔节组成，将每个塔节化为质量集中于其重心的多质点体系，如图 14-47 所示，其基本自振周期按式（14-3）计算。

$$T_1=114.8\sqrt{\sum_{i=1}^{n}m_i\left(\frac{h_i}{H}\right)^3\left(\sum_{i=1}^{n}\frac{H_i^3}{E_i I_i}-\sum_{i=2}^{n}\frac{H_i^3}{E_{i-1}I_{i-1}}\right)}\times 10^{-3} \tag{14-3}$$

式中　T_1——变截面塔设备的基本自振周期，s；
m_i——第 i 段的操作质量，kg；
H——塔设备的总高度，mm；
H_i——塔顶至第 i 段底截面的距离，mm；
h_i——第 i 段集中质量距地面的高度，mm；
E_i，E_{i-1}——第 i 段，第 $i-1$ 段塔体材料在设计温度下的弹性模量，MPa；
I_i，I_{i-1}——第 i 段，第 $i-1$ 段塔截面的惯性矩，mm^4；对圆筒 $I\approx 0.393(D_i+\delta_{ei})^3\delta_{ei}$；
D_i、δ_{ei}——第 i 段塔体圆筒的内径和有效壁厚，mm。

对塔设备进行强度和稳定性校核时，必须对塔设备所受载荷逐一进行计算，求出需要计算的横截面上各种载荷引起的最大应力，然后再叠加求出最大组合应力，最后根据有关判据进行应力校核或据以确定塔体及裙座等的几何尺寸。

14.5.1.2　质量载荷计算

塔设备操作时的质量

$$m_0 = m_{01} + m_{02} + m_{03} + m_{04} + m_{05} + m_a + m_e \quad \text{(kg)} \tag{14-4}$$

塔设备的最大质量

$$m_{\max} = m_{01} + m_{02} + m_{03} + m_{04} + m_a + m_w + m_e \quad \text{(kg)} \tag{14-5}$$

塔设备的最小质量

$$m_{\min} = m_{01} + 0.2m_{02} + m_{03} + m_{04} + m_a \quad \text{(kg)} \tag{14-6}$$

在计算 m_{02}、m_{04} 及 m_{05} 时，若无实际资料，可参考表 14-3 进行估算。式（14-6）中的 $0.2m_{02}$ 系考虑内构件焊在塔体上部分的质量，如塔盘支持圈、降液管等。当空塔吊装时，若未安装保温层、平台、扶梯，则 $m_{\min}$ 中应扣除 m_{03} 和 m_{04}。

表 14-3　塔设备部分内件、附件的质量参考值

名称	笼式扶梯	开式扶梯	钢制平台	圆泡罩塔盘	舌形塔盘
质量载荷	40kg/m	15～24kg/m	150kg/m²	150kg/m²	75kg/m²
名称	筛板塔盘	浮阀塔盘	塔盘填充液	保温层	瓷环填料
质量载荷	65kg/m²	75kg/m²	70kg/m²	300kg/m³	700kg/m³

14.5.1.3　风载荷计算

塔设备在风压作用下会发生弯曲变形。吹到塔设备迎风面上的风压值，随塔设备高度的增加而增加。为了简化计算，将风压值按设备高度分为几段，假设每段风压值各自均布于塔设备的迎风面上，如图 14-48 所示。

塔设备的计算截面（危险截面）应该选在较薄弱的部位，如塔截面的基底 0-0 截面、裙座上人孔或大管线引出处的 1-1 截面、塔体与裙座连接焊缝处的 2-2 截面等，如图 14-48 所示。两相邻计算截面区间为一计算段，任一计算段的风载荷，就是集中在该段中点上的风压合力。

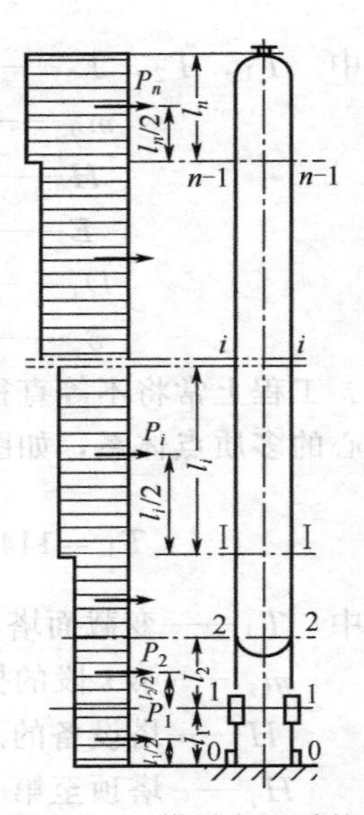

图 14-48　塔设备承受的风载荷

(1) 计算段的水平风力

计算段（第 i 段）的水平风力按式（14-7）计算

$$P_i = K_1 K_{2i} q_0 f_i l_i D_{ei} \times 10^{-6} \ \text{(N)} \tag{14-7}$$

式中　q_0——当地基本风压，Pa，见表 14-2 或按 GB 50001 查取；

f_i——风压高度变化系数，按表 14-4 选取；

K_1——体型系数，对圆柱形塔取 $K=0.7$；

K_{2i}——风振系数，当塔高 $H \leqslant 20\text{m}$ 时，取 $K_{2i}=1.70$，当 $H>20\text{m}$ 时取

$$K_{2i} = 1 + \xi \nu_i \phi_{zi} / f_i$$

ξ——脉动增大系数，按表 14-5 查取；

ν_i——第 i 段脉动影响系数，按表 14-6 查取；

ϕ_{zi}——第 i 段振型系数，按表 14-7 查取；

T_1——塔设备的基本自振周期，s；按式（14-2）或式（14-3）计算；

l_i——第 i 段的高度，mm；

D_{ei}——塔设备第 i 段的有效直径，mm；当笼式扶梯与塔顶管线成 180°布置时，按下式取值

$$D_{ei}=D_{oi}+2\delta_{si}+K_3+K_4+d_o+2\delta_{ps}$$

当笼式扶梯与塔顶管线成90°布置时，按下式取值

$$D_{ei}=\max\{D_{oi}+2\delta_{si}+K_3+K_4,\ D_{oi}+2\delta_{si}+K_3+d_o+2\delta_{ps}\}$$

D_{oi}——塔设备第 i 段的外径，mm；

d_o——塔顶管线外径，mm；

K_3——笼式扶梯当量宽度，取 $K_3=400$mm；

K_4——操作平台当量宽度，$K_4=\frac{2\sum A}{l_o}$，当无确切数据时，取 $K_4=600$mm；

$\sum A$——第 i 段内平台构件的投影面积（不计容器及空挡的投影面积），mm^2；

l_o——操作平台所在计算段的高度，mm；

δ_{si}——第 i 段设备保温层或防火层厚度，mm；

δ_{ps}——管线保温层厚度，mm。

表 14-4　风压高度变化系数 f_i

距地面高度 H_{it}/mm	地面粗糙度类别			
	A	B	C	D
5	1.17	1.00	0.74	0.62
10	1.38	1.00	0.74	0.62
15	1.52	1.14	0.74	0.62
20	1.63	1.25	0.84	0.62
30	1.80	1.42	1.00	0.62
40	1.92	1.56	1.13	0.73
50	2.03	1.67	1.25	0.84
60	2.12	1.77	1.35	0.93
70	2.20	1.86	1.45	1.02
80	2.27	1.95	1.54	1.11
90	2.34	2.02	1.62	1.19
100	2.40	2.09	1.70	1.27
150	2.64	2.38	2.03	1.61

注：1. A类系指近海海面及海岛、海岸、湖岸及沙漠地区；B类系指田野、乡村、丛林、丘陵以及房屋比较稀疏的乡镇和城市郊区；C类系指有密集建筑群的城市市区；D类系指有密集建筑群且房屋较高的城市市区。

2. 中间值可采用线性内插法求取。

表 14-5　脉动增大系数 ξ

$q_1T_1^2/(N\cdot s^2/m^2)$	10	20	40	60	80	100
ξ	1.47	1.57	1.69	1.77	1.83	1.88
$q_1T_1^2/(N\cdot s^2/m^2)$	200	400	600	800	1000	2000
ξ	2.04	2.24	2.36	2.46	2.53	2.80
$q_1T_1^2/(N\cdot s^2/m^2)$	4000	6000	8000	10000	20000	30000
ξ	3.09	3.28	3.42	3.54	3.91	4.14

注：1. 计算 $q_1T_1^2$ 时，对B类可直接代入基本风压，即 $q_1=q_0$，而对A类以 $q_1=1.38q_0$、C类以 $q_1=0.62q_0$、D类以 $q_1=0.32q_0$ 代入。

2. 中间值可采用线性内插法求取。

表 14-6　脉动影响系数 v_i

地面粗糙度类别	高度 H_{it}/m									
	10	20	30	40	50	60	70	80	100	150
A	0.78	0.83	0.86	0.87	0.88	0.89	0.89	0.89	0.89	0.87
B	0.72	0.79	0.83	0.85	0.87	0.88	0.89	0.89	0.90	0.89
C	0.64	0.73	0.78	0.82	0.85	0.87	0.90	0.90	0.91	0.93
D	0.53	0.65	0.72	0.77	0.81	0.84	0.89	0.89	0.92	0.97

注：中间值可采用线性内插法求取。

表 14-7　振型系数 ϕ_{zi}

相对高度 h_{it}/H	振型序号		相对高度 h_{it}/H	振型序号	
	1	2		1	2
0.10	0.02	−0.09	0.60	0.46	−0.59
0.20	0.06	−0.30	0.70	0.59	−0.32
0.30	0.14	−0.53	0.80	0.79	0.07
0.40	0.23	−0.68	0.90	0.86	0.52
0.50	0.34	−0.71	1.00	1.00	1.00

注：中间值可采用线性内插法求取。

（2）风弯矩

塔设备任意计算截面Ⅰ-Ⅰ（图 14-48）的风弯矩按式（14-8）计算

$$M_w^{\mathrm{I-I}}=P_i\frac{l_i}{2}+P_{i+1}\left(l_i+\frac{l_{i+1}}{2}\right)+P_{i+2}\left(l_i+l_{i+1}+\frac{l_{i+2}}{2}\right)+\cdots\quad(\mathrm{N\cdot mm})\tag{14-8}$$

塔设备底部 0-0 截面的风弯矩按式（14-9）计算：

$$M_w^{0-0}=P_1\frac{l_1}{2}+P_2\left(l_1+\frac{l_2}{2}\right)+P_3\left(l_1+l_2+\frac{l_3}{2}\right)+\cdots\quad(\mathrm{N\cdot mm})\tag{14-9}$$

（3）横风向风振

当 $H/D>15$ 且 $H>30\mathrm{m}$ 时，还应按 JB/T 4710—2005 附录 A 计算横风向风振。

14.5.1.4　地震载荷计算

在水平地震力作用下，塔设备产生弯曲变形，所以安装在地震烈度为七度或七度以上地区的塔设备必须考虑它的抗震性能，计算它的地震载荷。

（1）水平地震力

计算地震力时可把塔设备分成若干段，每段的质量可处理为作用在该段高度 1/2 处的集中质量，这样就可把塔设备视为一个多质点体系，如图 14-49（a）所示。任意高度 h_k 处的集中质量 m_k 引起的基本振型水平地震力 F_k 按式（14-10）

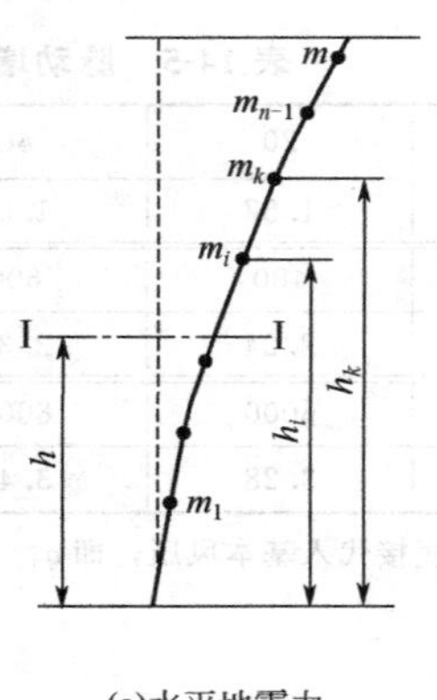

(a)水平地震力

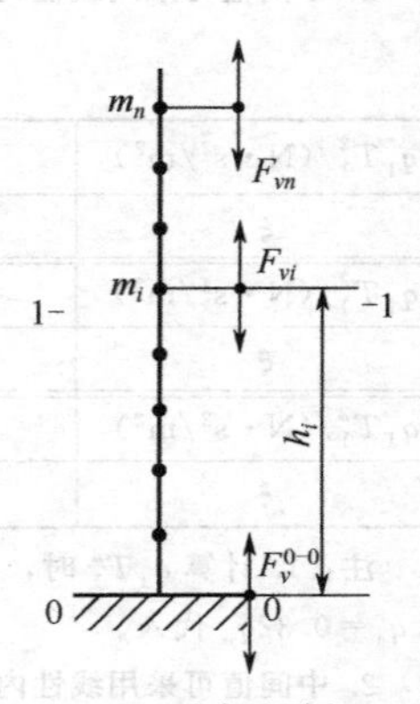

(b)垂直地震力

图 14-49　地震力计算简图

计算

$$F_{1k}=\alpha_1\eta_{1k}m_k g \tag{14-10}$$

式中 α_1——对应于基本振型自振周期 T_1 的地震影响系数，见图 14-50。

图中，α_{max} 为地震影响系数 α 的最大值，按表 14-8 选取；T_g 为场地土的特征周期，s，按表 14-9 选取。

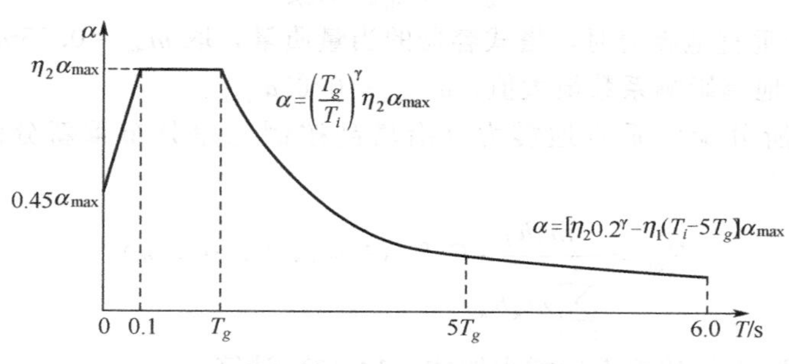

图 14-50 地震影响系数曲线

表 14-8 地震影响系数 α 的最大值

设防烈度	7		8		9
设计基本地震加速度	0.1g	0.15g	0.2g	0.3g	0.4g
地震影响系数最大值 α_{max}	0.08	0.12	0.16	0.24	0.32

表 14-9 各类场地土的特征周期值 T_g

设计地震分组	场地土类别				
	Ⅰ₀	Ⅰ₁	Ⅱ	Ⅲ	Ⅳ
第一组	0.20	0.25	0.35	0.45	0.65
第二组	0.25	0.30	0.40	0.55	0.75
第三组	0.30	0.35	0.45	0.65	0.90

曲线下降段的衰减指数 γ，根据塔式容器的阻尼比按式（14-11）确定

$$\gamma=0.9+\frac{0.05-\zeta_i}{0.3+6\zeta_i} \tag{14-11}$$

阻尼比 ζ_i 应根据实测值确定，无实测数据时，一阶振型阻尼比可取 $\zeta_i=0.01\sim0.03$。高阶振型阻尼比，可参照第一振型阻尼比选取。

直线下降段下降斜率的调整系数 η_1，按式（14-12）计算

$$\eta_1=0.02+\frac{0.05+\zeta_i}{4+32\zeta_i} \tag{14-12}$$

阻尼调整系数 η_2，按式（14-13）计算

$$\eta_2=1+\frac{0.05-\zeta_i}{0.08+1.6\zeta_i} \tag{14-13}$$

基本振型参与系数 η_{1k}，按式（14-14）计算

$$\eta_{1k}=\frac{h_k^{1.5}\sum_{i=1}^{n}m_i h_i^{1.5}}{\sum_{i=1}^{n}m_i h_i^{3}} \tag{14-14}$$

（2）垂直地震力

地震烈度为8或9度地区的塔设备还应考虑上、下两个方向垂直地震力作用，如图14-49（b）所示。

塔设备底截面处的垂直地震力F_v^{0-0}，按式（14-15）计算

$$F_v^{0-0}=\alpha_{v\max}m_{eq}g \tag{14-15}$$

式中　m_{eq}——计算垂直地震力时，塔式容器的当量质量，取$m_{eq}=0.75m_0$，kg；

$\alpha_{v\max}$——垂直地震影响系数最大值，$\alpha_{v\max}=0.65\alpha_{\max}$。

任意质量i处所分配的垂直地震力（沿塔高按倒三角分布重新分配）按式（14-16）计算

$$F_{vi}=\frac{m_ih_i}{\sum\limits_{k=1}^{n}m_kh_k}F_v^{0-0}(i=1,\ 2,\ \cdots,\ n) \tag{14-16}$$

任意计算截面Ⅰ-Ⅰ处的垂直地震力按式（14-17）计算

$$F_v^{\text{I-I}}=\sum_{k=i}^{n}F_{vk}(i=1,\ 2,\ \cdots,\ n) \tag{14-17}$$

对$H/D\leqslant5$的塔器，不计入垂直地震力的影响。

（3）地震弯矩

塔设备任意计算截面Ⅰ-Ⅰ处基本地震弯矩$M_{E1}^{\text{I-I}}$，按式（14-18）计算

$$M_{E1}^{\text{I-I}}=\sum_{k=i}^{n}F_{1k}(h_k-h) \tag{14-18}$$

对于等直径、等壁厚塔设备的任意截面Ⅰ-Ⅰ和底截面0-0的基本振型地震弯矩分别按式（14-19）和式（14-20）计算

$$M_{E1}^{\text{I-I}}=\frac{8\alpha_1m_0g}{175H^{2.5}}(10H^{3.5}-14H^{2.5}h+4h^{3.5}) \tag{14-19}$$

$$M_{E1}^{0-0}=\frac{16}{35}\alpha_1m_0gH \tag{14-20}$$

当塔设备$H/D>15$且$H\geqslant20$m时，还须考虑高振型的影响，可参考NB/T 47041—2014附录B计算。

14.5.1.5　偏心载荷计算

当塔设备外侧悬挂再沸器、冷凝器等设备时，由于偏心作用，其重量将产生偏心弯矩。偏心质量引起的弯矩应按式（14-21）计算

$$M_e=m_ege \tag{14-21}$$

式中　e——偏心质点重心至塔式容器中心线的距离，mm。

14.5.1.6　最大弯矩计算

塔设备任意截面Ⅰ-Ⅰ的顺风向最大弯矩按式（14-22）计算并取其中较大值。

$$M_{\max}^{\text{I-I}}=\begin{cases}M_w^{\text{I-I}}+M_e\\M_E^{\text{I-I}}+0.25M_w^{\text{I-I}}+M_e\end{cases} \tag{14-22}$$

当塔设备$H/D>15$且$H>30$m时，最大弯矩按NB/T 47041—2014式（50）确定。

14.5.2　塔体壁厚计算

14.5.2.1　圆筒轴向应力计算

首先根据介质压力按照内压或外压圆筒的设计方法计算出圆筒在各计算截面处的名义厚度 δ_{ni}、有效厚度 δ_{ei}，然后分别计算出在介质压力、质量载荷和弯矩作用下的各个应力，最后进行应力组合和应力校核。

圆筒计算截面Ⅰ-Ⅰ处的轴向应力分别按式（14-23）、式（14-24）和式（14-25）计算。

由内压或外压引起的轴向应力

$$\sigma_1=\frac{p_c D_i}{4\delta_{ei}} \tag{14-23}$$

操作或非操作时重力及垂直地震力引起的轴向应力

$$\sigma_2=\frac{9.8m_0^{\mathrm{I-I}}\pm F_V^{\mathrm{I-I}}}{\pi D_i \delta_{ei}} \tag{14-24}$$

其中 $F_V^{\mathrm{I-I}}$ 仅在最大弯矩为地震弯矩参与组合时计入此项。

弯矩引起的轴向应力

$$\sigma_3=\frac{4M_{\max}^{\mathrm{I-I}}}{\pi D_i^2 \delta_{ei}} \tag{14-25}$$

式中　$m_0^{\mathrm{I-I}}$——计算截面Ⅰ-Ⅰ以上塔设备的质量，kg；

p_c——计算压力，MPa，取绝对值；

δ_{ei}——各计算截面圆筒的有效厚度，mm。

14.5.2.2　圆筒拉应力校核

将 σ_1、σ_2、σ_3 进行组合时应考虑操作和停车情况，求出最大组合轴向拉应力并进行应力校核。

对内压容器　$$\sigma_1-\sigma_2+\sigma_3\leqslant K[\sigma]^t\varphi \tag{14-26}$$

对外压容器　$$-\sigma_2+\sigma_3\leqslant K[\sigma]^t\varphi \tag{14-27}$$

式中　K——载荷组合系数，取 $K=1.2$；

$[\sigma]^t$——设计温度下塔体材料的许用应力，MPa；

φ——筒体的焊接接头系数。

14.5.2.3　圆筒稳定性校核（最大压应力校核）

对内压容器　$$\sigma_2+\sigma_3\leqslant[\sigma]_{cr} \tag{14-28}$$

对外压容器　$$\sigma_1+\sigma_2+\sigma_3\leqslant[\sigma]_{cr} \tag{14-29}$$

式中　$[\sigma]_{cr}$——圆筒的许用压应力，MPa，$[\sigma]_{cr}=\min\{KB, K[\sigma]^t\}$；

B——按第11章方法计算出的系数，MPa。

如不能满足圆筒拉应力和稳定性校核条件时，应重新设定有效厚度 δ_{ei}，重复上述计算，直至满足要求。

14.5.2.4　塔体液压试验时的应力校核

（1）试验压力引起的圆筒周向应力及校核

试验压力引起的周向应力　$$\sigma_T=\frac{(p_T+p_L)(D_i+\delta_{ei})}{2\delta_{ei}} \tag{14-30}$$

液压试验时 $$\sigma_T \leqslant 0.9R_{eL}(R_{p0.2})\varphi \tag{14-31}$$

气压试验时 $$\sigma_T \leqslant 0.8R_{eL}(R_{p0.2})\varphi \tag{14-32}$$

式中 p_L——液柱静压力，MPa，气压试验时 $p_L=0$；

R_{eL} $(R_{p0.2})$——室温下塔体材料的屈服限，MPa。

(2) 对选定的各计算截面进行轴向应力计算及校核

由试验压力引起的轴向应力 $$\sigma_1=\frac{p_T D_i}{4\delta_{ei}} \tag{14-33}$$

由重力引起的轴向应力 $$\sigma_2=\frac{m_T^{\mathrm{I}\text{-}\mathrm{I}}g}{\pi D_i \delta_{ei}} \tag{14-34}$$

式中 $m_T^{\mathrm{I}\text{-}\mathrm{I}}$——压力试验时计算截面Ⅰ-Ⅰ以上的塔设备的质量，kg。

由弯矩引起的轴向应力 $$\sigma_3=\frac{4(0.3M_w^{\mathrm{I}\text{-}\mathrm{I}}+M_e)}{\pi D_i^2 \delta_{ei}} \tag{14-35}$$

压力试验时，圆筒最大组合压应力应按式（14-36）或式（14-37）计算。

① 轴向拉应力

液压试验时 $$\sigma_1-\sigma_2+\sigma_3 \leqslant 0.9R_{eL}(R_{p0.2})\varphi \tag{14-36}$$

气压试验时 $$\sigma_1-\sigma_2+\sigma_3 \leqslant 0.8R_{eL}(R_{p0.2})\varphi \tag{14-37}$$

② 轴向压应力 $$\sigma_2+\sigma_3 \leqslant [\sigma]_{cr} \tag{14-38}$$

式中，$[\sigma]_{cr}$为圆筒的许用压应力，MPa。液压时 $[\sigma]_{cr}=\min\{KB，0.9KR_{eL}\ (R_{p0.2})\}$；气压时 $[\sigma]_{cr}=\min\{KB，0.8KR_{eL}\ (R_{p0.2})\}$。

14.5.3 裙座设计计算

裙座座体为一开有人孔及各种管孔的圆柱形或圆锥形筒体，承受塔设备的全部载荷，并把载荷传到基础上。基础环是一块环形板，它把由座体传下来的载荷，再均匀地传到基础上去。由盖板和筋板组成的螺栓座，供安装地脚螺栓用，以便用地脚螺栓把塔设备固定在基础上。

14.5.3.1 座体设计

首先参考塔体壁厚假设座体筒体的有效壁厚 δ_{es}，然后验算危险截面的应力。一般危险截面位置取图 14-48 裙座底部截面（0-0 截面）和开人孔或较大管线引出孔截面（1-1 截面）。

0-0 截面的应力按式（14-39）和式（14-40）校核。

正常操作时 $$\frac{1}{\cos\theta}\left(\frac{M_{\max}^{0\text{-}0}}{Z_{sb}}+\frac{m_0 g+F_V^{0\text{-}0}}{A_{sb}}\right) \leqslant \min\begin{cases}KB\cos^2\theta \\ K\ [\sigma]_s^t\end{cases} \tag{14-39}$$

其中，F_V^{0-0}仅在最大弯矩为地震弯矩参与组合时计入此项。

水压试验时 $$\frac{1}{\cos\theta}\left(\frac{0.3M_w^{0\text{-}0}+M_e}{Z_{sb}}+\frac{m_{\max}g}{A_{sb}}\right) \leqslant \min\begin{cases}B\cos^2\theta \\ 0.9R_{eL}\ \ (R_{p0.2})\end{cases} \tag{14-40}$$

1-1 截面的应力按式（14-41）和式（14-42）校核。

正常操作时 $$\frac{1}{\cos\theta}\left(\frac{M_{\max}^{1\text{-}1}}{Z_{sm}}+\frac{m_0^{1\text{-}1}g+F_V^{1\text{-}1}}{A_{sm}}\right) \leqslant \min\begin{cases}KB\cos^2\theta \\ K\ \ [\sigma]_s^t\end{cases} \tag{14-41}$$

其中，$F_V^{1\text{-}1}$ 仅在最大弯矩为地震弯矩参与组合时计入此项。

$$\text{水压试验时}\quad \frac{1}{\cos\theta}\left(\frac{0.3M_w^{1\text{-}1}+M_e}{Z_{sm}}+\frac{m_{\max}^{1\text{-}1}g}{A_{sm}}\right)\leqslant\min\begin{cases}B\cos^2\theta\\0.9R_{eL}(R_{p0.2})\end{cases}\tag{14-42}$$

式中　θ——裙座锥形筒体的半锥角，(°)；圆柱形筒体的 $\theta=0$；

z_{sb}——0-0 截面的截面系数，$z_{sb}=0.785D_{is}^2\delta_{es}$，$mm^3$；

D_{is}——0-0 截面的内直径，mm；

A_{sb}——0-0 截面的截面积，$A_{sb}=\pi D_{is}\delta_{es}$，$mm^2$

$[\sigma]_s^t$——设计温度下裙座筒体的许用应力，MPa；

$M_{\max}^{0\text{-}0}$——0-0 截面处的最大弯矩，N·mm；

$M_{\max}^{1\text{-}1}$——1-1 截面处的最大弯矩，N·mm；

$M_w^{1\text{-}1}$——1-1 截面处的风弯矩，N·mm；

$m_0^{1\text{-}1}$——1-1 截面处以上塔设备的操作质量，kg；

$m_{\max}^{1\text{-}1}$——1-1 截面处以上塔设备在水压试验时的质量，kg；

z_{sm}——0-0 截面的截面系数，$z_{sm}=0.785D_{im}^2\delta_{es}-\sum(0.5b_mD_{im}\delta_{es}-\delta_{es}l_m\sqrt{D_{im}^2-b_m^2})$，$mm^3$；

A_{sm}——1-1 截面的截面积，$A_{sm}=\pi D_{im}\delta_{es}-\sum(b_m\delta_m-2l_m\delta_m)$，$mm^2$。

D_{im}、b_m、l_m、δ_m 各符号见图 14-51。

如不能满足上述条件时，须重新假设有效厚度 δ_{es}，重复以上计算，直至满足要求。

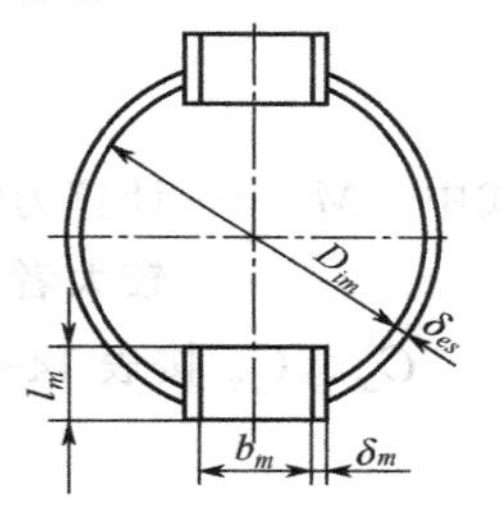

图 14-51　截面图

14.5.3.2　基础环设计

基础环的内、外直径（图 14-52）取值可参考下式选取

$$D_{ob}=D_{is}+(160\sim400),\ D_{ib}=D_{is}-(160\sim400)\tag{14-43}$$

混凝土基础上的最大压应力要满足式（14-44）要求。

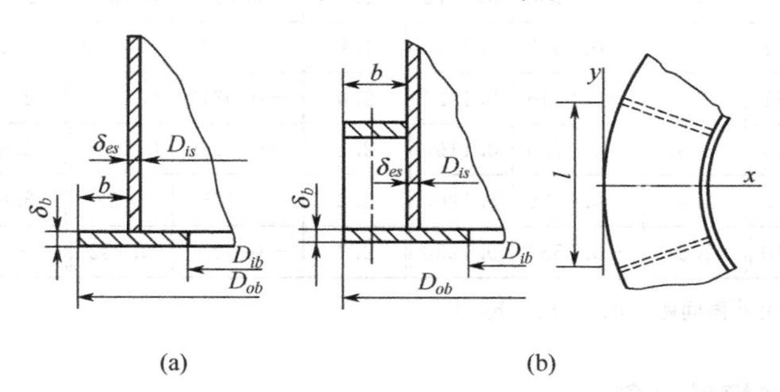

图 14-52　基础环结构图

$$\sigma_{b\max}=\max\begin{cases}\dfrac{M_{\max}^{0\text{-}0}}{z_b}+\dfrac{m_0g}{A_b}+F_V^{0\text{-}0}\\[2mm]\dfrac{0.3M_w^{0\text{-}0}+M_e}{z_b}+\dfrac{m_{\max}g}{A_b}\end{cases}\leqslant Ra\tag{14-44}$$

式中　z_b——基础环的抗弯截面系数，$z_b=\pi(D_{ob}^4-D_{ib}^4)/32D_{ob}$，$mm^3$；

A_b——基础环的面积，$A_b=0.785(D_{ob}^2-D_{ib}^2)$，$mm^2$；

Ra——混凝土的许用应力，MPa，各种标号混凝土的 Ra 值可参考表 14-10 选取。

表 14-10　混凝土的需用应力 Ra　　MPa

混凝土的标号	100	150	200	250	300
Ra	5.5	8.5	11.0	14.5	17.5

基础环上无筋板时［图 14-52（a）］，将基础环简化为在均布载荷 $\sigma_{b\max}$ 作用下的单位宽度悬臂梁，其最大弯曲应力应满足式（14-45）的要求。

$$\sigma_{\max}=\frac{\sigma_{b\max}b^2/2}{\delta_b^2/6}\leqslant[\sigma]_b \tag{14-45}$$

由式（14-45）可得出基础环的厚度计算公式

$$\delta_b=1.73b\sqrt{\frac{\sigma_{b\max}}{[\sigma]_b}}\quad(\text{mm}) \tag{14-46}$$

式中　$[\sigma]_b$——基础环材料的许用应力，MPa；对低碳钢 $[\sigma]_b=140\text{MPa}$。

基础环上有筋板时［图 14-52（b）］，基础环的厚度按式（14-47）计算。

$$\delta_b=\sqrt{\frac{6M_s}{[\sigma]_b}}\quad \text{mm} \tag{14-47}$$

式中　M_s——计算力矩，（N·mm）/mm；取矩形板对 x、y 轴的弯矩 M_x、M_y 中绝对值较大者，$M_x=C_x\sigma_{b\max}b^2$，$M_y=C_y\sigma_{b\max}l^2$。

C_x、C_y 按表 14-11 查取。

表 14-11　矩形板力矩系数表　　（N·mm）/mm

b/l	C_x	C_y	b/l	C_x	C_y	b/l	C_x	C_y	b/l	C_x	C_y
0	−0.5000	0	0.8	−0.1730	0.0751	1.6	−0.0485	0.1260	2.4	−0.0217	0.1320
0.1	−0.5000	0.0000	0.9	−0.1420	0.0872	1.7	−0.0430	0.1270	2.5	−0.0200	0.1330
0.2	−0.4900	0.0006	1.0	−0.1180	0.0972	1.8	−0.0384	0.1290	2.6	−0.0185	0.1330
0.3	−0.4480	0.0051	1.1	−0.0995	0.1050	1.9	−0.0345	0.1300	2.7	−0.0171	0.1330
0.4	−0.3850	0.0151	1.2	−0.0846	0.1120	2.0	−0.0312	0.1300	2.8	−0.0159	0.1330
0.5	−0.3190	0.0293	1.3	−0.0726	0.1160	2.1	−0.0283	0.1310	2.9	−0.0149	0.1330
0.6	−0.2600	0.0453	1.4	−0.0629	0.1200	2.2	−0.0258	0.1320	3.0	−0.0139	0.1330
0.7	−0.2120	0.0610	1.5	−0.0550	0.1230	2.3	−0.0236	0.132	—	—	—

注：l 为两相邻筋板最大外侧间距［图 14-52（b）］。

14.5.3.3　地脚螺栓计算

为了使塔设备在受到风载荷或地震载荷时不致翻到，必须安装足够适量和一定直径的地脚螺栓，把设备固定在基础上。

地脚螺栓承受的最大拉应力按式（14-48）计算

$$\sigma_B=\max\left\{\frac{M_w^{0-0}+M_e}{Z_b}-\frac{m_{\min}g}{A_b},\ \frac{M_E^{0-0}+0.25M_w^{0-0}+M_e}{Z_b}-\frac{m_0g-F_v^{0-0}}{A_b}\right\} \tag{14-48}$$

当 $\sigma_B\leqslant 0$ 时，则设备可自身稳定，但为固定设备位置，应设置一定数量的地脚螺栓。

当 $\sigma_B>0$ 时，设备必须设置地脚螺栓。地脚螺栓的螺纹小径 d_1 按式（14-49）计算。

$$d_1=\sqrt{\frac{4\sigma_B A_b}{\pi n\ [\sigma]_{bt}}}+C_2 \tag{14-49}$$

式中　C_2——地脚螺栓材料的腐蚀裕量，一般取 3mm；

n——地脚螺栓个数，计算时可先按 4 的倍数假定；

$[\sigma]_{bt}$——地脚螺栓的许用应力，Q235 材料 $[\sigma]_{bt}=147\text{MPa}$，Q345 材料 $[\sigma]_{bt}=170\text{MPa}$。

14.5.4　裙座与塔体的连接焊缝强度计算

(1) 裙座与塔体的对接焊缝强度验算

裙座与塔体对接焊缝只校核拉应力，而不校核压应力。拉应力按式 (14-50) 校核：

$$\frac{4M_{\max}^{J\text{-}J}}{\pi D_{it}^2\delta_{es}}-\frac{m_0^{J\text{-}J}g-F_V^{J\text{-}J}}{\pi D_{it}\delta_{es}}\leqslant 0.6K\ [\sigma]_w^t \tag{14-50}$$

式中　D_{it}——裙座顶部截面的内直径，mm；

$M_{\max}^{J\text{-}J}$——裙座与塔体的对接焊缝［图 14-39 (a) J-J 截面］处的最大弯矩，N·mm；

$m_0^{J\text{-}J}$——裙座与塔体的对接焊缝［图 14-39 (a) J-J 截面］以上的设备操作质量，kg；

$[\sigma]_w^t$——设计温度下焊缝材料的许用应力，MPa。

(2) 裙座与塔体的搭接焊缝强度验算

裙座与塔体搭接焊缝的剪应力按式 (14-51) 和式 (14-52) 校核。

正常操作时：

$$\frac{M_{\max}^{J\text{-}J}}{z_w}+\frac{m_0^{J\text{-}J}g+F_V^{J\text{-}J}}{A_w}\leqslant 0.8K\ [\sigma]_w^t \tag{14-51}$$

水压试验时：

$$\frac{0.3M_{\max}^{J\text{-}J}+M_e}{z_w}+\frac{m_{\max}^{J\text{-}J}g}{A_w}\leqslant 72KR_{eL}R_{p0.2} \tag{14-52}$$

式中　A_w——焊缝抗剪截面积，$A_w=0.7\pi D_{ot}\delta_{es}$，$\text{mm}^2$；

D_{ot}——裙座顶部截面的外直径，mm；

z_w——焊缝抗剪截面系数，$z_w=0.55D_{ot}^2\delta_{es}$，$\text{mm}^3$；

$M_w^{J\text{-}J}$——裙座与塔体的搭接焊缝［图 14-39 (b) J-J 截面］处的风弯矩，N·mm；

$M_{\max}^{J\text{-}J}$——裙座与塔体的搭接焊缝［图 14-39 (b) J-J 截面］处的最大弯矩，N·mm；

$m_0^{J\text{-}J}$——裙座与塔体的搭接焊缝［图 14-39 (b) J-J 截面］以上的设备操作质量，kg；

$m_{\max}^{J\text{-}J}$——液压试验时设备的最大质量（不计裙座质量），kg；

$[\sigma]_w^t$——设计温度下焊缝材料的许用应力，MPa。

习题

14-1　塔设备主要由哪几部分组成？塔设备按内件结构不同分为几种？各有什么特点？

14-2　填料塔的液体分布器和液体再分布器的作用是什么？常用的结构有哪些？

14-3　对填料的支承结构有何要求？常用的结构有哪些？

14-4　填料塔为什么要对填料分段？分段原则是什么？

14-5　塔设备在什么情况下需要设置除沫器？常用的除沫器有哪几种结构？

14-6　板式塔塔盘分为哪两类？各有什么特点？

14-7　板式塔塔盘由哪几部分组成？各有什么作用？

14-8　整块式塔盘和分块式塔盘各有什么特点？

14-9　塔盘的支承形式有哪些?

14-10　自支承式塔设备设计时需考虑哪些载荷的作用?

14-11　塔设备的质量载荷包括哪几项?

14-12　何谓基本风压?

14-13　风弯矩的大小与哪些因素有关?

14-14　影响地震弯矩大小的因素有哪些?

14-15　内压操作的塔设备，最大组合轴向压应力如何计算? 出现在什么位置? 外压塔呢?

14-16　外压操作的塔设备，最大组合轴向压应力如何计算? 出现在什么位置?

14-17　内压操作的塔设备，最大组合轴向应力的强度和稳定性条件是什么?

14-18　塔设备液压试验时，各应力的强度和稳定性条件是什么?

14-19　裙座上危险截面最大组合轴向压应力应满足的强度和稳定性条件是什么?

14-20　裙座与塔体如采用对接焊缝，则应校核其焊缝的拉应力还是压应力? 如何校核?

14-21　裙座与塔体如采用搭接焊缝，则应校核其焊缝的拉应力还是压应力? 如何校核?

14-22　试做一浮阀塔的塔体与裙座的机械设计。已知条件如下：塔径为 $DN2000$mm，塔总高 $H=40$m。工作压力为 0.8MPa，采用爆破膜作为安全装置，工作温度为 120℃，工作介质腐蚀性较小。设备安装在石家庄，地震烈度为 8 度。塔内装有 70 块浮阀塔盘。塔顶排气管线直接与其他系统连接。塔体外保温，保温层厚度为 100mm，保温材料密度 $\rho=300$ kg/m^3。从离地面 4m 处起，每隔 5m 设一钢制平台，共 8 个，每个平台投影面积按 0.5m^2 计。还设有一笼式扶梯。裙座高度（基础环地面到下封头焊缝线距离）3000mm，裙座上离地面高度 1m 处开有两个检查孔（检查孔结构自行设计）。

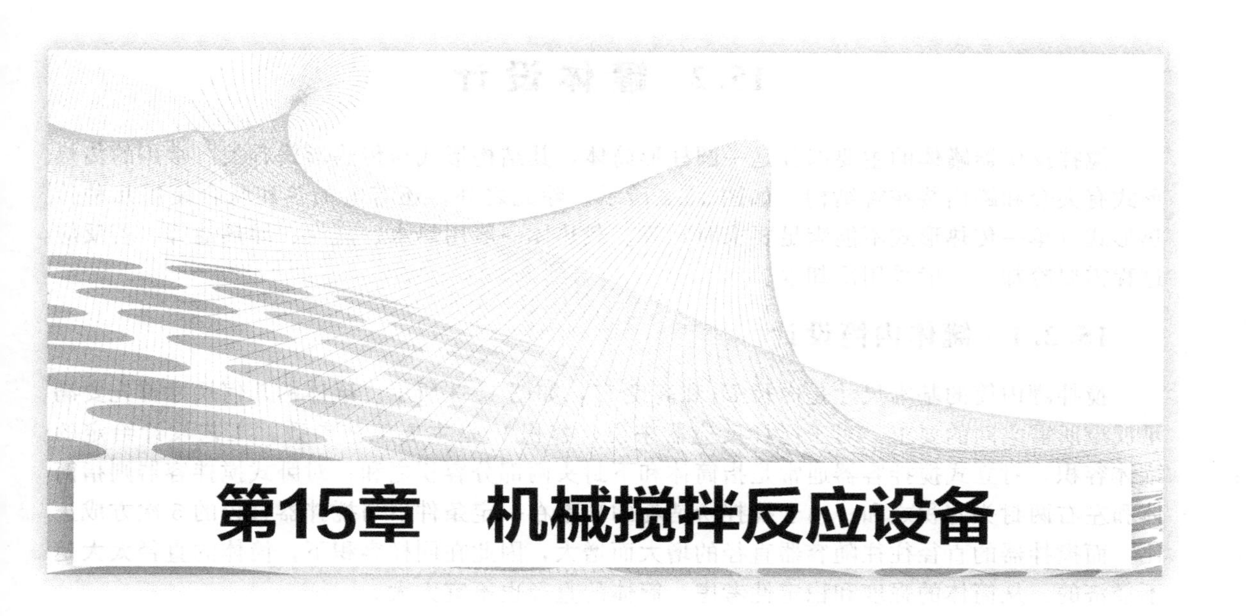

第15章 机械搅拌反应设备

15.1 概 述

机械搅拌反应设备（又叫机械搅拌反应器）多用于均相（多为液相）、液-液相、气-液相、液-固相及气-液-固相的反应和混合。这类设备的主要特征是搅拌，搅拌可以使参加反应的物料混合均匀，使气体在液相中很好的分散，使固体粒子在液相中均匀悬浮，使液相保持悬浮或乳化，强化相间的传热和传质。另外它对操作条件的可控范围较广，内部清洗和维修较方便。

搅拌反应器分为立式容器中心搅拌反应器、偏心搅拌反应器、倾斜搅拌反应器、底搅拌反应器以及卧式容器搅拌器、旁入式搅拌反应器等。其中立式容器中心搅拌反应器是应用最为普遍的一种，其总体结构如图15-1所示。它主要由搅拌罐、搅拌器、搅拌轴、轴封和传动装置等组成。

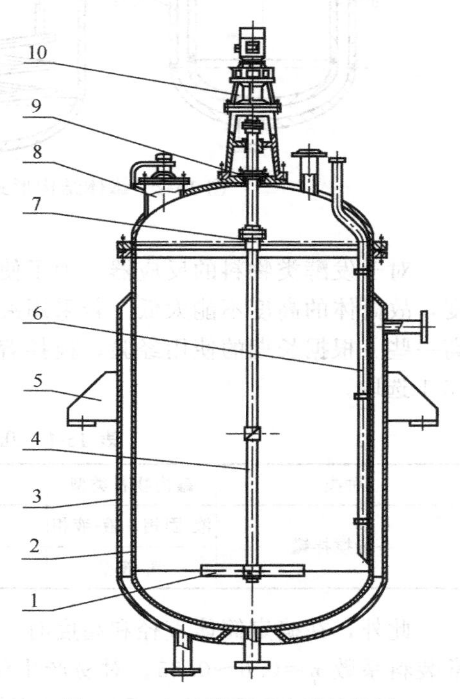

图15-1 立式搅拌反应器结构图

1—搅拌器；2—罐体；3—夹套；4—搅拌轴；5—支座；6—接管；7—联轴器；8—人孔；9—轴封；10—传动装置

搅拌罐包括罐体、传热装置及附件，它是提供反应空间和反应条件的部件。

搅拌器及相关附件是实现搅拌目的、驱动液体流动和（或）分散气体的部件。

搅拌轴是用来传递动力的。它与搅拌罐之间的密封装置及轴封装置，用以封住罐内的流体不致向外泄漏。

传动装置包括电机、减速器、联轴器及机座等部件，它为搅拌器提供搅拌的动力及相应的条件。

15.2 罐体设计

搅拌反应器罐体的主要部分是一圆柱形筒体，其结构形式与传热形式有关。常用的传热形式有夹套和罐内装蛇管结构，如图 15-2 所示。除此之外，还有电加热和联合使用几种传热形式（单一传热形式不能满足要求时）等。载热体一般用热水、蒸汽、导热油等。若反应过程需要冷却，一般采用冷却水。

15.2.1 罐体内筒设计

搅拌罐内筒的基本尺寸是内径 D_i 和高度 H，如图 15-3 所示。罐体的几何尺寸首先要满足反应所需空间的要求。对于搅拌反应器来说，容积 V 是主要工艺参数。工艺设计给定的罐体容积，对立式搅拌容器通常是指筒体和下封头两部分容积之和；对卧式搅拌容器则指筒体和左右两封头容积之和。由于搅拌所消耗的功率在一定条件下与搅拌器直径的 5 次方成正比，而搅拌器的直径往往随容器直径的增大而增大，因此在同样容积下，筒体的直径太大是不经济的。从筒体的强度和稳定性考虑，筒体的直径也不宜太大。

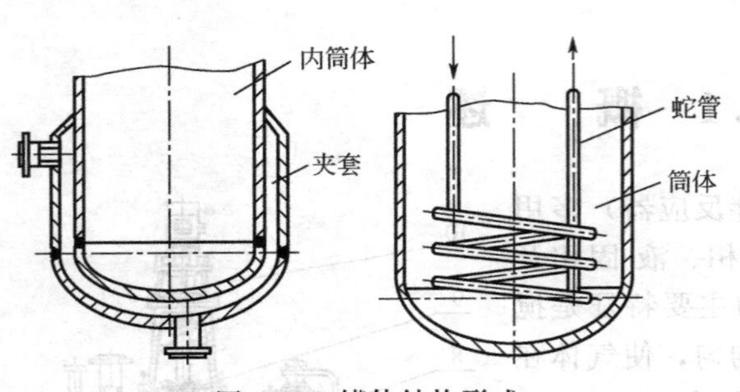

图 15-2　罐体结构形式

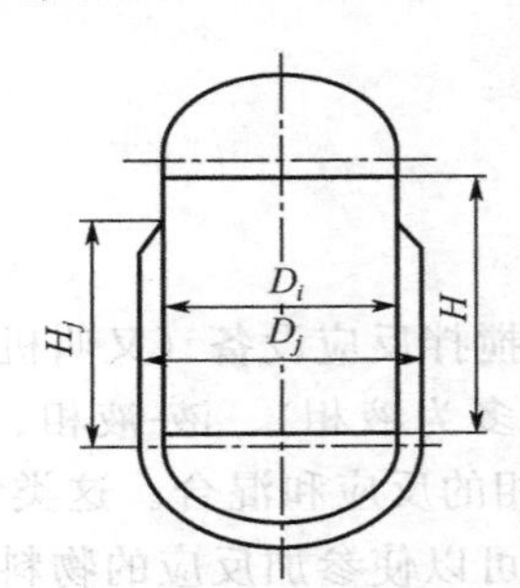

图 15-3　罐体几何尺寸

对于发酵类物料的反应器，为了使通入罐内的空气与料液充分接触，需要一定的液位高度，故筒体的高度不能太低。若采用夹套传热结构，单从传热的角度考虑，一般也希望筒体高一些。根据长期的使用经验，搅拌容器的筒体高度 H 与内径 D_i 之比（高径比）可按表 15-1 选取。

表 15-1　几种搅拌罐的高径比（H/D_i）

种类	罐内物料类型	H/D_i	种类	罐内物料类型	H/D_i
一般搅拌罐	液-固相、液-液相	1～1.3	聚合釜	悬浮液、乳化液	2.08～3.85
	气-液相	1～2	发酵罐类	发酵液	1.7～2.5

此外，在确定筒体直径和高度时，还应根据操作时所允许的装料系数予以综合考虑。通常装料系数 $\eta=0.6\sim0.85$。对易产生气泡或呈沸腾状态物料，装料系数应取下限，一般取 $\eta=0.6\sim0.7$；对反应比较平稳或黏度较大物料，取 $\eta=0.8\sim0.85$。

因此，罐体的容积 V 与实际操作情况下的操作容积 V_0 有如下关系

$$V=V_0/\eta \tag{15-1}$$

根据反应物的性质，参照表 15-1，初步选定 H/D_i 值，然后估算出筒体内径。

$$V=V_0/\eta\approx0.785D_i^2H=0.785D_i^3(H/D_i)$$

因此
$$D_i=\sqrt[3]{\frac{V_0}{0.785(H/D_i)\eta}} \tag{15-2}$$

将式（15-2）计算的结果圆整到公称直径，再由式（15-3）算出筒体高度 H，即

$$H=\frac{V-V_h}{0.785D_i^2} \tag{15-3}$$

式中　V_h——罐体下封头体积，m^3。

再将式（15-3）计算出的 H 进行圆整，看 H/D_i 是否符合表 15-1 的要求。若差值较大，则需重新进行尺寸调整，直到大致一致为止。

搅拌罐筒体的厚度要满足强度、刚度和稳定性要求，详细计算见第 10 章和第 11 章内容。

15.2.2　传热元件设计

15.2.2.1　夹套

夹套是搅拌反应器常用的传热结构之一，夹套的主要结构形式有整体夹套、蜂窝夹套和半圆管夹套等，其适用的温度和压力范围见表 15-2。

表 15-2　各种碳素钢夹套的适用温度和压力范围

夹套形式		最高温度/℃	最高压力/MPa
整体夹套	U形	350	0.6
	圆筒形	300	1.6
蜂窝夹套	短管支承式	200	2.5
	折边锥体式	250	4.0
半圆管夹套		350	6.4

（1）整体夹套

整体夹套是夹套结构中最普遍使用的传热结构，常用的整体夹套结构如图 15-4 所示。

圆筒形夹套是仅在圆筒部分有加套，这种结构简单，加工方便，仅使用在所需传热面积较小的设备上。U 形夹套是部分圆筒和下封头均有夹套，是常用的结构型式。

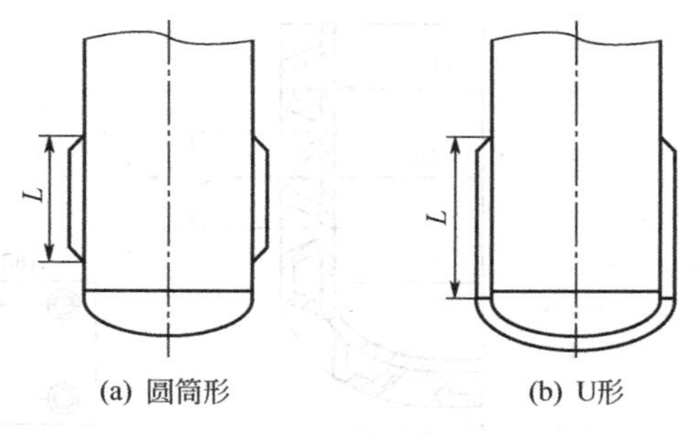

(a) 圆筒形　(b) U形

图 15-4　常用整体夹套结构型式

夹套和内筒的连接方式有可拆和不可拆两种结构，如图 15-5 和图 15-6 所示。可拆结构用于需要检修内筒外表面以及夹套需定期更换，或者由于特殊要求，夹套与内筒之间不能焊接等场合。不可拆结构采用夹套和内筒焊接方式，加工简单，密封可靠。

夹套上设有蒸汽、冷却水等加热或冷却介质的进出接管。如果加热介质是蒸汽，进口管应靠近夹套上端，冷凝液从夹套的底部排出。如果加热（冷却）介质是液体，则进口管应安在夹套的下部，使液体从下部进入、上部流出，这样容易排出夹套内的气体，并保证液体充满整个夹套。

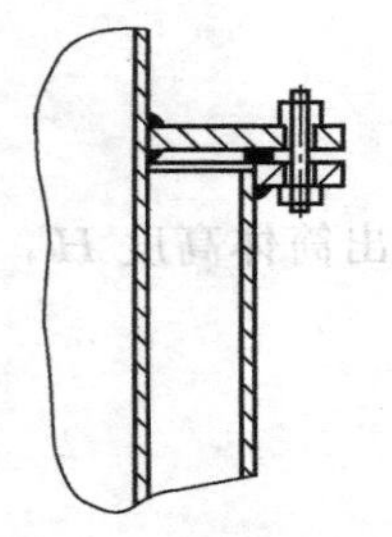

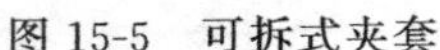

图 15-5　可拆式夹套

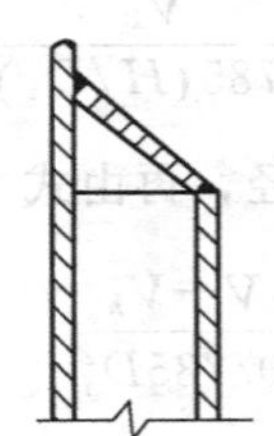

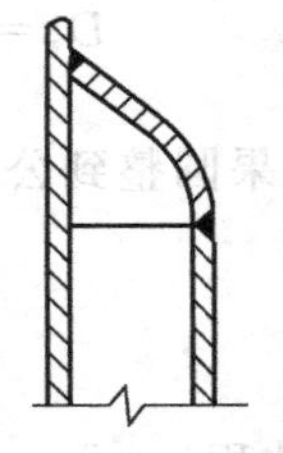

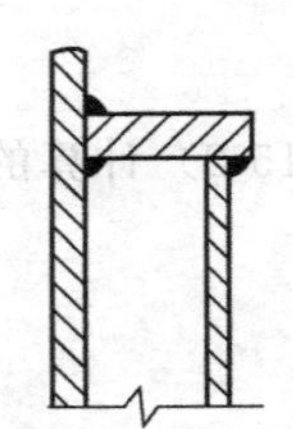

图 15-6　不可拆夹套

对于较大型的罐体，为了取得较好的传热效果，在夹套空间装设螺旋导流板或折流板，以提高介质的流速和避免短路，但结构较为复杂，如图 15-7 所示。

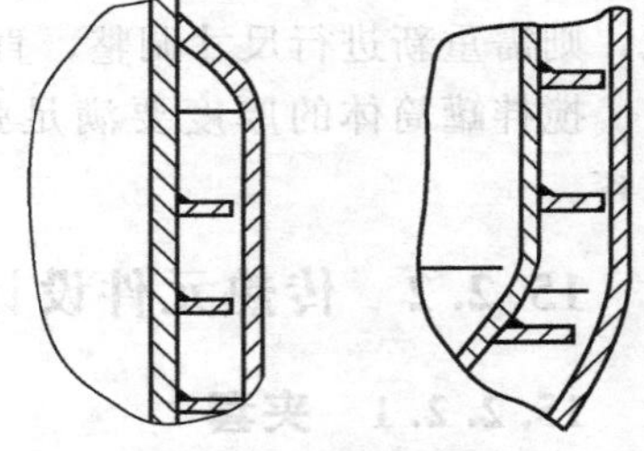

图 15-7　带螺旋导流板的夹套

为了方便和夹套封头连接，夹套直径一般按公称尺寸系列选取，见表 15-3。夹套的高度视所需的传热面积而定，但一般不应高于料液的静止高度。

(2) 蜂窝夹套

它是以整体夹套为基础，采用折边和短管支承等加强措施，提高了筒体和夹套的承载能力，从而可减薄筒体和夹套厚度。同时由于折边和支承短管对流体的扰动作用，强化了传热效果。常用的蜂窝夹套有折边式（图 15-8）和短管支撑式（图 15-9）两种结构，蜂窝孔在筒体上呈正方形或三角形布置。折边式蜂窝夹套是将夹套开若干小圆孔后向内折边与筒体贴合并焊接；短管式蜂窝夹套是用短管支承夹套，将短管与内筒体和夹套同时焊接。

表 15-3　夹套直径与内筒体直径的关系　　mm

内筒体直径 D_i	500～600	700～1800	2000～3000
夹套直径 D_j	D_i+50	D_i+100	D_i+200

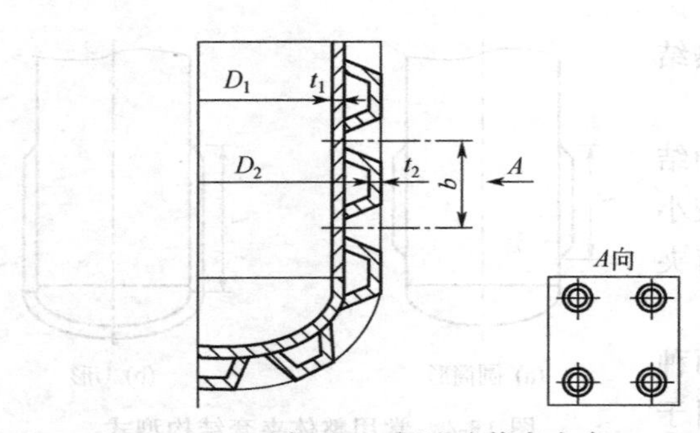

图 15-8　折边式蜂窝夹套

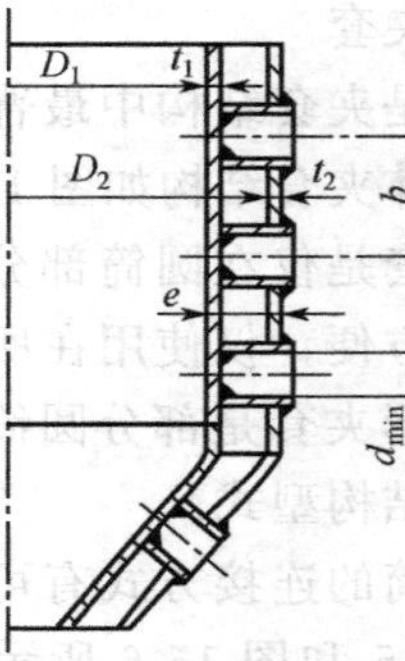

图 15-9　短管支承式蜂窝夹套

(3) 半圆管夹套

半圆管布置在筒体外面，既可螺旋形缠绕在筒体上，也可沿筒体圆周方向焊在筒体上，如图 15-10 所示。半圆管由整个圆管剖分或由带材压制而成。由于半圆管通道面积小，所以流体速度高，传热效果好，同时半圆管对筒体有加强作用，可提高筒体的强度和稳定性。其缺点是焊缝多，焊接工作量大，筒体较薄时易造成焊接变形。

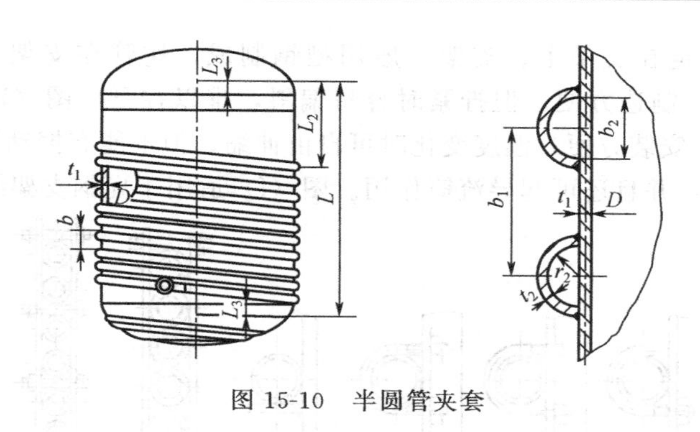

图 15-10　半圆管夹套

15.2.2.2　蛇管

当需要的传热面积较大而采用夹套不能满足要求时，或是内筒衬有橡胶、耐火砖等隔热材料而不能采用夹套结构时，可采用蛇管（盘管）传热结构。蛇管应完全沉浸在物料中，与物料直接接触，传热效果好，但存在检修困难、蛇管内部清洗难、含有固体颗粒或黏稠物料容易在蛇管外表面堆积和挂料等缺点。蛇管分为螺旋形蛇管和竖式蛇管，如图 15-11 和图 15-12 所示，竖式蛇管还能起到挡板的作用。如果需要更多的传热面积，还可以联合使用蛇管与夹套，以满足对传热的要求。

当采用单根蛇管达不到传热面积要求或为了减小蛇管长度而又不能影响传热面积时，可采用多根蛇管并联使用，形成同心圆的蛇管组，如图 15-13 所示，但这种结构在筒体内的安装和固定比较困难。同心蛇管的各层之间、各圈之间要有一定的距离，以便于反应介质的流通。一般取各层蛇管间的轴向间距 $h=(1.5\sim2)d$，各圈蛇管间的径向间距 $t=(2\sim3)d$，最外圈蛇管直径 D_o 比筒体内径小 200～300mm。

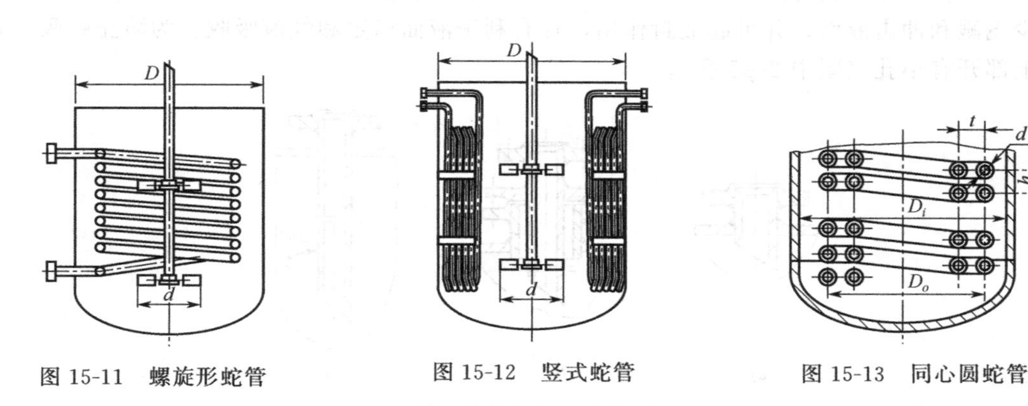

图 15-11　螺旋形蛇管　　图 15-12　竖式蛇管　　图 15-13　同心圆蛇管

蛇管的管径通常采用 $DN25\sim65$mm。当蛇管采用蒸汽作为载热体时，其长径比可按表 15-4 选取。

表 15-4　蛇管长度和直径的比值

蒸汽压力/MPa	0.045	0.125	0.2	0.3	0.5
管长与直径最大比值 L/d	100	150	200	225	275

蛇管要在筒体内固定。当蛇管中心直径较小或圈数不多、重量较轻时，蛇管束可以利用蛇管的进出口固定在罐壁上。当蛇管中心直径较大、圈数较多、重量又较大时，应在罐内设

立支架，并将蛇管固定在支架上。支架一般用型钢制成，蛇管在支架上的固定方法如图15-14所示。图中（a）制造方便，但拧紧时容易偏斜，难以拧紧。图（b）、图（c）能很好地固定蛇管，图（d）安装方便，温度变化时可自由伸缩，但不能有振动。图（e）适用于蛇管紧密排列时的情况，并且还可起导流筒作用。图（f）适用于扁钢支架结构。

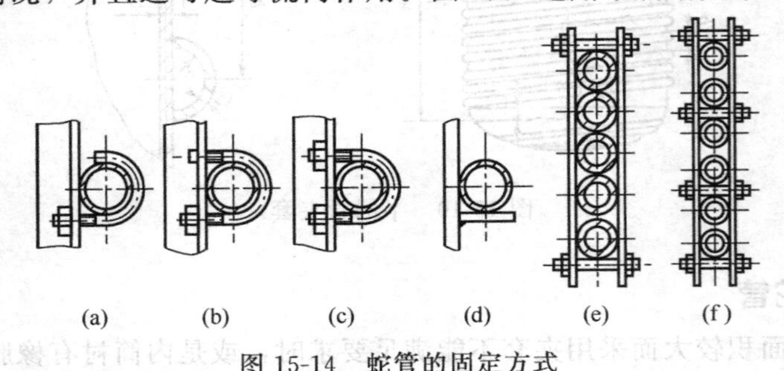

图 15-14　蛇管的固定方式

15.2.3　工艺接管

搅拌反应器的工艺接管包括物料进出管、观察搅拌和反应情况的视镜，为方便检修或安装而开设的人孔以及温度、压力控制等的接管。

进料管一般从顶部进入。为了能使物料顺利地流入搅拌反应器内而不至于沿反应器内壁流动或沿着封头内壁面流进容器法兰密封面（封头和筒体采用法兰连接时），一般将接管伸进设备内并将流出端的管口向着反应器中央斜切 45°，这样也可减少物料飞溅到筒体内壁上，如图 15-15 所示。对于易腐蚀、易磨蚀和易堵塞的场合，加料管可做成套管式结构［图 15-15（b）］，以方便清洗和更换。图 15-15（c）所示的进料管较长，沉浸在料液中，这样可减少飞溅和冲击液面，并可起液封作用，且有利于液面稳定和气液吸收。为防止虹吸，在管子上部开有小孔（图中 2-ϕ5 孔）。

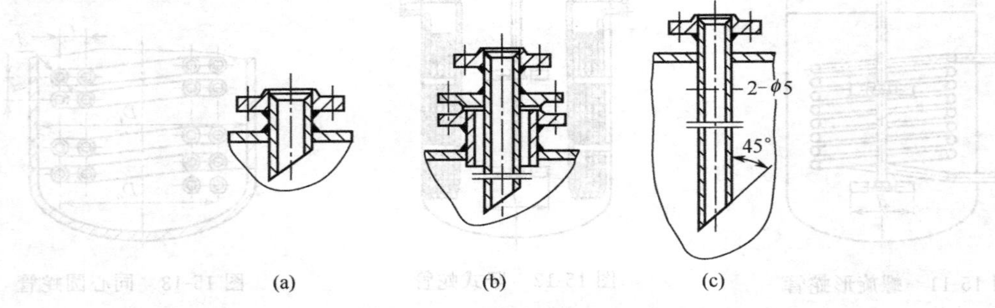

图 15-15　进料管结构图

搅拌反应器的出料有上部出料和下部出料两种形式。当物料需要输送位置较高、或需要输送到并列的另一台设备中去、或要求密闭输送时，一般采用压料管，如图 15-16 所示，依靠罐内的压力或充入的气体压力将物料压出，压出管的管口必须放在罐内最低处。为了加大压出管入口处的截面，可将管口斜切成 45°～60°的角。为了不妨碍搅拌器的运转和便于固定压出管，压出管总是靠近筒体内壁处设置和安装。

反应器内的物料需要放入较低的装置和容器时，以及对于黏稠或含有固体颗粒物料时，一般都采用罐底放料的方式，下出料管结构如图 15-17 所示。

温度计一般要插入到液层中，由于液体受到搅拌而产生对温度计的冲击力，为了保护温度计不被损坏，可将温度计放入金属套管中，套管与筒壁焊接。但要求金属套管有足够的强度和良好的传热性能（套管内可充导热油）。

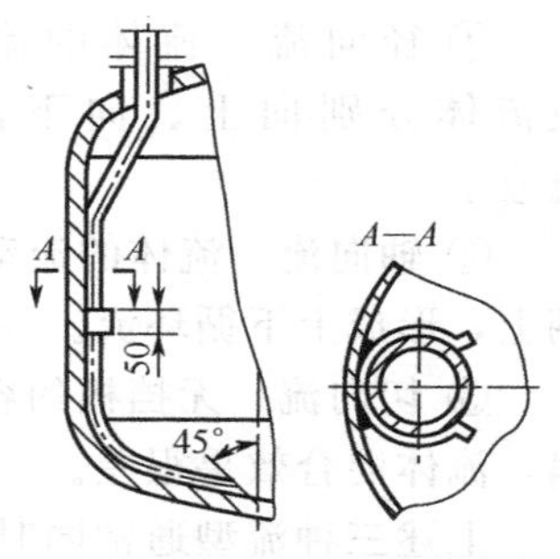

图 15-16　上出料管

为了观察设备内部的反应和流体流动情况，反应器一般都要装视镜。视镜装在上封头上并成对使用（一个为观察孔，另一个为光照孔），一般呈 180°布置。为了防止设备内的液体泡沫飞溅到镜片上或镜片上结雾而影响观察时，可设置镜片冲洗管，必要时可用液体或蒸汽冲扫。

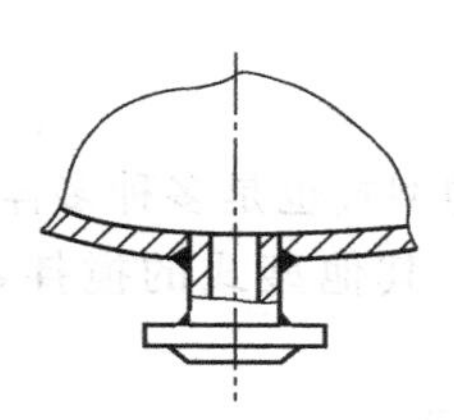

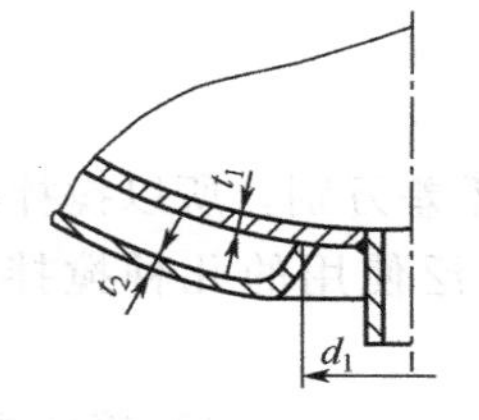

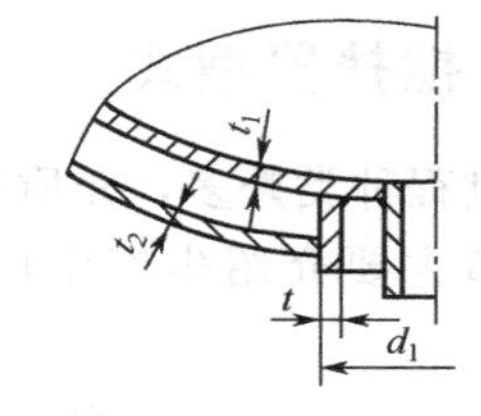

图 15-17　下出料管结构

15.3　搅拌器及附件

15.3.1　流型

搅拌器（也叫搅拌叶轮）的作用是提供过程所需的能量和适宜的流动状态，使两种或两种以上的物料混合均匀，充分接触，实现强化传质、传热的目的；当液体中含有悬浮的固体时，可避免固体沉降，影响操作；对黏稠的物料，还可防止黏附在筒壁上（也叫“挂料”），对器壁的传热造成不利影响。

搅拌器旋转时把机械能传递给流体，在搅拌器附近形成高湍动的充分混合区，并产生一股高速射流推动流体在容器内循环流动。这种循环流动的途径称为流型。对于顶插式中心安装的立式搅拌而言，流型有径向流、轴向流和切向流三种，如图 15-18 所示。搅拌产生的流型取决于搅拌器形式、搅拌容器和内构件几何特征、流体性质及搅拌转速等因素。

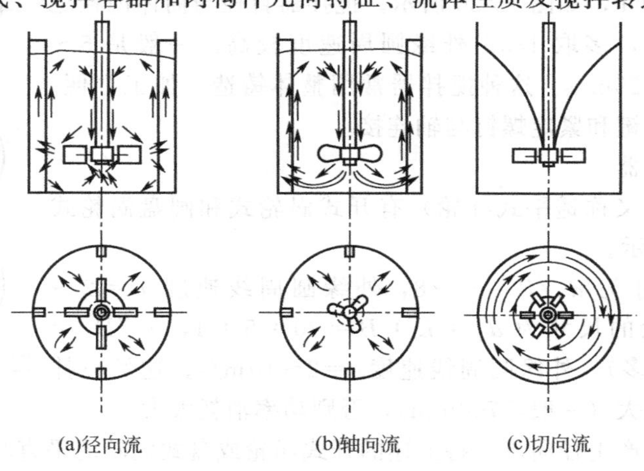
(a)径向流　(b)轴向流　(c)切向流

图 15-18　搅拌产生的流型

① 径向流　流体的流动方向垂直于搅拌轴，沿径向流动，碰到容器壁面分成两股流体分别向上、向下流动，再回到叶端，不穿过叶片，形成上、下两个循环流动。

② 轴向流　流体的流动方向平行于搅拌轴，流体在桨叶推动下向下流动，遇到罐底再翻上，形成上下循环流。

③ 切向流　无挡板的容器内，流体绕搅拌轴做旋转运动，流速高时液体表面会形成漩涡，流体混合效果很差。

上述三种流型通常同时存在，其中轴向流和径向流对混合起主要作用，而切向流应加以限制，采用挡板可削弱切向流，增强轴向流和径向流。

15.3.2　搅拌器型式

由于搅拌过程种类繁多，介质千差万别，所以搅拌器的型式也是多种多样，以满足各种操作需要。本节主要介绍生产中广泛使用的几种搅拌器，其他型式的搅拌器可参考相关资料。

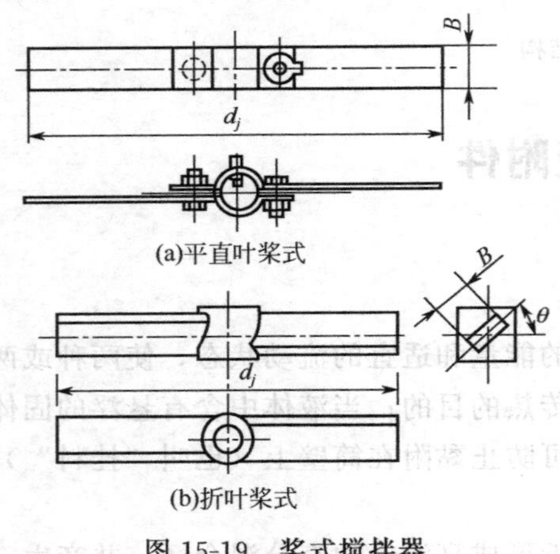

图 15-19　桨式搅拌器

(1) 桨式搅拌器

桨式搅拌器是结构比较简单的一种搅拌器，一般以扁钢加工而成，如图 15-19 所示。材料可以采用碳钢、合金钢、有色金属或碳钢外包橡胶、环氧树脂、酚醛玻璃布等。折叶式除了能使液体作圆周运动外，还能是液体上下运动，起到充分搅拌作用。一般桨式搅拌器的直径 $d_j=(0.35\sim0.8)D_i$（筒体内径），$d_j/B=4\sim10$。桨式搅拌器的转速较慢，一般取 $n=20\sim80\text{r/min}$，外缘线速度 $v=1\sim3\text{m/s}$。

在料液层比较深时，为了将物料搅拌均匀，常装有几层桨叶，相邻两层桨叶交错 90°安装。

(2) 推进式搅拌器

推进式搅拌器的结构如同船舶的推进器，产生轴向流和径向流流型，叶数通常是三叶，如图 15-20 所示。搅拌器直径与筒体内径之比一般为 0.25～0.5，多取 1/3。外缘圆周速度较高，一般是 5～15m/s，最大不超过 25m/s。这种搅拌器常用整体铸造，加工方便。搅拌器可用轴套以平键和紧定螺钉与轴连接。

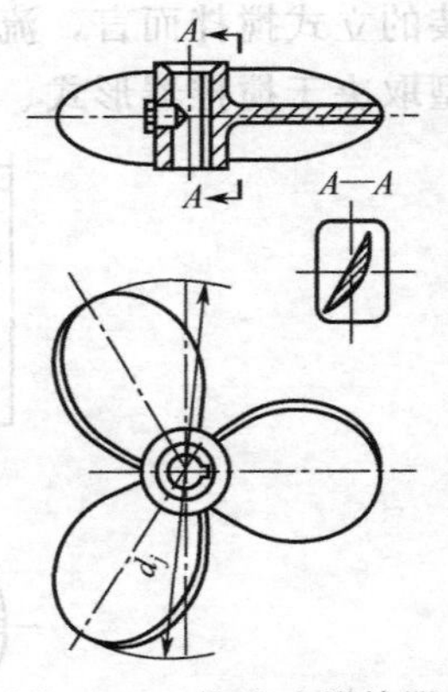

图 15-20　推进式搅拌器

(3) 涡轮式搅拌器

涡轮式搅拌器（又称透平式叶轮）有开式涡轮式和圆盘涡轮式形式，如图 15-21 所示。

开式涡轮的尺寸为 $d_j/B=5\sim8$，外缘圆周线速度 $v=2\sim10\text{m/s}$；圆盘式涡轮的尺寸为 $d_j:L:B=20:5:4$，$d_j/D_i=0.25\sim0.5$（0.33 居多），外缘圆周线速度 $v=2\sim10\text{m/s}$。这类搅拌器的直径不能做得太大（一般≤700mm），否则功率消耗太大。

这类搅拌器主要产生径向流。将上述的开式涡轮或盘式涡轮的平直叶片倾斜一个角度即是开式折叶（斜叶）涡轮或盘式折叶涡轮，既可产生轴向流，又可产生径向流。

（4）锚式和框式搅拌器

锚式搅拌器的几何特点是旋转部分的外直径仅仅稍小于筒体的外直径，其形状由反应器罐体的形状来决定，如图15-22所示。对于大直径的反应器或搅拌液体黏度较大时，为了提高搅拌器的刚度，常用横梁来加强，这就成了框式搅拌器。

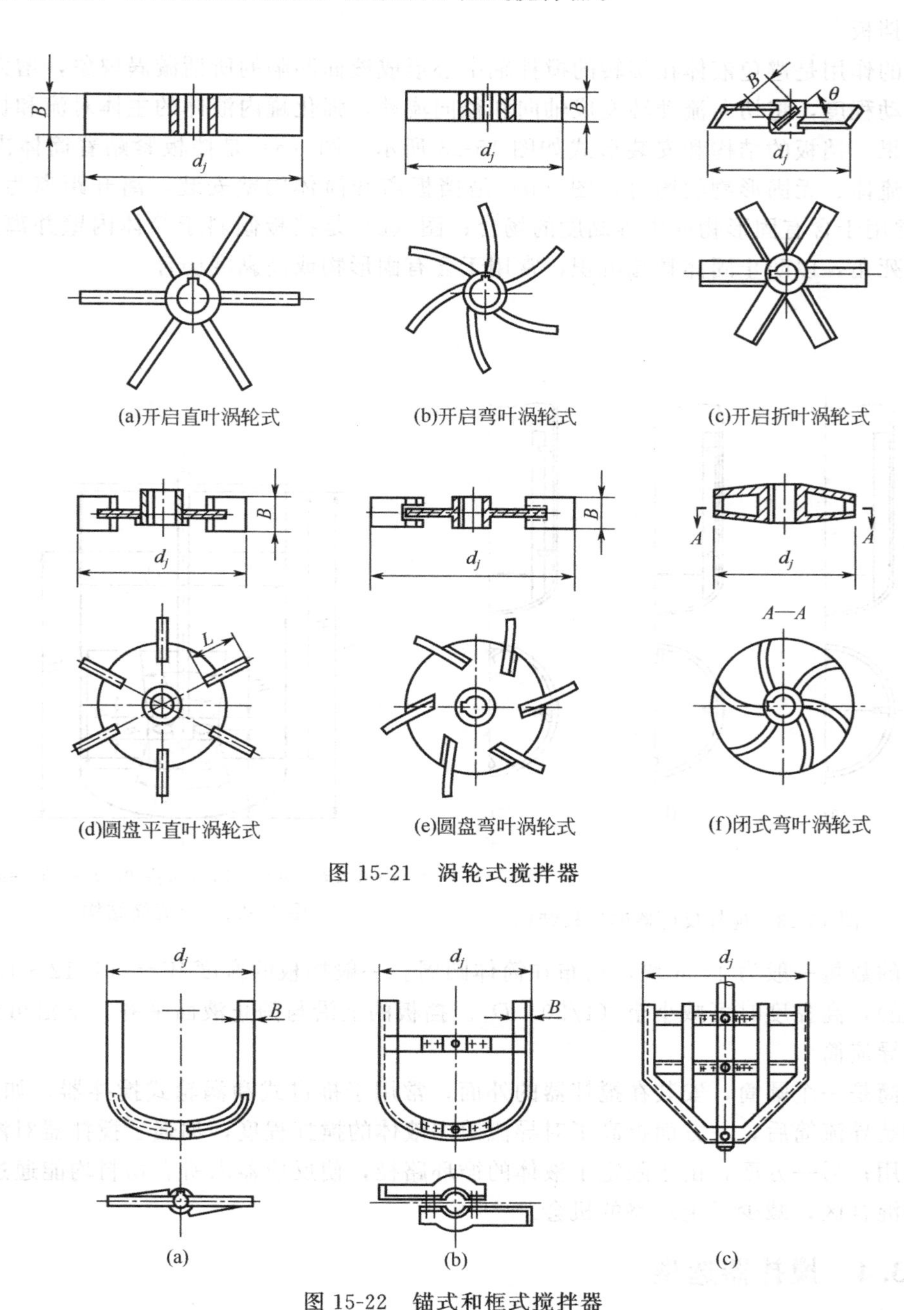

图15-21　涡轮式搅拌器

图15-22　锚式和框式搅拌器

以上搅拌器都有标准系列产品，可供设计时选用。

15.3.3 搅拌附件

搅拌附件通常指在搅拌罐内为了改善流体流动状态而增设的零件，包括挡板、导流筒等。

（1）挡板

挡板的作用是避免液体在旋转的搅拌轴中心形成液面凹陷的所谓漩涡现象，增大被搅拌液体的湍动程度，将切向流动转变成轴向和径向流动，强化罐内液体的主体对流和扩散，改善搅拌效果。挡板的结构和安装形式如图 15-23 所示。图（a）是挡板紧贴着筒体内壁，用于黏度低流体、无固形物的场合；图（b）是挡板离开筒体内壁安装，离开距离为（1/5～1）W，常用于含有固形物或中等黏度的场合；图（c）是挡板倾斜于筒体内壁并离开安装，避免形成死角，以防止固体颗粒沉积，常用于含有固形物或高黏度场合。

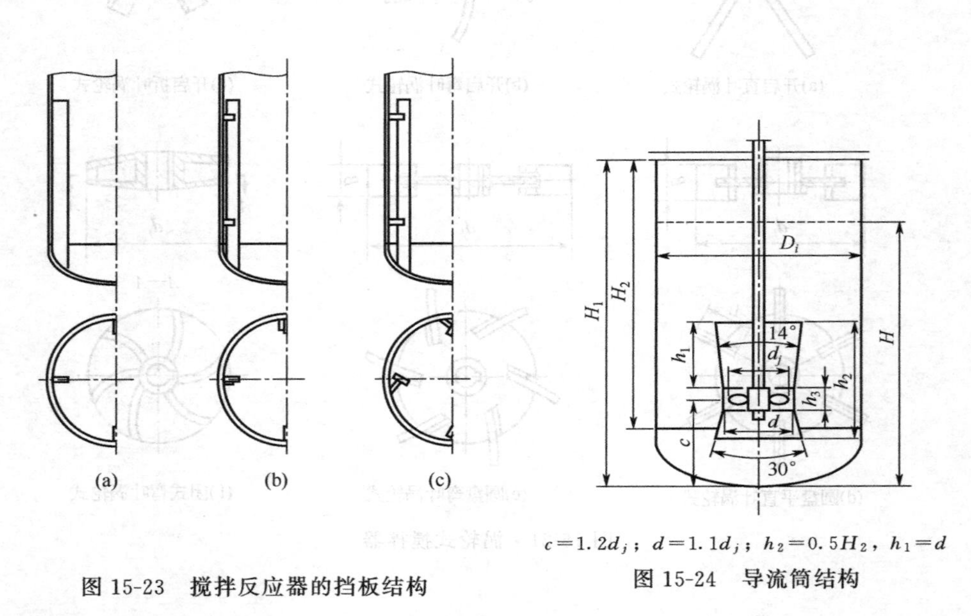

图 15-23 搅拌反应器的挡板结构

$c=1.2d_j$；$d=1.1d_j$；$h_2=0.5H_2$，$h_1=d$

图 15-24 导流筒结构

挡板的数量一般为 4～6 块，均布在筒体圆周。一般挡板的宽度 $W=$（1/12～1/10）D_i（筒体内径），高黏度时可减小至（1/20）D_i。挡板的上沿与静止液面平齐，下沿可到罐底。

（2）导流筒

导流筒是一个圆筒，安装在搅拌器的外面，常用于推进式和涡轮式搅拌器，如图 15-24 所示。加装导流筒后，一方面提高了对导流筒内液体的搅拌程度，加强了搅拌器对液体的直接剪切作用；另一方面，由于限定了液体的循环路径，使反应器内所有物料均能通过导流筒内的强烈混合区，减少了走短路的机会。

15.3.4 搅拌器选型

影响搅拌过程的因素极其复杂，搅拌选型依据众说纷纭。总的原则是选型首先要考虑搅拌效果，其次要考虑功率消耗、设备结构等。所以一个完整的选型方案必须满足工艺、安全与经济等方面的要求。表 15-5 推荐了根据流动状态、搅拌目的、搅拌容量、转速范围及液体最高黏度的选型方法。

表 15-5　搅拌器选型条件

搅拌器型式	流动状态			搅拌目的									搅拌罐容量/m^3	转速/(r/min)	最高黏度/(Pa·s)
	对流循环	湍流扩散	剪切流	低黏度液混合	高黏度液体混合及传热反应	分散	溶解	固体悬浮	气体吸收	结晶	传热	液相反应			
涡轮式	○	○	○	○	○	○	○	○	○	○	○	○	1～100	10～300	50
桨　式	○	○	○	○	○		○	○	○		○	○	1～200	10～300	2
推进式	○	○		○		○	○	○		○	○	○	1～1000	100～500	50
折叶开启涡轮式	○	○		○		○	○	○			○	○	1～1000	10～300	50
锚式	○				○		○						1～100	1～100	100

注：表中“○”为适合，空白为不适或不许。

15.3.5　搅拌功率计算

搅拌功率是指搅拌器以一定转速搅拌时对液体做功并使之发生流动所需的功率。计算搅拌功率的目的，一是用于设计或校核搅拌器和搅拌轴的强度和刚度，二是用于选择电机和减速机等传动装置。

影响搅拌功率的因素很多，主要有以下四个方面。

① 运动参数　搅拌器的转速 n；

② 物性参数　液体介质的密度 ρ 和黏度 μ；

③ 几何参数　罐体和搅拌器的几何参数，包括罐体的内径 D_i、液面高度 H、挡板的宽度 W 和数目 z、搅拌器直径 d_j、桨叶的宽度 b 和长度 l、搅拌器距器底的距离 C 等；

④ 重力参数　重力加速度 g。

单相液体的搅拌功率可用式（15-4）计算

$$P = N_P \rho n^3 d_j^5 \tag{15-4}$$

式中　P——搅拌功率，kW；

ρ——液体的密度，kg/m^3；

n——搅拌器的转速，r/s；

d_j——搅拌器的直径，m；

N_P——功率数，查图 15-25（图中的曲线序号对应的搅拌器形式见图 15-26）；

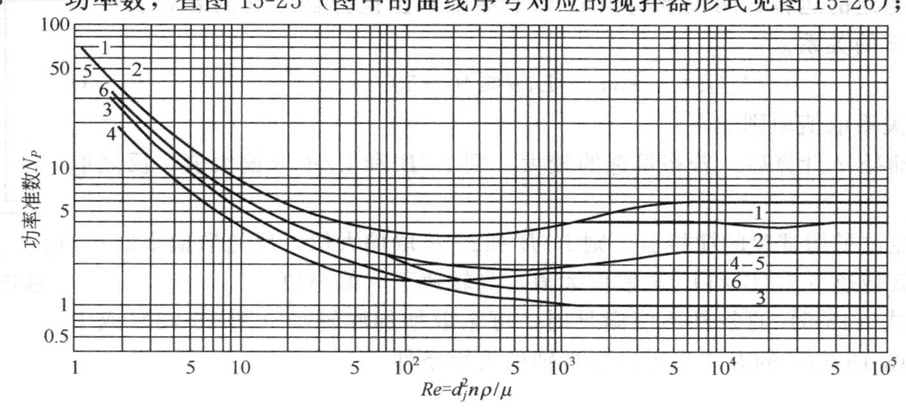

图 15-25　搅拌器的功率准数曲线

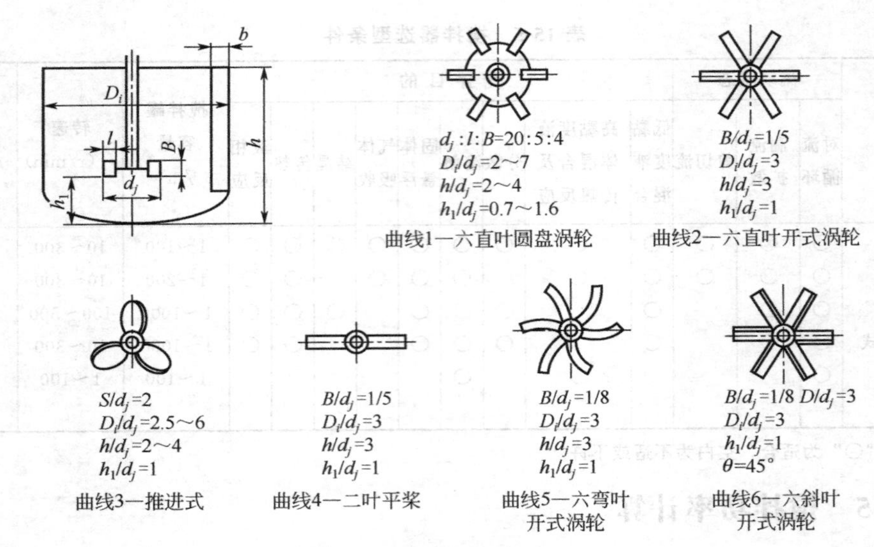

图 15-26 搅拌器结构和几何参数

Re——液体流动雷诺数，$Re=d_j^2 n\rho/\mu$；

μ——液体的黏度，Pa·s。

计算气-液两相系统的搅拌功率时，搅拌功率与通气量的大小有关。通气时，气泡的存在降低了液体的有效密度，与不通气相比，搅拌功率要低得多。

15.4 搅拌轴的支承及设计

15.4.1 搅拌轴支承

一般搅拌轴的支承是靠与之相连的减速器内的一对轴承来实现的。它是由两个滚动轴承来承受径向载荷和轴向载荷。搅拌轴往往比较长，悬伸到反应罐内，进行搅拌操作（图 15-27），因此，搅拌轴的支承条件较差。

当搅拌轴细长时，常常会使搅拌轴发生弯曲，随着离心力作用将递增，使反应器发生振动，密封性能变坏，寿命降低，甚至引起破坏。根据经验，要保持搅拌轴稳定的运转，两轴承间距 B 和下端轴承至搅拌器之间的悬臂长度 L 应保持如下的关系。

$$L/B \leqslant 4 \sim 5,\quad L/d \leqslant 40 \sim 50 \tag{15-5}$$

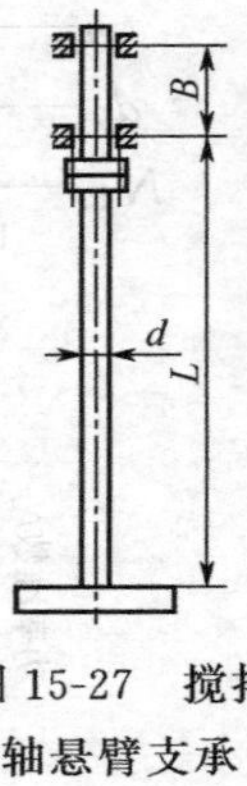

上述关系取值原则如下：

ⅰ. 轴径 d 计算后，若裕量选的较大，则 L/B 和 L/d 取偏大值，反之取偏小值；

ⅱ. 经过平衡试验的搅拌器，则 L/B 和 L/d 取偏大值，反之取偏小值；

ⅲ. 低转速下 L/B 和 L/d 取偏大值，高转速下取偏小值。

图 15-27 搅拌轴悬臂支承

如果式（15-5）的条件不能满足时，可采取增加底轴承（图 15-28）或中间轴承（图 15-29）的办法来提高搅拌轴的支承条件。

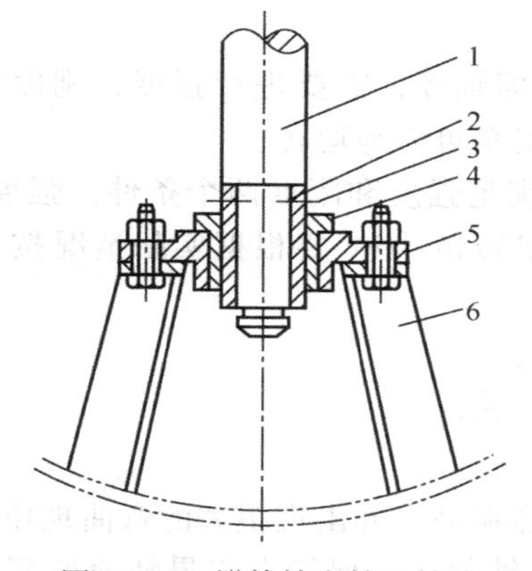

图 15-28 搅拌轴底轴承结构

1—轴；2—轴套；3—紧定螺钉；4—轴衬；5—轴承；6—支架

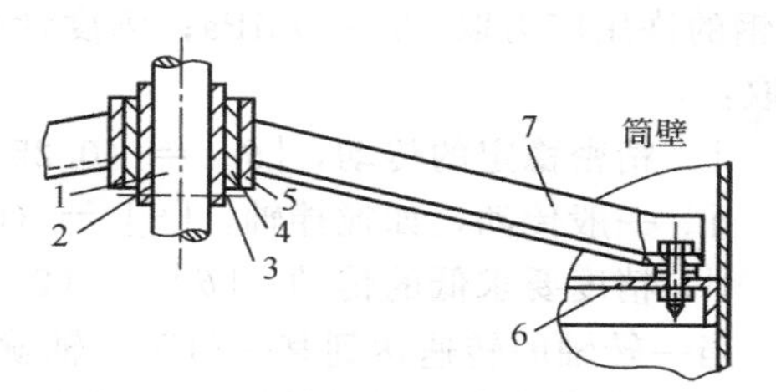

图 15-29 搅拌轴中间轴承结构

1—轴；2—轴套；3—紧定螺钉；4—轴衬；5—轴承；6—垫片；7—拉筋

15.4.2 搅拌轴设计

(1) 搅拌轴材料

搅拌轴工作时主要受到扭转载荷，有时还有弯曲和冲击力作用，故轴的材质应有足够的强度、刚度和韧性。为了便于加工制造，还需要有优良的切削加工性能。所以搅拌轴常采用45优质碳素钢制造，对于要求较低的搅拌轴也可使用普通碳素钢制造。对有防腐或卫生要求的轴也可采用不锈钢或碳钢材料外包覆耐腐材料、搪瓷等。

(2) 搅拌轴的结构

搅拌轴主要是用来支承搅拌器的，并从减速器输出轴取得动力使搅拌器旋转，达到搅拌的目的。因此，搅拌轴的结构就是以实现这些要求为依据进行设计的。

搅拌轴的上端是通过联轴器与减速器输出轴相连，因此搅拌轴上端必须符合联轴器的连接结构要求。图 15-30 是配有凸缘联轴器的轴端结构，联轴器同轴之间，由轴肩和锁紧螺母达到轴向固定，用键达到周向固定，所以轴端必须车制出轴肩、相应的螺纹、退刀槽和键槽等结构。图 15-31 是装有夹壳式联轴器的轴端结构。轴端车出一环形槽，装上由两个半环组成的可拆式悬吊环，使安装在轴上的夹壳式联轴器达到轴向定位，仍然用键来达到周向固定。

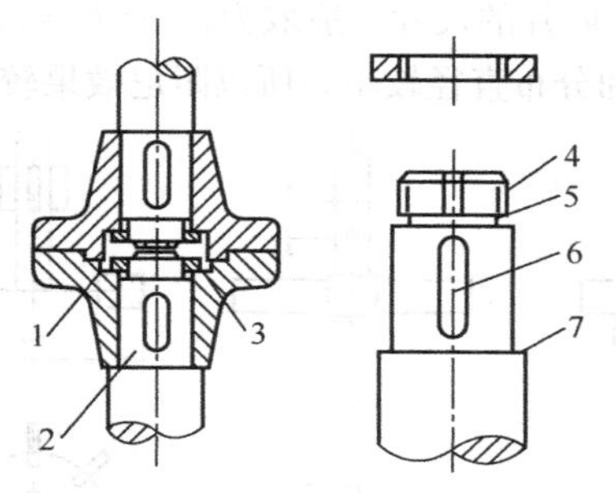

图 15-30 凸缘联轴器的轴端结构

1—凸缘联轴器；2—轴；3—锁紧螺母；4—螺纹；5—退刀槽；6—键槽；7—轴肩

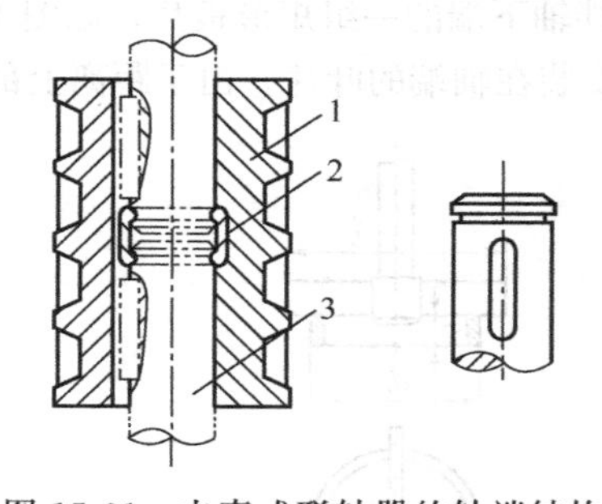

图 15-31 夹壳式联轴器的轴端结构

1—夹壳式联轴器；2—悬吊环；3—轴

轴上搅拌器的固定同样应加工出相配合的结构尺寸，目前常用的搅拌器大都采用平键、穿轴销钉或紧定螺钉来固定。

(3) 搅拌轴的计算

搅拌轴的计算主要是确定轴的最小截面尺寸，即轴径；需要进行强度、刚度计算或校核；验算轴的临界转速和挠度等；以保证搅拌轴能安全可靠地运转。

轴的强度和刚度计算详见第 4 章，轴径应同时满足强度和刚度两个条件。强度计算时，45 钢的许用应力取 30～40MPa；刚度计算时许用扭转角 $[\theta]$ 要根据实际情况按如下规定选取：

ⅰ. 精密稳定的传动，$[\theta] = (0.25\sim0.5)°/m$；

ⅱ. 一般传动，如搅拌轴，$[\theta] = (0.5\sim1.0)°/m$；

ⅲ. 精度要求低的传动，$[\theta] = (2\sim4)°/m$。

当一转轴的转速达到某一值时，轴就会发生强烈振动，并出现很大的弯曲现象。引起这一现象的转轴速度，叫做转轴的临界转速 n_{cr}。如果轴的转速保持在临界转速或相近的范围以内，则轴的挠度将迅速增大，以致达到使轴发生破坏的程度。为避免这种现象发生，所以一般要求轴的转速 $n<0.7n_{cr}$ 或 $n>1.3n_{cr}$。有关临界转速的计算可参阅相关资料。

(4) 减小搅拌轴弯曲变形、提高其临界转速的措施

① 缩短悬臂段搅拌轴的长度　受到端部集中力作用的悬臂梁，其端点挠度（由于弯曲而产生的径向位移）与悬臂长度的三次方成正比。缩短搅拌轴悬臂长度，可以降低梁端的挠度。但这会改变设备的高径比，影响搅拌效果。

② 增大轴径　对于圆形截面的轴来说，受到横向力作用时，其挠度与轴径的四次方成反比，所以增大轴径，可减小轴端挠度。但轴径增大，会导致与轴连接的零部件（轴承、联轴器、轴封等）径向尺寸增大，增加造价。

③ 设置底轴承或中间轴承　设置底轴承或中间轴承相当于增加了轴的支点，可大大减小轴的变形。但轴承浸泡在物料中，润滑不好，物料中有固体颗粒时加剧磨损，影响其寿命。

④ 设置稳定器　稳定器安装在搅拌器下方或轴的下部，稳定器运动时受到的介质阻尼作用力方向与搅拌器对搅拌轴产生的水平作用力方向相反，二者作用力叠加冲减可减少轴的摆动量（变形），延长轴承寿命。稳定器摆动时，其阻尼力与承受阻尼作用的面积有关，迎液面积越大，阻尼作用就越明显，稳定效果越好。

稳定器有圆筒型和叶片型两种结构。圆筒型稳定器为空心圆筒，安装在搅拌器下部，如图 15-32 所示，由于稳定筒的迎液面积大，所以阻尼效果比较好。叶片型稳定器是安装在搅拌器下部或搅拌轴下端的一组矩形板片，如图 15-33 所示。叶片的尺寸一般取为：$w/d_j=0.25$，$h/d_j=0.25$。安装在轴端的叶片，由于距离上部轴承较近和分布直径较小，所以阻尼效果较差。

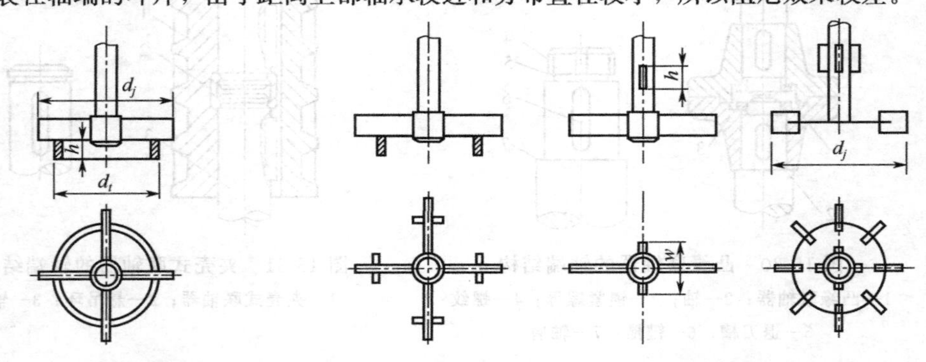

图 15-32　圆筒型稳定器　　　图 15-33　叶片型稳定器

15.5 搅拌轴的轴封

搅拌反应器的密封除了静密封外，还要考虑运动件搅拌轴和静止件顶盖之间的动密封。对动密封的基本要求是密封可靠、结构简单、装拆方便和使用寿命长等。搅拌反应器使用最普遍的动密封有填料密封和机械密封两种。

15.5.1 填料密封

填料密封是搅拌反应器最早使用的一种轴封结构。其特点是结构简单、易于制造，适用于低压、低速的场合。

(1) 填料密封的结构和工作原理

填料密封的结构如图15-34所示，它是由填料箱、底环、填料、螺柱、压盖、油环及油杯等组成。装在搅拌轴与填料箱之间的填料，在压盖压力作用下对搅拌轴表面产生径向压紧力。由于填料中含有少量的润滑油，在对搅拌轴表面产生径向压紧力的同时形成一层极薄的油膜，一方面使搅拌轴得到润滑，另一方面阻止设备内流体的逸出或外部流体的渗入从而达到密封的目的。虽然填料中含有一些润滑剂，但其数量有限且在运转中不断消耗，故填料箱上常设有添加润滑油的油杯、油环装置。

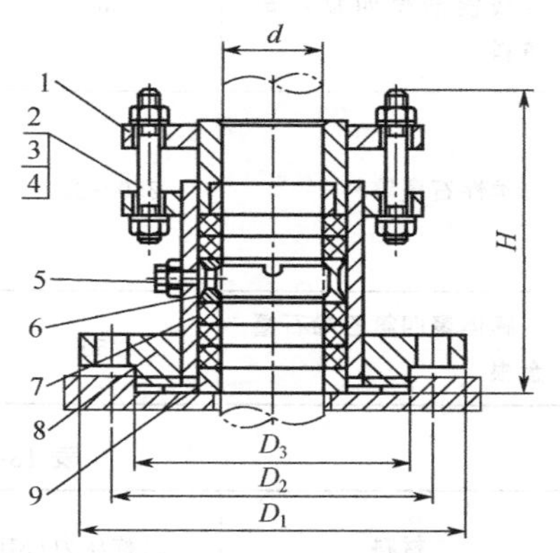

图 15-34 填料密封结构

1—压盖；2—双头螺柱；3—螺母；4—垫圈；5—油杯；6—油环；7—填料；8—本体；9—底环

填料密封不可能达到绝对密封，因为压紧力太大时会加速搅拌轴和填料的磨损，使密封失效更快。从延长密封寿命出发，允许一定的泄漏量（150～450mL/h），运转过程中需不断调整压盖的压紧力，并定期更换填料。

当设备内温度高于100℃或转轴线速度大于1m/s时，填料密封须有冷却装置。

(2) 填料

填料是维持密封的主要零件，填料选用正确与否对填料的密封性能有着关键性的作用。对填料的基本要求是：①有足够的弹性，能吸收振动；②有足够的塑性，在压盖压紧力下能产生塑性变形；③耐磨；④与转轴的摩擦系数小，以便降低摩擦功耗和延长使用寿命；⑤耐介质和润滑油的浸泡和腐蚀；⑥导热性能好，摩擦产生的热量能较快地传递出去；⑦耐温性能好。

填料应根据反应器内介质的特性、操作压力和温度、转轴直径以及转速进行选择。当密封要求不高时，选用一般石棉或油浸石棉填料，当密封要求较高时，选用膨体聚四氟乙烯、柔性石墨等填料。各种填料的性能不同，可参考表15-6选用。

(3) 填料箱

填料箱是填料密封的主体，从材料上分有铸铁、碳钢和不锈钢填料箱，从结构上分有带有衬套、中间油环和冷却水套的结构形式。选用时应根据设计压力、设计温度及介质的腐蚀性等因素来考虑，当介质为非易爆、无毒且压力不高时，可参考表15-7选用。

表 15-6 密封填料的性能与选用

填料名称	介质极限温度/℃	介质极限压力/MPa	线速度/(m/s)	适用条件（接触介质）
油浸石棉填料	450	6		蒸汽、空气、工业用水、重质石油产品、弱酸液等
聚四氟乙烯纤维编结填料	250	30	2	强酸、强碱、有机溶剂
聚四氟乙烯石棉盘根	260	25	1	酸碱、强腐蚀性溶液、化学试剂等
石棉线或石棉线与尼龙线浸渍聚四氟乙烯填料	300	30	2	弱酸、强碱、各种有机溶剂、液氨、海水、纸浆废液等
柔性石墨填料	250～300	20	2	乙酸、硼酸、柠檬酸、盐酸、硫化氢、乳酸、硝酸、硫酸、硬脂酸、溴、矿物油料、汽油、二甲苯、四氯化碳等
膨体聚四氟乙烯石墨盘根	250	4	2	强酸、强碱、有机溶液

表 15-7 标准填料箱的允许压力和温度

材料	公称压力/MPa	允许压力范围/MPa（负值表示真空）	允许温度范围/℃	轴线速度/(m/s)
碳钢填料箱	常压	<0.1	<200	<1
	0.6	−0.03～0.6	≤200	
	1.6	−0.03～1.6	−20～300	
不锈钢填料箱	常压	<0.1	<200	<1
	0.6	−0.03～0.6	≤200	
	1.6	−0.03～1.6	−20～300	

15.5.2 机械密封

机械密封又称端面密封，其结构多种多样。不同的机械密封适用于不同的设备和工作条件，其零件、材质也各不相同，但是它们的工作原理是相同的。

(1) 机械密封的基本结构和工作原理

机械密封的基本结构如图 15-35 所示。它由摩擦副（动环和静环）、弹簧加荷装置和辅助密封圈等组成。

静环 7 利用防转销 6 与静环座 4 连接起来，中间加静环密封圈 5，利用弹簧 2 把动环 3 压紧于静环上，使其紧密贴合形成一个回转密封面，弹簧还可调节动环以补偿密封面磨损的轴向位移。动环内有动环密封圈 8 以保证动环在轴上的密封，弹簧座 1 靠紧定螺钉（或键）9 固定在轴（或轴套）上。动环、动环密封圈、弹簧及弹簧座随轴一起转动。

机械密封在结构上需防止四条通路的泄漏（图 15-35 中的 *A*、*B*、*C*、*D* 处箭头所示）。*A* 点是静环座与设备之间的密封，属静密封，*B* 点是静环与静环座之间的密封，属静密封，

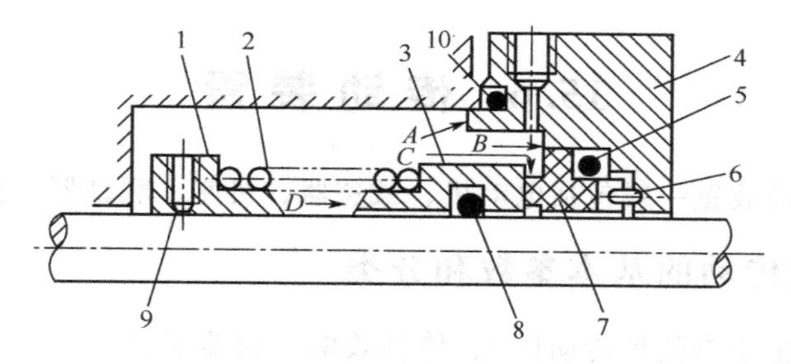

图 15-35 机械密封

1—弹簧座；2—弹簧；3—动环；4—静环座；5—静环密封圈；6—防转销；7—静环；8—动环密封圈；9—紧定螺钉；10—静环座密封圈

D 点是动环与轴（或轴套）之间的密封，也属静密封，分别由密封圈 10、5 和 8 进行密封。*C* 点是动环与静环之间有相对运动的两个端面的密封，是机械密封的关键部分，属动密封。它依靠弹性元件（弹簧）及介质压力使两个光洁而平直的端面相互贴合，并维持一层极薄的液体膜而构成密封，将较易泄漏的轴向密封改变为端面（径向）密封。

（2）搅拌反应器用机械密封

搅拌反应器用机械密封已有相应的化工行业标准，常用的有单端面大弹簧非平衡型、单端面小弹簧非平衡型、单端面大弹簧平衡型、单端面小弹簧平衡型、双端面小弹簧非平衡型、双端面小弹簧平衡型机械密封等。设计时可根据介质特性、压力和温度条件以及对密封的要求等来选择。

所谓非平衡型是指密封介质压力全部作用在密封端面上，平衡型密封就是密封端面上的介质压力部分消除（部分平衡型）或全部消除（全平衡型）。前者当介质压力较高时摩擦面磨损较快，易引起故障，常用于介质压力较低的场合。

机械密封中的压力弹簧为单弹簧和多弹簧之分，单弹簧又叫大弹簧，与轴同心安装，但作用在密封面上的弹簧力分布不均匀。多弹簧又称小弹簧，即在密封结构中有数个小弹簧沿圆周均匀分布，作用在密封面上的弹簧力分布较均匀。

在机械密封中端面密封有一对的称为单端面密封，有两对的称为双端面密封。单端面密封只能用于密封要求一般的场合，重要场合则需选用双端面机械密封。

填料密封和机械密封的使用条件和密封可靠性不同，使用时可参照表 15-8。

表 15-8 填料密封和机械密封的比较

项 目	填料密封	机械密封
泄漏量	180～450mL/h	一般平均泄漏量为填料密封的 1%
摩擦功耗	机械密封为填料密封的 10%～50%	
轴磨损	有磨损，用久后轴要更换	几乎无磨损
维护及寿命	需要经常维护，更换填料，个别情况 8 小时（每班）更换一次	寿命 0.5～1 年或更长，很少需要维护
高参数	高压、高温、高真空、高转速、大直径等密封很难解决	高压、高温、高真空、高转速、大直径等密封可以解决
加工及安装	加工要求一般，填料更换方便	动环、静环表面粗糙度和平直度要求高，不易加工，成本高，装拆不便
对材料要求	一般	动环、静环要求较高减摩性能

15.6 传动装置

搅拌反应器的传动装置一般包括电动机、减速器、机座、联轴器、搅拌轴及附件等。

15.6.1 机械传动的基本参数和分类

机械传动装置的主要参数是传动比 i、传动效率 η 和功率 P。

在机械传动装置中，传出运动和动力的零件称为主动件，接受运动和动力的零件称为从动件。主动件的转速 n_1 与从动件的转速 n_2 的比值称为传动比（或速比）i，即 $i=n_1/n_2$。显然，$n_1>n_2$ 时，$i>1$，表示此传动是减速传动，反之 $i<1$，表示此传动是增速传动。

根据所选电动机的转速和所要求的搅拌器转速，就可计算出传动比，选定减速器，然后再根据所选减速器的实际传动比，就可以计算出搅拌器的实际转速。

机械传动中由于摩擦损耗的存在，所以使传动的输出功率 P_2 永远小于输入功率 P_1。输出功率 P_2 与输入功率 P_1 的比值，称为传动效率，用 η 表示，即

$$\eta=P_2/P_1 \tag{15-6}$$

显然，传动效率恒小于 1，它是衡量各种传动型式的一项重要指标。

搅拌反应器所需电动机的功率可由式（15-7）计算

$$P_e=\frac{P+P_m}{\eta} \tag{15-7}$$

式中 P_e——电动机的最小功率 kW；

P——工艺要求的搅拌功率 kW；

P_m——传动系统的摩擦损失功率 kW。

按照传动原理，机械传动可分为两大类：一是依靠零件接触面之间的摩擦力来传递运动和动力的摩擦传动，如带传动；二是依靠零件的相互啮合来传递运动和动力的啮合传动，如齿轮传动、蜗杆蜗轮传动等。

带传动是应用很广泛的机械传动，它由主动轮 1、从动轮 2 和张紧在两轮上的胶带 3 组成，如图 15-36 所示。设计带传动时，要确定的几何参数有：带轮的计算直径 d（主动轮节圆直径 d_1 和从动轮节圆直径 d_2）、两轮中心距 a、包角（带与带轮的接触弧长所对应的中心角）和胶带的（节线）长度 L_d。

带轮的直径 d_1 和 d_2 可根据带型参考《机械设计手册》按直径系列和传动比进行选取，中心距 a 可由结构要求设定（初选）。则小带轮的包角 α_1（°）可按式（15-8）计算

$$\alpha_1=180°-57.3°\times\frac{d_2-d_1}{a} \tag{15-8}$$

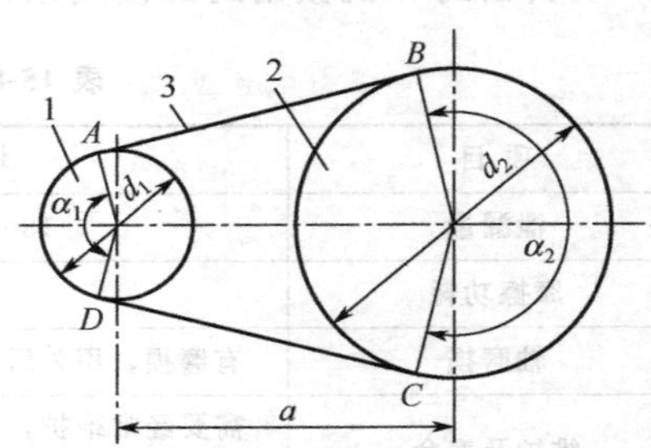

图 15-36 带传动组成和几何参数

因为在相同条件下带与带轮之间的摩擦力随着包角的增大而增大，所传递的功率也大，所以设计时一般要求 $\alpha_1\geqslant120°$。

带的节线长度 L_d（也称基准长度或有效长度）可按式（15-9）计算

$$L_d=2a+\frac{\pi}{2}(d_1+d_2)+\frac{(d_2-d_1)^2}{4a} \tag{15-9}$$

式（15-9）计算出的长度要圆整到标准节线长度 L_d，然后再反算确定出两带轮的实际中心距 a 并验算包角是否满足要求。

15.6.2　减速器

减速器是由封闭在刚性箱体内的齿轮（或蜗杆蜗轮）传动所组成，具有固定的传动比。常用在原动机（电动机）和工作机（搅拌器）之间作为减速的传动装置。由于减速器应用非常广泛，所以它的主要参数已经标准化，有系列产品供选用（可参考《机械设计手册》和厂家产品样本）。减速器的减速比、传递功率和扭矩、输入和输出轴直径、工作方式（连续或间断运转）、安装位置等参数是减速器的主要选型依据。

搅拌反应器的传动装置通常设置在反应器的顶盖（上封头）上，一般采用立式布置。电动机经减速器将转速降至工艺要求的搅拌转速，在通过联轴器带动搅拌轴旋转，从而带动搅拌器转动。电动机往往与减速器配套使用，减速器下设一机座（支架），以便安装在反应器的顶盖上。图 15-37 为立式搅拌反应器传动装置的一种典型安装形式。

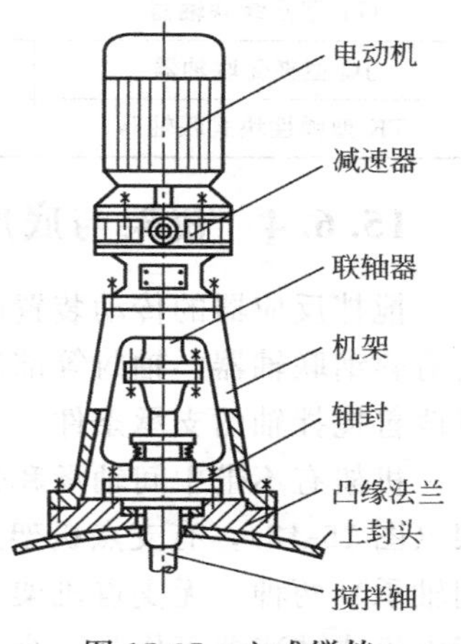

图 15-37　立式搅拌反应器的传动装置

15.6.3　联轴器

联轴器的作用是将两个独立的转轴牢固地连在一起并保持同轴，以传递运动和功率，同时要求传动中的一方工作如有振动、冲击，尽量不要传给另一方。因此在联轴器的结构上，要采取一定的形式加以解决。所以联轴器随不同的连接要求而有不同的结构，但基本上可分为刚性联轴器和挠性联轴器两大类。

刚性联轴器结构简单，制造容易，对两轴安装精度要求高，无补偿功能，不能缓冲减振，仅用于低转速、振动小和刚性大的轴，如 GT 型凸缘联轴器（图 15-38）、JQ 型夹壳联轴器（图 15-39）。

挠性联轴器具有多种型式，一般都具有一定的补偿两轴相对偏移和较好的减振、缓冲、电绝缘等性能。如 TK 型弹性块式联轴器（图 15-40），靠弹性块变形而储存能量，从而使联轴器具有吸振和减缓冲击的能力，可用于具有一定振动的工况条件，但不能承受轴向载荷。

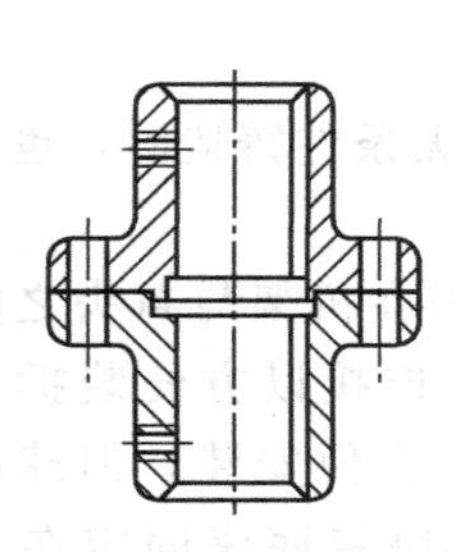

图 15-38　GT 型凸缘联轴器

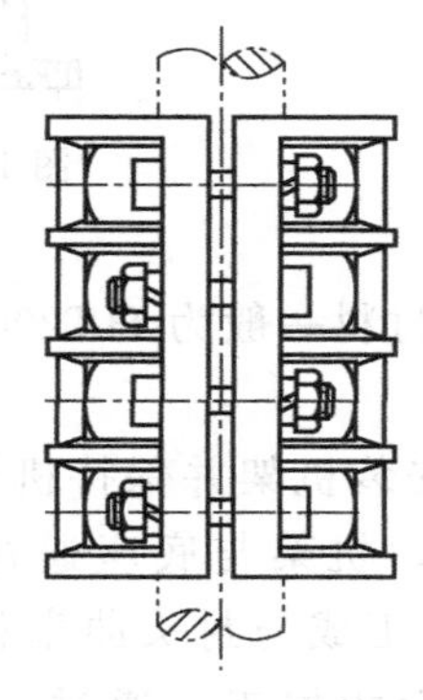

图 15-39　JQ 型夹壳联轴器

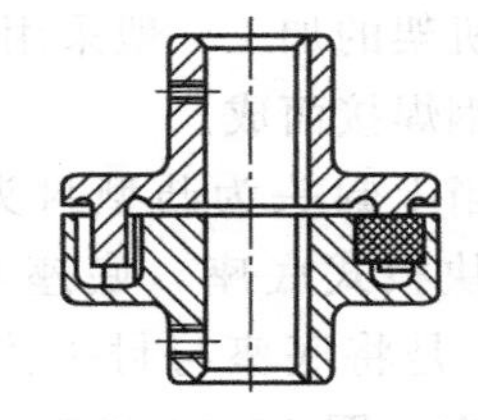

图 15-40　TK 型弹性块式联轴器

以上三种联轴器均允许联接不同轴径、不同配合长度的两轴。标记方式为分数形式：分子表示联轴器的上半部分，分母表示联轴器的下半部分。如 JQ $\frac{40\times80}{45\times85}$表示联轴器上半部分轴孔 ϕ40mm，长度 80mm；下半部分轴孔 ϕ45mm，长度 85mm。

常用的联轴器都已标准化，根据有关要求选用即可。表 15-9 为立式搅拌反应器几种常用联轴器的性能参数。

表 15-9　立式搅拌反应器几种常用联轴器的性能参数

联轴器类型	许用转矩/（N·mm）	轴径/mm
GT 型凸缘联轴器	500～40000	30～160
JQ 型夹壳联轴器	110～35500	9～160
TK 型弹性块式联轴器	90～28000	25～160

15.6.4　机架与底座

搅拌反应器的传动装置通过机架安装在罐体的顶盖上（图 15-37）。在机架上一般还需要有容纳联轴器、轴封等部件及其安装操作所需的空间，有时机架中间还要安装中间轴承，以改善搅拌轴的支承条件。

机架有不带中间轴承和带中间轴承两种，分别称为无支点机架（图 15-41）和有支点机架（图 15-42），有支点机架又分单支点机架（有一个中间轴承）和双支点机架（有两个中间轴承）两种。无支点机架一般仅适用于传递功率小和轴向载荷小的情况；单支点机架适用于电机或减速器可作为一个支点，或容器内可设置中间轴承或底轴承的情况；双支点机架适用于悬臂轴。

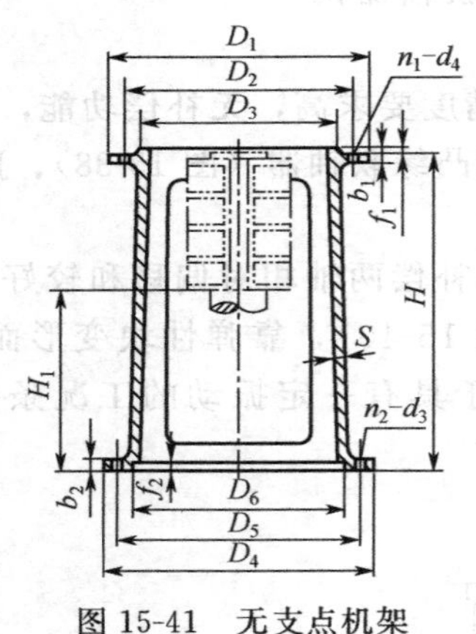

图 15-41　无支点机架

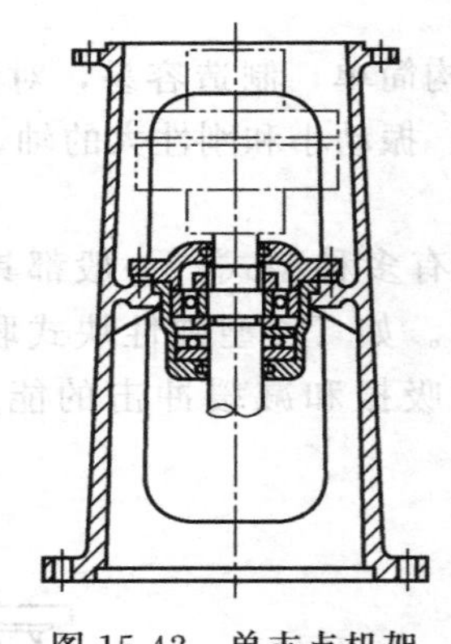
图 15-42　单支点机架

机架的加工一般采用铸造方法，材料一般为 HT200。如少量或无条件铸造时，也可采用碳钢焊接而成。

当上封头为凸型封头时，为了安装机架并保持机架的稳定，需在机架与封头之间设置一块板式底座，底座与封头焊接，机架与底座通过螺栓（柱）连接以方便装拆。图 15-43 是将底座与封头接触的一面加工成与封头曲率相同的球面，方便安装，但球面加工困难。图 15-44 省略了底座下表面的加工，通过一个环形支撑块将底座固定在封头上，结构较简单。

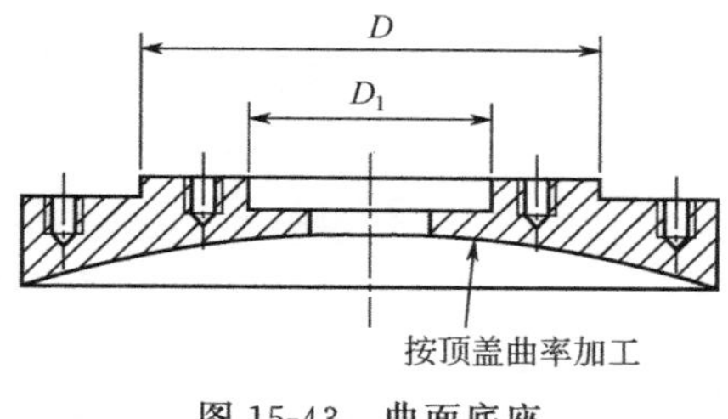

图 15-43　曲面底座

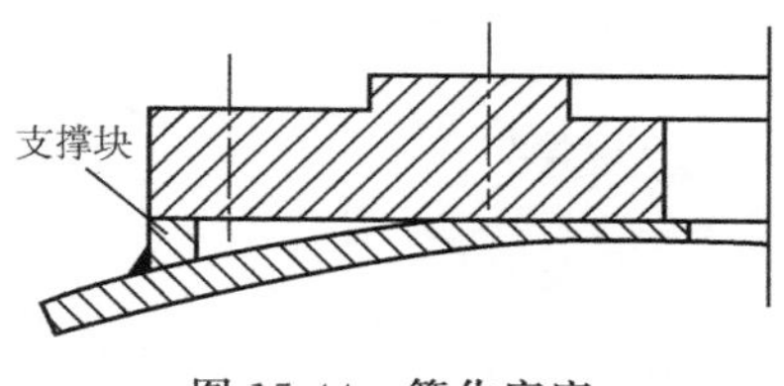

图 15-44　简化底座

习题

15-1　立式搅拌反应器主要由哪几部分组成？各部分的作用是什么？

15-2　搅拌反应器常用的传热结构形式有哪几种？各有什么特点？

15-3　试设计一搅拌反应器的罐体（几何尺寸和壁厚），其传热结构采用夹套形式。已知：内筒内工作压力为常压，工作温度为50～60℃，介质为NaOH溶液和乙醇；夹套内工作压力为0.4MPa，工作温度为35～40℃，介质为冷却水。操作容积1.4m^3，传热面积要求不小于5m^2。

15-4　为什么进料管一般伸进设备内，并在进口管端向着罐体中央开45°的切口？

15-5　搅拌器的作用是什么？

15-6　常用搅拌器的结构形式有哪些？各有什么特点？适用什么场合？

15-7　搅拌反应器内装设挡板和导流筒的作用是什么？

15-8　有一台立式机械搅拌反应器，筒体直径1200mm，装有一层搅拌器，搅拌转速180r/min，容器内装有溶液，液体密度为1150kg/m^3，黏度为2×10^{-3}Pa·s。试为该设备选择一套合适的搅拌器（主要满足混合操作），并计算配套电机的功率。

15-9　在选择减速器时，应考虑哪几方面的因素？

15-10　联轴器的作用是什么？分为哪几类？在选择联轴器时应注意什么问题？

15-11　常用的机座有哪几种？各适用什么场合？

15-12　已知某搅拌反应罐的搅拌功率$P=2.0$kW，搅拌转速$n=85$r/min，试计算搅拌轴的直径，确定减速器的减速比。

15-13　试述填料密封的结构特点、工作原理及优缺点。

15-14　试述机械密封的结构特点、工作原理及优缺点。

15-15　机械密封分哪几类？各有什么特点？

15-16　填料密封和机械密封的根本区别是什么？

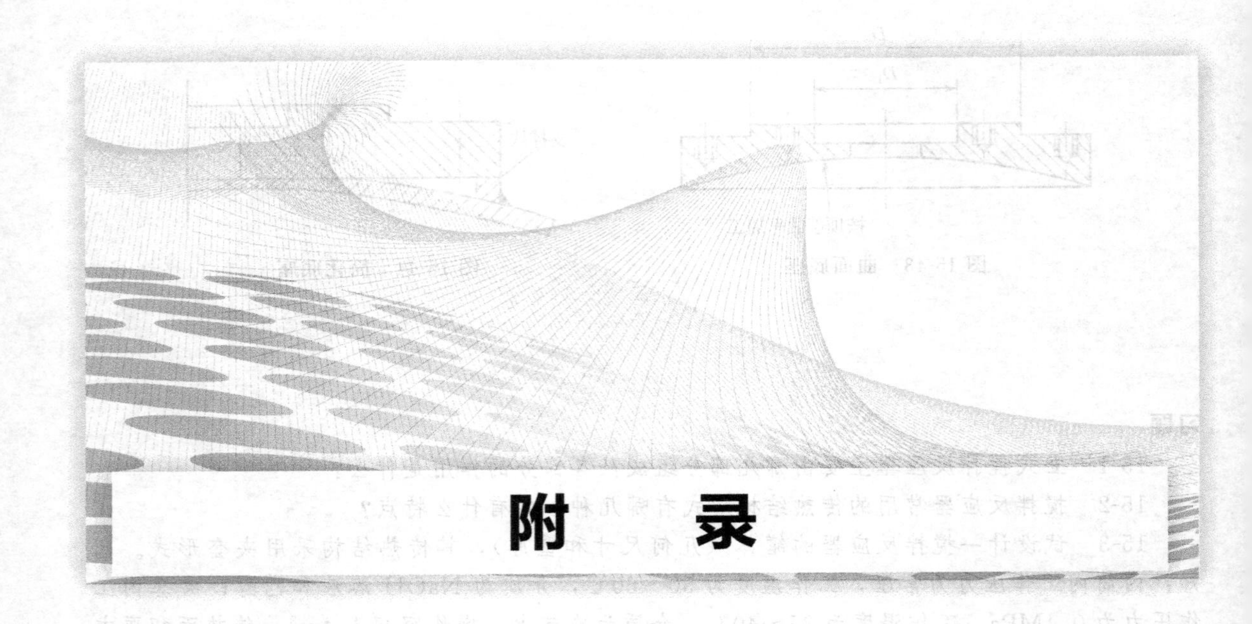

附录

附录A 热轧型钢规格表（摘自GB/T 706—2008）

A1. 热轧普通工字钢规格表

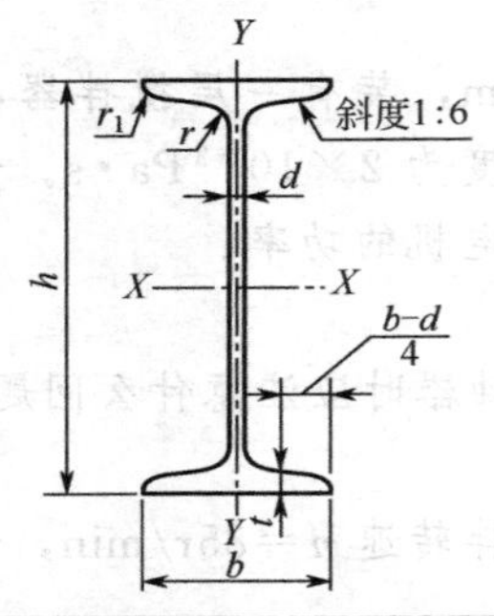

h—高度；b—腿宽度；d—腰厚度；

t—平均腿厚度；r—内圆弧半径；

r_1—腿端圆弧半径

型号	截面尺寸/mm						截面面积/cm²	理论重量/(kg/m)	惯性矩/cm⁴		惯性半径/cm		截面模数/cm³	
	h	b	d	t	r	r_1			I_x	I_y	i_x	i_y	W_x	W_y
10	100	68	4.5	7.6	6.5	3.3	14.345	11.261	245	33.0	4.14	1.52	49.0	9.72
12	120	74	5.0	8.4	7.0	3.5	17.818	13.987	436	46.9	4.95	1.62	72.7	12.7
12.6	126	74	5.0	8.4	7.0	3.5	18.118	14.223	488	46.9	5.20	1.61	77.5	12.7
14	140	80	5.5	9.1	7.5	3.8	21.516	16.890	712	64.4	5.76	1.73	102	16.1
16	160	88	6.0	9.9	8.0	4.0	26.131	20.513	1 130	93.1	6.58	1.89	141	21.2
18	180	94	6.5	10.7	8.5	4.3	30.756	24.143	1 660	122	7.36	2.00	185	26.0
20a	200	100	7.0	11.4	9.0	4.5	35.578	27.929	2 370	158	8.15	2.12	237	31.5
20b		102	9.0				39.578	31.069	2 500	169	7.96	2.06	250	33.1
22a	220	110	7.5	12.3	9.5	4.8	42.128	33.070	3 400	225	8.99	2.31	309	40.9
22b		112	9.5				46.528	36.524	3 570	239	8.78	2.27	325	42.7

续表

型号	截面尺寸/mm						截面面积/cm²	理论重量/(kg/m)	惯性矩/cm⁴		惯性半径/cm		截面模数/cm³	
	h	b	d	t	r	r_1			I_x	I_y	i_x	i_y	W_x	W_y
24a	240	116	8.0	13.0	10.0	5.0	47.741	37.477	4 570	280	9.77	2.42	381	48.4
24b		118	10.0				52.541	41.245	4 800	297	9.57	2.38	400	50.4
25a	250	116	8.0				48.541	38.105	5 020	280	10.2	2.40	402	48.3
25b		118	10.0				53.541	42.030	5 280	309	9.94	2.40	423	52.4
27a	270	122	8.5	13.7	10.5	5.3	54.554	42.825	6 550	345	10.9	2.51	485	56.6
27b		124	10.5				59.954	47.064	6 870	366	10.7	2.47	509	58.9
28a	280	122	8.5				55.404	43.492	7 110	345	11.3	2.50	508	56.6
28b		124	10.5				61.004	47.888	7 480	379	11.1	2.49	534	61.2
30a	300	126	9.0	14.4	11.0	5.5	61.254	48.084	8 950	400	12.1	2.55	597	63.5
30b		128	11.0				67.254	52.794	9 400	422	11.8	2.50	627	65.9
30c		130	13.0				73.254	57.504	9 850	445	11.6	2.46	657	68.5
32a	320	130	9.5	15.0	11.5	5.8	67.156	52.717	11 100	460	12.8	2.62	692	70.8
32b		132	11.5				73.556	57.741	11 600	502	12.6	2.61	726	76.0
32c		134	13.5				79.956	62.765	12 200	544	12.3	2.61	760	81.2
36a	360	136	10.0	15.8	12.0	6.0	76.480	60.037	15 800	552	14.4	2.69	875	81.2
36b		138	12.0				83.680	65.689	16 500	582	14.1	2.64	919	84.3
36c		140	14.0				90.880	71.341	17 300	612	13.8	2.60	962	87.4
40a	400	142	10.5	16.5	12.5	6.3	86.112	67.598	21 700	660	15.9	2.77	1 090	93.2
40b		144	12.5				94.112	73.878	22 800	692	15.6	2.71	1 140	96.2
40c		146	14.5				102.112	80.158	23 900	727	15.2	2.65	1 190	99.6
45a	450	150	11.5	18.0	13.5	6.8	102.446	80.420	32 200	855	17.7	2.89	1 430	114
45b		152	13.5				111.446	87.485	33 800	894	17.4	2.84	1 500	118
45c		154	15.5				120.446	94.550	35 300	938	17.1	2.79	1 570	122
50a	500	158	12.0	20.0	14.0	7.0	119.304	93.654	46 500	1 120	19.7	3.07	1 860	142
50b		160	14.0				129.304	101.504	48 600	1 170	19.4	3.01	1 940	146
50c		162	16.0				139.304	109.354	50 600	1 220	19.0	2.96	2 080	151
55a	550	166	12.5	21.0	14.5	7.3	134.185	105.335	62 900	1 370	21.6	3.19	2 290	164
55b		168	14.5				145.185	113.970	65 600	1 420	21.2	3.14	2 390	170
55c		170	16.5				156.185	122.605	68 400	1 480	20.9	3.08	2 490	175
56a	560	166	12.5				135.435	106.316	65 600	1 370	22.0	3.18	2 340	165
56b		168	14.5				146.635	115.108	68 500	1 490	21.6	3.16	2 450	174
56c		170	16.5				157.835	123.900	71 400	15 60	21.3	3.16	2 550	183
63a	630	176	13.0	22.0	15.0	7.5	154.658	121.407	93 900	1 700	24.5	3.31	2 980	193
63b		178	15.0				167.258	131.298	98 100	1 810	24.2	3.29	3 160	204
63c		180	17.0				179.858	141.189	102 000	1 920	23.8	3.27	3 300	214

注：表中 r、r_1 的数据用于孔型设计，不做交货条件。

A2. 热轧普通槽钢规格表

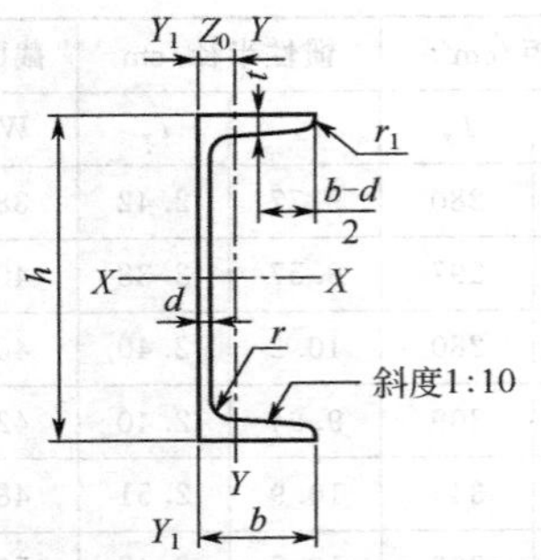

h—高度；b—腿宽度；d—腿厚度；
t—平均腿厚度；r—内圆弧半径；
r_1—腿端圆弧半径；Z_0—重心间距

型号	截面尺寸/mm						截面面积/cm²	理论重量/(kg/m)	惯性矩/cm⁴			惯性半径/cm		截面模数/cm³		重心距离/cm
	h	b	d	t	r	r_1			I_x	I_y	I_{y1}	i_x	i_y	W_x	W_y	Z_0
5	50	37	4.5	7.0	7.0	3.5	6.928	5.438	26.0	8.30	20.9	1.94	1.10	10.4	3.55	1.35
6.3	63	40	4.8	7.5	7.5	3.8	8.451	6.634	50.8	11.9	28.4	2.45	1.19	16.1	4.50	1.36
6.5	65	40	4.3	7.5	7.5	3.8	8.547	6.709	55.2	12.0	28.3	2.54	1.19	17.0	4.59	1.38
8	80	43	5.0	8.0	8.0	4.0	10.248	8.045	101	16.6	37.4	3.15	1.27	25.3	5.79	1.43
10	100	48	5.3	8.5	8.5	4.2	12.748	10.007	198	25.6	54.9	3.95	1.41	39.7	7.80	1.52
12	120	53	5.5	9.0	9.0	4.5	15.362	12.059	346	37.4	77.7	4.75	1.56	57.7	10.2	1.62
12.6	126	53	5.5	9.0	9.0	4.5	15.692	12.318	391	38.0	77.1	4.95	1.57	62.1	10.2	1.59
14a	140	58	6.0	9.5	9.5	4.8	18.516	14.535	564	53.2	107	5.52	1.70	80.5	13.0	1.71
14b		60	8.0				21.316	16.733	609	61.1	121	5.35	1.69	87.1	14.1	1.67
16a	160	63	6.5	10.0	10.0	5.0	21.962	17.24	866	73.3	144	6.28	1.83	108	16.3	1.80
16b		65	8.5				25.162	19.752	935	83.4	161	6.10	1.82	117	17.6	1.75
18a	180	68	7.0	10.5	10.5	5.2	25.699	20.174	1 270	98.6	190	7.04	1.96	141	20.0	1.88
18b		70	9.0				29.299	23.000	1 370	111	210	6.84	1.95	152	21.5	1.84
20a	200	73	7.0	11.0	11.0	5.5	28.837	22.637	1 780	128	244	7.86	2.11	178	24.2	2.01
20b		75	9.0				32.837	25.777	1 910	144	268	7.64	2.09	191	25.9	1.95
22a	220	77	7.0	11.5	11.5	5.8	31.846	24.999	2 390	158	298	8.67	2.23	218	28.2	2.10
22b		79	9.0				36.246	28.453	2 570	176	326	8.42	2.21	234	30.1	2.03
24a	240	78	7.0	12.0	12.0	6.0	34.217	26.860	3 050	174	325	9.45	2.25	254	30.5	2.10
24b		80	9.0				39.017	30.628	3 280	194	355	9.17	2.23	274	32.5	2.03
24c		82	11.0				43.817	34.396	3 510	213	388	8.96	2.21	293	34.4	2.00
25a	250	78	7.0				34.917	27.410	3 370	176	322	9.82	2.24	270	30.6	2.07
25b		80	9.0				39.917	31.335	3 530	196	353	9.41	2.22	282	32.7	1.98
25c		82	11.0				44.917	35.260	3 690	218	384	9.07	2.21	295	35.9	1.92
27a	270	82	7.5	12.5	12.5	6.2	39.284	30.838	4 360	216	393	10.5	2.34	323	35.5	2.13
27b		84	9.5				44.684	35.077	4 690	239	428	10.3	2.31	347	37.7	2.06
27c		86	11.5				50.084	39.316	5 020	261	467	10.1	2.28	372	39.8	2.03
28a	280	82	7.5				40.034	31.427	4 760	218	388	10.9	2.33	340	35.7	2.10
28b		84	9.5				45.634	35.823	5 130	242	428	10.6	2.30	366	37.9	2.02
28c		86	11.5				51.234	40.219	5 500	268	463	10.4	2.29	393	40.3	1.95

续表

型号	截面尺寸/mm						截面面积/cm²	理论重量/(kg/m)	惯性矩/cm⁴			惯性半径/cm		截面模数/cm³		重心距离/cm
	h	b	d	t	r	r_1			I_x	I_y	I_{y1}	i_x	i_y	W_x	W_y	Z_0
30a		85	7.5				43.902	34.463	6 050	260	467	11.7	2.43	403	41.1	2.17
30b	300	87	9.5	13.5	13.5	6.8	49.902	39.173	6 500	289	515	11.4	2.41	433	44.0	2.13
30c		89	11.5				55.902	43.883	6 950	316	560	11.2	2.38	463	46.4	2.09
32a		88	8.0				48.513	38.083	7 600	305	552	12.5	2.50	475	46.5	2.24
32b	320	90	10.0	14.0	14.0	7.0	54.913	43.107	8 140	336	593	12.2	2.47	509	49.2	2.16
32c		92	12.0				61.313	48.131	8 690	374	643	11.9	2.47	543	52.6	2.09
36a		96	9.0				60.910	47.814	11 900	455	818	14.0	2.73	660	63.5	2.44
36b	360	98	11.0	16.0	16.0	8.0	68.110	53.466	12 700	497	880	13.6	2.70	703	66.9	2.37
36c		100	13.0				75.310	59.118	13 400	536	948	13.4	2.67	746	70.0	2.34
40a		100	10.5				75.068	58.928	17 600	592	1 070	15.3	2.81	879	78.8	2.49
40b	400	102	12.5	18.0	18.0	9.0	83.068	65.208	18 600	640	1140	15.0	2.78	932	82.5	2.44
40c		104	14.5				91.068	71.488	19 700	688	1 220	14.7	2.75	986	86.2	2.42

注：表中 r、r_1 的数据用于孔型设计，不做交货条件。

A3. 热轧等边角钢规格表

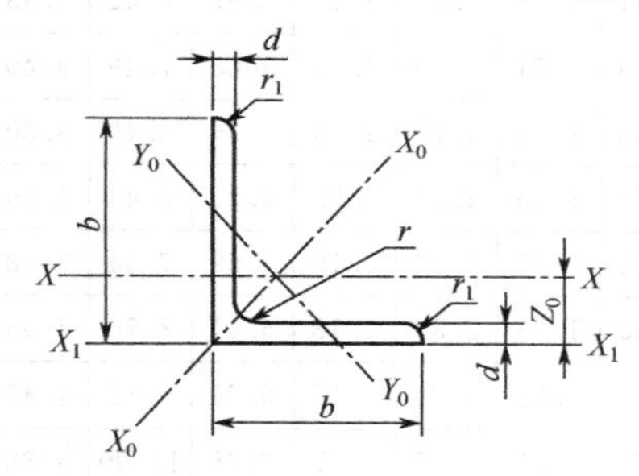

b—边宽度；d—边厚度；r—内圆弧半径；
r_1—边端圆弧半径；Z_0—重心距离

型号	截面尺寸/mm			截面面积/cm²	理论重量/(kg/m)	外表面积/(m²/m)	惯性矩/cm⁴				惯性半径/cm			截面模数/cm³			重心距离/cm
	b	d	r				I_x	I_{x1}	I_{x0}	I_{y0}	i_x	i_{x0}	i_{y0}	W_x	W_{x0}	W_{y0}	Z_0
2	20	3		1.132	0.889	0.078	0.40	0.81	0.63	0.17	0.59	0.75	0.39	0.29	0.45	0.20	0.60
		4	3.5	1.459	1.145	0.077	0.50	1.09	0.78	0.22	0.58	0.73	0.38	0.36	0.55	0.24	0.64
2.5	25	3		1.432	1.124	0.098	0.82	1.57	1.29	0.34	0.76	0.95	0.49	0.46	0.73	0.33	0.73
		4		1.859	1.459	0.097	1.03	2.11	1.62	0.43	0.74	0.93	0.48	0.59	0.92	0.40	0.76
3.0	30	3		1.749	1.373	0.117	1.46	2.71	2.31	0.61	0.91	1.15	0.59	0.68	1.09	0.51	0.85
		4		2.276	1.786	0.117	1.84	3.63	2.92	0.77	0.90	1.13	0.58	0.87	1.37	0.62	0.89
		3	4.5	2.109	1.656	0.141	2.58	4.68	4.09	1.07	1.11	1.39	0.71	0.99	1.61	0.76	1.00
3.6	36	4		2.756	2.163	0.141	3.29	6.25	5.22	1.37	1.09	1.38	0.70	1.28	2.05	0.93	1.04
		5		3.382	2.654	0.141	3.95	7.84	6.24	1.65	1.08	1.36	0.70	1.56	2.45	1.00	1.07

续表

型号	截面尺寸/mm			截面面积/cm²	理论重量/(kg/m)	外表面积/(m²/m)	惯性矩/cm⁴				惯性半径/cm			截面模数/cm³			重心距离/cm
	b	d	r				I_x	I_{x1}	I_{x0}	I_{y0}	i_x	i_{x0}	i_{y0}	W_x	W_{x0}	W_{y0}	Z_0
4	40	3	5	2.359	1.852	0.157	3.59	6.41	5.69	1.49	1.23	1.55	0.79	1.23	2.01	0.96	1.09
		4		3.086	2.422	0.157	4.60	8.56	7.29	1.91	1.22	1.54	0.79	1.60	2.58	1.19	1.13
		5		3.791	2.976	0.156	5.53	10.74	8.76	2.30	1.21	1.52	0.78	1.96	3.10	1.39	1.17
4.5	45	3		2.659	2.088	0.177	5.17	9.12	8.20	2.14	1.40	1.76	0.89	1.58	2.58	1.24	1.22
		4		3.486	2.736	0.177	6.65	12.18	10.56	2.75	1.38	1.74	0.89	2.05	3.32	1.54	1.26
		5		4.292	3.369	0.176	8.04	15.2	12.74	3.33	1.37	1.72	0.88	2.51	4.00	1.81	1.30
		6		5.076	3.985	0.176	9.33	18.36	14.76	3.89	1.36	1.70	0.8	2.95	4.64	2.06	1.33
5	50	3	5.5	2.971	2.332	0.197	7.18	12.5	11.37	2.98	1.55	1.96	1.00	1.96	3.22	1.57	1.34
		4		3.897	3.059	0.197	9.26	16.69	14.70	3.82	1.54	1.94	0.99	2.56	4.16	1.96	1.38
		5		4.803	3.770	0.196	11.21	20.90	17.79	4.64	1.53	1.92	0.98	3.13	5.03	2.31	1.42
		6		5.688	4.465	0.196	13.05	25.14	20.68	5.42	1.52	1.91	0.98	3.68	5.85	2.63	1.46
5.6	56	3	6	3.343	2.624	0.221	10.19	17.56	16.14	4.24	1.75	2.20	1.13	2.48	4.08	2.02	1.48
		4		4.390	3.446	0.220	13.18	23.43	20.92	5.46	1.73	2.18	1.11	3.24	5.28	2.52	1.53
		5		5.415	4.251	0.220	16.02	29.33	25.42	6.61	1.72	2.17	1.10	3.97	6.42	2.98	1.57
		6		6.420	5.040	0.220	18.69	35.26	29.66	7.73	1.71	2.15	1.10	4.68	7.49	3.40	1.61
		7		7.404	5.812	0.219	21.23	41.23	33.63	8.82	1.69	2.13	1.09	5.36	8.49	3.80	1.64
		8		8.367	6.568	0.219	23.63	47.24	37.37	9.89	1.68	2.11	1.09	6.03	9.44	4.16	1.68
6	60	5	6.5	5.829	4.576	0.236	19.89	36.05	31.57	8.21	1.85	2.33	1.19	4.59	7.44	3.48	1.67
		6		6.914	5.427	0.235	23.25	43.33	36.89	9.60	1.83	2.31	1.18	5.41	8.70	3.98	1.70
		7		7.977	6.262	0.235	26.44	50.65	41.92	10.96	1.82	2.29	1.17	6.21	9.88	4.45	1.74
		8		9.020	7.081	0.235	29.47	58.02	46.66	12.28	1.81	2.27	1.17	6.98	11.00	4.88	1.78
6.3	63	4	7	4.978	3.907	0.248	19.03	33.35	30.17	7.89	1.96	2.46	1.26	4.13	6.78	3.29	1.70
		5		6.143	4.822	0.248	23.17	41.73	36.77	9.57	1.94	2.45	1.25	5.08	8.25	3.90	1.74
		6		7.288	5.721	0.247	27.12	50.14	43.03	11.20	1.93	2.43	1.24	6.00	9.66	4.46	1.78
		7		8.412	6.603	0.247	30.87	58.60	48.96	12.79	1.92	2.41	1.23	6.88	10.99	4.98	1.82
		8		9.515	7.469	0.247	34.46	67.11	54.56	14.33	1.90	2.40	1.23	7.75	12.25	5.47	1.85
		10		11.657	9.151	0.246	41.09	84.31	64.85	17.33	1.88	2.36	1.22	9.39	14.56	6.36	1.93
7	70	4	8	5.570	4.372	0.275	26.39	45.74	41.80	10.99	2.18	2.74	1.40	5.14	8.44	4.17	1.86
		5		6.875	5.397	0.275	32.21	57.21	51.08	13.31	2.16	2.73	1.39	6.32	10.32	4.95	1.91
		6		8.160	6.406	0.275	37.77	68.73	59.93	15.61	2.15	2.71	1.38	7.48	12.11	5.67	1.95
		7		9.424	7.398	0.275	43.09	80.29	68.35	17.82	2.14	2.69	1.38	8.59	13.81	6.34	1.99
		8		10.667	8.373	0.274	48.17	91.92	76.37	19.98	2.12	2.68	1.37	9.68	15.43	6.98	2.03
7.5	75	5	9	7.412	5.818	0.295	39.97	70.56	63.30	16.63	2.33	2.92	1.50	7.32	11.94	5.77	2.04
		6		8.797	6.905	0.294	46.95	84.55	74.38	19.51	2.31	2.90	1.49	8.64	14.02	6.67	2.07
		7		10.160	7.976	0.294	53.57	98.71	84.96	22.18	2.30	2.89	1.48	9.93	16.02	7.44	2.11

续表

型号	截面尺寸/mm			截面面积/cm²	理论重量/(kg/m)	外表面积/(m²/m)	惯性矩/cm⁴				惯性半径/cm			截面模数/cm³			重心距离/cm
	b	d	r				I_x	I_{x1}	I_{x0}	I_{y0}	i_x	i_{x0}	i_{y0}	W_x	W_{x0}	W_{y0}	Z_0
7.5	75	8		11.503	9.030	0.294	59.96	112.97	95.07	24.86	2.28	2.88	1.47	11.20	17.93	8.19	2.15
		9		12.825	10.068	0.294	66.10	127.30	104.71	27.48	2.27	2.86	1.46	12.43	19.75	8.89	2.18
		10		14.126	11.089	0.293	71.98	141.71	113.92	30.05	2.26	2.84	1.46	13.64	21.48	9.56	2.22
8	80	5		7.912	6.211	0.315	48.79	85.36	77.33	20.25	2.48	3.13	1.60	8.34	13.67	6.66	2.15
		6	9	9.397	7.376	0.314	57.35	102.50	90.98	23.72	2.47	3.11	1.59	9.87	16.08	7.65	2.19
		7		10.860	8.525	0.314	65.58	119.70	104.07	27.09	2.46	3.10	1.58	11.37	18.40	8.58	2.23
		8		12.303	9.658	0.314	73.49	136.97	116.60	30.39	2.44	3.08	1.57	12.83	20.61	9.46	2.27
		9		13.725	10.774	0.314	81.11	154.31	128.60	33.61	2.43	3.06	1.56	14.25	22.73	10.29	2.31
		10		15.126	11.874	0.313	88.43	171.74	140.09	36.77	2.42	3.04	1.56	15.64	24.76	11.08	2.35
9	90	6	10	10.637	8.350	0.354	82.77	145.87	131.26	34.28	2.79	3.51	1.80	12.61	20.63	9.95	2.44
		7		12.301	9.656	0.354	94.83	170.30	150.47	39.18	2.78	3.50	1.78	14.54	23.64	11.19	2.48
		8		13.944	10.946	0.353	106.47	194.80	168.97	43.97	2.76	3.48	1.78	16.42	26.55	12.35	2.52
		9		15.566	12.219	0.353	117.72	219.39	186.77	48.66	2.75	3.46	1.77	18.27	29.35	13.46	2.56
		10		17.167	13.476	0.353	128.58	244.07	203.90	53.26	2.74	3.45	1.76	20.07	32.04	14.52	2.59
		12		20.306	15.940	0.352	149.22	293.76	236.21	62.22	2.71	3.41	1.75	23.57	37.12	16.49	2.67
10	100	6	12	11.932	9.366	0.393	114.95	200.07	181.98	47.92	3.10	3.90	2.00	15.68	25.74	12.69	2.67
		7		13.796	10.830	0.393	131.86	233.54	208.97	54.74	3.09	3.89	1.99	18.10	29.55	14.26	2.71
		8		15.638	12.276	0.393	148.24	267.09	235.07	61.41	3.08	3.88	1.98	20.47	33.24	15.75	2.76
		9		17.462	13.708	0.392	164.12	300.73	260.30	67.95	3.07	3.86	1.97	22.79	36.81	17.18	2.80
		10		19.261	15.120	0.392	179.51	334.48	284.68	74.35	3.05	3.84	1.96	25.06	40.26	18.54	2.84
		12		22.800	17.898	0.391	208.90	402.34	330.95	86.84	3.03	3.81	1.95	29.48	46.80	21.08	2.91
		14		26.256	20.611	0.391	236.53	470.75	374.06	99.00	3.00	3.77	1.94	33.73	52.90	23.44	2.99
		16		29.627	23.257	0.390	262.53	539.80	414.16	110.89	2.98	3.74	1.94	37.82	58.57	25.63	3.06
11	110	7	12	15.196	11.928	0.433	177.16	310.64	280.94	73.38	3.41	4.30	2.20	22.05	36.12	17.51	2.96
		8		17.238	13.535	0.433	199.46	355.20	316.49	82.42	3.40	4.28	2.19	24.95	40.69	19.39	3.01
		10		21.261	16.690	0.432	242.19	444.65	384.39	99.98	3.38	4.25	2.17	30.60	49.42	22.91	3.09
		12		25.200	19.782	0.431	282.55	534.60	448.17	116.93	3.35	4.22	2.15	36.05	57.62	26.15	3.16
		14		29.056	22.809	0.431	320.71	625.16	508.01	133.40	3.32	4.18	2.14	41.31	65.31	29.14	3.24
12.5	125	8	14	19.750	15.504	0.492	297.03	521.01	470.89	123.16	3.88	4.88	2.50	32.52	53.28	25.86	3.37
		10		24.373	19.133	0.491	361.67	651.93	573.89	149.46	3.85	4.85	2.48	39.97	64.93	30.62	3.45
		12		28.912	22.696	0.491	423.16	783.42	671.44	174.88	3.83	4.82	2.46	41.17	75.96	35.03	3.53
		14		33.367	26.193	0.490	481.65	915.61	763.73	199.57	3.80	4.78	2.45	54.16	86.41	39.13	3.61
		16		37.739	29.625	0.489	537.31	1048.62	850.98	223.65	3.77	4.75	2.43	60.93	96.28	42.96	3.68
14	140	10		27.373	21.488	0.551	514.65	915.11	817.27	212.04	4.34	5.46	2.78	50.58	82.56	39.20	3.82
		12		32.512	25.522	0.551	603.68	1099.28	958.79	248.57	4.31	5.43	2.76	59.80	96.85	45.02	3.90

续表

型号	截面尺寸/mm			截面面积/cm²	理论重量/(kg/m)	外表面积/(m²/m)	惯性矩/cm⁴				惯性半径/cm			截面模数/cm³			重心距离/cm
	b	d	r				I_x	I_{x1}	I_{x0}	I_{y0}	i_x	i_{x0}	i_{y0}	W_x	W_{x0}	W_{y0}	Z_0
14	140	14	14	37.567	29.490	0.550	688.81	1284.22	1093.56	284.06	4.28	5.40	2.75	68.75	110.47	50.45	3.98
		16		42.539	33.393	0.549	770.24	1470.07	1221.81	318.67	4.26	5.36	2.74	77.46	123.42	55.55	4.06
15	150	8		23.750	18.644	0.592	521.37	899.55	827.49	215.25	4.69	5.90	3.01	47.36	78.02	38.14	3.99
		10		29.373	23.058	0.591	637.50	1125.09	1012.79	262.21	4.66	5.87	2.99	58.35	95.49	45.51	4.08
		12		34.912	27.406	0.591	748.85	1351.26	1189.97	307.73	4.63	5.84	2.97	69.04	112.19	52.38	4.15
		14		40.367	31.688	0.590	855.64	1578.25	1359.30	351.98	4.60	5.80	2.95	79.45	128.16	58.83	4.23
		15		43.063	33.804	0.590	907.39	1692.10	1441.09	373.69	4.59	5.78	2.95	84.56	135.87	61.90	4.27
		16		45.739	35.905	0.589	958.08	1806.21	1521.02	395.14	4.58	5.77	2.94	89.59	143.40	64.89	4.31
16	160	10	16	31.502	24.729	0.630	779.53	1365.33	1237.30	321.76	4.98	6.27	3.20	66.70	109.36	52.76	4.31
		12		37.441	29.391	0.630	916.58	1639.57	1455.68	377.49	4.95	6.24	3.18	78.98	128.67	60.74	4.39
		14		43.296	33.987	0.629	1048.36	1914.68	1665.02	431.70	4.92	6.20	3.16	90.95	147.17	68.24	4.47
		16		49.067	38.518	0.629	1175.08	2190.82	1865.57	484.59	4.89	6.17	3.14	102.63	164.89	75.31	4.55
18	180	12		42.241	33.159	0.710	1321.35	2332.80	2100.10	542.61	5.59	7.05	3.58	100.82	165.00	78.41	4.89
		14		48.896	38.383	0.709	1514.48	2723.48	2407.42	621.53	5.56	7.02	3.56	116.25	189.14	88.38	4.97
		16		55.467	43.542	0.709	1700.99	3115.29	2703.37	698.60	5.54	6.98	3.55	131.13	212.40	97.83	5.05
		18		61.055	48.634	0.708	1875.12	3502.43	2988.24	762.01	5.50	6.94	3.51	145.64	234.78	105.14	5.13
20	200	14	18	54.642	42.894	0.788	2103.55	3734.10	3343.26	863.83	6.20	7.82	3.98	144.70	236.40	111.82	5.46
		16		62.013	48.680	0.788	2366.15	4270.39	3760.89	971.41	6.18	7.79	3.96	163.65	265.93	123.96	5.54
		18		69.301	54.401	0.787	2620.64	4808.13	4164.54	1076.74	6.15	7.75	3.94	182.22	294.48	135.52	5.62
		20		76.505	60.056	0.787	2867.30	5347.51	4554.55	1180.04	6.12	7.72	3.93	200.42	322.06	146.55	5.69
		24		90.661	71.168	0.785	3338.25	6457.16	5294.97	1381.53	6.07	7.64	3.90	236.17	374.41	166.65	5.87
22	220	16	21	68.664	53.901	0.866	3187.36	5681.62	5063.73	1310.99	6.81	8.59	4.37	199.55	325.51	153.81	6.03
		18		76.752	60.250	0.866	3534.30	6395.93	5615.32	1453.27	6.79	8.55	4.35	222.37	360.97	168.29	6.11
		20		84.756	66.533	0.865	3871.49	7112.04	6150.08	1592.90	6.76	8.52	4.34	244.77	395.34	182.16	6.18
		22		92.676	72.751	0.865	4199.23	7830.19	6668.37	1730.10	6.73	8.48	4.32	266.78	428.66	195.45	6.26
		24		100.512	78.902	0.864	4517.83	8550.57	7170.55	1865.11	6.70	8.45	4.31	288.39	460.94	208.21	6.33
		26		108.264	84.987	0.864	4827.58	9273.39	7656.98	1998.17	6.68	8.41	4.30	309.62	492.21	220.49	6.41
25	250	18	24	87.842	68.956	0.985	5268.22	9379.11	8369.04	2167.41	7.74	9.76	4.97	290.12	473.42	224.03	6.84
		20		97.045	76.180	0.984	5779.34	10426.97	9181.94	2376.74	7.72	9.73	4.95	319.66	519.41	242.85	6.92
		24		115.201	90.433	0.983	6763.93	12529.74	10742.67	2785.19	7.66	9.66	4.92	377.34	607.70	278.38	7.07
		26		124.154	97.461	0.982	7238.08	13585.18	11491.33	2984.84	7.63	9.62	4.90	405.50	650.05	295.19	7.15
		28		133.022	104.422	0.982	7700.60	14643.62	12219.39	3181.81	7.61	9.58	4.89	433.22	691.23	311.42	7.22
		30		141.807	111.318	0.981	8151.80	15705.30	12927.26	3376.34	7.58	9.55	4.88	460.51	731.28	327.12	7.30
		32		150.508	118.149	0.981	8592.01	16770.41	13615.32	3568.71	7.56	9.51	4.87	487.39	770.20	342.33	7.37
		35		163.402	128.271	0.980	9232.44	18374.95	14611.16	3853.72	7.52	9.46	4.86	526.97	826.53	364.30	7.48

注：截面图中的 $r_1=1/3d$ 及表中 r 的数据用于孔型设计，不做交货条件。

附录B 压力容器材料许用应力表

B1. 碳素钢和低合金钢钢板许用应力

钢号	钢板标准	使用状态	厚度/mm	室温强度指标		在下列温度(℃)下的许用应力/MPa																注
				R_m/MPa	R_{eL}/MPa	≤20	100	150	200	250	300	350	400	425	450	475	500	525	550	575	600	
Q245R	GB713	热轧，控轧，正火	3～16	400	245	148	147	140	131	117	108	98	91	85	61	41						
			>16～36	400	235	148	140	133	124	111	102	93	86	84	61	41						
			>36～60	400	225	148	133	127	119	107	98	89	82	80	61	41						
Q345R	GB713	热轧，控轧，正火	3～16	510	345	189	189	189	183	167	153	143	125	93	66	43						
			>16～36	500	325	185	185	183	170	157	143	133	125	93	66	43						
			>36～60	490	315	181	181	173	160	147	133	123	117	93	66	43						

B2. 高合金钢钢板许用应力

钢号	钢板标准	厚度/mm	在下列温度(℃)下的许用应力/MPa																						注
			≤20	100	150	200	250	300	350	400	450	500	525	550	575	600	625	650	675	700	725	750	775	800	
S11306	GB24511	1.5～25	137	126	123	120	119	117	112	109															
S30408	GB24511	1.5～80	137	137	137	130	122	114	111	107	103	100	98	91	79	64	52	42	32	27					1
			137	114	103	96	90	85	82	79	76	74	73	71	67	62	52	42	32	27					
S31608	GB24511	1.5～80	137	137	137	134	125	118	113	111	109	107	106	105	96	81	65	50	38	30					1
			137	117	107	99	93	87	84	82	81	79	78	78	76	73	65	50	38	30					
S31668	GB24511	1.5～80	137	137	137	134	125	118	113	111	109	107													1
			137	117	107	99	93	87	84	82	81	79													
S31708	GB24511	1.5～80	137	137	137	134	125	118	113	111	109	107	106	105	96	81	65	50	38	30					1
			137	117	107	99	93	87	84	82	81	79	78	78	76	73	65	50	38	30					
S39042	GB24511	1.5～80	147	147	147	147	144	131	122																1
			147	137	127	117	107	97	90																

注1：该行许用应力仅适用于允许产生微量永久变形之元件，对于法兰或其他有微量永久变形就引起泄漏或故障的场合不能采用。

B3. 碳素钢和低合金钢钢管许用应力

钢号	钢板标准	使用状态	厚度/mm	室温强度指标		在下列温度(℃)下的许用应力/MPa																注
				R_m/MPa	R_{eL}/MPa	≤20	100	150	200	250	300	350	400	425	450	475	500	525	550	575	600	
10	GB/T8163	热轧	≤10	335	205	124	121	115	108	98	89	82	75	70	61	41						
20	GB/T8163	热轧	≤10	410	245	152	147	140	131	117	108	98	88	83	61	41						
Q345D	GB/T8163	正火	≤10	470	345	174	174	174	174	167	153	143	125	93	66	43						
16Mn	GB6479	正火	≤16	490	320	181	181	180	167	153	140	130	123	93	66	43						
			>16～40	490	310	181	181	173	160	147	133	123	117	93	66	43						
12CrMo	GB9948	正火加回火	≤16	410	205	137	121	115	108	101	95	88	82	80	79	77	74	50				
			>16～30	410	195	130	117	111	105	98	91	85	79	77	75	74	72	50				

B4. 高合金钢钢管许用应力

钢号	钢板标准	厚度/mm	在下列温度(℃)下的许用应力/MPa																						注
			≤20	100	150	200	250	300	350	400	450	500	525	550	575	600	625	650	675	700	725	750	775	800	
S30408	GB/T14976	≤28	137	137	137	130	122	114	111	107	103	100	98	91	79	64	52	42	32	27					
			137	114	103	96	90	85	82	79	76	74	73	71	67	62	52	42	32	27					
S32168	GB/T14976	≤28	137	137	137	130	122	114	111	108	105	103	101	83	58	44	33	25	18	13					1
			137	114	103	96	90	85	82	80	78	76	75	74	58	44	33	25	18	13					
S31608	GB/T14976	≤28	137	137	137	134	125	118	113	111	109	107	106	105	96	81	65	50	38	30					1
			137	117	107	99	93	87	84	82	81	79	78	78	76	73	65	50	38	30					
S31708	GB/T14976	≤28	137	137	137	134	125	118	113	111	109	107	106	105	96	81	65	50	38	30					1
			137	117	107	99	93	87	84	82	81	79	78	78	76	73	65	50	38	30					
S31703	GB/T14976	≤28	117	117	117	117	117	117	113	111	109														1
			117	117	107	99	93	87	84	82	81														

注 1：该行许用应力仅适用于允许产生微量永久变形之元件，对于法兰或其他有微量永久变形就引起泄漏或故障的场合不能采用。

参 考 文 献

[1] 周志安，尹华杰，魏新利．化工设备设计基础．北京：化学工业出版社，2001.
[2] 方书起．化工设备课程设计指导．北京：化学工业出版社，2010.
[3] 朱孝钦，刘俊明．过程装备基础（第二版）．北京：化学工业出版社，2011.
[4] 于新奇．过程装备机械基础．北京：北京大学出版社，2009.
[5] 潘永亮．化工设备机械基础．北京：科学出版社，2007.
[6] 谭蔚．化工设备设计基础．北京：天津大学出版社，2000.
[7] 唐尔钧，詹长福．化工设备机械基础．北京：中央广播电视大学出版社，1985.
[8] 李世玉．压力容器设计工程师培训教程．北京：新华出版社，2005.
[9] 孙训芳等编．材料力学．北京：人民教育出版社，1964.
[10] 刘鸿文等编．材料力学．北京：高等教育出版社，1991.
[11] 方腾祥等编．材料力学．广州：华南理工大学出版社，1994.
[12] 董大勤，高炳军，董俊华．化工设备机械基础（第四版）．北京：化学工业出版社，2012.
[13] 郑津洋，董其伍，桑芝富．过程设备设计（第三版）．北京：化学工业出版社，2011.
[14] 王志文，蔡仁良．化工容器设计（第三版）．北京：化学工业出版社，2007.
[15] 聂清德．化工设备设计．北京：化学工业出版社，1991.
[16] 赵军、张有忱、段成红编．化工设备机械基础（第二版）．北京：化学工业出版社，2007.
[17] 哈尔滨工业大学教研室编．理论力学．北京：高等教育出版社，1981.
[18]《化工设备设计全书》编辑委员会 王凯、虞军等编．化工设备设计全书 搅拌设备．北京：化学工业出版社，2003.
[19] TSG R0004—2009. 固定式压力容器安全技术监察规程．
[20] GB 150—2011. 压力容器．
[21] GB/T 151—2014. 热交换器．
[22] GB/T 25198—2010. 压力容器用封头．
[23] NB/T 47041—2014. 塔式容器．
[24] NB/T 47042—2014 卧式容器．
[25] HG/T 20569—2013. 机械搅拌设备．
[26] HG 20660—2000. 压力容器中化学介质毒性危害和爆炸危险程度分类．
[27] HG/T 21514～21535—2014. 钢制人孔和手孔的类型与技术条件．
[28] JB/T 4715—1992. 固定管板式换热器型式与基本参数．
[29] GB 50011—2001. 建筑抗震设计规范．
[30] GB 5009—2001. 建筑结构荷载规范．
[31] NB/T 47020～47022—2012. 压力容器法兰、垫片、紧固件．
[32] HG/T 20592～20635—2009. 钢制管法兰、垫片、紧固件．
[33] NB/T 47017—2011. 压力容器视镜．
[34] JB/T 4712.1～4712.4—2007. 容器支座．
[35] JB/T 4736—2002. 补强圈．
[36] GB/T 706—2008. 热轧型钢．